Hans-Peter Kinder, Gerhard Osius und Jürgen Timm

Statistik für Biologen und Mediziner

Michael R. K. Pruggmayer
Dipl.-Biol., Arzt

Aus dem Programm Mathematik

für Naturwissenschaftler

Einführungskurs Höhere Mathematik, von S. K. Stein

Einführung in die höhere Mathematik, Bände 1 und 2,
von H. Dallmann und K. H. Elster

Elementare Einführung in die Wahrscheinlichkeitsrechnung,
von K. Bosch

Angewandte mathematische Statistik, von K. Bosch

speziell für Biowissenschaftler

Statistik für Biologen und Mediziner,
von H.-P. Kinder, G. Osius und J. Timm

Mathematische Modelle in der Biologie, von W. Nöbauer und W. Timischl

BASIC in der medizinischen Statistik, von H. Ackermann

Vieweg

Hans-Peter Kinder
Gerhard Osius
Jürgen Timm

Statistik für Biologen und Mediziner

Mit 48 Abbildungen und 115 Beispielen

Friedr. Vieweg & Sohn   Braunschweig/Wiesbaden

Dr. *Hans-Peter Kinder*, Dr. *Gerhard Osius* und Dr. *Jürgen Timm* sind Professoren im Fachbereich Mathematik/Informatik der Universität Bremen. Sie arbeiten in der Forschungsgruppe „Mathematische Wirkungsanalyse" und im Forschungsschwerpunkt „Stabilitätsgrenzen biologischer Systeme".

CIP-Kurztitelaufnahme der Deutschen Bibliothek

Kinder, Hans-Peter:
Statistik für Biologen und Mediziner/Hans-Peter Kinder; Gerhard Osius; Jürgen Timm. — Braunschweig; Wiesbaden: Vieweg, 1982.
  (Uni-Text)
  ISBN 3-528-03343-6

NE: Osius, Gerhard:; Timm, Jürgen:

1982

Alle Rechte vorbehalten
© Friedr. Vieweg & Sohn Verlagsgesellschaft mbH, Braunschweig 1982

Die Vervielfältigung und Übertragung einzelner Textabschnitte, Zeichnungen oder Bilder, auch für Zwecke der Unterrichtsgestaltung, gestattet das Urheberrecht nur, wenn sie mit dem Verlag vorher vereinbart wurden. Im Einzelfall muß über die Zahlung einer Gebühr für die Nutzung fremden geistigen Eigentums entschieden werden. Das gilt für die Vervielfältigung durch alle Verfahren einschließlich Speicherung und jede Übertragung auf Papier, Transparente, Filme, Bänder, Platten und andere Medien.

Druck und buchbinderische Verarbeitung: W. Langelüddecke, Braunschweig
Printed in Germany

ISBN 3-528-03343-6   (Paperback)

Vorwort

Dieses Lehrbuch soll vom Umfang her keine umfangreiche Rezeptsammlung biologisch-medizinisch relevanter statistischer Verfahren, aber auch kein abstraktes Lehrbuch der mathematischen Statistik sein.
Vielmehr haben wir uns bemüht, an relativ wenigen, aber für die Praxis des Biologen und Mediziners besonders wichtigen Fragestellungen das Vorgehen der mathematischen Statistik exemplarisch herauszuarbeiten.
Das Buch sollte deshalb bei der Vermittlung von Standardansätzen soviel Verständnis der Vorgehensweise vermitteln, daß bei Spezialproblemen ohne Schwierigkeiten auf die jeweils zitierte weiterführende Literatur zurückgegriffen werden kann bzw. ein produktiver Dialog mit einem Statistiker möglich ist.
Der Aufbau des Buches richtet sich streng an der Abfolge der praktischen Probleme aus, indem es nach einer allgemeinen Einführung (Kap. 1) zunächst die Präzisierung der Fragestellung (Kap. 2), die Entwicklung der zugehörigen Modellverstellungen (Kap. 3) und die darauf aufbauende Versuchsplanung (Kap. 4) behandelt. Die Versuchsauswertung beginnt entsprechend der Datenvorverarbeitung (Kap. 5) und führt über die Entwicklung der Schätzverfahren (Kap. 6) zur Test- und Entscheidungsproblematik (Kap. 7).
In den letzten Jahren sind zwei Trends zu verzeichnen, die eine wesentliche Änderung der Einstellung der experimentellen Bio-Wissenschafter zur Statistik hervorrufen könnten. Einmal haben Wahrscheinlichkeitstheorie und Statistik über neue Lehrpläne an Schulen und Hochschulen eine große Expansion erfahren. Zum anderen ist durch den Siegeszug der programmierbaren Taschen- und Tischrechner heute praktisch jedem Mediziner und Biologen eine Rechenkapazität direkt verfügbar, die für sehr viele seiner Probleme ausreicht.
Die Konzeption dieses Buches nimmt diese Trends auf, indem die allgemeine mathematische Einführung auf dem heute in der Regel verfügbaren Schulwissen aufbaut (vgl. Kap. 1) und die Methoden ganz dezidiert auf die Benutzung programmierbarer Taschen- und Tischrechner hin entwickelt werden (vgl. Rechenbox-Konzept und Anhang mit Flußdiagrammen und Kommentaren zur Programmierung).
Für die Beispiele sind Auswertungen experimenteller Ergebnisse herangezogen worden, die zur Aufstellung übersichtlicher mathematischer Modelle führten. Auf der Basis dieser Modelle wurden anschließend sämtliche Beispieldatensätze mit der ‚Monte Carlo-Methode' generiert. Durch dieses Verfahren kann ein enger Praxisbezug hergestellt und gleichzeitig eine sichere Aussage über das diesen Daten zugrunde liegende mathematische Modell gemacht werden. Die Beispielrechnungen sind jeweils so ausführlich, wie im Kontext des Buches möglich, gehalten. Alle Rechnungen sind mit hoher Genauigkeit durchgeführt, auch wenn die Ergebnisse aus Gründen der Übersichtlichkeit gerundet wiedergegeben werden.

Wir glauben, daß dieses Buch durch seinen anwendungsorientierten Aufbau und die stärkere Betonung der Versuchsplanung und Fehlerrisiken (insbesondere 2. Art; Schärfe) sowohl für empirisch orientierte Wissenschaftler als auch für Studenten höherer Semester eine interessante Ergänzung der üblichen Lehrbücher darstellt.

Unseren Mitarbeitern, Herrn K. Drescher und Herrn W. Schill, möchten wir für die sorgfältige Durchsicht und hilfreiche Kommentare ebenso danken wie Frau I. Grohn und Frau V. Schefe für die Reinschrift des Manuskripts. Nicht zuletzt danken wir dem Verlag für die Geduld, mit der er uns trotz einiger Terminverschiebungen unterstützt und ermutigt hat.

Inhaltsverzeichnis

Vorwort V
Symbolverzeichnis XI

I Grundlagen

Kapitel 1: Werkzeuge der Modellbildung: Grundbegriffe der Wahrscheinlichkeitsrechnung 1
1.1 Einleitung 1
1.2 Zufallsvariablen 5
1.3 Wahrscheinlichkeitsverteilungen 8
    1.3.1 Grundeigenschaften 8
    1.3.2 Verteilungsfunktionen 11
    1.3.3 Diskrete Verteilungen 13
    1.3.4 Verteilungen mit Dichten 17
    1.3.5 Mehrdimensionale Verteilungen 21
1.4 Bedingte Wahrscheinlichkeit und Unabhängigkeit 24
1.5 Maßzahlen einer Wahrscheinlichkeitsverteilung 30
    1.5.1 Erwartungswert und Quantile 30
    1.5.2 Varianz und Standardabweichung 36
    1.5.3 Rechenregeln für Erwartungswerte und Varianzen 38
    1.5.4 Korrelationskoeffizient 41
1.6 Gesetz der großen Zahlen und zentraler Grenzwertsatz 43

Kapitel 2: Präzisierung der Fragestellung 47

II Modellbildung und Versuchsplanung

Kapitel 3: Modellbildung 53
3.1 Spezielle Verteilungsmodelle 54
    3.1.1 Diskrete Gleichverteilung 54
    3.1.2 Hypergeometrische- und Binomial-Verteilung 55
    3.1.3 Poissonverteilung 62
    3.1.4 Multinomialverteilung 65
    3.1.5 Normalverteilung 68
    3.1.6 Log-Normalverteilung 72
    3.1.7 Weibull-Verteilung 75
3.2 Modelle für die Wirkung alternativer Ursachen 78
3.3 Modelle für die Wirkung mehrerer Ursachen 84
3.4 Modelle für die Wirkung kontinuierlich gemessener Ursachen 88
3.5 Modelle für den Zusammenhang zweier Merkmale 90

Kapitel 4: Versuchsplanung 93
4.1 Planung der Vorgaben und Beobachtungen 93
    4.1.1 Vorgaben 94
    4.1.2 Beobachtungen 96
4.2 Berücksichtigung von Störeinflüssen 97
    4.2.1 Meßbare Störungen 98
    4.2.2 Bekannte, aber nicht meßbare Störungen 99
    4.2.3 Unbekannte Störungen 100
4.3 Vermeidung von systematischen Fehlern durch Randomisierung 101
    4.3.1 Begründung der Randomisierung 101
    4.3.2 Zufallsgeneratoren 103
    4.3.3 Weitere Methodik zur Randomisierung 106
4.4 Erhöhung der Präzision durch geschickte Versuchsanlage 110
    4.4.1 Homogenisierung der Versuchsbedingungen (Standardisierung) ... 110
    4.4.2 Blockbildung 111
    4.4.3 Schichtung 113
    4.4.4 Paarvergleiche 114
    4.4.5 Bezug auf Standardsysteme 115
4.5 Die notwendige Anzahl der Versuchseinheiten bei normalverteilten Daten 116
    4.5.1 Präzisionsforderung und Fehlerrisiken 116
    4.5.2 Überprüfung von Grenzwerten 118
    4.5.3 Überprüfung von Normen 123
    4.5.4 Vergleich von Mittelwerten 125
4.6 Planung des Datenflusses 129
    4.6.1 Datenerhebung 130
    4.6.2 Planung der Fehlerkontrollen 131
    4.6.3 Weitere Datenverarbeitung 132
    4.6.4 Checkliste 135

III Versuchsauswertung

Kapitel 5: Beschreibung des rohen Versuchsergebnisses: Datenvorverarbeitung 136
5.1 Fehlerkontrollen 136
    5.1.1 Logische Fehlerkontrollen 137
    5.1.2 Algebraische Fehlerkontrollen 137
    5.1.3 Stochastische Fehlerkontrollen 138
5.2 Graphische Darstellung und Kreuztabellierung 140
5.3 Einfache Maßzahlen 145
    5.3.1 Lokationsmaße: Mittelwert und Median 147
    5.3.2 Dispersionsmaße: Standardabweichung und Spannweite 148
5.4 Zusammenhangsmaße 150
    5.4.1 Linearer Zusammenhang bei stetigen Merkmalen 151
    5.4.2 Zusammenhang bei geordneten Merkmalsausprägungen 155
    5.4.3 Zusammenhang bei kategoriellen Variablen 158

5.5 Beschreibung von funktionellen Zusammenhängen 160
    5.5.1 Prinzip der kleinsten Quadrate 161
    5.5.2 Lineare Funktion 162
    5.5.3 Polynomfunktionen 163
    5.5.4 Exponentielle und logarithmische Funktionen 167
    5.5.5 Periodische Funktionen 170
    5.5.6 Linearisierende Transformationen 172
    5.5.7 Gewicht von Meßpunkten 174

Kapitel 6: Präzisierung des Modells: Schätzen von Modellparametern 177
6.1 Einleitung 177
6.2 Schätzgrößen und ihre Eigenschaften 180
6.3 Schätzen der Parameter einer Normalverteilung 183
    6.3.1 Punktschätzungen 183
    6.3.2 Intervallschätzungen 185
6.4 Schätzungen für Erwartungswert und Varianz 189
6.5 Schätzen einer Wahrscheinlichkeit 190
6.6 Maximum-Likelihood-Schätzungen 194
6.7 Schätzungen in linearen Modellen 200

Kapitel 7: Schlußfolgerungen aus dem Versuch: Testen von Hypothesen ... 203
7.1 Einführung 203
7.2 Tests für einzelne Wahrscheinlichkeiten 205
    7.2.1 Erläuterung eines Tests 205
    7.2.2 Test einer Wahrscheinlichkeit 212
    7.2.3 Vergleich zweier Wahrscheinlichkeiten 219
    7.2.4 Stichprobenumfang, Fehlerrisiken und Präzisionsforschung 223
    7.2.5 Vorzeichentest bei verbundenen Stichproben 228
    7.2.6 Zusammenfassung: Durchführung eines Tests 230
7.3 Tests bei normalverteilten Zufallsvariablen 231
    7.3.1 Tests für den Erwartungswert 232
    7.3.2 Vergleich von zwei Erwartungswerten (t-Test) 239
    7.3.3 Test für die Varianz 244
    7.3.4 Vergleich zweier Varianzen (F-Test) 246
    7.3.5 Einfache Varianzanalyse: Vergleich mehrerer Erwartungswerte ... 248
7.4 Allgemeine Tests 256
    7.4.1 Graphische Beurteilung auf Normalverteilung 257
    7.4.2 Anpassungstests: Chiquadrat- und Likelihoodquotienten-Test ... 261
    7.4.3 Vergleich zweier Verteilungen (Wilcoxon-Mann-Whitney-Test) ... 269
    7.4.4 Rangtest für Paarvergleiche (Wilcoxon-Test) 275
7.5 Korrelations- und Regressionsanalyse 280
    7.5.1 Tests auf Unabhängigkeit und vorgegebene Korrelation 280
    7.5.2 Test auf lineare Regression 286
    7.5.3 Regressions-Varianzanalyse 290
7.6 Kontingenztafeln 295
    7.6.1 Die 2×2-Feldertafel 295
    7.6.2 Mehrfeldertafeln 303

IV Anhang

A1 Beispieltabellen 309

A2 Datenanalyse mit programmierbaren (Taschen)Rechnern 311
- A2.1 Allgemeines 311
- A2.2 Mittelwert, Varianz und Standardabweichung für Beobachtungen eines Merkmals 314
- A2.3 Mittelwerte, Varianzen und Korrelation für Beobachtungen zweier Merkmale: Vorbereitung für Korrelations- und Regressionsanalyse 316
- A2.4 Einfache Varianzanalyse 318
- A2.5 Regressions-Varianzanalyse 320
- A2.6 Anpassungstest 322
- A2.7 Kontingenztafeln 324

A3 Statistische Verteilung und ihre Berechnung auf programmierbaren (Taschen)Rechnern 326
- A3.1 Die Normalverteilung 327
- A3.2 Quantile und inverse Verteilungsfunktion der Normalverteilung .. 329
- A3.3 Die (zentrale) Chiquadrat-Verteilung 331
- A3.4 Die nichtzentrale Chiquadrat-Verteilung 333
- A3.5 Die (zentrale) t-Verteilung 336
- A3.6 Die nichtzentrale t-Verteilung 339
- A3.7 Die (zentrale) F-Verteilung 341
- A3.8 Die nichtzentrale F-Verteilung 345
- A3.9 Die Binomialverteilung 346
- A3.10 Die Poissonverteilung 349
- A3.11 Approximation der t-, χ^2-, F-, Binomial- und Poissonverteilung durch die Normalverteilung 351
- A3.12 Fakultäten, Binomialkoeffizienten und Gammafunktion 353
- A3.13 Erzeugung von (Pseudo)-Zufallszahlen 356

A4 Statistische Tabellen 358
- A4.1 Normal (0,1)-Verteilungsfunktion $\Phi(x)$ 358
- A4.2 α-Quantile der t_n- und N (0,1)-Verteilung 359
- A4.3 α-Quantile der χ_n^2-Verteilung 360
- A4.4 α-Quantile der F-Verteilung 361

V Literaturverzeichnis 364

VI Stichwortverzeichnis 370

Symbolverzeichnis

$B(n,p)$	Binomialverteilung	50
$b(k;n,p)$	Binomialwahrscheinlichkeit	346,347
$B(k;n,p), B^*(k;n,p)$	Binomialwahrscheinlichkeiten	346,347
$E(X)$	Erwartungswert von X	31
$F_{m,n}$	(zentrale) F-Verteilung	341
$F_{m,n}(\delta)$	nicht-zentrale F-Verteilung	345
$F_{m,n;\alpha}$	α-Quantil der F-Verteilung	342,361
FG	Freiheitsgrad (bei t-, χ^2- und F-Verteilung)	
$L(\theta)$	Likelihoodfunktion	195
log	Logarithmus	73
ln	natürlicher Logarithmus	73
$N(\mu,\sigma^2)$	Normalverteilung	20
$P(...)$	Wahrscheinlichkeit	10
$P(..|..)$	bedingte Wahrscheinlichkeit	25
q_α	α-Quantil	34
r	empirischer Korrelationskoeffizient	152
r_S	Spearmanscher Korrelationskoeffizient	156
$\mathbb{R}$	Menge der reellen Zahlen	
s^2	Stichprobenvarianz	148
$t_n(\delta)$	nicht-zentrale t-Verteilung	339
t_n	(zentrale) t-Verteilung	336
$t_{n;\alpha}$	α-Quantil der t-Verteilung	188,359
$Var(X)$	Varianz von X	36
$\bar{x}, \bar{X}$	arithmetisches Mittel	40
$\tilde{x}$	gewogenes Mittel	314
$x_{50\%}$	empirischer Median	146
x_{i+}, x_{+j}	Randsumme über einen Index	296,304,318
z_α	α-Quantil der Normalverteilung	329,359

Funktionen im Zusammenhang mit Rechnerprogrammen (s.S. 313):

ABS(X)	Absolutbetrag $|X|$ von X
EXP(X)	Exponentialfunktion an der Stelle X
SIGN(X)	Vorzeichen von X
MIN(X,Y)	Minimum von X und Y
MAX(X,Y)	Maximum von X und Y
FRAC(X)	Nachkommateil von X
INT(X)	Vorkommateil von X
LN(X)	natürlicher Logarithmus von X
MOD2(X)	Rest von X nach Division durch 2
A*B	Produkt von A und B
A↑B	Potenz A^B

Griechische Buchstaben:

α, α_o	Testniveau, Fehlerrisiko 1.Art	117,208,209
β	Fehlerrisiko 2.Art	117,208
$\Gamma(.)$	Gammafunktion	354
δ	Nichtzentralität	333,339,345
θ	Parameter	182
μ	Erwartungswert	
ρ	Korrelationskoeffizient	41
σ	Standardabweichung	36
Φ	Verteilungsfunktion bzw.	
$\varphi(.)$	Dichte der Normal (0,1)-Verteilung	327
$\Phi_n(.)$	Verteilungsfunktion bzw.	
$\varphi_n(.)$	Dichte der t_n-Verteilung	336
χ_n^2	(zentrale) χ^2-Verteilung	331
$\chi_n^2(\delta)$	nicht-zentrale χ^2-Verteilung	333
$\chi_{n;\alpha}^2$	α-Quantil der χ^2-Verteilung	263,360
Ψ	Kreuzverhältnis	298

Symbolverzeichnis

Mathematische Symbole:

$\wedge$	z.B. $\hat{\Theta}, \hat{p}$: Schätzwerte	
$[a,b], (a,b), [a,b), (a,b]$	Intervalle	8
$\binom{n}{k}$	Binomialkoeffizient	354
$n!$	Fakultät	353
$\# A$	Anzahl der Elemente der Menge A	
Σ	Summenzeichen	31
$\rightarrow$	konvergiert gegen unendlich	
$\in, \notin$	ist bzw. nicht Element von	
$=, \approx$	gleich bzw. ungefähr gleich	
$<, \leq$	kleiner bzw. kleiner oder gleich	
$>, \geq$	größer bzw. größer oder gleich	
∞	unendlich	

I Grundlagen

Kapitel 1 Werkzeuge der Modellbildung: Grundbegriffe der Wahrscheinlichkeitsrechnung

1.1 Einleitung

Warum soll sich ein Biologe oder Mediziner um Wahrscheinlichkeiten kümmern? Der Experimentator im Labor oder der Mediziner, der die Krankenblätter einer Klinik analysiert, geht doch wissenschaftlich exakt vor. Er berechnet seine Ergebnisse sogar mit Hilfe von Programmpaketen auf Computern bis auf 10 Stellen genau. Wo ist da Platz für einen so unpräzisen Begriff wie "Wahrscheinlichkeit"?

Den Stellenwert solcher Ergebnisse erkennt man schon daran, daß diese oft einmalig sind im Sinne von "unreproduzierbar": Selbst bei gleichem Datensatz kann die Verwendung eines anderen Rechners, eine leichte Änderung des Berechnungsverfahrens oder die unkritische Verwendung eines anderen Statistik-Programmpaketes zu erheblich anderen Resultaten führen.

Der eigentliche Grund für die Unmöglichkeit, ein experimentielles Ergebnis exakt zu reproduzieren, liegt aber nicht in der Auswertung, sondern in der Erhebung der Daten, also im Experiment selber. Auch bei bestmöglicher Planung und Standardisierung der Versuchsbedingungen kann nämlich eine Rest-Variabilität nicht ausgeschlossen werden, die verschiedene Ursachen haben kann:

a) Die natürliche biologische Variabilität bzw. Variabilität in der Grundgesamtheit, aus der die Untersuchungsobjekte stammen, führt bei verschiedenen Objekten und bei verschiedenen Stichproben zwangsläufig zu verschiedenen Meß- oder Beobachtungsdaten.

b) **Wesentliche Versuchsbedingungen** haben sich in der Zwischenzeit geändert, wie z.B. Luftdruck, Zusammensetzung der zu untersuchenden Population oder die Zusammensetzung des untersuchenden Ärzteteams. Es ist erfahrungsgemäß unmöglich, sämtliche Versuchsbedingungen, die einen Einfluß auf das Ergebnis haben könnten, von vornherein richtig einzuschätzen bzw. zu kontrollieren.

c) **Meßfehler**, die auf ungenauen Ablesungen oder z.B. auf Schwankungen in der Betriebsspannung von Meßgeräten beruhen, Schmutz- und Störeffekte überlagern die "richtigen" Ergebnisse.

Die Ergebnisse von biologischen oder medizinischen Experimenten sind daher selbst bei sorgfältigster Durchführung nicht exakt vorhersagbar, sondern **mit *zufälligen Fehlern* (Versuchsstreuungen) behaftet.** Derartige Vorgänge, deren Ergebnisse aus welchen Gründen auch immer nicht oder zumindest nicht 100%ig sicher vorhergesagt werden können, nennen wir *stochastische Vorgänge* oder *Zufallsexperimente*. Beispiele hierfür sind:

- Die Messungen der Gewichtszunahme von Mäusen bei Fütterungsexperimenten, wobei die Mäuse noch in mehrere Gruppen mit verschiedenen Futterzusammensetzungen unterteilt werden (biologische Variabilität innerhalb der Gruppen und zusätzliche Schwankungen zwischen den Gruppen aufgrund verschiedener Versuchsbedingungen)

- Die Messung von Überlebenszeiten nach der Entstehung eines Darmkrebses (neben der biologischen Variabilität ist das Ergebnis auch mit einem Meßfehler behaftet, da der Zeitpunkt der Entstehung des Krebses nicht genau feststellbar ist)

- Die monatliche Bestimmung der Biomasse in einem Wald oder einem Meeresgebiet (Problematik der Stichprobenauswahl)

- Wiederholungsmessungen einer festen Blutprobe mit einem Standardverfahren (Meßfehler)

1.1 Einleitung

- Messungen der Aberationsraten bei Hefezellen unter radioaktiven Bestrahlungen (zufällige Treffer im Genmaterial)

- Alle reinen Glücksspiele wie Würfeln, Roulette usw.

Für einen beurteilenden Biowissenschaftler ist es von grundlegender Bedeutung, zufällige Fehler von wirklichen Effekten unterscheiden zu können. Dies kann nur auf der Grundlage einer sorgfältigen mathematischen Analyse der "Zufälligkeit" geschehen.

Die mathematische Disziplin, die sich mit dem Zufall beschäftigt, heißt *Stochastik*. Sie umfaßt insbesondere die Wahrscheinlichkeitstheorie und die darauf aufbauende Statistik.

Die *Wahrscheinlichkeitstheorie* stellt Modelle für die Beschreibung stochastischer Vorgänge zu Verfügung, analysiert diese Modelle und bietet Verfahren an zur Berechnung neuer Wahrscheinlichkeiten aus gegebenen. Sie liefert auch im Bereich der Biologie und Medizin Werkzeuge zur Modellbildung. In konkreten Fällen sind jedoch Einzelheiten der Modelle unbekannt und es ist gerade das Ziel von empirischen Untersuchungen (z.B. Versuchsreihen im Labor oder retrospektiven Untersuchungen von Krankheitsverläufen), Informationen über das Modell und damit über die Realität zu erhalten. Mit Hilfe der Meßwerte können z.B. Schätzwerte für unbekannte Modellparameter berechnet oder Entscheidungen (statistische Tests) über zuvor aufgestellte Arbeitshypothesen getroffen werden. Die hierzu nötigen Verfahren liefert die *Statistik*, die deshalb für den Praktiker interessanter ist als die Wahrscheinlichkeitstheorie, aber ohne diese unverständlich bleibt.

Der Mathematiker versucht, den Zufall durch einen mathematischen Begriff der *Wahrscheinlichkeit* zusammen mit geeigneten Grundeigenschaften (Axiome) zu erfassen.

Dabei handelt es sich um eine Abstraktion und Idealisierung der umgangssprachlichen Begriffe "Wahrscheinlichkeit" und "Chance". Die mathematische Wahrscheinlichkeit ist zudem eine quantitative Maßzahl: Es wird bestimmten Ereignissen eine Prozentzahl zugeordnet, die angibt, wie stark man mit dem zukünftigen Eintreten dieses Ereignisses rechnet. Sie ist damit eine Quantifizierung der Sprechweisen wie "unmöglich", "unwahrscheinlich", "fifty-fifty", "wahrscheinlich","höchst wahrscheinlich" und "100%ig sicher".

Bei der Anwendung der Theorie wird die Wahrscheinlichkeit eines Ereignisses interpretiert als seine vorausgesagte relative Häufigkeit, die sich bei idealisierten Wiederholungen der Situation ergeben würde. Diese Interpretation wird durch die Erfahrung nahegelegt, daß die relative Häufigkeit eines Ereignisses mit wachsender Versuchsanzahl immer weniger streut und sich zu stabilisieren scheint (empirisches Gesetz der großen Zahlen).

Aus der Theorie folgt umgekehrt mit dem mathematischen Gesetz der großen Zahlen (siehe 1.6), daß die Häufigkeitsinterpretation die einzig angemessene ist. Der Nutzen der mathematischen Theorie besteht u.a. darin, daß die abgeleiteten Aussagen für jede beliebige Wahrscheinlichkeitsverteilung gelten und somit in konkreten Situationen angewendet werden können, ohne die Wahrscheinlichkeiten exakt zu kennen.

Im allgemeinen werden die aus der Wahrscheinlichkeitstheorie allein abgeleiteten Aussagen in konkreten Fragestellungen nicht ausreichen, vielmehr muß die jeweils vorliegende Situation durch spezifische Eigenschaften konkreter beschrieben werden (Modellbildung).

Obwohl wir davon ausgehen, daß die jetzigen Biologie- und Medizinstudenten sich im Rahmen der neugestalteten gymnasialen Oberstufe intensiv mit der für die Praxis relevanten Mathematik - und hierzu gehört die Stochastik - beschäftigt haben, werden in diesem Kapitel die wichtigsten Begriffe, Aussagen und Ideen der Wahrscheinlichkeitsrechnung behandelt, soweit wir sie als Grundlage für die Statistik in diesem Buch benötigen.

Bei dieser relativ kurzen und kompakten Einführung verzichten
wir jedoch auf Herleitungen, Vollständigkeit und soweit
wie möglich auf den mathematischen Formalismus. Als Ergänzung
und Vertiefung verweisen wir auf die im Anhang angegegbenen
Schul- und Lehrbücher wie z.B. H. ALTHOFF/F.W. KOSSWIG (1975)
bzw. W. FELLER (1963).

1.2 Zufallsvariablen

Ein stochastischer Vorgang wird mathematisch modelliert durch
einen Wahrscheinlichkeitsraum (siehe die in 1.1 angegebene
Schul- und Lehrbuchliteratur). Ein adäquates stochastisches
Modell zu einem komplexen realen Vorgang ist sehr umfang-
reich und nur sehr schwer vollständig zu erfassen. Die empirischen Wissenschaften sind jedoch im allgemeinen nur an bestimmten, durch die jeweilige Fragestellung präzisierten,
quantifizierbaren Teilaspekten des stochastischen Vorganges
interessiert, also nur an Abbildungen der Realität in den Bereich von Zahlen. Die Reduktion auf quantifizierbare Teil-
aspekte erfolgt durch *Zufallsvariable*. Diese sind Abbildungen
mit bestimmten Eigenschaften zwischen Wahrscheinlichkeitsräumen.
Interpretierbar ist eine solche Zufallsvariable als ein Merkmal (Meßgröße), von dem vor der Beobachtung des stochastischen
Vorganges (Zufallsexperiment) nicht bekannt ist, welche Merkmalsausprägung (Meßwert) realisiert werden wird. Beispiele
sind etwa das Körpergewicht, der Nikotingehalt einer Zigarrette
oder die Temperatur in Hamburg um 7 Uhr (siehe Abbildung 1.1).
Für den Statistiker ist nur der Wertebereich und die *Verteilung*
der Zufallsvariablen von Belang. Die Verteilung gibt an, mit
welchen Wahrscheinlichkeiten die Zufallsvariable Werte in bestimmten Bereichen annimmt. Da die tatsächlichen Vorgänge nicht
hinreichend bekannt sind, ist auch die Verteilung der Zufallsvariablen im allgemeinen unbekannt. Der Statistiker macht deshalb aufgrund von Erfahrungen, Pilotstudien, Vorversuchen oder
theoretischen Überlegungen eine Annahme (Arbeitshypothese),
durch die die Verteilung ganz oder wenigstens teilweise festgelegt wird. Diese *Modellannahme* ist dann einerseits Grundlage für die Berechnung weiterer Wahrscheinlichkeiten. An-

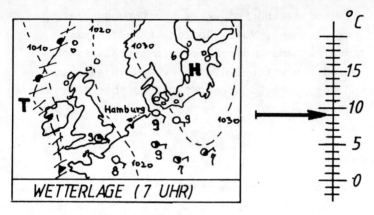

Abb. 1.1 Die Zufallsvariable „Temperatur" in Hamburg um 7 Uhr

dererseits kann man mit Hilfe von Stichproben und statistischen Verfahren überprüfen, ob die Modellannahme und die Arbeitshypothese im Einklang mit der Realität stehen oder nicht.

Zusammenfassend halten wir fest, daß stochastische Modelle durch Angabe von Zufallsvariablen und speziellen Verteilungsannahmen konkretisiert werden. Solche konkreten Modelle werden vor allem im Kapitel 3 angegeben. In den nachfolgenden Abschnitten dieses Kapitels werden allgemeine Begriffe und Aussagen der Wahrscheinlichkeitsrechnung, soweit sie für dieses Buch relevant sind, zusammengestellt. Zunächst jedoch sollen an zwei einfachen Beispielen die Begriffe "Zufallsvariable" und "Verteilung" verdeutlicht werden.

Beispiel 1.1: Augensumme beim zweifachen Würfelwurf

Interessiert bei dem Zufallsexperiment "Werfen eines grünen und eines roten Würfels" nur die gewürfelte Augensumme, so haben wir eine Zufallsvariable X, die die Werte $2,3,\ldots,11,12$ annehmen kann. Aus den Überlegungen, auf wieviele verschiedene Arten es z.B. zur Augensumme 5 kommen kann, und der üblichen Annahme, daß es sich um ideale Würfel handelt, ergibt sich die in der folgenden Tabelle aufgeführte Modellannahme über die Verteilung der Augensumme X. Nach dieser Modellannahme ist z.B. die Wahrscheinlichkeit, die Augensumme 5 zu werfen, gleich 4/36. Hierfür schreiben wir $P(X=5)=4/36$.

1.2 Zufallsvariablen

mögliche Augensumme i	Möglichkeiten für die Augensumme i (grüner Würfel, roter Würfel)						Anzahl	Wahrscheinlichkeit P(X=i)
2	(1,1)						1	1/36
3	(1,2)	(2,1)					2	2/36
4	(1,3)	(2,2)	(3,1)				3	3/36
5	(1,4)	(2,3)	(3,2)	(4,1)			4	4/36
6	(1,5)	(2,4)	(3,3)	(4,2)	(5,1)		5	5/36
7	(1,6)	(2,5)	(3,4)	(4,3)	(5,2)	(6,1)	6	6/36
8	(2,6)	(3,5)	(4,4)	(5,3)	(6,2)		5	5/36
9	(3,6)	(4,5)	(5,4)	(6,3)			4	4/36
10	(4,6)	(5,5)	(6,4)				3	3/36
11	(5,6)	(6,5)					2	2/36
12	(6,6)						1	1/36
	Insgesamt:						36	1

Beispiel 1.2: Geschlecht eines Neugeborenen

Aus der Grundgesamtheit aller in einer bestimmten Klinik im letzten Jahr Geborenen, die etwa durch die Gesamtheit der zugehörigen Karteikarten repräsentiert werden kann, soll zufällig ein Kind ausgewählt werden (Zufallsexperiment). Das interessierende Merkmal sei das Geschlecht, das wir durch 1 (männlich) und 0 (weiblich) codieren. Damit haben wir eine Zufallsvariable X "Geschlecht", die Werte 1 und 0 annehmen kann mit den unbekannten Wahrscheinlichkeiten p bzw. 1-p, die zwischen 0 und 1 liegen. Hierfür schreiben wir

(1) $P(X=1) = p$, $P(X=0) = 1-p$.

Durch (1) ist die Verteilung von X bis auf den unbekannten Parameter p festgelegt, über den weitere Modellannahmen gemacht werden können. Naheliegend ist etwa die Annahme $p = 0.50$. Erfahrungsgemäß werden jedoch mehr Jungen als Mädchen geboren; so gab es z.B. 1974 in der Bundesrepublik Deutschland

321 480 männliche Lebendgeborene und
304 893 weibliche Lebendgeborene.

Dies ergibt eine relative Häufigkeit der männlichen Lebendgeborenen von $321480/(321480 + 304893) \approx 51.32\%$. Deshalb ist eine Annahme mit $p = 0.51$ realistischer als $p = 0.50$.

1.3 Wahrscheinlichkeitsverteilungen

1.3.1 Grundeigenschaften

Die Verteilung einer Zufallsvariablen X gibt an, mit welchen Wahrscheinlichkeiten X Werte in bestimmten Zahlenbereichen annimmt. Neben den Elementarwahrscheinlichkeiten für einzelne Werte der Zufallsvariablen (siehe Beispiel 1.1: Wahrscheinlichkeit, daß die Augensumme den Wert 5 annimmt) spielen vor allem Wahrscheinlichkeiten für Intervalle eine besondere Rolle. Dies liegt u.a. daran, daß viele Meßwerte, die durch eine einzige Zahl angegeben werden, eigentlich ein ganzes Zahlenintervall beschreiben. Die Angabe "Herr M. ist 180 cm groß" soll in den wenigsten Fällen besagen, daß Herr M. genau 180.000...cm groß ist. Gemeint ist vielmehr, daß die Körpergröße ungefähr 180 cm ist, d.h. in einem Intervall um 180 cm liegt. Je nach Meßgenauigkeit oder Zweck könnte dies das Intervall von 175 cm bis 185 cm oder von 179.5 cm bis 180.5 cm sein. Für Intervalle von a bis b verwenden wir die üblichen Schreibweisen:

(1) $[a,b]$, $(a,b]$, $[a,b)$, (a,b) .

Diese Intervalle enthalten alle Zahlen zwischen den Intervallenden a und b, wobei a und b selber nur dann mit zum Intervall gehören, wenn an den entsprechenden Stellen eine eckige Klammer steht. Den Begriff "Intervall" und die Schreibweise (1) verwenden wir auch, wenn $a = -\infty$ oder $b = \infty$ ist. So ist das Intervall $(-\infty, a]$ die Menge aller Zahlen, die kleiner oder gleich a sind.

Wahrscheinlichkeiten, die sich auf Intervalle beziehen, schreiben wir in der Form

(2) $P(a \leq X \leq b)$, $P(a < X \leq b)$

$P(X > a)$, $P(X \leq b)$.

Der erste dieser Ausdrücke ist z.B. zu lesen als "Wahrscheinlichkeit dafür, daß die Zufallsvariable X einen Wert aus dem Intervall $[a,b]$ annimmt".

Spielen Intervallenden keine Rolle, so schreiben wir für ein Intervall A anstelle von (2) auch

(3) $P(X \in A)$ oder $P_X(A)$.

Hierbei kann "X ∈ A" als "X liegt in A" gelesen werden. Die Darstellungen (3) sind auch geeignet für Zahlenmengen A, die keine Intervalle sind und sogar für Mengen A, deren Elemente keine Zahlen, sondern z.B. Paare oder Tripel von Zahlen sind.

Die zwei Schreibweisen in (3) weisen auf verschiedene Aspekte hin: In beiden Fällen wird das _Ereignis_ , daß X einen Wert aus A annimmt, hinsichtlich des zukünftigen Eintretens durch die Angabe einer Wahrscheinlichkeit bewertet. Formal wird jedoch die Wahrscheinlichkeit in dem einen Fall der _Aussage_ "X liegt in A" und im anderen der _Menge_ A zugeordnet.

Aus Aussagen erhält man durch Negation sowie die Verknüpfungen "und", "oder", "entweder-oder" neue Aussagen und ebenso erhält man aus Mengen mittels der Komplement-, Durchschnitts- und Vereinigungsbildung neue Mengen. Es ist deshalb naheliegend und bei komplexen Modellen wünschenswert, auch solchen zusammengesetzten Ereignissen (Aussagen bzw. Mengen) Wahrscheinlichkeiten zuzuordnen. Die Regeln hierzu werden im Schulunterricht meist mengenalgebraisch formuliert, während wir mehr den Aussagen-Aspekt betonen. Zur "Übersetzung" zwischen den mengenalgebraischen und aussagenlogischen Verknüpfungen sei auf folgende Übersicht verwiesen.

Mengen	Aussagen
A und B seien Teilmengen einer Menge S	
A	X liegt in A ; $X \in A$
A^c (Komplement)	X liegt nicht in A ; $X \notin A$
$A \cap B$ (Durchschnitt)	X liegt in A und in B
$A \cup B$ (Vereinigung)	X liegt in A oder in B (oder in beiden)
$(A \cap B^c) \cup (A^c \cap B)$	X liegt entweder in A oder in B

Beispiel 1.3: Fortsetzung von Beispiel 1.1

Aus den Elementarwahrscheinlichkeiten P(X=i) erhält man auf naheliegende Weise Wahrscheinlichkeiten für zusammengesetzte Ereignisse (Aussagen oder Mengen), indem man die entsprechenden Elementarwahrscheinlichkeiten addiert. So ergeben sich folgende Gleichheiten:

a) $P(4 \leq X \leq 6) = P(X=4) + P(X=5) + P(X=6) = 12/36$

b) P(X ist eine gerade Zahl) =
   $P(X=2) + P(X=4) + P(X=6) + P(X=8) + P(X=10) + P(X=12) = 18/36$

c) $P(X < 7) = 15/36$

d) P(X ist eine gerade Zahl *und* kleiner als 7) =
   $P(X=2) + P(X=4) + P(X=6) = 9/36$

e) P(X ist eine gerade Zahl *oder* kleiner als 7) =
   P(X ist gerade) + P(X < 7) - P(X ist gerade *und* kleiner als 7) =
   $18/36 + 15/36 - 9/36 = 24/36$

f) $P(2 \leq X \leq 12) = 1$

g) $P(X \leq 10) = 1 - P(X > 10) = 1 - (2/36 + 1/36) = 33/36$

Die im Beispiel 1.3 aufgetretenen Beziehungen sollen jetzt allgemeiner formuliert werden. Hierzu betrachten wir eine Zufallsvariable X mit einem *Wertebereich* S, d.h. X nimmt mit Sicherheit nur Werte aus S an. Im Beispiel 1.3 ist S die Menge der natürlichen Zahlen 2,3,...,12. Ist X der Zeigerausschlag eines Meßinstrumentes, so ist der Wertebereich S identisch mit dem Skalenbereich, also ein Intervall. Eine *Verteilung* von X ordnet jeder relevanten Teilmenge A von S bzw. der zugehörigen Aussage einen Zahlenwert zu, den wir mit $P(X \in A)$ bezeichnen und interpretieren als "Wahrscheinlichkeit dafür, daß X einen Wert aus A annimmt". Die mathematische Definition der Verteilung, auf die wir hier nicht eingehen, impliziert folgende Grundeigenschaften von A.N. KOLMOGOROV, aus denen sich alle weiteren Eigenschaften ableiten lassen:

(4) Wahrscheinlichkeiten liegen (wie relative Häufigkeiten) stets im Intervall [0,1]:
$$0 \leq P(X \in A) \leq 1.$$

(5) X nimmt 100%-ig sicher einen Wert aus S an (*sicheres Ereignis*):
$$P(X \in S) = 1 \quad \text{und} \quad P(X \notin S) = 0 .$$

(6) Die Wahrscheinlichkeit eines ODER-Ereignisses ist die Summe der Einzelwahrscheinlichkeiten vermindert um die Wahrscheinlichkeit des gleichzeitigen Eintretens beider Ereignisse:
$$P(X \in A \text{ oder } X \in B) = P(X \in A) + P(X \in B) - P(X \in A \text{ und } x \in B)$$

(7) Falls höchstens eines von zwei Ereignissen "X ∈ A" und "X ∈ B" eintreten kann, dann ist die Wahrscheinlichkeit des ODER-Ereignisses die Summe der Einzelwahrscheinlichkeiten (*Additivität*):
$$P(\text{entweder } X \in A \text{ oder } X \in B) = P(X \in A) + P(X \in B).$$

Bemerkung: Von den Ereignissen "X ∈ A" und "X ∈ B" kann höchstens eines eintreten, wenn die Mengen A und B keine gemeinsamen Elemente haben, also elementfremd sind.

(8) Eine Verallgemeinerung der Additivität: Falls höchstens eines von abzählbar unendlich vielen Ereignissen "$X \in A_1$", "$X \in A_2$", "$X \in A_3$",... eintreten kann, dann gilt (σ - *Additivität*)
$$P(X \text{ liegt in irgendeinem der } A_i) = P(X \in A_1) + P(X \in A_2) + ...$$

(9) Wenn das Ereignis "X ∈ A" das Ereignis "X ∈ B" impliziert (dies ist der Fall, wenn A in B enthalten ist), dann gilt
$$P(X \in A) \leq P(X \in B) .$$

1.3.1 Verteilungsfunktionen

Ein wichtiges Werkzeug für die Behandlung der Verteilung von reellen Zufallsvariablen sind die Verteilungsfunktionen. Dabei sind reelle Zufallsvariable solche, deren mögliche Werte reelle Zahlen sind. Ist X eine derartige Zufallsvariable, so heißt die für alle reellen Zahlen x durch

(1) $\quad F(x) = P(X \leq x)$

definierte Funktion F *Verteilungsfunktion* von X. F(a) gibt
also die Wahrscheinlichkeit dafür an, daß X einen Wert kleiner
oder gleich a annimmt.

Jede Verteilungsfunktion F ist monoton wachsend, d.h. es gilt

(2) $F(a) \leq F(b)$ für $a < b$,

und wächst von 0 bis 1. Mit Hilfe von F können alle wesentlichen Wahrscheinlichkeiten berechnet werden. Insbesondere gilt für $a \leq b$

(3) $P(a < X \leq b) = P(X \leq b) - P(X \leq a) = F(b) - F(a)$.

Die Bedeutung der Verteilungsfunktionen liegt darin, daß für reelle Zufallsvariable ein so komplexer Sachverhalt wie eine Verteilung allein durch die Verteilungsfunktion charakterisiert werden kann.

Beispiel 1.4: Verteilungsfunktion der Binomial(1,p)-Verteilung

Im Beispiel 1.2 wurde eine Zufallsvariable X betrachtet, die nur die Wert 0 und 1 annehmen kann und zwar mit den Wahrscheinlichkeiten
$P(X=0) = 1-p$ und $P(X=1) = p$ $(0 < p < 1)$.
Eine derartige Verteilung heißt *Binomial(1,p)-Verteilung*.
Man erhält sofort

$$P(X \leq x) = \begin{cases} 0 & \text{für } x < 0 \\ P(X=0) = 1-p & \text{für } 0 \leq x < 1 \\ P(X=0) + P(X=1) = 1 & \text{für } x \geq 1 \end{cases}$$

Insgesamt ergibt sich die in Abbildung 1.2 dargestellte Verteilungsfunktion. Aus dieser Abbildung liest man ab, daß $P(X=0)$ und $P(X=1)$ gerade die Sprunghöhen der Verteilungsfunktion an den Stellen x=0 bzw. x=1 sind.

Beispiel 1.5: Verteilungsfunktion der stetigen Gleichverteilung

Es soll in Gedanken "zufällig" eine Zahl zwischen 0 und 1 ausgewählt werden. Die "Zufälligkeit" wird durch die Forderung präzisiert, daß gleichlangen Teilintervallen des Intervalls [0,1] die gleiche Wahrscheinlichkeit zugeordnet wird. Dies führt für die Zufallsvariable X "ausgewählte Zahl" auf die Modellannahme

(4) $P(a < X \leq b) = b - a$ für $0 \leq a < b \leq 1$.

1.3 Wahrscheinlichkeitsverteilungen

Hieraus ergibt sich wegen (3) die in Abbildung 1.3 dargestellte Verteilungsfunktion

$$(5) \quad F(x) = \begin{cases} 0 & \text{für } x \leq 0 \\ x & \text{für } 0 < x \leq 1 \\ 1 & \text{für } x > 1 \end{cases}.$$

Eine Verteilung mit der Verteilungsfunktion (5) heißt _stetige Gleichverteilung_ über dem Intervall [0,1] . Sie spielt in der Versuchsplanung eine besondere Rolle (siehe Kapitel 4.3).

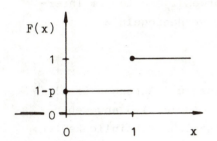

Abb. 1.2 Verteilungsfunktion der Binomial(1,p)-Verteilung

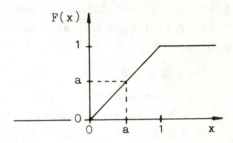

Abb. 1.3 Verteilungsfunktion der stetigen Gleichverteilung

Die Zufallvariable im Beispiel 1.4 nimmt nur isoliert liegende, diskrete Werte an, während die Zufallsvariable im Beispiel 1.5 jeden Wert innerhalb gewisser Grenzen annehmen kann. Dieser prinzipielle Unterschied zeigt sich auch in den Abbildungen der Verteilungsfunktionen: Die eine Funktion ist stückweise konstant und wächst springend von 0 bis 1, während die andere stetig von 0 bis 1 anwächst. Da nahezu alle in der Praxis auftretenden Zufallsvariablen und deren Verteilungen zu einem dieser Sonderfälle gehören, werden diese in den nächsten beiden Abschnitten intensiver behandelt.

1.3.3 Diskrete Verteilungen

Jede Zufallsvariable, die nur endlich viele oder potentiell abzählbar unendlich viele Werte $a_1, a_2, a_3, \ldots$ annehmen kann, nennen wir _diskret verteilt_ oder kurz _diskret_. Beispiele für diskrete Zufallsvariable sind die Augensumme beim zweifachen Würfelwurf (siehe Beispiel 1.1), die mit einem Digitalvoltmeter gemessene Spannung, die Anzahl der Bakterien in einer Kultur oder die Anzahl der radioaktiven Zerfälle pro Sekunde bei einer bestimmten Substanz.

Die Verteilung einer diskreten Zufallsvariablen ist eindeutig festgelegt durch die Elementarwahrscheinlichkeiten. Dies sind die den möglichen Werten $a_1, a_2, a_3, \ldots$ zugeordneten Einzelwahrscheinlichkeiten $p_1, p_2, p_3, \ldots$ mit $p_i = P(X=a_i)$. Diese Einzelwahrscheinlichkeiten müssen notwendigerweise im Intervall [0,1] liegen und sich wegen der Rechenregeln zu 1 aufaddieren:

(1) $\quad p_1 + p_2 + p_3 + \ldots = 1$

Für zusammengesetzte Mengen, Ereignisse und Aussagen erhält man die Wahrscheinlichkeiten wie im Beispiel 1.3 angegeben durch Addition der entsprechenden Einzelwahrscheinlichkeiten; zum Beispiel: $P(X=a_5 \text{ oder } X=a_8) = p_5 + p_8$.

Die Verteilungsfunktion einer diskreten reellen Zufallsvariablen X mit $P(X=a_i) = p_i$ ist eine wie in Abbildung 1.2 oder 1.4 dargestellte Treppenfunktion, die sprungweise von 0 bis 1 aufsteigt. Die Funktion springt dabei jeweils an den Stellen a_i um den Wert p_i nach oben.

Beispiel 1.6: Zufällige Stichprobenentnahme (diskrete Gleichverteilung)

Aus einer Menge von m Tieren soll "zufällig" ein Tier für einen Versuch ausgewählt werden. Die "Zufälligkeit" wird durch die Forderung präzisiert, daß jedes Tier die gleiche Chance erhält, ausgewählt zu werden. Numerieren wir in Gedanken die Tiere von 1 bis m, so läuft dies auf eine Zufallsvariable "Nummer des ausgewählten Tieres" hinaus, die die Werte 1,2,...,m annehmen kann und zwar jeweils mit der gleichen Wahrscheinlichkeit 1/m. Diese Verteilung heißt *diskrete Gleichverteilung* (siehe Abbildung 1.4).

1.3 Wahrscheinlichkeitsverteilungen

In Kapitel 4 wird ausgeführt, warum eine derartige "zufällige" Auswahl erforderlich ist und wie sie durchgeführt werden kann.

Für eine beliebige Teilmenge A von $\{1,2,\ldots,m\}$ ergibt sich die Wahrscheinlichkeit

(2) $P(X \in A) = \#\, A/m$,

wobei $\#\, A$ die Anzahl der Elemente von A bezeichnet.

In vielen Fällen sieht man Zufallsvariable als diskret verteilt an, obwohl sie wie die Zufallsvariable im Beispiel 1.5 jeden Wert innerhalb eines bestimmten Intervalls annehmen können. Im Beispiel 1.7 ist eine solche *diskretisierte* Zufallsvariable angegeben.

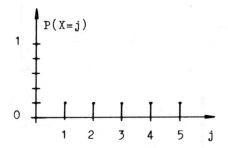 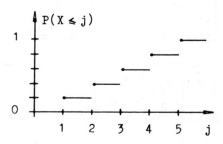

Abb. 1.4
Diskrete Gleichverteilung mit m = 5:
Einzelwahrscheinlichkeiten (links) und Verteilungsfunktion (rechts)

Beispiel 1.7: Sterbewahrscheinlichkeiten

Die folgende Tabelle enthält Sterbewahrscheinlichkeiten für einen männlichen Neugeborenen. Die Wahrscheinlichkeiten wurden geschätzt aus Sterbetafeln für die Jahre 1960 - 1962.

Die Zufallsvariable X "Lebensjahrzehnt" kann nur die Werte $1,2,\ldots,10$ annehmen und ist deshalb diskret verteilt (siehe Abbildung 1.5). Statt der künstlichen Zufallsvariablen "Lebensjahrzehnt" interessiert eigentlich vielmehr die Zufallsvariable T "erreichtes Lebensalter".

Die durch die Tabelle gegebene Wahrscheinlichkeitsverteilung kann man ansehen als Verteilung der diskretisierten Zufallsvariable T. Dabei wird nicht den einzelnen Werten des "Lebensalters", sondern nur den aufgeführten 10 Intervallen eine Wahrscheinlichkeit zugeordnet.

Erreichtes Lebensalter T in Jahren	Lebensjahrzehnt Nr. j	Wahrsch. in % p_j
$0 < T \leq 10$	1	4.3
$10 < T \leq 20$	2	0.8
$20 < T \leq 30$	3	1.6
$30 < T \leq 40$	4	1.9
$40 < T \leq 50$	5	3.9
$50 < T \leq 60$	6	11.2
$60 < T \leq 70$	7	22.0
$70 < T \leq 80$	8	30.4
$80 < T \leq 90$	9	21.0
$90 < T$	10	2.9
	Insgesamt:	100.0

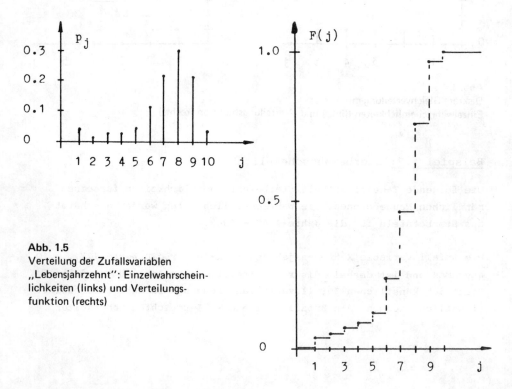

Abb. 1.5
Verteilung der Zufallsvariablen „Lebensjahrzehnt": Einzelwahrscheinlichkeiten (links) und Verteilungsfunktion (rechts)

1.3 Wahrscheinlichkeitsverteilungen

1.3.4 Verteilungen mit Dichten

Die im Beispiel 1.7 angegebene Tabelle der Sterbewahrscheinlichkeiten könnte wesentlich verfeinert werden, indem man das Lebensalter feiner klassifiziert. Verteilungen mit Klassenbreiten von 10 und 5 Jahren sind in den Abbildungen 1.6 a bzw. b dargestellt. Hierbei haben wir anstelle eines *Stabdiagramms* wie in Abbildung 1.5 ein *Blockdiagramm* oder *Säulendiagramm* verwendet. Die Basis der Säulen gibt die Altersintervalle an. Die Höhe der Intervalle ist so konstruiert, daß die Sterbewahrscheinlichkeit für ein Altersintervall gleich dem Flächeninhalt der Säule ist. So ergibt sich z.B. aus Abbildung 1.6 b für die Zufallsvariable X "Lebensalter"

$P(50 < X \leq 60) =$

Summe der Flächeninhalte der Säulen über $(50,55]$ und $(55,60]$

$= 5 \cdot 0.80\% + 5 \cdot 1.44\% = 11.20\%.$

Dieser Wert ist bereits im Beispiel 1.7 für das 6. Lebensjahrzehnt angegeben.

Denkbar ist eine weitere Verkleinerung der Klassenbreite bei gleichzeitiger Erhöhung der Anzahl der Altersklassen, indem man das Lebensalter auf Monate oder Wochen, Tage, Stunden, Minuten usw. genau angibt. Je feiner die Einteilung, desto schmaler werden die Säulen im Diagramm, d.h. die Wahrscheinlichkeiten für die einzelnen Altersklassen werden immer kleiner. Es ist ein empirischer Befund, daß der obere Rand des Säulendiagramms mit kleiner werdenden Intervallen eine stetige Funktion approximiert. Die Verteilung der Zufallsvariable "Lebensalter" kann deshalb in etwa auch durch eine solche stetige Funktion f beschrieben werden, wobei die Wahrscheinlichkeit für ein beliebiges Altersintervall gleich dem Flächeninhalt unter f über diesem Intervall ist (siehe Abbildung 1.6 c).

Der eben beschriebene Approximationsprozeß führt zu folgender Modellvorstellung: Die Zufallsvariable X kann jeden Wert innerhalb eines gewissen Intervalls annehmen. Wir nennen solche Zu-

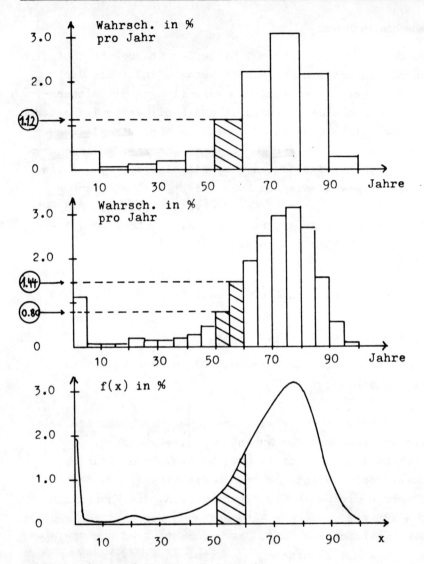

Abb. 1.6a–c (von oben): Verteilung des Lebensalters

fallsvariable *stetig* oder *kontinuierlich*. Die Verteilung einer kontinuierlichen Zufallsvariable wird angegeben durch eine *Dichte* f, d.h. durch eine nicht-negative Funktion f, bei der der Gesamtflächeninhalt zwischen dem Graphen von f und der x-Achse gleich 1 ist. Die Wahrscheinlichkeit, daß X einen Wert

1.3 Wahrscheinlichkeitsverteilungen

aus einem beliebigen Intervall von a bis b annimmt, ist gleich dem Flächeninhalt unter f über diesem Intervall. Dieser Flächeninhalt läßt sich berechnen durch das Integral:

Für a < b gilt

(1) $\quad P(a < X \leq b) = \int_a^b f(x) \, dx$.

Die Werte $F(c) = P(X \leq c)$ der Verteilungsfunktion F sind als Flächeninhalte unter der Dichte f von ganz links bis zur Stelle c interpretierbar:

(2) $\quad P(X \leq c) = F(c) = \int_{-\infty}^c f(x) \, dx$.

Die Ableitung der Verteilungsfunktion F ergibt an den Stellen, an denen sie existiert, gerade die Dichte f:

(3) $\quad \dfrac{d\,F(x)}{d\,x} = f(x)$.

Beispiel 1.8: Fortsetzung von Beispiel 1.5

Die zur Verteilungsfunktion 1.3.2(5) gehörende Dichte f ist im wesentlichen die Ableitung der Verteilungsfunktion:

(4) $\quad f(x) = \begin{cases} 1 & \text{für } 0 \leq X \leq 1 \\ 0 & \text{sonst} \end{cases}$.

Sie ist über dem interessierenden Intervall von 0 bis 1 konstant.

Im Beispiel 1.8 ist die Wahrscheinlichkeit für ein Intervall gleich der Länge des Intervalls (siehe 1.3.2(4)). Im Grenzfall eines Punktes ergibt sich hieraus, daß die Wahrscheinlichkeit ebenso wie die Länge eines einzelnen Wertes gleich 0 ist. Dies gilt allgemein für Verteilungen mit Dichten:

(6) $\quad P(X=a) = 0 \quad$ für alle a.

Bei diskreten Verteilungen sind zumindest einige Einzelwahrscheinlichkeiten positiv, bei Verteilungen mit Dichten sind allenfalls Wahrscheinlichkeiten für Intervalle positiv.

Beispiel 1.9: Geburtsgewicht (Normalverteilung)

Für die Zufallsvariable X "Geburtsgewicht eines zufällig ausgewählten männlichen Lebendgeborenen" kann man aufgrund der Erfahrung folgende Modellannahme machen: X ist eine kontinuierliche Zufallsvariable mit einer Dichte f von der Form

(7) $\quad f(x) = \dfrac{1}{\sqrt{2\pi}\,\sigma} \cdot e^{-z^2/2} \quad$ mit $z = \dfrac{x - \mu}{\sigma} \quad (x \in \mathbb{R})$.

In Abbildung 1.7 ist die glockenförmige Kurve der Graph einer solchen Dichte f. Das Maximum von f liegt an der Stelle μ (hier $\mu = 3430$) und die Wendepunkte liegen bei $\mu - \sigma$ und $\mu + \sigma$ (hier mit $\sigma = 530$). Eine Verteilung mit der Dichte (7) heißt *Normal* (μ, σ^2)-*Verteilung* (vgl. Anhang A 3.1).

Das in Abbildung 1.7 eingezeichnete Säulendiagramm entspricht tatsächlich bobachteten Geburtsgewichten (Bundesrepublik Deutschland, 1974, Geburtsgewichte von männlichen Lebendgeborenen). Bei dieser Modellannahme handelt es sich um eine Idealisierung der Realität. Dies sieht man schon daran, daß die Dichte f im Gegensatz zum Säulendiagramm symmetrisch ist. Ferner kann X wegen der Positivität der Dichte

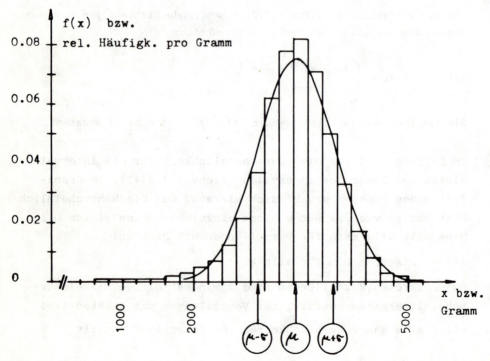

Abb. 1.7 Dichte f der Normalverteilung

f auch nicht realisierbare und sogar negative Werte (negative Geburtsgewichte)annehmen, wenngleich mit sehr kleinen, vernachlässigbaren Wahrscheinlichkeiten. Der größte Teil der Gesamtwahrscheinlichkeit ist auf die Umgebung der Maximalstelle μ konzentriert. Im vorliegenden Fall gilt für das in Gramm gemessene Gewicht X z.B.

$P(2300 \leq X \leq 4500) = 96.2\%$ und $P(1700 \leq X \leq 5000) = 99.8\%$.

(Auf die konkrete Berechnung dieser Wahrscheinlichkeiten gehen wir im Kapitel 3 und im Anhang ein).

1.3.5 Mehrdimensionale Verteilungen

Werden bei einer Messung, einer Beobachtung oder allgemeiner bei einem stochastischen Vorgang mehrere Merkmale erfaßt, dann hat man es mit mehreren Zufallsvariablen zu tun. Bei einer allgemeinen ärztlichen Untersuchung z.B. werden Alter, Geschlecht, Gewicht, Körpergröße, Blutdruck usw. erhoben und in die Kartei eingetragen. Interessant und u.U. für den Arzt aufschlußreich sind dabei nicht so sehr die Einzelergebnisse, sondern das Zusammentreffen der Ergebnisse: Der Patient ist 20 Jahre alt *und* "klein" *und* "dick" *und* hat einen systolischen Blutdruck von 140 mmHG. Es ist deshalb erforderlich, auch die gemeinsame Verteilung von mehreren Zufallsvariablen zu betrachten, da diese einen möglichen Zusammenhang zwischen den zugehörigen Merkmalen beschreibt. Wir beschränken uns hier zunächst auf zwei Zufallsvariable X und Y, die durch Paarbildung zu einer zweidimensionalen Zufallsvariable (X,Y) zusammengefaßt werden.

Bei einer Zufallsvariablen (X,Y) können wir drei Typen unterscheiden, auf die wir kurz eingehen werden: X und Y sind beide diskret bzw. beide kontinuierlich bzw. eine der Zufallsvariablen ist diskret und die andere kontinuierlich .

Sind X und Y diskret und können sie die Werte $a_1, a_2, \ldots$ bzw. $b_1, b_2, \ldots$ annnehmen, so wird die *gemeinsame Verteilung* von X und Y, also die Verteilung des Paares (X,Y) vollständig beschrieben durch die Wahrscheinlichkeiten

(1) $\quad P(X=a_i, Y=b_j) = p_{ij}$.

Beispiel 1.10: Geburtsgewicht und Geschlecht

Die folgende sogenannte Kontingenztafel enthält die Häufigkeiten für die Kombinationen von Geburtsgewicht und Geschlecht bei 100 Lebendgeborenen.

		Geburtsgewicht			insgesamt
		Klasse 1 bis unter 3 kg	Klasse 2 3 - 4 kg	Klasse 3 über 4 kg	
Geschlecht	Klasse 1 weibl.	12	33	3	48
Geschlecht	Klasse 2 männl.	9	35	8	52
insgesamt:		21	68	11	100

Liest man die Zahlen in der Tabelle als Prozentzahlen, so kann man die Tabelle ansehen als eine Verteilung der zweidimensionalen Zufallsvariablen (X,Y), wobei X die Klassenzahl des Geschlechts und Y die des Geburtsgewichts eines zufällig ausgewählten Lebendgeborenen angibt. Die Wahrscheinlichkeit dafür, daß z.B. X den Wert 2 (männlich) *und* Y den Wert 3 (Gewichtsklasse 3) annimmt, ist laut Tabelle 8%. Hierfür schreiben wir $P(X=2,Y=3)= 8\%$.

In Analogie zum eindimensionalen Fall erhält man Wahrscheinlichkeiten für zusammengesetzte Ereignisse durch Addition der entsprechenden Einzelwahrscheinlichkeiten. So ist im Beispiel 1.10

$$P(X \leq 2, Y \leq 2) = p_{11} + p_{12} + p_{21} + p_{22}$$

$$= 12\% + 33\% + 9\% + 35\% = 89\% .$$

Die Ränder der Tabelle im Beispiel 1.10 enthalten die Häufigkeiten für die einzelnen Merkmale "Geschlecht" bzw. "Gewichtsklasse". Sie sind entstanden durch zeilen- bzw. spaltenweise Addition. Liest man die Zahlen in der Tabelle wieder als Wahrscheinlichkeiten in %, so stehen in den Rändern

1.3 Wahrscheinlichkeitsverteilungen

der Tabelle die Verteilungen der einzelnen Zufallsvariablen X bzw. Y:

$P(X=1) = 48\%$, $P(X=2) = 52\%$

$P(Y=1) = 21\%$, $P(Y=2) = 68\%$, $P(Y=3) = 11\%$.

Die Verteilung von X und Y heißen deshalb auch *Randverteilungen* der gemeinsamen Verteilung. Allgemein erhält man aus der gemeinsamen Verteilung (1) die Verteilung von X als Randverteilung, d.h. durch Addition über die möglichen Y-Werte:

$$P(X=a_i) = P(X=a_i, Y=b_1) + P(X=a_i, Y=b_2) + P(X=a_i, Y=b_3) + \ldots$$

(2)
$$= p_{i1} + p_{i2} + p_{i3} + \ldots$$

$$= p_{i+}$$

Die Schreibweise p_{i+} deutet auf die Summation über den zweiten Index hin. Analog ergibt sich aus (1)

(3) $\quad P(Y=b_j) = p_{+j}$.

Wird im Beispiel 1.10 das Geburtsgewicht nicht grob klassifiziert, sondern durch eine kontinuierliche Zufallsvariable Y beschrieben, so ist die erste Komponente von (X,Y) diskret und die zweite kontinuierlich. Die Angabe der gemeinsamen Verteilung von X und Y ist nicht so einfach wie in (1). Wie im Beispiel 1.9 kann das Geburtsgewicht der weiblichen und männlichen Lebendgeborenen durch Dichten f_1 bzw. f_2 beschrieben werden. Da f_1 die Dichte von Y ist unter der Bedingung X=1 (weiblich), heißt f_1 *bedingte Dichte* von Y. Ebenso ist f_2 die bedingte Dichte von Y unter der Bedingung X=2 (männlich). Alle interessierenden Wahrscheinlichkeiten, die sich auf beide Zufallsvariable beziehen, können dann wie beispielsweise in (4) angegeben berechnet werden:

(4) $\quad P(X=1, a < Y \leq b) = P(X=1) \cdot \int_a^b f_1(x)\, dx$

$\quad\quad P(X=2, a < Y \leq b) = P(X=2) \cdot \int_a^b f_2(x)\, dx$.

Die Verteilung einer Zufallsvariablen (X,Y), bei der beide
Komponenten kontinuierlich sind, wie etwa bei "Gewicht" und
"Körpergröße", wird beschrieben durch eine *zweidimensionale
Dichte* f(.,.) (siehe Abbildung 1.8). Die Wahrscheinlichkeit
für das gleichzeitige Eintreten der Ereignisse "a < X ≤ b"
und "c < Y ≤ d" ist in Verallgemeinerung von 1.3.4 (1) das
Volumen zwischen der Dichte und dem durch die Intervalle
(a,b] und (c,d] begrenzten Rechteck in der x-y-Ebene.
Dieses Volumen kann durch zweifache Integration berechnet
werden:

(5) $\quad P(a < X \leq b, c < Y \leq d) = \int_a^b \int_c^d f(x,y) \, dy \, dx$.

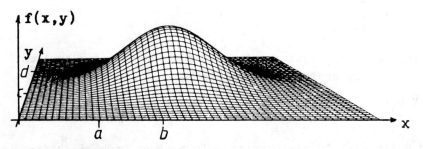

Abb. 1.8 Zweidimensionale Dichte

1.4 Bedingte Wahrscheinlichkeit und Unabhängigkeit

Im vorigen Abschnitt wurde mit Hilfe der bedingten Dichten
des Geburtsgewichtes die gemeinsame Verteilung von Gewicht und
Geschlecht angegeben (siehe 1.3.5(4)). Derartige sogenannte
bedingte Verteilungen sind nicht nur Hilfsmittel für die Angabe der gemeinsamen Verteilung, sondern oftmals auch von un-
mittelbarem Interesse wie das folgende Beispiel zeigt.

Beispiel 1.11: Sterbewahrscheinlichkeiten

Die Tabelle im Beispiel 1.7 enthält Sterbewahrscheinlichkeiten für einen
Neugeborenen. Wie groß ist aber die Wahrscheinlichkeit für einen jetzt
30-Jährigen, z.B. im 8.Lebensjahrzehnt zu sterben? Gesucht ist hier eine
Sterbewahrscheinlichkeit unter der Nebenbedingung, daß die betrachtete
Person bereits drei Lebensjahrzehnte überlebt hat. Diese Frage kann mit

1.4 Bedingte Wahrscheinlichkeit und Unabhängigkeit

der Tabelle im Beispiel 1.7 beantwortet werden: Lesen wir nämlich die Tabellenwerte als relative Häufigkeiten, so überleben von 1000 Neugeborenen (1000-43-8-16)=933 die ersten drei Lebensjahrzehnte und 304 sterben im 8. Lebensjahrzehnt. Es ist deshalb sinnvoll, das Verhältnis

(1) $\qquad \dfrac{304}{933} = \dfrac{P(X=8)}{P(X>3)}$

als die gesuchte Sterbewahrscheinlichkeit für einen 30-Jährigen anzusehen.

Für zwei Zufallsvariablen X und Y bezeichnen wir mit
$P(Y \in B \mid X \in A)$ die Wahrscheinlichkeit für das Eintreten des Ereignisses "$Y \in B$" unter der Bedingung, daß das Ereignis "$X \in A$" bereits eigetreten ist oder eintreten wird. Diese *bedingte Wahrscheinlichkeit* hängt mit der Wahrscheinlichkeit für das gleichzeitige Eintreten beider Ereignisse folgendermaßen zusammen:

(2) $\qquad P(Y \in B \mid X \in A) = \dfrac{P(X \in A, Y \in B)}{P(X \in A)}$

oder anders geschrieben

(3) $\qquad P(X \in A, Y \in B) = P(X \in A) \cdot P(Y \in B \mid X \in A)$.

Formel (2) ist nur für $P(X \in A) > 0$ sinnvoll. Ist die Wahrscheinlichkeit für das gleichzeitige Eintreten von "$X \in A$" und "$Y \in B$" bekannt, so kann mit (2) die bedingte Wahrscheinlichkeit berechnet werden (siehe Beispiel 1.11 mit Y=X). Ist dagegen die bedingte Wahrscheinlichkeit gegeben, so kann mit (3) die Wahrscheinlichkeit für das gleichzeitige Eintreten der beiden Ereignisse berechnet werden (siehe 1.3.5(4)).

Im folgenden Beispiel wird neben der bedingten Wahrscheinlichkeit $P(Y \in B \mid X \in A)$ auch die bedingte Wahrscheinlichkeit $P(X \in A \mid Y \in B)$ betrachtet. Diese beiden hängen formal zusammen:

(4) $\qquad P(X \in A \mid Y \in B) = P(Y \in B \mid X \in A) \cdot P(X \in A) / P(Y \in B)$.

In diesem Zusammenhang ist oft eine weitere Beziehung nützlich, die angibt, wie eine Wahrscheinlickeit P(Y ∈ B) berechnet werden kann, indem man eine Fallunterscheidung der Art

      1. Fall: X ∈ A   -   2. Fall: X ∉ A

trifft:

(5) P(Y ∈ B)=P(Y ∈ B | X ∈ A)P(X ∈ A)+P(Y ∈ B | X ∉ A)P(X ∉ A).

Beispiel 1.12: Tbc-Untersuchung

Herr K. ist anläßlich einer Tbc-Röntgenreihenuntersuchung untersucht worden; die Untersuchung lieferte einen positiven Befund (Tbc-Verdacht). Wie wahrscheinlich ist es, daß Herr K. tatsächlich Tbc hat?

Wir gehen von den folgenden Annahmen aus:

1) 0.1% der Bevölkerung haben Tbc
2) Bei Tbc-Trägern liefert die Untersuchung in 92% aller Fälle einen positiven Befund (richtiges Ergebnis)
3) Bei Tbc-freien Personen liefert die Untersuchung in 1% der Fälle einen positiven Befund (falsches Ergebnis; falsch-positiv)

In Gedanken greifen wir eine Person aus der Bevölkerung und betrachten die folgenden Ereignisse, die wir suggestiv ohne Zufallsvariable formulieren:

Tbc   :Die ausgewählte Person hat Tbc
Nicht-Tbc:Die ausgewählte Person hat keine Tbc
B   :Der Röntgenbefund ist positiv
o.B.   :Der Röntgenbefund ist negativ.

Gesucht ist die bedingte Wahrscheinlichkeit P(Tb | B) und bekannt sind wegen 1) - 3) die Wahrscheinlichkeiten

P(TB) = 0.1%   , P(Nicht-Tb) = 1 - 0.1% = 99.9%
P(B | Tb) = 92%   , P(B | Nicht-Tb) = 1% .

Mit den Formeln (4) und (5) ergibt sich:

P(Tb | B) = P(B | Tb) P(Tb) / P(B)

          = 92% · 0.1% / [P(B | Nicht-Tb)P(Nicht-Tb) + P(B | Tb)P(Tb)]

          = 92% · 0.1% / [1% · 99.9% + 92% · 0.1%]

          ≈ 0.03 = 8% .

1.4 Bedingte Wahrscheinlichkeit und Unabhängigkeit

Obwohl sich ein positiver Röntgenbefund ergab, hat Herr K. höchstwahrscheinlich keine Tbc. Dieses überraschende Ergebnis liegt daran, daß die Fehlerrate der Untersuchungsmethode für falsch-positive Ergebnisse (Annahme 3) im Vergleich zur Häufigkeit der Tbc (Annahme 1) erheblich zu groß ist.

Sind die Werte $P(Y \in B)$ und $P(Y \in B \mid X \in A)$ verschieden, so hat also das Eintreten des Ereignisses "$X \in A$" einen Einfluß auf die Größe der Wahrscheinlichkeit für das Eintreten von "$Y \in B$". In diesem Fall nennt man die Ereignisse "$X \in A$" und "$Y \in B$" und auch die Zufallsvariablen X und Y _stochastisch abhängig_ .

Eine stochastische Abhängigkeit ist im allgemeinen schwächer als eine funktionale oder kausale Abhängigkeit. Aus einer funktionalen oder kausalen Abhängigkeit folgt eine stochastische Abhängigkeit. Liegt dagegen zwischen zwei Merkmalen keine funktionale oder kausale Abhängigkeit vor, so können sie doch stochastisch abhängig sein. So sind z.B. die Personenmerkmale "Schuhgröße" und "Einkommen" sicherlich nicht direkt kausal und funktional abhängig, aber sie sind stochastisch abhängig:

kleine Schuhe (vorwiegend Kinder!)   - kleines Einkommen
mittlere Schuhe (vorwiegend Frauen!) - mittleres Einkommen
große Schuhe (vorwiegend Männer!)   - höheres Einkommen .

Weitere Beispiele für abhängige Zufallsvariable sind das Körpergewicht und die Augenfarbe oder die Rauchgewohnheit und das Krebsrisiko. Die stochastische Abhängigkeit kann (muß aber nicht!) ein Indiz für eine funktionale oder kausale Abhängigkeit sein.

Hängt die bedingte Wahrscheinlichkeit nicht von der Bedingung ab, gilt also $P(Y \in B \mid X \in A) = P(Y \in B)$, so folgt mit (3)

(6) $P(X \in A, Y \in B) = P(X \in A) \cdot P(Y \in B)$.

Mit (6) wird die Unabhängigkeit, die gegenseitige Nicht-Beeinflussung der Ereignisse "$X \in A$" und "$Y \in B$" charakterisiert. Gilt (6) für alle möglichen Ereignisse, so nennen wir die Zufallsvariablen X und Y (stochastisch) <u>unabhängig</u>. Die Unabhängigkeit von mehreren Zufallsvariablen $X_1, X_2, \ldots, X_n$ wird durch die analoge Forderung für alle möglichen Ereignisse definiert:

(7) $P(X_1 \in A_1, X_2 \in A_2, \ldots, X_n \in A_n) = P(X_1 \in A_1) P(X_2 \in A_2) \ldots P(X_n \in A_n).$

Diskrete X und Y sind bereits genau dann unabhängig, wenn für alle Elementarereignisse gilt:

(8) $P(X=a, Y=b) = P(X=a) P(Y=b)$.

Für die hier im Buch betrachteten kontinuierlichen Zufallsvariablen X und Y mit Dichten f_1 bzw. f_2, und der gemeinsamen zweidimensionalen Dichte f kann man zeigen, daß sie genau dann unabhängig sind, wenn für alle x und y, für die die Dichten stetig sind, gilt

(9) $f(x,y) = f_1(x) \cdot f_2(y)$.

Die Unabhängigkeit von Zufallsvariablen spielt unter zwei Aspekten eine Rolle. Zum einen soll manchmal aufgrund einer Untersuchung festgestellt werden, ob Merkmale unabhängig oder stochastisch und damit evtl. auch kausal abhängig sind.
Hierzu ist dann zunächst mit statistischen Methoden nachzuprüfen, ob (6), (7), (8) oder (9) erfüllt ist oder nicht.
Andererseits benutzt man die Unabhängigkeit auch als Modellannahme; nämlich dann, wenn man von vornherein weiß bzw. unterstellt, daß die betrachteten Merkmale unabhängig voneinander sind und sich gegenseitig nicht beeinflussen. In diesen Fällen können die obigen Formeln verwendet werden, um weitere Wahrscheinlichkeiten zu berechnen.

<u>Beispiel 1.13:</u> Synkarzinogener Effekt

In einem Experiment sollen 4 Gruppen von Mäusen untersucht werden. Die erste Gruppe erhält ein Karzinogen A, die zweite ein Karzinogen B, die dritte A und B gleichzeitig und die vierte dient als Kontrollgruppe. Als einfachstes Modell für diese Situation nehmen wir an, daß

1.4 Bedingte Wahrscheinlichkeit und Unabhängigkeit

das Experiment durch drei Wahrscheinlichkeiten beschrieben werden kann, die das spontane Tumorrisiko sowie die zusätzlichen Risiken der A- bzw. B-induzierten Tumoren angeben. Wir bezeichnen die drei Wahrscheinlichkeiten, für ein Tier, Tumoren zu entwickeln, mit

p_S für das spontane Tumorrisiko
p_A für das Risiko der A-induzierten Tumoren,
p_B für das Risiko der B-induzierten Tumoren.

Das Modell der stochastischen Unabhängigkeit besagt in dieser Situation, daß die drei Risiken unabhängig voneinander wirken und keine Verstärkung oder Hemmung der Wirkung durch Interaktionen stattfinden. Aus dieser Annahme der Unabhängigkeit ergibt sich für die A-Gruppe die Tumorwahrscheinlichkeit

$$\begin{aligned} p_1 &= 1 - P(\text{kein Tumor}) \\ &= 1 - P(\text{kein "spontaner" Tumor und kein "A-Tumor"}) \\ &= 1 - P(\text{kein "spontaner" Tumor})P(\text{kein "A-Tumor"}) \\ &= 1 - (1-p_S)(1-p_A) . \end{aligned}$$

Analog erhält man die Tumorwahrscheinlichkeiten

$$\begin{aligned} p_2 &= 1 - (1-p_S)(1-p_B) && \text{für die B-Gruppe},\\ p_3 &= 1 - (1-p_S)(1-p_A)(1-p_B) && \text{für die (A+B)-Gruppe},\\ p_4 &= p_S && \text{für die Kontrollgruppe}. \end{aligned}$$

Dieses Modell kann mit statistischen Verfahren auf seine Gültigkeit überprüft werden, indem man die aufgrund des Modells erwarteten Tumorträger in den einzelnen Gruppen mit den tatsächlich beobachteten vergleicht. Ist das Modell gerechtfertigt, so kann man bei Kenntnis der einzelnen Risiken p_S, p_A und p_B auch den (A+B)-Effekt vorhersagen.

Ein letztes Beispiel soll zeigen, wie mit Hilfe der Unabhängigkeit relativ einfach neue interessierende Wahrscheinlichkeiten berechnet werden können.

Beispiel 1.14: Wartezeit; geometrische Verteilung

Ein idealer Würfel soll solange geworfen werden, bis zum ersten Mal ein "Erfolg", etwa eine "6" eintritt. Die Zufallsvariable Y "Wartezeit" soll die Anzahl der vorangegangenen Mißerfolge angeben. Y kann die Werte 0 (schon beim ersten Wurf "Erfolg"), 1 (erst beim zweiten Wurf "Erfolg") usw. annehmen. Wie bestimmt man die Verteilung von Y?

Kapitel 1 Werkzeuge der Modellbildung: Grundbegriffe der Wahrscheinlichkeitsrechnung

Die Wiederholungen des Würfelns modellieren wir durch unabhängige Zufallsvariable $X_1, X_2, X_3, \ldots$, wobei X_i der Erfolgs-Indikator des i-ten Würfelwurfes sein soll: X_i nimmt den Wert 1 (Erfolg) an mit der Wahrscheinlichkeit p=1/6 und den Wert 0 (Mißerfolg) mit der Wahrscheinlichkeit 1-p=5/6. Mit der Produktformel (8) ergibt sich

$$P(Y=0) = P(X_1=1) \qquad\qquad\qquad = p$$
$$P(Y=1) = P(X_1=0, X_2=1) = P(X_1=0)P(X_2=1) \qquad = (1-p)p$$
$$P(Y=2) = P(X_1=0, X_2=0, X_3=1) = \ldots \qquad\qquad = (1-p)(1-p)p$$

usw. .

Allgemein erhält man mit der Erfolgswahrscheinlichkeit p (hier p = 1/6)

(10) $\qquad P(Y=k) = p(1-p)^k \qquad\qquad$ für $k=0,1,2,\ldots$.

Die Verteilung (10) heißt _geometrische Verteilung_ mit dem Parameter p .

1.5 Maßzahlen einer Wahrscheinlichkeitsverteilung

Bei der Zulassung zu Numerus-Clausus-Fächern spielt der Notendurchschnitt der Abiturnoten eine entscheidende Rolle. Durch solche Kennzahlen kann allerdings eine Notenverteilung und allgemeiner eine Häufigkeits- oder Wahrscheinlichkeitsverteilung nicht vollständig beschrieben werden. Für bestimmte Fragestellungen ist jedoch die Kenntnis von Maßzahlen völlig ausreichend. Insbesondere werden statistische Analysen häufig auf den Vergleich von Maßzahlen reduziert.

Besonders wichtig sind Maßzahlen für die Lage (Lokation) und die Streubreite (Dispersion) einer Verteilung. Hierzu gehören der Erwartungswert und die Quantile bzw. die Varianz und die Standardabweichung, auf die wir im Folgenden eingehen.

1.5.1 Erwartungswert und Quantile

Der _Erwartungswert_ einer reellen Zufallsvariablen X bzw. ihrer Verteilung gibt den "Schwerpunkt" ihrer Verteilung an. Er wird berechnet als Mittel der Werte, die die Zufallsvariable X annehmen kann, wobei aber die einzelnen Werte entsprechend

1.5 Maßzahlen einer Wahrscheinlichkeitsverteilung

der Verteilung gewichtet werden. Für eine diskrete Zufallsvariable X, die die Werte $a_1, a_2, a_3, \ldots$ annehmen kann, ist der Erwartungswert E(X) die gewichtete Summe

(1) $\quad E(X) = a_1 P(X=a_1) + a_2 P(X=a_2) + a_3 P(X=a_3) + \ldots \quad .$

Um sicherzustellen, daß bei unendlich vielen Summanden die Summe unabhängig von deren Reihenfolge existiert, muß auch die Summe der absoluten Summanden endlich sein. Wenn wir von Erwartungswerten reden, setzen wir stets die Existenz eines (endlichen) Erwartungswertes voraus, ohne dies explizit zu erwähnen.

Zur Vereinfachung von (1) verwenden wir das Summensymbol Σ in einer der folgenden Kurzschreibweisen:

(2) $\quad E(X) = \sum_j a_j P(X=a_j) = \Sigma \, a_j P(X=a_j) = \Sigma \, a P(X=a) \quad .$

Beispiel 1.15: Roulette

Setzt man beim Roulette 1 DM auf eine Zahl (nicht Null), so kann man 35 DM gewinnen (mit Wahrscheinlichkeit 1/37) oder den Einsatz von 1 DM verlieren (mit Wahrscheinlichkeit 36/37). Der Erwartungswert des Gewinns X ist somit
$E(X) = 35 \cdot 1/37 - 1 \cdot 36/37 = -1/37 \approx -0.03$.
Dieser Erwartungswert könnte etwa so interpretiert werden: Setzt man beim Roulette sehr oft 1 DM auf eine Zahl, so wird man auf die Dauer gesehen pro Spiel einen mittleren Verlust von 0.03 DM haben. Der gleiche Erwartungswert ergibt sich übrigens auch beim Einsatz von 1 DM auf z.B. das erste Dutzend, denn hier hat man einen Gewinn von 2 bzw. -1 DM mit den Wahrscheinlichkeiten 12/37 bzw. 25/37.
Glücksspiele könnten als "fair" bezeichnet werden, wenn der erwartete Gewinn 0 ist.

Beispiel 1.16: Gleichverteilung

Eine Zufallsvariable X, die die Werte $1, 2, \ldots, m$ annehmen kann und zwar jeweils mit den Wahrscheinlichkeiten $1/m$ hat den Erwartungswert

(3) $\quad E(X) = 1 \cdot 1/m + 2 \cdot 1/m + \ldots + m \cdot 1/m$
$\quad\quad\quad\quad = (1 + 2 + \ldots + m)/m \quad\quad\quad\quad\quad = (m + 1)/2 \quad .$

Hier ist E(X) das arithmetische Mittel der Zahlen 1,2,...,m.
Für die mit einem idealen Würfel geworfene Augenzahl X ist m=6 und
E(X)=3.5. Dies besagt, daß man etwa beim "Mensch-ärgere-Dich-nicht" im
Mittel 3.5 Felder pro Runde weiterkommt.

Beispiel 1.17: Lotto

Herr K. spielt regelmäßig Lotto. Wie lange muß er auf den Hauptgewinn
(6 Richtige) warten?
Ist Y die Anzahl der "Mißerfolg"-Spiele bevor Herr K. endlich zum
ersten Mal den Hauptgewinn erzielt, so kann nach Beispiel 1.14 für Y
eine geometrische Verteilung angenommen werden. Die Erfolgswahrscheinlichkeit ist hier ungefähr 1/14 000 000, denn es gibt

$$\binom{49}{6} = 49 \cdot 48 \cdot 47 \cdot 46 \cdot 45 \cdot 44 / 1 \cdot 2 \cdot 3 \cdot 4 \cdot 5 \cdot 6 = 13\ 983\ 816$$

Möglichkeiten, aus den 49 Lottozahlen 6 auszuwählen. Somit ist der
Erwartungswert von Y

$$E(Y) = \sum_{k=0}^{\infty} k P(Y=k) = \sum_{k=0}^{\infty} k p (1-p)^k \ .$$

Das Summensymbol deutet hier an, daß über alle Zahlen k=o,1,2,..., zu
summieren ist. Man kann diese unendliche Summe ausrechnen und erhält

(4) $E(Y) = (1-p)/p$.

Für die Erfolgswahrscheinlichkeit p= 1/14 000 000 ergibt sich dann
E(Y) $\approx$ 14 000 000. Bei regelmäßigem Lottospiel muß man also im Durchschnitt 14 000 000 Spiele (ca. 269 000 Jahre) warten, bis man zum ersten
Mal 6 Richtige hat.

Ist X eine kontinuierliche reelle Zufallsvariable mit einer
Dichte f, so wird der Erwartungswert von X in Verallgemeinerung
von (2) definiert durch ein Integral:

(5) $E(X) = \int_{-\infty}^{\infty} x f(x)\ dx$,

wobei wir voraussetzen, daß auch das Integral der Absolutwerte existiert. Der Integrationsbereich in (5) kann auf
den Bereich eingeschränkt werden, über dem die Dichte f von
Null verschieden ist.

1.5 Maßzahlen einer Wahrscheinlichkeitsverteilung

Sieht man die Dichte f als Massenverteilung an, so ist der Erwartungswert (5) gerade der Schwerpunkt (siehe Abbildung 1.9).

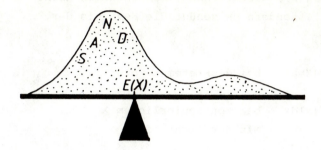

Abb. 1.9
Der Erwartungswert als Schwerpunkt

Beispiel 1.18: Stetige Gleichverteilung

Für die im Beispiel 1.8 angegebene stetige Gleichverteilung ergibt sich der Erwartungswert

$$E(X) = \int_0^1 xf(x)\,dx = \int_0^1 x\,dx = 1/2.$$

Der Erwartungswert ist hier also die Mitte des Intervalls, auf das die Verteilung konzentriert ist. Dieses Ergebnis folgt auch aus der Schwerpunktinterpretation des Erwartungswertes, denn die Dichte der Gleichverteilung repräsentiert einen Stab der Länge 1 mit homogener Massenverteilung.

Beispiel 1.19: Normalverteilung

Bei der im Beispiel 1.9 angegebenen Normal (μ, σ^2)- Verteilung fällt der Erwartungswert $E(X)$ mit der Maximalstelle μ der Dichte f zusammen:

(6) $E(X) = \mu$.

Auch dieses Ergebnis ist aufgrund der Schwerpunktinterpretation plausibel, denn die Dichte der Normalverteilung ist symmetrisch zur Stelle μ.

Bei z.B. Substrat-Konzentrationen oder Reaktions- und Überlebenszeiten betrachtet man statt der Originalmeßwerte oft die logarithmierten Werte. Werden Meßwerte und damit die beschreibende Zufallsvariable X mittels einer Funktion g transformiert, so ist g(X) wieder eine Zufallsvariable. Um deren Erwartungswert E(g(X)) auszurechnen, benötigt man nicht die Verteilung von g(X), sondern es genügt die Kenntnis der Verteilung von X:

(7) $\quad E(g(X)) = \Sigma\, g(a)P(X=a) \quad$ bei diskretem X bzw.

(8) $\quad E(g(X)) = \int_{-\infty}^{\infty} g(x)f(x)dx \quad$ bei kontinuierlichem X
mit der Dichte f.

<u>Warnung</u>: Der Erwartungswert E(g(X)) der transformierten Zufallsvariable ist im allgemeinen nicht der transfomierte Erwartungswert g(E(X)). Die Gleichheit zwischen diesen beiden Werten gilt nur in wenigen Fällen, insbesondere bei linearen Transformationen g (vgl. 1.5.3(1)).

Eine andersartige Information über die Lage einer Verteilung liefern die *Quantile*, die den Wertebereich nach einem vorgegebenen Anteil der Gesamtmasse zerlegen.

Für eine Verteilung mit einer eindimensionalen Dichte f und der Verteilungsfunktion F ist das (obere) α-Quantil derjenige x-Wert q_α, für den gilt (vgl. Abbildung 1.10)

$$F(q_\alpha) = \int_{-\infty}^{q_\alpha} f(t)\, dt = 1 - \alpha \quad \text{und}$$

(9)

$$\int_{q_\alpha}^{\infty} f(t)\, dt = \alpha$$

Die Definition des Quantils für diskrete Verteilungen ist etwas schwieriger, da es im allgemeinen keine eindeutig festgelegte Zahl q_α mit $F(q_\alpha) = 1 - \alpha$ gibt. Für eine diskrete Zufallsvariable X, die Werte a_j annehmen kann, ist das *obere* α-Quantil q_α der größte Wert a_{j_0}

1.5 Maßzahlen einer Wahrscheinlichkeitsverteilung

mit

(10) $P(X \geq a_{j_o}) > \alpha$.

Entsprechend ist das *untere* α-Quantil der kleinste Wert a_{j_o} mit

(11) $P(X \leq a_{j_o}) > \alpha$.

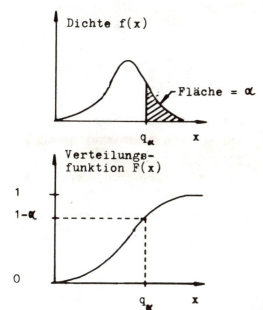

Abb. 1.10
Zur Definition des α-Quantils q_α

Bei kontinuierlichen Zufallsvariablen genügt die Definition des oberen α-Quantils, denn dieses ist zugleich das untere $(1-\alpha)$-Quantil. Mit Quantilen sind im Folgenden stets obere Quantile gemeint.

Durch die Angabe von mehreren Quantilen erhält man bereits eine gute Übersicht über die Lage und Breite der Verteilung. Hierzu verwendet man meist spezielle Quantile: Den *Median* ($\alpha = 50\%$), die *Quartile* ($\alpha = 25\%, 75\%$) und die *Perzentile* ($\alpha = 10\%, 20\%, \ldots 90\%$). Die Lokalisierung einer Verteilung durch Quantile ist vor allem dann zweckmäßig, wenn die Angabe von Erwartungswerten zu schwierig oder wie bei ordinalen oder codierten Merkmalen sinnlos ist. In der Statistik treten Quantile als Vergleichswerte auf. Deshalb sind die am häufigsten benötigten Quantile im Anhang angegeben.

1.5.2 Varianz und Standardabweichung

Bezeichnen wir den Erwartungswert von X mit μ , so mißt die Zufallsvariable $(X-\mu)^2$ die quadratische Abweichung der Werte von X von ihrem Erwartungswert. Die erwartete quadratische Abweichung, also der Erwartungswert von $(X - \mu)^2$ heißt *Varianz* von X:

(1) $Var(X) = E((X - \mu)^2)$.

Ein Dispersionsmaß mit der gleichen Dimension (Einheit) wie X ist die *Standardabweichung* $\sqrt{Var(X)}$, die man oft mit σ bezeichnet. Je größer diese Maßzahlen sind, desto breiter streuen die Realisierungen (beobachteten Werte) um den Erwartungswert.

Die Berechnung einer Varianz erfolgt meist über die Beziehung

(2) $Var(X) = E(X^2) - (E(X))^2$.

Beispiel 1.20: Normalverteilung

Für die Normal (μ, σ^2)-Verteilung aus Beispiel 1.9 ist der zunächst formal eingeführte Parameter σ^2 gerade die Varianz. Die Standardabweichung σ stimmt überein mit den Abständen zwischen den Wendestellen $\mu \pm \sigma$ und der Maximalstelle μ der Dichte.

Beispiel 1.21: Roulette (Fortsetzung von Beispiel 1.15)

Die Gewinne X und Y beim Einsatz von 1 DM auf eine Zahl bzw. das erste Dutzend haben gleiche Erwartungswerte -1/37, jedoch verschiedene Varianzen, wie die folgende Rechnung zeigt.

1.5 Maßzahlen einer Wahrscheinlichkeitsverteilung

Gewinn a	Wahrsch. P(X=a)	a^2	$a^2 P(X=a)$
35	1/37	1225	1225/37
1	36/37	1	36/37
		insgesamt:	1261/37

Mit (2) ergibt sich dann Var(X) = $1261/37 - (-1/37)^2 \approx 34.080$. Analog berechnet man die Varianz von Y: Var(X) ≈ 1.972 .
Die beiden Strategien (Setzen auf Zahl bzw. auf das erste Dutzend) unterscheiden sich nicht in den Erwartungswerten, jedoch in den Varianzen: Die interessantere und Risiko-reichere Startegie (Setzen auf Zahl) hat die größere Varianz, weil bei dieser Gewinn und Verlust weiter auseinanderliegen.

Die Beispiele zeigen, daß die Wahrscheinlichkeits-Masse mal in der unmittelbaren Nähe (gemessen im absoluten Maßstab) ihres Schwerpunktes (Erwartungswertes) liegt und mal weiter vom Schwerpunkt entfernt ist. Mißt man den Abstand vom Erwartungswert in Vielfachen der Standardabweichung σ , so kann man die Konzentration der Wahrscheinlichkeitsmasse in der Umgebung des Erwartungswertes μ durch die für alle Zufallsvariablen X gültige *Tchebychev-Ungleichung* abschätzen:

(3) $\quad P(\mu - k\sigma \leq X \leq \mu + k\sigma) \geq 1 - 1/k^2 \quad$ für alle $k \geq 1$ oder

(4) $\quad P(|X - \mu| > d) \leq \sigma^2/d^2 \quad\quad\quad$ für alle $d > 0$.

Die Ungleichung (3) liefert für k=2 und k=3 die speziellen Aussagen, daß jede reelle Zufallsvariable X mit einer Wahrscheinlichkeit von mindetsens 75% einen Wert aus dem Intervall [$\mu - 2\sigma$, $\mu + 2\sigma$] und mit einer Wahrscheinlichkeit von mindestens 88% einen Wert aus dem Intervall [$\mu - 3\sigma$, $\mu + 3\sigma$] annimmt. (4) liefert eine Abschätzung der Wahrscheinlichkeit dafür, daß X um mehr als d von seinem Erwartungswert μ abweicht.

Beispiel 1.22: Würfeln

Ein idealer Würfel soll 600 mal geworfen werden. X gebe die Anzahl der gewürfelten Einsen an. Wie im Kapitel 3 gezeigt wird (Binomialverteilung), gilt für den Erwartungswert µ und die Varianz σ^2 von X:

$$\mu = 600 \cdot \frac{1}{6} = 100$$

$$\sigma^2 = 600 \cdot \frac{1}{6} \cdot \frac{5}{6} \approx 83.33 \quad \text{und} \quad \sigma \approx 9.13 .$$

Mit (3) ergeben sich für die Anzahl der Einsen folgende Wahrscheinlichkeitsabschätzungen:

$P(82 \leq X \leq 118) \geq 0.75$ (2σ -Bereich)

$P(73 \leq X \leq 127) \geq 0.88$ (3σ -Bereich) .

Die exakten Wahrscheinlichkeiten sind wesentlich größer als die Schranken (zur Berechnung der Binomial-Wahrscheinlichkeiten vgl. Anhang):

$P(82 \leq X \leq 118) \approx 0.9575$ bzw. $P(73 \leq X \leq 127) \approx 0.9974$.

1.5.3 Rechenregeln für Erwartungswerte und Varianzen

Es ist oft nützlich oder notwendig, aus Meßwerten durch Transformationen oder Zusammenfassungen neue Werte zu bilden, mit denen man dann weiterarbeitet. Die gleichen Prozesse können natürlich auf der Ebene der Zufallsvariablen vollzogen werden (siehe Beispiel 1.23). Es besteht dann die Frage, ob und wie die Maßzahlen der neuen Zufallsvariablen aus den Maßzahlen der ursprünglichen Zufallsvariablen berechnet werden können. Für die linearen Transformationen werden hier entsprechende Regeln angegeben.

Beispiel 1.23: Temperatur in Fahrenheit und Celsius

In einem amerikanischen Artikel ist zu lesen, daß bei einem bestimmten Experiment die Flammentemperatur (gemessen in Fahrenheit) eines Azetylen-Sauerstoff-Gebläses angesehen werden kann als eine Zufallsvariable X mit Erwartungswert 5610 und einer Standardabweichung von 150. Wie groß sind Erwartungswert und Standardabweichung, wenn die Temperatur in Celsius gemessen wird?

1.5 Maßzahlen einer Wahrscheinlichkeitsverteilung

Aufgrund der zwischen den Temperatureinheiten Fahrenheit und Celsius bestehenden Beziehung gibt die transformierte Zufallsvariable

$$U = (X - 32)/1.8$$

die Temperatur in Celsius an. Mit den nachfolgenden Rechenregeln erhält man

$E(U) = (5610 - 32)/1.8 \approx 3099$ [Celsius]

$\sqrt{Var(U)} = 150/1.8 \approx 83$ [Celsius] .

Bei linearen Transformationen $U = aX + b$ transformiert der Faktor a die Maßeinheit. Im Beispiel 1.23 ist $a = 1/1.8$ und dies besagt, daß 1 Celsius -Grad der 1.8-te Teil eines Fahrenheit-Grades ist. Der Summand b (im Beispiel 1.23: b= −32/1.8) bewirkt lediglich eine Verschiebung des Nullpunktes der Skala und hat deshalb nur einen Einfluß auf die Lage und keinen auf die Breite der Verteilung.

Für reelle Zahlen a und b und eine Zufallsvariable X mit Erwartungswerten μ und Varianz σ^2 gilt

(1) $E(aX + b) = aE(X) + b = a\mu + b$

(2) $Var(aX + b) = a^2 Var(X) = a^2 \sigma^2$

(3) $\sqrt{Var(aX + b)} = a \sqrt{Var(X)} = a\sigma$.

Für die Summe $X + Y$ zweier reeller Zufallsvariablen gilt

(4) $E(X + Y) = E(X) + E(Y)$.

Die Varianz einer Summe ist dagegen im allgemeinen nicht die Summe der einzelnen Varianzen. Sind jedoch X und Y unabhängig, dann kann man zeigen:

(5) $Var(X + Y) = Var(X) + Var(Y)$,

(6) $E(X \cdot Y) = E(X) \cdot E(Y)$

In der Statistik liegen als Modell oft n unabhängige Zufallsvariable $X_1, X_2, \ldots X_n$ vor. Sind diese identisch verteilt, so haben sie gleiche Erwartungswerte $E(X_i) = \mu$ und gleiche Varianzen $Var(X_i) = \sigma^2$. Für die Summenvariable ΣX_i und den Durchschnitt (arithmetisches Mittel) $\bar{X} = \Sigma X_i/n$ erhält man dann aus den obigen Rechenregeln

(7) $E(\Sigma X_i) = n\mu$, $Var(\Sigma X_i) = n \sigma^2$

(8) $E(\bar{X}) = \mu$, $Var(\bar{X}) = \sigma^2/n$.

Für X mit $E(X) = \mu$ und $Var(X) = \sigma^2$ heißt die spezielle lineare Transformation

(9) $\tilde{X} = (X - \mu)/\sigma$

die *Standardisierung* von X. Sie trat implizit bereits in der Tchebychev-Ungleichung auf, denn 1.5.2(3) läßt sich äquivalent umformen zu

(10) $P(-k \leq \tilde{X} \leq k) \geq 1 - 1/k^2$.

Durch die Transformation (9) wird der Erwartungswert in den Nullpunkt geschoben und die Streuung normiert:

(11) $E(\tilde{X}) = 0$ und $Var(\tilde{X}) = 1$.

Die Standardisierung hat den Vorteil, daß Verteilungen anschließend einfacher miteinander verglichen werden können.

Mit (9) läßt sich X darstellen in der Form

(12) $X = \mu + \sigma \tilde{X}$

und folgendermaßen interpretieren: X setzt sich additiv zusammen aus einer Konstanten μ (z.B. der zu messenden Größe) und einem zufälligen Fehler $\varepsilon = \sigma \tilde{X}$; dieser zufällige Fehler ε hat den Erwartungswert 0 (d.h. es liegen keine systematischen Abweichungen von μ nach oben oder unten vor) und die Standardabweichung σ bzw. die Varianz σ^2.

1.5.4 Korrelationskoeffizient

Der Korrelationskoeffizient ist eine Maßzahl für eine spezielle stochastische Abhängigkeit zwischen zwei reellen Zufallsvariablen X und Y, genannt die *Korrelation* von X und Y. Er "mißt", inwieweit zwischen X und Y ein linearer (funktionaler) Zusammenhang besteht.

Beispiel 1.24: Geburtsgewicht und -Länge

Die Abbildung 1.11 zeigt eine gemeinsame Häufigkeitsverteilung der Merkmale X "Geburtsgewicht" und Y "Geburtslänge". Der größte Teil der Verteilung liegt in einem Ellipsen-ähnlichen Bereich, dessen Lage ganz grob durch eine Gerade mit positiver Steigung beschrieben werden kann. Faßt man die Verteilung auf als gemeinsame Wahrscheinlichkeitsverteilung der Zufallsvariablen X und Y, so sind die Kombinationen (große x-Werte, große y-Werte) und (kleine x-Werte, kleine y-Werte) wahrscheinlicher als die restlichen möglichen Kombinationen. Man sagt in diesem Fall, X und Y seien *positiv korreliert*. Je schmaler der Ellipsen-ähnliche Bereich ist, desto stärker sind X und Y korreliert und im Extremfall ist nahezu die gesamte Verteilung auf eine Grade konzentriert (siehe auch Abbildung 3.11).

Um eine Maßzahl für die im Beispiel 1.24 angesprochene Korrelation zu erhalten, die unabhängig davon ist, ob das Gewicht in Gramm, Kilogramm oder Pounds und die Länge in Zentimetern oder Inches gemessen wird, gehen wir zu den Standardisierungen $\tilde{X}$ und $\tilde{Y}$ von X bzw. Y über (vergl. 1.5.3(9)). Sind X und Y im Sinne von Beispiel 1.24 positiv korreliert, so ist $\tilde{X} \cdot \tilde{Y}$ vorwiegend positiv und damit auch der Erwartungswert $E(\tilde{X} \cdot \tilde{Y})$. Entsprechend ist bei negativer Korrelation (gegenläufiges Verhalten von X und Y) $\tilde{X} \cdot \tilde{Y}$ vorwiegend negativ und damit auch $E(\tilde{X} \cdot \tilde{Y})$. Als Maßzahl, die die positive bzw. negative Korrelation sowie die Stärke der Korrelation zum Ausdruck bringt, verwenden wir deshalb den Erwartungswert von $\tilde{X} \cdot \tilde{Y}$, den sogenannten *Korrelationskoeffizienten* von X und Y

(1) $\quad \rho = \rho_{XY} = E(\tilde{X} \cdot \tilde{Y})$

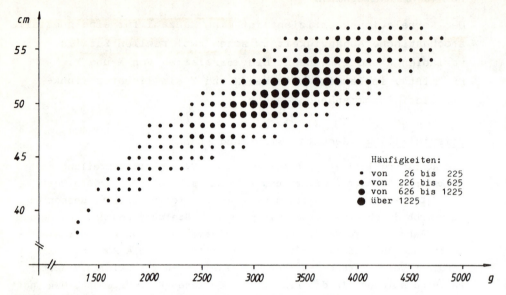

Abb. 1.11 Häufigkeit von Geburten, klassifiziert nach Gewicht und Länge

Man kann zeigen, daß der Korrelationskoeffizient stets zwischen -1 und 1 liegt:

(2) $-1 \leq \rho \leq 1$.

Die Extremfälle $\rho = -1$ und $\rho = 1$ liegen genau dann vor, wenn die Verteilung von (X,Y) auf eine Gerade mit negativer bzw. positiver Steigung konzentriert ist; in diesen Fällen besteht zwischen X und Y im wesentlichen ein linearer Zusammenhang:
aX + bY = 0.
Im Sonderfall $\rho = 0$ sagt man, X und Y seien _unkorreliert_.
Sind X und Y unabhängig, so sind sie auch unkorreliert. Aus der Unkorreliertheit folgt jedoch umgekehrt im allgemeinen nicht die Unabhängigkeit.

Beispiel 1.25: Reaktionszeiten von Rhesusaffen
Im Beispiel 5.11 werden als Wirkung eines neurotoxischen Präparates die Veränderungen der blickwinkelspezifischen Reaktionszeiten eines Rhesusaffen auf optische Reize untersucht. Es zeigt sich dabei, daß

die gemeinsame Verteilung des Blickwinkels X und der Reaktionszeit Y in etwa auf eine Parabel $Y = aX^2 + b$ konzentriert ist, wenn der Blickwinkel symmetrisch zu 0 [Grad] verteilt ist. Schon rein anschaulich ist dabei keinerlei linearer Trend in eine feste Richtung festzustellen. Man kann zeigen, daß in diesem Fall die beiden Merkmale unkorreliert sind, obwohl sie funktional und damit erst recht stochastisch abhängig sind.

1.6 Gesetz der großen Zahlen und zentraler Grenzwertsatz

Soll eine Größe wie etwa die Geschwindigkeit einer chemischen Reaktion gemessen werden, wobei allerdings der Meßvorgang erheblichen zufälligen Fehlern unterliegt, so ist folgendes Verfahren üblich: Es werden mehrere Messungen unter gleichen Bedingungen durchgeführt und anschließend wird das arithmetische Mittel der Einzelwerte gebildet. Bei diesem Verfahren geht man davon aus, daß zufällige Fehler sich bei der Durchschnittsbildung gegenseitig ausgleichen und daß mit wachsender Anzahl n der Messungen das arithmetische Mittel immer besser die zu bestimmende Größe approximiert.

Dieses Verfahren kann modelliert werden durch unabhängige und identisch verteilte Zufallsvariable $X_1, X_2, \ldots, X_n$. Jedes X_i setzt sich additiv zusammen aus der zu bestimmenden Größe μ und einem Zufallsfehler ε_i mit Erwartungswert 0 und einer Varianz σ^2:

$$X_i = \mu + \varepsilon_i \text{ mit } E(\varepsilon_i) = 0 \text{ und } \text{Var}(\varepsilon_i) = \sigma^2 \ .$$

Die Varianz σ^2 ist eine Maßzahl für die Präzision des Meßverfahrens. Für die Zufallsvariablen X_i und das arithmetische Mittel $\bar{X} = \Sigma\, X_i / n$ gilt dann nach den Regeln aus 1.5.3:

$$E(X_i) = \mu, \ \text{Var}(X_i) = \sigma^2, \ E(\bar{X}) = \mu, \ \text{Var}(\bar{X}) = \sigma^2/n \ .$$

Dies besagt u.a., daß $\bar{X}$ wiederum additiv zusammengesetzt werden kann aus der zu bestimmenden Größe μ und einem neuen Fehler $\tilde{\varepsilon}$. Dieser Fehler $\tilde{\varepsilon}$ hat wieder den Erwartungswert 0,

aber statt der Varianz σ^2 die u.U. erheblich kleinere
Varianz σ^2/n. Mit wachsender Anzahl der Messungen konvergiert
diese Varianz sogar gegen 0. Hieraus folgt mit der Tchebychev-
Ungleichung 1.5.2(4): Die Wahrscheinlichkeit, daß $\bar{X}$ von μ
um mehr als ein vorgegebenes d (d > 0) abweicht, strebt gegen
0 , also

(1) $P(|\bar{X} - \mu| > d) \rightarrow 0$ für $n \rightarrow \infty$.

Anders ausgedrückt: Die Verteilung von $\bar{X}$ zieht sich mit
wachsendem n immer mehr auf eine beliebig kleine Umgebung
von μ zusammen. Somit kann man zu jeder vorgegebenen Abweichung d und jeder Genauigkeitsanforderung δ ein genügend großes n finden, so daß gilt

(2) $P(|\bar{X} - \mu| \leq d) \approx 1$ (mit absolutem Fehler δ).

In diesem Sinne approximiert $\bar{X}$ den Wert μ . Zur Abgrenzung
von der üblichen Konvergenz für Folgen und Reihen sagt man:
$\bar{X}$ konvergiert *stochastisch* gegen μ . Die Konvergenzaussagen
(1) und (2) sind ein spezielles *Gesetz der großen Zahlen* .

Beispiel 1.26:   Mittlere Augensumme beim n-fachen Würfelwurf

Der Wurf von n idealen Würfeln wird modelliert durch unabhängige Zufallsvariable $X_1, X_2, \ldots X_n$. Die Verteilung eines jeden X_i ist eine Gleichverteilung über $\{1, 2, \ldots, 6\}$ mit $E(X_i) = 3.5$ (siehe Beispiel 1.16).
Die mittlere Augenzahl pro Würfel wird charakterisiert durch die Zufallsvariable $\bar{X}$. In den Abbildungen 1.12 sieht man, daß sich die Verteilung von $\bar{X}$ mit wachsendem n immer mehr auf eine Umgebung von 3.5
zusammenzieht.

Die Abbildungen 1.12 zeigen noch eine weitere Eigentümlichkeit:
Je größer n ist, dest mehr ähnelt die Gestalt der Verteilung
von $\bar{X}$ einer Glockenkurve, wie wir sie von der Normalverteilung (siehe Abbildung 1.7) her kennen. Die diesem Sachverhalt
zugrunde liegende allgemeinere Gesetzmäßigkeit ist die Aussage des *zentralen Grenzwertsatzes*: Ein Merkmal (Zufallsvariable), das sich additiv zusammensetzt aus vielen kleinen, unabhängigen Effekten ist stets ungefähr normalverteilt. So könn-

1.6 Gesetz der großen Zahlen und zentraler Grenzwertsatz

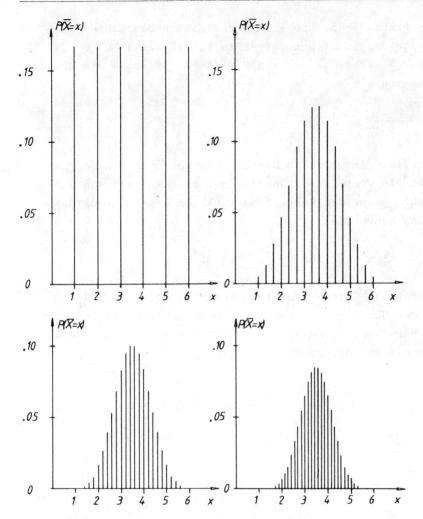

Abb. 1.12 Die Verteilung der mittleren Augensumme $\bar{X}$ beim n-fachen Würfelwurf für n = 1, 3, 5, 7

te man z.B. annehmen, daß der Jahres-Gasverbrauch von Bremen normalverteilt ist, denn dieser setzt sich additiv zusammen aus den relativ kleinen Mengen der einzelnen Kunden. Die Augensumme ΣX_i im Beispiel 1.26 und damit auch $\bar{X}$ sind Summenvariablen und als solche approximativ normalverteilt, wobei die Parameter der Normalverteilung gerade durch Erwartungswerte und Varianz der betreffenden Summenvariablen gegeben sind.

Für eine Präzisierung dieser Approximation betrachten wir unabhängige und identisch verteilte Zufallsvariable $X_1, X_2, \ldots X_n$ mit $E(X_i) = \mu$ und $Var(X_i) = \sigma^2$ sowie die Standardisierung von $\bar{X}$:

(4) $\quad Y_n = \dfrac{\bar{X} - \mu}{\sigma/\sqrt{n}}$.

Der zentrale Grenzwertsatz besagt, daß unter diesen Voraussetzungen die Verteilungsfunktion der standardisierten Summenvariable gegen die Verteilungsfunktion Φ der Normal(0,1)-Verteilung konvergiert:

(5) $\quad P(Y_n \leq x) \to \Phi(x)$ für $n \to \infty$ $(x \in \mathbb{R})$.

Dieser zentrale Grenzwertsatz rechtfertigt oft die Modellannahme der Normalverteilung für Summenvariable. Zum anderen kann er verwendet werden, um die Verteilung von Summenvariablen approximativ zu berechnen.

Kapitel 2 Präzisierung der Fragestellung

Es mag im ersten Augenblick überflüssig erscheinen, aber die Erfahrung zeigt, daß die Abklärung, Eingrenzung und präzise Formulierung der Fragestellung bereits eine ganz wesentliche wissenschaftliche Leistung darstellt, deren Auswirkungen auf den Erfolg der Untersuchung sehr hoch einzuschätzen sind.

Wir wollen die Problematik an einer einfachen Fragestellung erläutern und denken uns einen Biologen, der die Frage beantworten will, wie schwer Löwen sind.

In diesem einfachen Beispiel zeigt sich bereits die Tücke des Problems. Zur Präzisierung der Fragestellung ist nämlich zunächst einmal die *"Grundgesamtheit"* viel genauer zu beschreiben:
Soll sich die Untersuchung auf alle Unterarten der Löwen beziehen (auch auf die in freier Wildbahn ausgerotteten Kap- und Berberlöwen) oder sind nur einige spezielle Unterarten gemeint? Sollen auch Jungtiere eingeschlossen sein? Sind männliche und weibliche Löwen oder nur ein Geschlecht zu untersuchen? Zielt die Frage auf eine bestimmte geographische Region, auf frei lebende oder auf gefangene Tiere? Soll die Frage unabhängig von Jahreszeiten und Klimabedingungen untersucht werden oder sind auch hier Einschränkungen vorzunehmen? usw.

Ebenso problematisch ist hier die Frage nach der Maßzahl oder *Variablen* (Gewicht). Zunächst ist natürlich die Maßeinheit bzw. Meßmethoden festzulegen. Dann ist zu klären, ob man sich für den Mittelwert des Löwengewichts, für eine gewisse Spanne (in der ein vorgegebener Teil der Gesamtheit liegt), für den häufigsten Wert, für den "Median" (einen Wert, der die Eigenschaften besitzt, daß 50% Grundgesamtheit darunter und 50% darüber liegen) oder etwa für die gesamte Verteilung des Gewichts interessiert.

Zur Präzisierung der Fragestellung muß vor allem auf
Vorinformationen (z.B. Ergebnisse früherer Untersuchungen,
manchmal aber auch auf theoretische Überlegungen und Abschätzungen) zurückgegriffen werden. Das Verhältnis der
geplanten eigenen Untersuchung zu solchen Vorinformationen
ist bei der Fragestellung mit zu präzisieren:
Soll die Untersuchung bisher vorliegende Ergebnisse durch
Schätzung solcher Parameter (z.B. des Medians des Gewichts
in einer speziellen Grundgesamtheit) ergänzen, die bisher
noch nicht untersucht wurden? Soll sie eine bisherige Abschätzung verfeinern? (Dann kommt es also sehr auf eine gegenüber der bisherigen Untersuchung günstigere "Fehlerbreite"
der Schätzung an). Soll sie eine Hypothese über das Gewicht
der Löwen bestätigen bzw. widerlegen?

Die Frage nach der Verteilung einer Variablen (z.B. des
Gewichts) in einer Grundgesamtheit stellt eine besonders
einfache Art der Fragestellung dar. In der Praxis wird man es
dagegen meist mit einer komplizierteren logischen Struktur
der Fragestellung zu tun haben. Die wichtigsten Typen solcher
Fragestellungen sind die Fragen nach

- dem *Unterschied* der Verteilung der gleichen Variable in
  verschiedenen Grundgesamtheiten (z.B. bestehen Gewichtsunterschiede zwischen speziellen Unterarten bzw. Geschlechtsunterschiede?)
- dem *Zusammenhang* zwischen den Verteilungen verschiedener
  Parameter bei einer Grundgesamtheit (z.B. besteht bei den
  männlichen Löwen einer Unterart ein Zusammenhang zwischen
  der Länge der Mähnen und dem Gewicht?)
- der *Abhängigkeit* einiger Variabler von anderen in einer
  Grundgesamtheit. (Z.B. hängt das Gewicht vom Lebensalter
  ab?).

Dies sind nur die einfachsten Grundtypen von Fragestellungen.
Durch Überlagerung solcher Fragen lassen sich sehr komplexe
Fragestellungen erzeugen wie z.B. die Frage nach dem Einfluß einer Variablen auf die Abhängigkeit einer zweiten von
einer dritten Variable.(Z.B. wie beeinflußt die mittlere

Umwelttemperatur die Gewichtsentwicklung, d.h. die Abhängigkeit zwischen Gewicht und Lebensalter?).Für die Planung des Experiments und seiner Auswertung ist eine Klassifizierung der Fragestellung in diesem Kontext jedoch unumgänglich, weil die Methoden der Versuchsplanung und -Auswertung z.T. sehr stark vom logischen Typ der Fragestellung abhängen.

Im Licht der eben diskutierten etwas komplizierteren Fragestellungen wollen wir noch einmal auf die *Rolle der Variablen* zurückkommen. Prinzipiell gibt es zunächst in jeder der oben beschriebenen Situationen Variable, die im Experiment beobachtet werden sollen und deren Verteilung von der Grundgesamtheit bzw. anderen Variablen abhängt. Wir werden diese Variablen im Folgenden als *Beobachtungs-,Ziel- oder Wirkungsvariablen* bezeichnen, weil mit ihnen in vielen praktischen Fällen eine Wirkung gemessen wird. Als Kurzbezeichnung wird gelegentlich auch der Ausdruck Y-Variable verwendet, weil diese Art der Variablen in graphischen Darstellungen in der Regel als Ordinate aufgetragen wird.

Weiter interessieren bei der Untersuchung von Abhängigkeit natürlich auch noch diejenigen Variablen, deren Einfluß gerade untersucht wird. Wir bezeichnen sie im Folgenden häufig als *Ursachenvariable* oder noch kürzer als X-Variable. Dabei ist zu beachten, daß die X-Variablen in der Regel "willkürlich" vorgegeben werden (vergl. Kapitel 4), sie also grundsätzlich anders behandelt werden als die Y-Variablen. (Beispiel: Zur Bestimmung der Abhängigkeit des Gewichts Y vom Lebensalter X werden bestimmte Lebensalter festgelegt, bei denen jeweils Gewichtsmessungen vorgenommen werden).

Neben diesen beiden im Zentrum der Untersuchung stehenden Variablenarten hat man es in der Biologie und Medizin fast immer noch mit einer Reihe anderer Größen zu tun, die die Versuchsergebnisse mehr oder minder stark beeinflussen und damit das Ergebnis "stören" können.

Solche Variablen werden wir im folgenden als *Stör- oder
Kovariablen* bezeichnen. Ihre Kenntnis, Kontrolle und gegebenenfalls die Ausschaltung ihres Einflusses auf das Ergebnis
ist von großer Bedeutung für die Qualität (Unverfälschtheit)
der Ergebnisse. (Vgl. auch Kapitel 4).

Schließlich ist genau zu klären, auf welcher *Art von Skala* die
einzelnen Variablen gemessen werden sollen.

Insbesondere ist zu präzisieren, ob es sich um eine *alternative* (binäre) Variable handeln soll, bei der nur zwei Ausprägungen möglich sind (gestorben-überlebend, gutartig-
bösartig, vorhanden-nicht vorhanden etc.) oder eher um *kategorielle* Variablen, die in mehrere disjunkte Klassen fallen
können (z.B. Blutgruppen, histologische Klassifikationen,
Klassifizierung und EKG-Mustern usw.). Dabei sind die Grenzen
der Kategorien sehr genau zu definieren.

Die Variable könnte aber auch auf einer *ordinalen Skala* zu
messen sein, die noch eine Information über die lineare
Anordnung der Ausprägungen des Merkmals liefert (z.B. "keine",
"leichte", "mittlere", "schwere" Beschwerden oder eine Reihung
von Mustern bei einem Intelligenztest).

Die Messsung könnte auf einer *diskreten* Skala erfolgen, bei
der natürliche oder ganze Zahlen benutzt werden. (Z.B. Aus-
zählung von Tumoren, Bakterienkulturen, Chromosomendefekten,
Lernerfolgen usw.).
Schließlich könnte eine *stetige* (kontinuierliche) Skala benutzt werden, bei der den Messungen reelle Zahlen zugeordnet
werden (z.B. Messungen von Strömen und Spannungen).

In vielen Fällen sind bei einer Variablen *mehrere Skalierungen*
möglich, so daß entschieden werden muß, welche der möglichen
Skalierungen dem Problem am ehesten angemessen ist. Dabei ist
zu beachten, daß eine nachträgliche *Vergröberung* der Skala
jederzeit möglich ist. So können durch eine Reduktion auf
die Anordnung (Reihenfolge) aus stetigen, ordinalen Daten ent-

stehen, durch Zusammenfassen in Intervallen entstehen kategorielle oder sogar alternative Skalierungen. der umgekehrte Weg ist im Allgemeinen nicht möglich.

Man sollte deshalb stets versuchen, die Datenerhebung mit möglichst "hochwertigen" Skalen zu organisieren, damit nicht unnötig Informationen verschenkt werden, die keinen großen Mehraufwand in der Erhebung bedeutet hätten.

Zum Abschluß dieses Abschnitts fassen wir die oben andiskutierten Probleme in einer "Checkliste" zusammen, die sich bei der praktischen Vorbereitung einer empirischen Untersuchung als recht nützlich erweist.

CHECK-LISTE für die PRÄZISIERUNG der FRAGESTELLUNG

1. Wie lautet die grob umrissene Fragestellung (Schlagworte, bewußt unscharfe Formulierung)?

2. Welche Vorinformationen stehen zur Verfügung?
   a ☐ eigene Voruntersuchungen
   b ☐ publizierte Ergebnisse
   c ☐ mitgeteilte Ergebnisse anderer Autoren
   d ☐ Abschätzungen, Analogieschlüsse (Quellenangabe)
   e ☐ theoretische Ableitungen (Angabe der Grundannahmen)

3. Welche logische Struktur soll die Frage ausweisen?
   a ☐ Verteilung von Variablen in einer Grundgesamtheit
   b ☐ Unterschiede zwischen verschiedenen Grundgesamtheiten
   c ☐ Zusammenhang zwischen Variablen
   d ☐ Abhängigkeit einiger Variablen von anderen
   e ☐ kompliziertere Struktur und zwar.....................
   ....

4. Wie ist die Stellung der eigenen Zielsetzung zu den Voruntersuchungen?
   - a bisher unerforschte Parameter oder Verteilungen sollen geschätzt werden
   - b bisherige Schätzungen sollen präzisiert werden
   - c die folgende Hypothese soll überprüft werden
     ....

5. Wie lautet die genaue Definition der <u>Grundgesamtheit(en)</u>?
   - a) Genaue Beschreibung der Population...................
   - b) Räumliche Einschränkung..............................
   - c) Zeitliche Einschränkung..............................
   - d) Ausnahmefälle und Nebenbedingungen...................

6. Welche <u>Variable</u> sind zu berücksichtigen?

Variablenart	Bezeichnung	Skala/Maßeinheit	Meßvorschrift	besondere Bemerkungen

Beispiel:

X-Variable	Alter	stetig/ Monate	Ablesen aus Kartei A	
Y-Variable	Gewicht	stetig/kg	Wägung am Morgen	
Kovariable	Gesundheit	ordinal/ 10 Klassen	lt. Befundbogen	siehe Skalendefinition

II Modellbildung und Versuchsplanung

Kapitel 3 Modellbildung

Nach Abklärung der Fragestellungen, Festlegung der Beobachtungs-, Stör- und Kovariablen wird der Versuch geplant. Hierzu gehört zunächst die Festlegung eines *Modells*, im einfachsten Fall also die Vorgabe einer mehr oder weniger spezifizierten Verteilung für ein bestimmtes Merkmal. Die weitere Versuchsplanung und später die Versuchsauswertung basieren auf diesem ausgewählten Modell.

Mathematische Modelle können sich immer nur auf einige wenige Aspekte der Realität beziehen. Sie bestehen aus mathematisierten *Grund-* oder *Modellannahmen,* die eine Vereinfachung, Idealisierung oder Hypothetisierung der Realität kennzeichnen. Mathematische Modelle dienen unter anderem dazu, inhaltliche Fragen in mathematische Fragen zu übersetzen und diese im Modell, d.h. mit auf den Modellannahmen beruhenden Verfahren zu beantworten. Ohne Modelle kann Mathematik nicht sinnvoll angewendet und ohne Mathematik können quantitative Ergebnisse nicht eindeutig interpretiert werden.

In diesem Kapitel werden einige typische Modelle der Stochastik zusammen mit Beispielen vorgestellt, aus denen hervorgeht, in welchen Situationen die jeweiligen Modellannahmen sinnvoll sind. Statistische Verfahren zur Beantwortung von mathematischen Fragen innerhalb dieser Modelle werden dagegen erst in den Kapiteln 6 und 7 behandelt.

3.1 Spezielle Verteilungsmodelle

Die Modelle in diesem Abschnitt bestehen aus der Angabe von speziellen Verteilungen, wobei wir uns auf die wichtigsten eindimensionalen Verteilungen beschränken. Hier nicht aufgeführt sind u.a. die schon behandelte *stetige Gleichverteilung* (siehe Beispiele 1.5. und 1.18) und die *geometrische Verteilung* (siehe Beispiele 1.14 und 1.17).

3.1.1 Diskrete Gleichverteilung

Das einfachste denkbare und zugleich älteste Modell ist das der <u>diskreten Gleichverteilung</u> (siehe auch Beispiel 1.6). Bei diesem Modell wird jedem Wert 1, 2, ..., m, den eine Zufallsvariable X annehmen kann, die gleiche Wahrscheinlichkeit 1/m zugeordnet:

(1) $P(X=j) = 1/m$ für $j = 1, 2, \ldots, m$.

Erwartungswert und Varianz dieser Verteilung sind (vgl. 1.5.1 (3))

(2) $E(X) = (m+1)/2$, $Var(X) = (m^2 - 1)/12$.

Im Beispiel 1.6 wurde bereits gesagt, daß durch diese Verteilung die "Zufälligkeit" einer Stichprobenentnahme präzisiert werden kann. Die Gleichverteilung ist immer dann ein geeignetes Modell, wenn ausgedrückt werden soll, daß alle möglichen Ergebnisse die gleiche Chance haben (vgl. Versuchsplanung 4.3).

Es gibt viele Experimente der folgenden Art: Aus einer Grundgesamtheit wird gemäß einer Gleichverteilung ein Objekt ausgewählt und es interessiert nur, ob dieses Objekt eine bestimmte Merkmalausprägung (kurz "Erfolg" genannt) hat oder nicht. Beispiele hierfür sind :

3.1 Spezielle Verteilungsmodelle

Grundgesamtheit	Experiment	Erfolg (Ja/Nein)
alle Lose	Zufallsauswahl eines Loses, Öffnen	Gewinn
Mäuse eines Inzuchtstammes	.....eines Tieres, Durchführung eines Inhalationsexperimentes	Atemblockade
Insektenstamm	.....eines Tieres, Besprühen mit einem Insektizid	Tod
alle Glühbirnen einer Tagesproduktion	.....einer Birne, Prüfen	Defekt

Alle diese Experimente sind analog zu dem folgenden anschaulichen Gedankenexperiment.

Beispiel 3.1: Urnenmodell

In einem Topf (aus historischen Gründen "Urne" genannt) befinden sich N Kugeln, die von 1 bis N durchnum eriert sind; die Kugeln repräsentieren eine Grundgesamtheit. M der Kugeln sind markiert (Merkmalsausprägung *"Erfolg"*) und die restlichen N-M Kugeln sind nicht markiert (Merkmalsausprägung"Mißerfolg"). Nach gründlichem Mischen wird "zufällig" eine Kugel aus der Urne entnommen. Ist X die Nummer der entnommenen Kugel, so führt die Präzisierung der "Zufälligkeit" auf die Modellannahme: X besitzt eine Gleichverteilung, also $P(X=j)=1/N$ für alle Nummern $j = 1, 2, ...,N$.

Die Wahrscheinlichkeit, eine markierte Kugel zu entnehmen (Erfolg), ist nach 1.3.3(2) gleich dem relativen Anteil der markierten Kugeln in der Urne, also gleich M/N. Diese Wahrscheinlichkeit nennen wir *Erfolgswahrscheinlichkeit* .

3.1.2 Hypergeometrische- und Binomialverteilung

Die in 3.1.1 angegebenen Experimente werden im allgemeinen nicht nur einmal, sondern mehrfach durchgeführt. Es interessiert dann die *Gesamtanzahl* der Erfolge oder (in der Sprache des Urnenmodells) die Gesamtanzahl der entnommenen markierten Kugeln, also im konkreten Fall z.B. die Anzahl der defekten Glühbirnen in einer Stichprobe aus der Tagesproduktion. Die Verteilung dieser Gesamtanzahl soll jetzt angegeben und begründet werden. Hierbei verabreden wir die folgenden Bezeichnungen und Sprechweisen.

Urne: Von N Kugeln sind genau M markiert (Erfolg); das Verhältnis $p = M/N$ heißt *Erfolgswahrscheinlichkeit*
($N \geq 1$, $0 < M < N$)

Experiment: Nach gutem Mischen wird n-mal eine Kugel "zufällig" der Urne entnommen; n heißt *Stichprobenumfang*

Zufallsvariable: K = Anzahl der entnommenen markierten Kugeln
= Anzahl der Erfolge

Frage: Wie groß ist die Wahrscheinlichkeit $P(K=k)$, daß sich unter den n entnommenen Kugeln genau k markierte (Erfolge) befinden?

Je nach der Art des Experiments müssen wir zwei Fälle unterscheiden, die auf die hypergeometrische Verteilung bzw. die Binomialverteilung führen.

a) <u>Hypergeometrische Verteilung</u> *(Ziehen ohne Zurücklegen)*

Die n Kugeln werden gleichzeitig oder nacheinander aus der Urne entnommen und neben die Urne gelegt.

Die Anzahl der möglichen Auswahlen von n Kugeln aus insgesamt N Kugeln ist durch den sogenannten *Binomialkoeffizienten* $\binom{N}{n}$ (lies: N über n ; vgl. ALTHOFF (1976)) gegeben:

(1) $\quad \binom{N}{n} = \dfrac{N}{1} \cdot \dfrac{N-1}{2} \cdot \ldots \cdot \dfrac{N-n+1}{n}$

Für $n > N$ wird $\binom{N}{n}$ gleich Null gesetzt.

3.1 Spezielle Verteilungsmodelle

Eine Darstellung der Binomialkoeffizienten mit Hilfe von "Fakultäten" und Bemerkungen zur Berechnung sind im Anhang A 3.12 zu finden.

Entsprechend gibt es $\binom{M}{k} \cdot \binom{N-M}{n-k}$ Möglichkeiten, k Kugeln aus den markierten und gleichzeitig n - k Kugeln aus den N - M nicht markierten auszuwählen. Da wir jede mögliche Kugelentnahme als gleichwahrscheinlich ansehen, ist die gesuchte Wahrscheinlichkeit wegen 1.3.3(2) gerade das Verhältnis der Anzahl der "günstigen" Möglichkeiten zur Gesamtanzahl aller Entnahmen:

(2) $\quad P(K=k) = \binom{M}{k} \cdot \binom{N-M}{n-k} / \binom{N}{n}$.

Jede Zufallsvariable K, deren Verteilung durch (2) gegeben ist, heißt *hypergeometrisch*-verteilt. Erwartungswert und Varianz berechnen sich zu

(3) $\quad E(K) = np$, $\quad Var(K) = np(1-p) \cdot (N-n)/(N-1)$.

Beispiel 3.2 : Rückfangmethode

Um festzustellen, wieviele Tiere (Vögel, Fische) einer Spezies in einem bestimmten Ökosystem leben, kann man einige dieser Tiere fangen, markieren und wieder frei lassen. Nach einiger Zeit, wenn sich diese Tiere mit der Gesamtpopulation vermischt haben, werden wiederum Tiere eingefangen und es wird festgestellt, wieviele Tiere dieser Stichprobe markiert sind.

Dieses Rückfangexperiment kann idealisierend durch ein Urnenmodell beschrieben werden und das Modell kann dann dazu benutzt werden, um aus den erhaltenen Daten die Gesamtzahl der Tiere im Ökosystem zu schätzen. Wir wollen dieses Vorgehen an fiktiven *kleinen* Zahlen demonstrieren und gehen dazu von einem Urnenmodell aus mit

$\quad$ N $\quad\quad$ = unbekannte Anzahl der Tiere $\quad\quad$} Urne (Ökosystem)
$\quad$ M = 3 = Anzahl der markierten Tiere darin
$\quad$ n = 4 = Anzahl der eingefangenen Tiere $\quad\quad$} Stichprobe
$\quad$ k = 1 = Anzahl der markierten Tiere darin

k = 1 ist die bereits bekannte Realisierung der Zufallsvariablen K, die gemäß (2) verteilt ist, jedoch mit unbekanntem Parameter N. Wir rechnen jetzt verschiedene Modellvarianten (verschiedene Werte für N) durch, um festzustellen, wie wahrscheinlich das gefundene Ergebnis ist. Die folgende Tabelle enthält die Wahrscheinlichkeiten

$$P(K=1) = \binom{3}{1} \cdot \binom{N-3}{3} / \binom{N}{4}$$

für N = 6,7,8,... . Da die Wahrscheinlichkeit für die beobachtete Stichprobe bei N = 11 und N = 12 am größten ist, bezeichnet man diese "wahrscheinlichsten" Werte auch als *Maximum - Likelihood-Schätzungen* (vgl. 6.6) für die unbekannte Anzahl N der Tiere. Diese Schätzung ist hier nicht eindeutig, sondern liefert zwei Schätzwerte.

N	$\binom{3}{1} \cdot \binom{N-3}{3} / \binom{N}{4}$	= P(K = 1)
6	3/15	= 20.00 %
7	12/35	= 34.29 %
8	30/70	= 42.86 %
9	60/126	= 47.62 %
10	105/210	= 50.00 %
11	168/330	= 50.91 %
12	252/495	= 50.91 %
13	360/715	= 50.35 %
14	495/1001	= 49.45 %
≥ 15	kleiner als	49.45 %

b) *Binomialverteilung* *(Ziehen mit Zurücklegen)*

Eine andere Situation als in a) liegt vor, wenn n Kugeln nacheinander entnommen, registriert und vor der nächsten Kugelentnahme wieder in die Urne eingemischt werden. Dieses Experiment mit Zurücklegen kann man in Gedanken durch ein weiteres Urnenexperiment substituieren: Aus n gleichen Urnen wird *je eine* Kugel entnommen und registriert.

Hier besteht vor jeder Einzelentnahme die gleiche Ausgangssituation und die einzelnen Entnahmen werden als unabhängig angesehen. Deshalb ist die Wahrscheinlichkeit, daß in einer

3.1 Spezielle Verteilungsmodelle

vorgegebenen Reihenfolge k-mal Erfolg (je mit Wahrsch. p) und (n-k)-mal Mißerfolg (je mit Wahrsch. 1-p) eintritt, gleich dem Produkt der Einzelwahrscheinlichkeiten, also gleich $p^k \cdot (1-p)^{n-k}$. Da es insgesamt $\binom{n}{k}$ gleichwahrscheinliche verschiedene Reihenfolgen gibt, bei denen genau k-mal Erfolg auftritt, ergibt sich

(4) $P(K=k) = \binom{n}{k} p^k q^{n-k}$ abgekürzt:

$\qquad\qquad = b(k;n,p)$ mit $q = 1-p$.

Jede Zufallsvariable K, die mit den Wahrscheinlichkeiten (4) die Werte k=0, 1,....,n annimmt, heißt _Binomial_ (n, p)-_verteilt_, kurz B(n,p)-verteilt. Erwartungswert und Varianz berechnen sich zu

(5) $E(K) = np$, $Var(K) = npq$.

Für p = 0.5 ist die Verteilung symmetrisch und der Erwartungswert, also der Schwerpunkt ist gleich n/2. Für p $\neq$ 0.5 sind die Verteilungen nicht mehr symmetrisch und der Schwerpunkt liegt für p > 0.5 oberhalb und für p < 0.5 unterhalb von n/2 (vgl. Abbildung 3.1) .

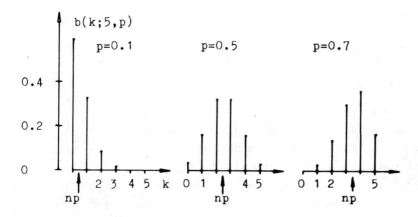

Abb. 3.1 Binomialverteilungen

Hinweise für die konkrete Berechnung der Elementarwahrscheinlichkeiten b(k;n,p) und der Verteilungsfunktion

$$(6) \quad P(K \leq k) = B(k;n,p) = \sum_{j=0}^{k} b(j;n,p) \quad , \quad k = 0,1,\ldots,n$$

werden im Anhang (vgl. A 3.9 und A 3.11) angegeben.

Allgemeiner kann die Binomial(n,p)-Verteilung immer dann als Modell für eine Anzahl von Erfolgen verwendet werden, wenn n unabhängige Einzelversuche durchgeführt werden und bei jedem Einzelversuch die gleiche Erfolgswahrscheinlichkeit p mit $0 < p < 1$ vorliegt.

<u>Beispiel 3.3</u>: Erfolg einer Therapie

Eine bestimmte Therapie mit einer Erfolgswahrscheinlichkeit von p = 80 % wird bei 16 Patienten angewendet mit k = 14 Erfolgen. Wie wahrscheinlich ist nach dem Binomialmodell dieses bzw. ein mindestens so gutes Ergebnis und was hätte man erwartet?

Die Anzahl K der Erfolg ist B(n,p)-verteilt mit n= 16 , p = 80 % und die gesuchten Wahrscheinlichkeiten sind:

P(genau 14 Erfolge) = $P(K = 14) = \binom{16}{14} \cdot 0.3^{14} \cdot 0.2^2 \approx 21\%$
bzw.
P(mind. 14 Erfolge) = $P(K \geq 14)$ =

$\binom{16}{14} \cdot 0.3^{14} \cdot 0.2^2 + \binom{16}{15} \cdot 0.3^{15} \cdot 0.2 + \binom{16}{16} \cdot 0.3^{16} \approx 35\%$

Die erwartete Anzahl der Erfolge ist $E(K) = 16 \cdot 0.8 = 12.8 \approx 13$.

c) <u>Approximationen</u>

Das Binomialmodell (Urnenmodell "mit Zurücklegen") kann oft auch dann verwendet werden, wenn eigentlich das hypergeometrische Modell (Urnenmodell "ohne Zurücklegen") angebracht wäre. Wird nämlich der Urneninhalt N und die Anzahl M der markierten Kugeln größer, so kommt es immer weniger darauf an, ob die gerade entnommene Kugel zurückgelegt wird oder nicht: Beide Modelle führen in etwa zu den gleichen Ergebnissen und die Wahrscheinlichkeiten (2) und (4) sind ungefähr gleich.

3.1 Spezielle Verteilungsmodelle

Genauer gilt: Für $N, M \to \infty$ bei festem $p = M/N$ konvergieren die hypergeometrischen Wahrscheinlichkeiten (2) gegen die Binomial-Wahrscheinlichkeiten (4). Diese Approximationsmöglichkeit ist für die Anwendung von großem Vorteil, da zur Berechnung von (4) nur das Verhältnis p und nicht wie bei (2) die oft unbekannten Anzahlen N und M benötigt werden.

Für wachsenden Stichprobenumfang n kann das Binomialmodell wiederum immer besser durch eine Normalverteilung approximiert werden mit gleichem Erwartungswert $\mu = np$ und gleicher Varianz $\sigma^2 = npq$. Nach dem zentralen Grenzwertsatz (vgl. 1.6) ist nämlich die standardisierte Erfolgsanzahl $(K - \mu)/\sigma$ asymptotisch (d.h. für $n \to \infty$) Normal (0,1)-verteilt. Abbildung 3.2 zeigt ein Beispiel für die Approximation mit n = 36 und p = 0.5 . Hierbei handelt es sich um einen besonders günstigen Fall, da diese Binomialverteilung ebenso wie die Normalverteilung symmetrisch ist. Die Approximation wird bei festem

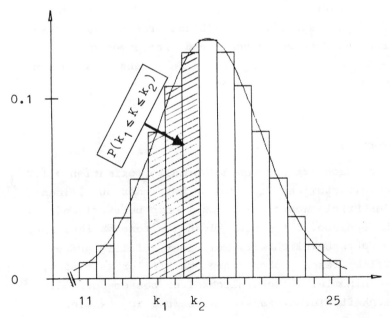

Abb. 3.2 Approximation der B(n,p)-Verteilung durch die Normal(μ, σ^2)-Verteilung mit $\mu = np$, $\sigma^2 = npq$, n = 36, p = 0.5. Die Binomialwahrscheinlichkeiten entsprechen sowohl den Höhen als auch den Flächeninhalten der Säulen

n immer schlechter, je mehr p von 0.5 abweicht. Bei festem p
wird die Approximation jedoch mit wachsendem n immer besser
und zwar auch für stark von 0.5 abweichende p-Werte.

Diese *Normalapproximation* kann man ausnutzen für die Berechnung
von komplizierten Wahrscheinlichkeiten. So lassen sich z.B.
Intervallwahrscheinlichkeiten berechnen gemäß

(7) $\quad P(k_1 \leq K \leq k_2) = \sum_{j=k_1}^{k_2} b(j;n,p)$

$$\approx \Phi\left(\frac{k_2 + 0.5 - np}{\sqrt{npq}}\right) - \Phi\left(\frac{k_1 - 0.5 - np}{\sqrt{npq}}\right).$$

Diese Approximation (7) entspricht in Abbildung 3.2 dem Ersetzen
der schraffierten Recheckfläche durch die entsprechende
Fläche unter der Normalkurve.

Der Einfluß der *Stetigkeitskorrektur* 0.5 wird mit wachsendem
n immer geringer, und sie wird deshalb bei großem n weggelassen. Verfahren zur Berechnung von Φ und eine numerisch
noch bessere Approximation als (7) mit Fehlerabschätzung sind
im Anhang A 3.1 bzw. A 3.11 angegeben.

3.1.3 Poissonverteilung

Die im vorigen Abschnitt angegebene Normalapproximation 3.1.2
(7) der Binomialverteilung liefert nur bei weder zu kleinen
noch zu großen Erfolgswahrscheinlichkeiten p befriedigende
numerische Ergebnisse. Ist p sehr klein (seltene **Ereignisse**),
wie z.B. die Wahrscheinlichkeit, auf einer zufällig aufgeschlagenen Seite dieses Buches einen Druckfehler zu finden,
so können die Binomialwahrscheinlichkeiten besser durch die
Wahrscheinlichkeiten einer *Poissonverteilung* approximiert
werden:

(1) $\quad b(k;n,p) \approx e^{-\lambda} \cdot \lambda^k / k!$ mit $\lambda = np$ und $k! = 1 \cdot 2 \cdot \ldots \cdot k$

(vgl. A 3.12)

3.1 Spezielle Verteilungsmodelle

Diese Approximation hat zudem den Vorteil, daß man für die Berechnung der Binomialwahrscheinlichkeit nur den Erwartungswert $\lambda = np$, aber nicht die einzelnen Werte n und p zu kennen braucht.

Für eine mit dem Parameter $\lambda > 0$ *Poissonverteilte* Zufallsanzahl K, also für eine Zufallsvariable K mit

(2) $\quad P(K=k) = e^{-\lambda} \cdot \lambda^k / k!\quad$ für $k = 0, 1, 2,\ldots$

  gilt

(3) $\quad E(K) = \lambda$ und $Var(K) = \lambda$.

Beispiele für die Anwendung des Poissonmodells sind (siehe auch Beispiel 3.4):

- die Anzahl der Druckfehler pro Buchseite
- die Anzahl der radioaktiven Zerfälle pro Sekunde
- die Anzahl der Verkehrsunfälle pro Tag in einer Stadt
- die Anzahl der Erythrozyten pro Feld einer Zählkammer.

Der Parameter λ ist dabei jeweils die mittlere Anzahl pro Seite, Sekunde, Tag bzw. Feld.

Die Zufallsvariable K kann bei der Poissonverteilung formal unendlich viele Werte annehmen, jedoch werden die Wahrscheinlichkeiten nach Erreichen des Maximums (in der Nähe von λ) sehr schnell klein und sind für im Vergleich zu λ große k-Werte praktisch Null. So gilt für die Abbildung 3.3 skizzierten Poissonverteilungen

bei $\lambda = 0.5\ :\quad P(K \geq 4) \approx 0.002$ und $P(K \geq 5) \approx 0.000\ 001$
bei $\lambda = 2.0\ :\quad P(K \geq 8) \approx 0.001$ und $P(K \geq 10) \approx 0.000\ 001$.

Zur Berechnung der Poissonwahrscheinlichkeiten siehe Anhang A 3.10 und A 3.11 .

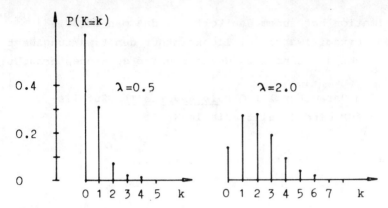

Abb. 3.3 Poissonverteilungen

Beispiel 3.4 : Pflanzenverteilungen

Eine beobachtete Verteilung einer bestimmten Pflanzenart in einem
Gebiet soll daraufhin untersucht werden, ob die Verteilung "zufällig" genannt werden kann oder ob sie davon abweicht, ob also z.B.
ein Klumpeneffekt oder die Tendenz zu gleichmäßigen Abständen besteht. Ein erster Schritt zur Beantwortung dieser Fragen ist der
Vergleich der beobachteten mit einer theoretischen, rein zufälligen
Pflanzenverteilung. Wie erhält man diese theoretische, rein zufällige Verteilung?

In einem Gedankenexperiment teilen wir das Gebiet ein in z.B.
50 gleichgroße Quadrate und verteilen die z.B. 150 Pflanzen gemäß
einer Gleichverteilung auf diese Quadrate. Betrachten wir ein bestimmtes Quadrat und die Zufallsvariable K "Anzahl der Pflanzen
in diesem Quadrat", dann ist K Binomial(n,p)-verteilt mit n = 150
und p = 1/50. Wegen des kleinen p-Wertes benutzen wir statt des
Binomialmodells das Poissonmodell (2) mit dem Parameter λ= 150/50=3

3.1 Spezielle Verteilungsmodelle

(mittlere Anzahl der Pflanzen pro Quadrat). Dieses bestimmte Quadrat enthält also mit Wahrscheinlichkeit $p_k = e^{-3} \cdot 3^k/k!$ genau k Pflanzen. Dieses gilt natürlich für jedes der 50 Quadrate. Bei rein zufälliger Pflanzenverteilung erwartet man dann $50p_k$ Quadrate mit genau k Pflanzen.

Neben diesen theoretischen Anzahlen sind in der folgenden Tabelle noch die in Abbildung 3.4 skizzierten Pflanzenverteilungen eingetragen, von denen die erste mehr für Klumpung, die zweite für gleichmäßige Besetzung der Quadrate spricht. In 7.4.2 werden statistische Verfahren angegeben, mit denen getestet werden kann, ob die Abweichungen der beobachteten Verteilungen von der theoretischen Pflanzenverteilung nur auf Zufallsschwankungen beruhen oder ob hier höchstwahrscheinlich doch keine rein zufälligen Pflanzenverteilungen vorliegen.

k	Anzahl der Quadrate mit k Pflanzen		
	Poisson-Modell	Stichprobe 1	Stichprobe 2
0	2.5	13	3
1	7.5	5	5
2	11.2	3	9
3	11.2	8	13
4	8.4	5	14
5	5.0	6	4
6	2.5	6	2
≥7	1.7	4	0

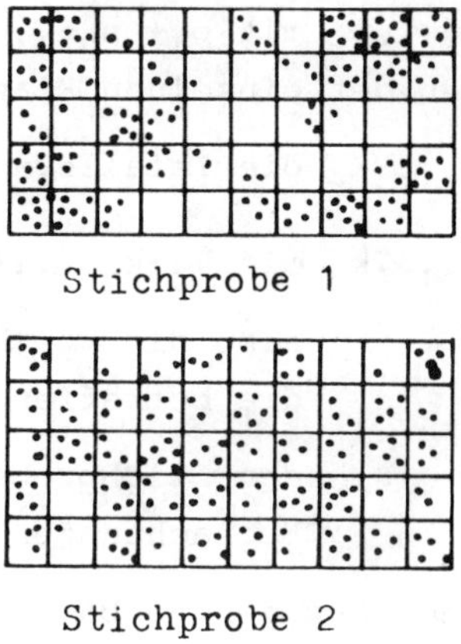

Stichprobe 1

Stichprobe 2

Abb. 3.4 Pflanzenverteilungen

3.1.4 Multinomialverteilung

<u>Beispiel 3.5</u> : Mendelsche Gesetze

Die Mendelschen Gesetze besagen u.a., daß sich bei bestimmten Kreuzungsversuchen die Tochtergeneration im Verhältnis 9:3:3:1 auf die vier möglichen Phänotypen aufteilt. Bei z.B. n = 16 Nachkommen sind also theoretisch in den Phänotypklassen folgende Anzahlen zu *erwarten*:

Phänotypklasse	A B	A b	a B	a b
erwartete Häufigkeit	9	3	3	1

Bei stochastischer Interpretation sind diese Häufigkeiten Erwartungswerte von Zufallsvariablen und die Werte 9/16, 3/16, 3/16 und 1/16 sind die Wahrscheinlichkeiten für die entsprechenden Phänotypen der Nachkommen.

Das Kreuzungsexperiment aus Beispiel 3.5 kann wiederum durch ein Urnenmodell beschrieben werden. Die Urne besteht diesmal aus im Verhältnis 9:3:3:1 mit den vier verschiedenen Phänotypen markierten Kugeln, und das Auftreten eines bestimmten Phänotyps wird modelliert durch die Entnahme einer entsprechend markierten Kugel.

Liegt allgemeiner eine *Klassifikation* mit r (statt 4) Ausprägungen vor, so bezeichnen

$p_1, p_2, \ldots, p_r$ mit $p_1 + p_2 + \ldots p_r = 1$ die Erfolgswahrscheinlichkeiten der einzelnen Klassen, *Klassenwahrscheinlichkeiten*

$K_1, K_2, \ldots, K_r$ die Zufallsvariablen "Klassenhäufigkeiten"

$k_1, k_2, \ldots, k_r$ mit $k_1 + k_2 + \ldots + k_r = n$ die Realisierungen der K_i, also die Anzahlen der Beobachtungen, die in die betreffende Klasse fallen

n   den Stichprobenumfang, also die Anzahl der Beobachtungen.

Bei n unabhängigen Beobachtungen (Ziehungen "mit Zurücklegen") kann die Wahrscheinlichkeit dafür, daß genau k_i Versuchergebnisse in die Klasse Nr. i fallen, analog zu 3.1.2 (4) berechnet werden durch

(1) $\quad P(K_1=k_1, K_2=k_2, \ldots, K_r=k_r) = \dfrac{n!}{k_1! k_2! \ldots k_r!} \cdot p_1^{k_1} \cdot p_2^{k_2} \cdots p_r^{k_r}$,

wobei natürlich $k_1 + k_2 + \ldots + k_r = n$ gilt. Dies sind die Wahrscheinlichkeiten einer *Multinomial - Verteilung* mit den Parametern n (**Anzahl der unabhängigen Beobachtungen, Stichprobenumfang**), r (**Anzahl der Klassen**) und $p_1, p_2, \ldots, p_r$ (**Klassenwahrscheinlichkeiten**) mit $p_1 + p_2 + \ldots + p_r = 1$.

Die Zufallsvariablen $K_1, \ldots, K_r$ sind abhängig und insbesondere gilt $K_1 + K_2 + \ldots + K_r = n$. Jede einzelne Anzahl K_i ist

3.1 Spezielle Verteilungsmodelle

Binomial(n,p_i)-verteilt, wobei die Klasse Nr. i als "Erfolg" interpretiert wird.

Beispiel 3.6 : Fortsetzung von Beispiel 3.5

Bei n = 20 unabhängigen Kreuzungsversuchen ergaben sich für die vier Phänotypen folgende Häufigkeiten: 9, 4, 5 bzw. 2. Wie wahrscheinlich ist gerade dieses Ergebnis, wenn das Mendelsche Modell aus Beispiel 3.5 zugrunde gelegt wird?

Das Mendelsche Modell führt für die Klassenhäufigkeiten K_i auf eine Multinomialverteilung mit n = 20, r = 4, p_1 = 9/16, $p_2=p_3$= 3/16 und p_4=1/16. Somit ist die gesuchte Wahrscheinlichkeit

$$P(K_1=9,K_2=4,K_3=5,K_4=2) = \frac{20!}{9!4!5!2!} \cdot (\frac{9}{16})^9 \cdot (\frac{3}{16})^4 \cdot (\frac{3}{16})^5 \cdot (\frac{1}{16})^2 \approx 0.73\% \ .$$

Bei kontinuierlichen Merkmalen werden häufig nicht die Originaldaten, sondern nur zu Gruppen zusammengefaßte Daten publiziert und weiterverarbeitet, vor allem, wenn es sich um große Datenmengen handelt. Dieser Datenreduktion entspricht eine Einteilung der Ausprägungen der modellierenden Zufallsvariable in etwa r Klassen und hieraus ergibt sich eine Reduktion der ursprünglich stetigen Verteilung auf eine Multinomialverteilung (siehe Beispiel 3.7) . Diese Modell-Reduktion spielt z.B. beim Vergleich einer beobachteten Häufigkeitsverteilung mit einer hypothetischen Verteilung eine wichtige Rolle (siehe 7.4.2).

Beispiel 3.7 : Geburtsgewicht

Die Zufallsvariable "Geburtsgewicht" kann als Normal (μ, σ^2)-verteilt angesetzt werden mit z.B. μ = 3430 [g] und σ = 530 [g] (vgl. Beispiel 1.9). Für manche Fragestellungen ist eine Klassifizierung in "untergewichtig" (bis 2500), "normalgewichtig" (von 2500 bis 4500) und "übergewichtig" (über 4500) ausreichend. Das Modell der Normalverteilung wird deshalb wie in Abb. 3.5 dargestellt auf ein Multinomialmodell reduziert mit r = 3 Klassen und den Klassenwahrscheinlichkeiten

$$(2) \quad p_1 = \int_{-\infty}^{2500} f(x)dx \ , \quad p_2 = \int_{2500}^{4500} f(x)dx \ , \quad p_3 = \int_{4500}^{\infty} f(x)dx \ .$$

Mit der Dichte f der $N(\mu, \sigma^2)$-verteilung hängen auch die Klassenwahrscheinlichkeiten p_i von μ und σ^2 ab. Die p_i können also nur dann explizit berechnet werden, wenn μ und σ^2 wie in diesem Beispiel bekannt sind. Hier ergibt sich

$p_1 \approx 3.97\%$, $p_2 \approx 93.86\%$, $p_3 \approx 2.17\%$.

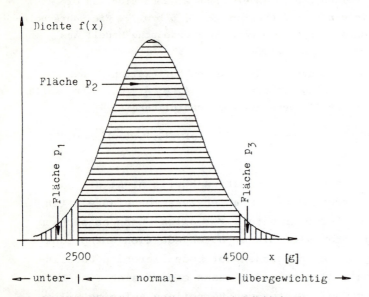

Abb. 3.5 Klasseneinteilung mit Klassenwahrscheinlichkeiten p_i

3.1.5 Normalverteilung

Die Normalverteilung, die wir bereits in den Beispielen 1.9, 1.19, 1.20 und im Abschnitt 1.6 vorgestellt haben, ist die in der Stochastik -und auch in diesem Buch- am häufigsten auftretende Verteilung. Dies hat im Wesentlichen drei Gründe:

a) Erfahrungsgemäß können Daten (Häufigkeitsverteilungen) oft durch eine "Glockenkurve" (Dichte einer Normalverteilung) approximiert werden (vgl. Beispiel 1.9) .

b) Die Normalverteilung tritt als Grenzverteilung auch in Situationen auf, bei denen die betrachteten Merkmale nicht normalverteilt sind. Nach dem zentralen Grenzwertsatz (Abschnitt 1.6) sind nämlich unter geeigneten Voraussetzungen Summen von Zufallsvariablen -und die treten in der Statistik ständig auf- asymptotisch, d.h. für wachsenden Stichprobenumfang normalverteilt.

c) Die Normalverteilung besitzt wünschenswerte mathematische Eigenschaften und wird deshalb oft aus theoretischen Gründen als Voraussetzung für statistische Verfahren benutzt.

Aus dem zentralen Grenzwertsatz geht hervor, daß Merkmale, die sich additiv aus vielen kleinen ähnlichen unabhängigen Effekten zusammensetzen, näherungsweise normalverteilt sind. Beispiele hierfür sind
- der Jahresgasverbrauch von Haushalten als Summe vieler Tagesentnahmen
- die Anzeige des elektronischen Meßgerätes aufgrund der Verfälschung des wahren Meßwertes durch viele kleine additive Störeffekte (Rauschen)
- das Gewicht einer Zigarette als Summe der Gewichte der einzelnen Faserteile.

Optisch erkennt man die (Dichte einer) Normalverteilung daran, daß sie symmetrisch um eine ausgeprägte Maximalstelle μ ist und an den Rändern schnell abfällt (siehe Abbildungen 1.7 und 3.5).

Zeigt eine beobachtete Häufigkeitsverteilung wie z.B. die der Geburtsgewichte in Abb. 1.7 diese Charakteristika, dann kann das betreffende Merkmal durch eine Normalverteilung modelliert werden. Eine andere und noch bessere Möglichkeit für eine *graphische* Überprüfung auf Normalverteilung wird in 7.4.1 behandelt.

Die Normal(μ, σ^2)-Verteilung mit $\mu \in \mathbb{R}$ und $\sigma > 0$ ist gegeben durch die Dichte (vgl. Beispiel 1.9)

(1) $\quad f(x) = \dfrac{1}{\sqrt{2\pi}\sigma} \cdot e^{-z^2/2}$ mit $z = \dfrac{x - \mu}{\sigma}$

Hierbei ist nach den Beispielen 1.19 und 1.20 der Lageparameter μ zugleich der Erwartungswert und der Skalenparameter σ die Standardabweichung, also σ^2 die Varianz.

Wird eine normalverteilte Zufallsvariable linear transformiert, so ist sie wieder normalverteilt mit den gemäß 1.5.3(1)-(2) transformierten Parametern. Insbesondere ist die Standardisierung $(X-\mu)/\sigma$ einer $N(\mu, \sigma^2)$-verteilten Zufallsvaribalen X stets *standardnormal-*, d.h. $N(0, 1)$-verteilt. Jede $N(\mu, \sigma^2)$-verteilte Zufallsvariable X läßt sich also darstellen in der Form

(2) $X = \mu + \sigma \cdot Z$ mit $N(0, 1)$-verteiltem Z .

Wegen (2) reichen die Dichte φ und die Verteilungsfunktion Φ der $N(0, 1)$-Verteilung aus, um Dichte, Verteilungsfunktion und interessierende Wahrscheinlichkeiten einer beliebigen Normalverteilung auszurechnen. Allerdings ist die Berechnung von

(3) $\Phi(x) = \int_{-\infty}^{x} \varphi(t)\, dt$ mit $\varphi(t) = \dfrac{1}{\sqrt{2\pi}}\, e^{-t^2/2}$

mit elementaren Integrationsformeln nicht möglich. Wir verweisen hier auf die Tabellen im Anhang 4.1 und auf die im Anhang 3.1 angegebenen Berechnungsmöglichkeiten.

Die Wahrscheinlichkeiten, daß eine $N(\mu, \sigma^2)$-verteilte Zufallsvariable X z.B. Werte im 1σ-, 2σ- bzw. 3σ- Bereich um μ annimmt, berechnen sich wegen (2) zu

$P(-1 \leq Z \leq 1) = \Phi(1) - \Phi(-1) \approx 0.6827$
$P(-2 \leq Z \leq 2) = \Phi(2) - \Phi(-2) \approx 0.9545$
$P(-3 \leq Z \leq 3) = \Phi(3) - \Phi(-3) \approx 0.9973$

Das steile Abfallen der Dichte an den Rändern hat zur Folge, daß diese Wahrscheinlichkeiten erheblich über denen liegen, die sich aus der für beliebige Verteilungen gültigen Tchebyscheff-Ungleichung ergeben (vgl. 1.5.2(3)). Insbesondere sind bei einer Normalverteilung bereits über 99% (nach der Tchebyscheff-Ungleichung mindestens 88%) der Gesamt-

3.1 Spezielle Verteilungsmodelle

masse im Intervall von $\mu - 3\sigma$ bis $\mu + 3\sigma$ konzentriert, d.h. noch größere Abweichungen vom Erwartungswert sind sehr unwahrscheinlich.

Die häufig auftretenden α-Quantile (siehe 1.5.1) der $N(0, 1)$-Verteilung bezeichnen wir mit z_α. Für sie gilt (siehe auch Abbildung 3.6)

(5) $\quad \Phi(z_\alpha) = 1 - \alpha \quad , \quad \Phi(-z_\alpha) = \alpha \quad .$

Zur Berechnung der Quantile siehe Anhang 4.2 (t-Verteilung mit FG = ∞) und Anhang 3.2 .

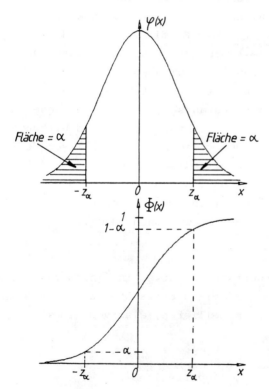

Abb. 3.6
Dichte φ (oben), Verteilungsfunktion Φ (unten) und das α-Quantil z_α der $N(0,1)$-Verteilung

3.1.6 Log-Normalverteilung

Trotz des häufigen Auftretens der Normalverteilung gibt es viele Merkmale, die nicht durch eine Normalverteilung modelliert werden können. In diesen Fällen versucht man aus mathematischen Gründen oft, die Merkmale so zu transformieren, daß die transformierten Merkmale normalverteilt sind.

In diesem Zusammenhang spielt die *logarithmische* Transformation eine besondere Rolle, vor allem dann, wenn es sich um Merkmale handelt, deren Ausprägungen auf positive Werte beschränkt sind. Setzen sich solche Merkmale *multiplikativ* aus vielen Effekten zusammen, so werden sie durch die log-Transformation in Merkmale überführt, die über die gesamte Zahlengerade verteilt sind und sich *additiv* aus vielen Effekten zusammensetzen. Mermale, die sich multiplikativ aus Einzeleffekten zusammensetzen, treten vor allem dann auf, wenn zufällige Störungen, Fehler oder Einflüsse nicht direkt auf das Ergebnis, sondern bereits auf die Meßstrecke oder auf den Wirkungsmechanismus (z.B. auf die Enzymreproduktion) einwirken. Die Wirkung eines zusätzlichen Effektes ist dann oft proportional zur vorherigen Bestandsgröße, d.h. in diesem Fall werden im Verlauf der Meßstrecke bzw. während des Wirkungsmechanismus oder der chemischen Übertragung die zufälligen Fehler und Einflüsse verstärkt und vervielfacht, so daß sie sich schließlich multiplikativ im Ergebnis niederschlagen. Dies spielt eine große Rolle bei biologischen Wirkungen von Pharmaka und bei Überlebenszeiten nach Operationen oder Tumorinduktionen.

Aufgrund des zentralen Grenzwertsatzes ist es in diesen Fällen sinnvoll, das logarithmierte Merkmal zu betrachten und dieses durch eine Normalverteilung zu modellieren, also von einem Ansatz der Art

(1) $\log X = \mu + \sigma Z$ mit $N(0, 1)$-verteiltem Z

auszugehen.

3.1 Spezielle Verteilungsmodelle

Eine Zufallsvariable X mit (1) nennen wir *log-normalverteilt*. Hierbei ist "log" eine beliebige Logarithmusfunktion. Im Folgenden verwenden wir im Zusammenhang mit der log-Normalverteilung stets den natürlichen Logarithmus "ln" zur Basis e = 2.718 ... . Die Dichte der log-Normalverteilung (siehe Abbildung 3.7)

(2) $f(x) = \dfrac{1}{\sigma x} \cdot \varphi(z)$ mit $z = \dfrac{\ln x - \mu}{\sigma}$

steigt zunächst steil an, hat an der Stelle $x = e^{\mu - \sigma^2}$ ein Maximum und läuft rechts flacher aus als die Normalverteilung;

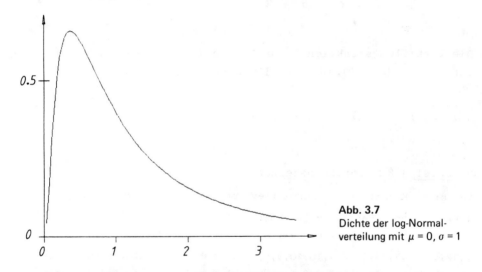

Abb. 3.7
Dichte der log-Normalverteilung mit $\mu = 0$, $\sigma = 1$

insbesondere ist die Dichte nicht symmetrisch. Der Median liegt an der Stelle e^μ und Erwartungswert und Varianz berechnen sich zu

(3) $E(X) = e^{\mu + \sigma^2/2}$, $Var(X) = e^{2\mu + 2\sigma^2} - e^{2\mu + \sigma^2}$.

Hierbei sind μ und σ^2 der Erwartungswert bzw. die Varianz der normalverteilten Zufallsvariable ln X.

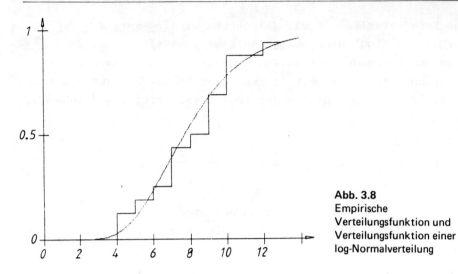

Abb. 3.8
Empirische Verteilungsfunktion und Verteilungsfunktion einer log-Normalverteilung

Die Verteilungsfunktion F zur Dichte (2) kann mit der Verteilungsfunktion Φ der $N(0, 1)$-Verteilung berechnet werden:

(4) $F(x) = \Phi((\ln x - \mu)/\sigma)$ für $x > 0$.

Beispiel 3.8 : Überlebenszeiten

Bei einem Krebsforschungsexperiment ergaben sich in der Gruppe der Tiere, die mit Benz(a)pyren (Dosis 8.0 µg) behandelt wurden, folgende Überlebenszeiten seit Auftreten eines Tumors:
7,12,6,9,7,7,13,10,8,4,10,10,9,5,9,4. Stehen diese Daten im Widerspruch zu der Annahme, daß die Überlebenszeit X in dieser Situation log-Normalverteilt ist?

Zur Beantwortung dieser Frage könnte man so vorgehen: Unter der Annahme der log-Normalverteilung für X werden die Parameter μ und σ^2 geschätzt. Mit Verfahren aus Kapitel 6 und unter Verwendung der transformierten Werte $y_i = \ln x_i$ ergibt sich hier etwa

$\hat{\mu} = \Sigma y_i/n \approx 2.0400$ und $\hat{\sigma} = \sqrt{\Sigma (y_i - \hat{\mu})^2/n} \approx 0.3432$.

Man kann jetzt die tatsächlich beobachtete Verteilung mit der log-Normalverteilung mit den Parametern $\hat{\mu}$ und $\hat{\sigma}^2$ vergleichen. Neben einer genaueren statistischen Analyse (vgl. z.B. 7.4.2) ist

3.1 Spezielle Verteilungsmodelle

dafür oft schon ein rein qualitativer graphischer Vergleich aufschlußreich. Wir stellen hier die Verteilungsfunktion der log-Normalverteilung der *empirischen* Verteilungsfunktion gegenüber. Diese gibt an jeder Stelle x an, welcher Anteil der Stichprobe eine Überlebenszeit ≤ x hatte (siehe nachfolgende Tabelle, Spalte 4). Abbildung 3.8 zeigt die empirische Verteilungsfunktion (Treppenfunktion) und die Verteilungsfunktion der log-Normalverteilung mit den Parametern $\hat{\mu}$ und $\hat{\sigma}^2$.

Überlebenszeit (geordnet) x	Häufigkeit	kumulierte Häufigkeit H_x	relative kumulierte Häufigkeit H_x/n
4	2	2	0.1250
5	1	3	0.1875
6	1	4	0.2500
7	3	7	0.4375
8	1	8	0.5000
9	3	11	0.6875
10	3	14	0.8750
11	0	14	0.8750
12	1	15	0.9375
13	1	16	1.0000
	n=16		

3.1.7 Weibullverteilung

Die Weibullverteilungen bilden eine Verteilungsklasse mit Dichten von sehr verschiedenem Typ (siehe Abbildung 3.9).
Die Dichte f und die Verteilungsfunktion F einer *Weibullverteilung* mit dem Parameter w ≥ 0, b > 0 und k > 0 sind gegeben durch

(1) $\quad f(x) = bk(x-w)^{k-1} \cdot e^{-b(x-w)^k} \qquad$ für $x > w$

bzw.

(2) $\quad F(x) = 1 - e^{-b(x-w)^k} \qquad$ für $x > w$.

Der Parameter w ist ein Skalenparameter, der den Anfang des Bereiches angibt, auf den die Verteilung konzentriert ist.

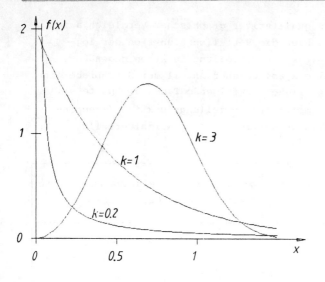

Abb. 3.9
Dichten von Weibull-
verteilungen mit w = 0,
b = 2 und k = 0.2 bzw.
k = 1 bzw. k = 3

Die Gestalt wird allein durch die Parameter b und k festgelegt.

Ein wichtiger Spezialfall ist die *Exponentialverteilung* mit w = 0 und k=1, für die

(3) $\quad f(x) = b \cdot e^{-bx} \quad$ und $\quad F(x) = 1 - e^{-bx} \quad$ für $x > 0$

gilt.

Der Erwartungswert einer Zufallsvariablen X mit (1) ist von der Gestalt

(4) $\quad E(X) = w + c_k / \sqrt[k]{b} \quad$,

wobei sich die Konstanten c_k mit der Gammafunktion Γ (vgl. A 3.12) zu $c_k = \Gamma(1 + 1/k)$ berechnen. Ist $k \geq 1$, so sind die c_k fast 1, während sie für gegen 0 fallende k-Werte anwachsen. Ähnlich berechnet sich die Varianz zu $Var(X) = c_k' / \sqrt[k]{b^2}$ mit Konstanten c_k', die sich ebenfalls mit der Gammafunktion berechnen lassen (siehe N.L. JOHNSON/S. KOTZ (1970/72)).

3.1 Spezielle Verteilungsmodelle

Die Konstanten für die in Abbildung 3.9 dargestellten Weibullverteilungen sind:

k	0.2	1	3
c_k	120	1	0.893
c_k'	3614400	1	0.105

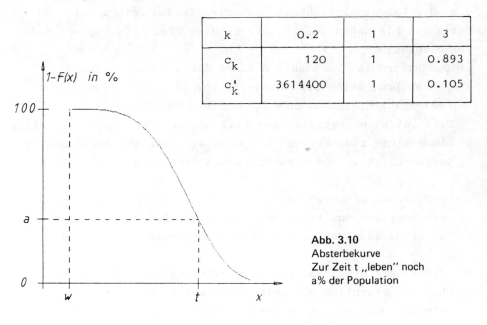

Abb. 3.10
Absterbekurve
Zur Zeit t „leben" noch
a% der Population

Speziell für die Exponentialverteilung (3) gilt

(5) $\quad E(X) = 1/b \quad , \quad Var(X) = 1/b^2 \quad .$

Die Weibullverteilung ist oft ein geeignetes Modell, wenn die Zufallsvariable X eine "Lebenszeit" ist, z.B. eine Überlebenszeit nach einer Lungenresektion, eine Tumorinduktionszeit nach der Behandlung mit einer karzinogenen Noxe oder die Dauer der Betriebsfähigkeit eines technischen Gerätes. In diesem Zusammenhang ist die Funktion

(6) $\quad 1 - F(x) = e^{-b(x-w)^k} \quad$ für $x > w$

interpretierbar als "Absterbekurve" (siehe Abb. 3.10): Von den anfänglich vorhandenen Objekten (100%) "leben" zur Zeit t nur noch $100 \cdot (1-F(t))$%. Die Geschwindigkeit des "Absterbens" wird gesteuert durch die Parameter k und b, wobei k den größeren Einfluß auf die Form der Dichte hat.

Zur Diskussion von Sterbekurven benutzt man die *Hazardfunktion*, die für jeden Zeitpunkt das momentane Sterberisiko angibt, d.h. die Wahrscheinlichkeit zur betreffenden Zeit zu sterben, falls man bis dahin gelebt hat. Es gibt drei verschiedene Fälle des Alterns:

a) Der Hazard ist konstant, d.h. es liegt kein Alterungsprozeß bzw. keine Lernfähigkeit vor (das betreffende Objekt hat kein Gedächtnis für seine Vorgeschichte).
Dies ist näherungsweise der Fall bei der Überlebenszeit eines Atoms einer radioaktiven Substanz oder bei der Dauer der Betriebsfähigkeit von elektronischen Bauteilen.

b) Der Hazard nimmt zu. Dieses positive Altern liegt z.B. beim Sterberisiko von Erwachsenen oder bei Tumorinduktionszeiten aufgrund stetiger Behandlung mit einer karzinogenen Noxe vor.

c) Der Hazard nimmt ab. Dieses negative Altern zeigt sich z.B. bei der Sterblichkeit aufgrund von Infektionskrankheiten, die abnimmt, je weiter sich im Laufe der Zeit das Immunsystem aufbaut.

Bei der Weibullverteilung erkennt man die Art des Hazards am Parameter k: $k < 1$ (abnehmend), $k = 1$ (konstant), $k > 1$ (zunehmend).

Für eine ausführliche Diskussion zur Analyse von Lebenszeiten verweisen wir auf J.D. KALBFLEISCH/ R.L.PRENTICE (1980).
Eine genauere Begründung und Behandlung der Weibullverteilung im Zusammenhang mit Experimenten zur Karzinogese ist z.B. in folgenden Artikeln zu finden: P.ARMITAGE/ R.DOLL (1954), M.C.PIKE (1966) und R.PETO/ P. LEE (1973).

3.2 Modelle für die Wirkung alternativer Ursachen

Soll in einem Experiment die Wirkung eines Antihypertonikums im Vergleich zu einem Placebo untersucht werden, so bildet man zwei Gruppen, in denen das Merkmal "Blutdrucksenkung" gemessen wird. Diese beiden Gruppen sind dabei durch die Vor-

3.2 Modelle für die Wirkung alternativer Ursachen

gaben "Antihypertonikum" bzw. "Placebo" definiert. Zu ähnlichen Datenstrukturen wie dieser Spezialfall führen viele Fragestellungen wie z.B. die Untersuchung der Säuglingssterblichkeit bei männlichen bzw. weiblichen Lebendgeborenen oder des Lungenkrebsrisikos in einer Industrieregion bzw. einer landwirtschaftlichen Region.

In jedem dieser Beispiele hat man ein Merkmal, die *Zielvariable* (Y), das gemessen oder beobachtet werden soll: Blutdrucksenkung, Säuglingssterblichkeit bzw. Lungenkrebsrisiko. Ferner liegt ein weiteres Merkmal als *Ursachen-* oder *Vorgabevariable* (X) vor, das die beiden Situationen charakterisiert: Behandlung, Geschlecht bzw. Region. Ziel von solchen Experimenten ist die Untersuchung, ob und ggf. welchen Einfluß die Vorgabevariable auf die Zielvariable hat. Der Datensatz zu einem solchen Experiment umfaßt die Meßwerte der Zielvariablen (z.B. Differenz der Blutdrücke vor und nach der Behandlung) für die beiden durch die Vorgabe (z.B. Antihypertonikum bzw. Placebo) gegebenen Gruppen:

```
Gruppe 1 (Vorgabe x=1) : y_{11}, y_{12}, ...
Gruppe 2 (Vorgabe x=2) : y_{21}, y_{22}, ...
```

Für eine stochastische Modellierung fassen wir jeden Meßwert y_{ki} als Realisierung einer Zufallsvariable Y_{ki} auf. Der erste Index k mit den Werten 1 und 2 charakterisiert dabei die jeweilige Vorgabe, während i die laufende Nummer der Messungen innerhalb der jeweiligen Gruppe ist. Entsprechend der alternativen Vorgabe haben wir also zwei Gruppen von Zufallsvariablen, nämlich $Y_{11}, Y_{12}, \ldots$ und $Y_{21}, Y_{22} \ldots$.

Je nach Fragestellung und zusätzlicher Kenntnis über die Art des Experiments gibt es eine Fülle von möglichen Modellierungen. Für eine *kontinuierliche* Zielvariable Y hat sich das folgende Modell bewährt:

(1)
$$Y_{1i} = \mu_1 + \sigma \cdot Z_{1i}$$
$$Y_{2i} = \mu_2 + \sigma \cdot Z_{2i}$$

mit unabhängigen $N(0, 1)$-verteilten Z_{ki}.

Zunächst besagt (1), daß die Zufallsvariablen Y_{ki} innerhalb der durch die Vorgabevariable gegebenen Gruppen unabhängig sind und die gleiche Verteilung haben, nämlich wegen 3.1.5(2) eine $N(\mu_k, \sigma^2)$-Verteilung. Hierdurch wird modelliert (und dies ist zugleich eine Forderung an die Durchführung des Experiments), daß abgesehen von den alternativen Ursachen X (z.B. Antihypertonikum bzw. Placebo) die weiteren Versuchsbedingungen in beiden Gruppen gleich sind (Beobachtungsgleichheit).

Die Zufallsvariablen Y_{1i} und Y_{2i} in (1) haben die gleiche Varianz σ^2, jedoch verschiedene Erwartungswerte, nämlich μ_1 bzw. μ_2. Diese Modellannahme bringt zum Ausdruck, daß der Unterschied zwischen den alternativen Ursachen sich nur in einer Verschiebung (Translation) der Verteilung des Merkmals Y zeigt. Der Einfluß der Vorgabe x=1 (z.B. Antihypertonikum) gegenüber der Vorgabe x=2 (z.B. Placebo) wird allein durch den Unterschied der *Erwartungswerte* μ_1 und μ_2 modelliert.

Die Zufallsvariablen Z_{ki} sind die Standardisierungen der Zufallsvariablen Y_{ki} und werden deshalb *standardisierte Fehlervariablen* genannt. Sie modellieren zusammen mit dem Wert von σ^2 sowohl zufällige Fehler bei der Messung von Y als auch die z.B. biologisch bedingte Variabilität. Die Annahme der Normalverteilung erfaßt wie in 3.1.5 dargestellt eine Fehlerverteilung, die bei 0 ihr Maximum hat und nach den Seiten hin schnell abfällt.

Kann die Fehlerverteilung nicht durch eine Normalkurve approximiert werden oder sind im konkreten Fall andere Voraussetzungen des Modells (1) (wie z.B. Beobachtungsgleichheit oder Gleichheit der Varianzen) nicht erfüllt, so muß das Modell (1) entsprechend modifiziert werden. Jede Modifikation führt aber zu anderen statistischen Verfahren (vgl. 7.3.2, 7.3.3, 7.4.3).

3.2 Modelle für die Wirkung alternativer Ursachen

Die Modellparameter μ_1, μ_2 und σ^2 sind im allgemeinen unbekannt, und es ist gerade das Ziel von statistischen Analysen, Informationen (Schätzwerte, Beurteilungen von Hypothesen) über sie und damit über die Einflüsse der alternativen Vorgaben auf die Zielvariable zu erhalten. Solche Hypothesen sind etwa "$\mu_1 > \mu_2$", d.h. die Vorgabe x = 1 (Antihypertonikum) hat einen größeren Einfluß auf die Zielvariable (Blutdrucksenkung) als die Vorgabe x = 2 (Placebo) oder "$\mu_1 = \mu_2$", d.h. die alternativen Vorgaben haben hinsichtlich der Zielvariablen den gleichen Effekt.

Das Modell (1) ist jedoch ungeeignet, wenn z.B. zwei Meßverfahren, die beide im Mittel richtige Ergebnisse liefern, hinsichtlich ihrer Präzision verglichen werden sollen und zwar aufgrund der Abweichungen y der Meßergebnisse von Eichwerten. In diesem Fall sind die Erwartungswerte der Abweichungen 0 und die Unterschiede werden allein durch verschiedene *Varianzen* σ_1^2 und σ_2^2 modelliert. Ein möglicher Ansatz ist also:

(2) $\qquad Y_{1i} = \sigma_1 Z_{1i} \, , \quad Y_{2i} = \sigma_2 Z_{2i}$

mit unabhängigen N(0, 1)-verteilten Z_{ki} .

Für den statistischen Vergleich von Varianzen im Modell (2) wird in 7.3.4 ein Verfahren angegeben.

Will man beide Aspekte verbinden, also Unterschiede in den beiden Gruppen durch Erwartungswerte und / oder Varianzen modellieren, so kommt man zum Modell

(3) $\qquad Y_{ki} = \mu_k + \sigma_k Z_{ki} \quad (k=1,2)$

mit unabhängigen N(0, 1)-verteilten Z_{ki} .

Statistische Verfahren für dieses Modell sind ebenfalls in 7.3.2 und 7.3.4 angegeben.

Aus allgemeinen theoretischen Gründen und zur Erhöhung der Präzision (vgl. 4.4) ist es günstig, Vergleiche von stetigen

Mermalen unter alternativen Ursachen aufgrund einer *Paarung von Meßwerten* durchzuführen. Bei der Untersuchung der epikutanen Wirkung von Umweltnoxen kann man z.B. Versuchstiere auf der einen Seite mit Noxe A und der anderen mit Noxe B behandeln und geeignete Meßwerte der Irritation auf der Haut der Tiere beobachten. Die beiden Meßwerte y_{1i} und y_{2i}, die sich auf das i-te Tier beziehen, bilden ein Paar. Da es nicht so sehr auf die individuellen Reaktionen der Tiere als vielmehr auf die unterschiedliche Wirkung der Noxen ankommt, bilden wir für jedes Tier die Differenz $d_i = y_{1i} - y_{2i}$. Ein Modell für diese Differenzvariable D ist

(4) $\qquad D_i = \mu + \sigma Z_i$

mit unabhängigen N(0, 1)-verteilten Z_i.

Die Hypothese, daß hierbei zwischen den beiden Noxen kein Unterschied besteht, wird im Modell durch "$\mu=0$" beschrieben. Statistische Verfahren, die bei Vorliegen gepaarter Meßwerte verwendet werden können, werden u.a. in 7.2.5, 7.3.1 und 7.4.4 angegeben.

Ist die Zielvariable in r Klassen unterteilt (z.B. aufgrund einer natürlichen Klassifikation oder einer pragmatischen Zusammenfassung von Merkmalausprägungen), so läßt sich der Datensatz bei alternativer Ursache X übersichtlich durch eine (2xr)-*Kontingenztafel* darstellen, die die beobachteten Häufigkeiten der verschiedenen Kombinationen (X, Y) enthält (Beispiele in 5.2). In Anlehnung an diese Kontingenztafel erhalten wir als Modell für die verschiedenen Merkmalskombinationen eine (2xr)-Wahrscheinlichkeitstafel.

Als Beispiel betrachten wir die Säuglingssterblichkeit (Zielvariable Y), die wir ganz grob in r=3 Stufen messen:

y=1 : Frühsterblichkeit (in den ersten 7 Tagen)
y=2 : Spätsterblichkeit (von 8 Tagen bis 1 Jahr)
y=3 : Überleben des 1. Lebensjahres

3.2 Modelle für die Wirkung alternativer Ursachen

Mit der Vorgabevariable X "Geschlecht" erhalten wir ein Modell der Art

(5)

Vorgabe (Geschlecht)	Zielvariable (Säuglingssterblichkeit)		
	$y = 1$ (Früh)	$y = 2$ (Spät)	$y = 3$ (überleben)
$x = 1$ (männl.)	P_{11}	P_{12}	P_{13}
$x = 2$ (weibl.)	P_{21}	P_{22}	P_{23}

Hierbei sind P_{11}, P_{12} und P_{13} die (im allgemeinen unbekannten) Wahrscheinlichkeiten dafür, daß ein männlicher Säugling (x=1) in die Klasse 1, 2 bzw. 3 fällt. Diese Wahrscheinlickeiten addieren sich zu 1 auf. P_{21}, P_{22} und P_{23} sind die entsprechenden Wahrscheinlichkeiten für weibliche Säuglinge (x=2).

Allgemeiner enthält jede der beiden Zeilen in einer Wahrscheinlichkeitstafel der Art (5) r Klassenwahrscheinlichkeiten, deren Summe 1 ist und die deshalb als Klassenwahrscheinlichkeiten einer Multinomialverteilung (r=2: Binomialverteilung) aufgefaßt werden können.

Die Hypothese, daß die alternativen Vorgaben (z.B. Geschlecht) den gleichen Einfluß auf die Zielvariable (Säuglingssterblichkeit) haben, lautet im Modell (5): Die beiden Multinomialverteilungen haben die gleichen Klassenwahrscheinlichkeiten. Statistische Verfahren für den Vergleich zweier Multinomialverteilungen (speziell: Binomialverteilungen) sind in 7.2.3, 7.6 und 7.4.2 angegeben.

3.3 Modelle für die Wirkung mehrerer Ursachen

Die Modelle in 3.2 bilden aus inhaltlichen Gründen in der
Biologie und Medizin Ausnahmen, denn diese Modelle gehen von
monokausalen Ursachen aus. Am Beispiel der Blutdrucksenkung erkennt man den Mangel der Modelle in 3.2 besonders gut, denn die
Größe einer Blutdrucksenkung hängt möglicherweise neben der
Art des Antihypertonikums auch von der Konzentration, vom Blutdruck vor Beginn der Behandlung, vom Alter und Geschlecht des
Patienten und dgl. mehr ab. Wir benötigen deshalb auch Modelle
für die Wirkung mehrerer Ursachen, auch *Faktoren* genannt, auf
eine Zielvariable Y. In diesem Abschnitt betrachten wir nur
Modelle, in denen jeder Faktor nur in endlich vielen Stufen
oder Ausprägungen auftritt, und keine weitere Information über
die Wertigkeit der Stufen (wie z.B. Anordnung, Werte der Ausprägungen) ausgenutzt wird (*qualitative* Faktoren).

Als einfaches Beispiel betrachten wir wieder die Blutdrucksenkung Y als Zielvariable mit jetzt zwei Faktoren (Vorgabevariable) X_1 und X_2, nämlich:

Faktor	Stufe 1	Stufe 2	Stufe 3
X_1: Therapie	Placebo	Antihypert. A	Antihypert. B
X_2: Geschlecht	männlich	weiblich	

Die Meßergebnisse y der Blutdrucksenkung werden nach diesen
beiden Faktoren klassifiziert (*zweifache Klassifikation*), so daß
zur Kennzeichnung der Meßwerte y_{kji} insgesamt 3 Indizes nötig
sind: k gibt die Stufe des 1. Faktors und j die des 2. Faktors
an, während i die laufende Nummer der Messung in der betreffenden
Faktorkombination ist. Der Datensatz hat dann die folgende
Struktur:

3.3 Modelle für die Wirkung mehrerer Ursachen

Faktor X_1 (Therapie)	Faktor X_2 (Geschlecht)	
	j=1 (männlich)	j=2 (weiblich)
k=1 Placebo	$Y_{111}, Y_{112}, \ldots$	$Y_{121}, Y_{122}, \ldots$
k=2 Antihyp. A	$Y_{211}, Y_{212}, \ldots$	$Y_{221}, Y_{222}, \ldots$
k=3 Antihyp. B	$Y_{311}, Y_{312}, \ldots$	$Y_{321}, Y_{322}, \ldots$

Ein besonders einfaches Modell zu einem Experiment mit einem derartigen Datensatz bei einer kontinuierlichen Zielvariablen Y ist das *Modell der additiven Effekte* bei zweifacher Klassifikation:

(1) $\quad Y_{kji} = c_k + d_j + \sigma Z_{kji}$

mit unabhängigen N(0, 1)-verteilten Z_{kji} .

Beispiel 3.9: Blutdrucksenkung

Wird die Behandlung im Rahmen einer Krankenhausstudie durchgeführt, so ist im allgemeinen allein schon aufgrund von Bettruhe, Diät, Gymnastik und dgl. eine Blutdrucksenkung zu erwarten, die jedoch bei Frauen und Männern verschieden groß sein kann. Diese (im allgemeinen unbekannten) Grundeffekte setzen wir beispielsweise für die Männer mit $d_1=40$ und für die Frauen mit $d_2=50$ an. Wird nun ein Antihypertonikum oder ein Placebo gegeben, so ist eine weitere Blutdrucksenkung c_k zu erwarten. Im Modell (1) wird angenommen, daß diese zusätzliche Senkung vom Geschlecht des Patienten unabhängig ist (Medikamenteneffekt). Für diese (im allgemeinen unbekannten) Medikamenteneffekte setzen wir hier die Werte $c_1=0$ (Placebo), $c_2=50$ (Antihypert. A) bzw. $c_3=30$ (Antihypert. B) ein. Die erwartete gesamte Blutdrucksenkung setzt sich beim Modell (1) *additiv* zusammen aus einem vom Medikament unabhängigen geschlechtsspezifischen Effekt d_j (Grundeffekt) und dem geschlechtsunabhängigen Medikamenteneffekt c_k:

	männlich	weiblich
Placebo	0 + 40 = 40	0 + 50 = 50
Antihyp. A	50 + 40 = 90	50 + 50 = 100
Antihyp. B	30 + 40 = 70	30 + 50 = 80

Oft verwendet man statt (1) die etwas kompliziertere, aber äquivalente Schreibweise (Umparametrisierung)

(2) $\quad Y_{kji} = \mu + a_k + b_j + \sigma Z_{kji}$

mit einem weiteren Parameter μ, der als *Grundeffekt* in irgendeinem Sinne (Gesamtmittelwert oder Placeboeffekt oder Gesundennorm) interpretiert wird. Dieser zusätzliche Parameter muß je nach gewünschter Interpretation durch geeignete Nebenbedingungen an μ, a_k und b_j festgelegt werden (siehe z.B. 7.3.5(4). Die a_k und b_j modellieren dann die *Abweichungen* der Stufeneffekte vom Grundeffekt.

Eine typische Hypothese ist, daß etwa der zweite Faktor keinen spezifischen Einfluß auf die Zielvariable hat. Diese kann formal durch Parameterhypothesen wie "$d_1=d_2=...$" oder "$b_1=b_2=....=0$" präzisiert werden.

Durch Einbeziehen weiterer Faktoren erhält man als Verallgemeinerung von (2) ein Modell der Art

(3) $\quad Y_{kjl...i} = \mu + a_k + b_j + d_l +......+ \sigma Z_{kjl...i}$

$\quad$ mit unabhängigen N(o, 1)-verteilten $Z_{kjl...i}$.

Das einfachste Modell aus dieser Modellklasse ist der extreme Sonderfall mit nur einem Faktor:

(4) $\quad Y_{ki} = \mu + a_k + \sigma Z_{ki}$

$\quad$ mit unabhängigen N(O, 1)-verteilten Z_{ki}.

Dieses Modell ist eine Verallgemeinerung von 3.2(1) und ist nützlich für den Vergleich von N Stichproben, wobei jede Stichprobe durch eine Stufe des Faktors charakterisiert wird.

Im obigen Beispiel der Blutdrucksenkung ist denkbar, daß bei bestimmten Antihypertonika Frauen stärker reagieren als Männer.

3.3 Modelle für die Wirkung mehrerer Ursachen

In diesem Fall gibt es neben dem geschlechtsunabhängigen noch einen geschlechtsabhängigen Medikamenteneffekt, der etwa auf einer Wechselwirkung zwischen den chemischen Substanzen des Medikaments und bestimmten Hormonen beruht. Will man im Modell Wechselwirkungen zwischen den Faktoren berücksichtigen, dann kann man (2) erweitern zu einem *Modell mit Wechselwirkungen* (hier bei zweifacher Zerlegung):

(5) $\quad Y_{kji} = \mu + a_k + b_j + c_{kj} + \sigma Z_{kji}$

$\quad$ mit unabhängigen $N(0, 1)$-verteilten Z_{kji}.

Die erwartete Wirkung der Stufenkombination (k, j) auf Y weicht hier um die Wechselwirkung c_{kj} von dem additiven Effekt $\mu + a_k + b_j$ des Modells (2) ab. Wechselwirkungsmodelle werden benutzt, um synergistische oder antagonistische Wirkungsmechanismen, die z.B. beim Zusammentreffen mehrerer Umweltnoxen oder mehrerer Medikamente auftreten, zu modellieren und um bestimmte Wechselwirkungs-Hypothesen zu überprüfen.

Je mehr Faktoren mit in die Untersuchung und in das Modell einbezogen werden (was von der Sache her meist wünschenswert ist), desto komplexer wird das Modell und desto größer wird die Anzahl der unbekannten Parameter. Mit der Anzahl der Parameter wächst aber auch die Anzahl der für die Schätzung und die Überprüfung von Hypothesen benötigten Daten und damit der Aufwand für die Durchführung des Experiments. Es ist deshalb *vor* der Durchführung eines solchen Experimentes eine detaillierte Versuchsplanung (s. Kap. 4) durchzuführen, die die Fragestellungen präzisiert und ausgehend von diesen Faktoren die Faktorenstufen und die Anzahl der Beobachtungen pro Stufenkombination festlegt.

Die statistischen Auswertungsverfahren zu Modellen der Art (1) bis (5) werden unter den Namen *Varianzanalyse* oder *Lineare Modelle* zusammengefaßt. In 7.3.5 und 7.5.3 werden einige spezielle Fälle behandelt; ansonsten verweisen wir auf die im Literaturverzeichnis angegeben Lehrbücher.

Ist die Zielvariable Y in r Klassen unterteilt, so läßt sich der
zugehörige Datensatz bei einfacher Klassifikation (nur ein
Faktor) wie in 3.2 (siehe auch 5.2) in Form einer allgemeinen
Kontingenztafel angeben. Entsprechend dieser Kontingenztafel
und in Verallgemeinerung von 3.2 (5) erhalten wir hier als
Modell eine Wahrscheinlichkeitstafel, deren Zeilen wiederum
Klassenwahrscheinlichkeiten von Multinomialverteilungen ent-
halten. Die Hypothese, daß jede Stufe des Faktors den gleichen
Einfluß auf Y hat, besagt im Modell, daß die Multinomialver-
teilung die gleichen Klassenwahrscheinlichkeiten haben
(Homogenität; vgl. 7.6.2).

Wird Y nach mehreren Faktoren geschichtet, so ergeben sich
höherdimensionale Kontingenztafeln und entsprechend komplexere
Modelle, auf deren Analyse wir hier nicht eingehen (siehe etwa
BISHOP,FIENBERG,HOLLAND (1975)).

3.4 Modelle für die Wirkung kontinuierlich gemessener Ursachen

Will man im Beispiel der Blutdrucksenkung weitere Merkmale etwa
der Begleituntersuchung wie Alter, Gewicht oder Anfangsblut-
druck im Modell berücksichtigen, so zeigt sich, daß manche dieser
Faktoren (z.B. Gewicht) auf natürliche Weise durch reelle Zahlen
angegeben werden. Soll im Gegensatz zu den Modellen in 3.2
und 3.3 die volle Information dieser Zahlenwerte, also die
Wertigkeit der "Stufen" ausgenutzt werden, so wird der Faktor
dadurch zu einem *quantitativen* Faktor.

Bei Berücksichtigung eines solchen quantitativen Faktors X,
auch *Regressorvariable* genannt, besteht der Datensatz aus
Paaren (x_1,y_1), (x_2,y_2),...., (x_n,y_n), wobei für jede Messung x_i
der Wert der Regressorvariablen X und y_i der Wert der Zielvariablen Y ist. Die Werte $x_1,x_2,...,x_n$ können (müssen aber nicht)
alle verschieden sein.
Die Paare (x_i, y_i) bilden in einem (x,y)-Koordinatensystem
eine Punktwolke, die oftmals die Vermutung eines gewissen
funktionalen Zusammenhanges der Merkmale X und Y nahelegt (siehe

3.4 Modelle für die Wirkung kontinuierlich gemessener Ursachen

die Beispiele und Abbildungen in 5.4 und 5.5). Da sich jede hinreichend glatte Funktion zumindest in einem kleinen Bereich durch eine Gerade approximieren läßt (Taylorentwicklung), spielt der lineare Zusammenhang eine besondere Rolle.

Wie in den vorigen Abschnitten werden die Meßwerte y_i durch Zufallsvariable Y_i modelliert. Die Regressorvariable X wird dagegen nicht als Zufallsvariable angesehen. Als Modell für einen linearen Einfluß von X auf Y erhält man das *lineare Regressionsmodell*

(1) $\quad Y_i = a + bx_i + \sigma Z_i$

$\quad$ mit unabhängigen $N(o, 1)$-verteilten Z_i .

Hier hängt der Erwartungswert der Zielvariablen Y linear von der x-Vorgabe ab: $E(Y) = a + bx$.

Viele in der Biologie und Medizin auftretenden funktionalen Abhängigkeiten sind nicht linearer, sondern exponentieller oder logarithmischer Art (siehe Beispiel in 5.4 und 5.5). Solche Zusammenhänge können durch Variablentransformationen in lineare Zusammenhänge überführt werden. So ist z.B. $y = a + b \cdot \log x$ äquivalent zu $y = a + b \tilde{x}$ mit $\tilde{x} = \log x$.
Bei einem derartigen nicht - linearen Einfluß von X auf Y ist also trotzdem der Modellansatz (1) und die Verwendung der zugehörigen statistischen Verfahren sinnvoll, falls man nur log X statt X als Regressorvariable nimmt (vgl. Beispiel 7.33).

Es gibt eine Fülle weiterer Verallgemeinerungen des Regressionsmodells (1), auf die wir hier nicht eingehen. Hierzu gehören z.B. der polynomiale Modellansatz (siehe 5.5.3), der Ansatz mit periodischen Funktionen von X (siehe 5.5.5), der multivariate Ansatz mit mehreren quantitativen Faktoren, und Modelle, bei denen die Regressorvariable als Zufallsvariable angesehen wird.

Besondere Schwierigkeiten in der Modellierung und der Herleitung der zugehörigen statistischen Verfahren treten auf,

wenn die "Zeit" als Regressorvariable einbezogen werden soll
(Zeitreihen). Die Lösung dieser Probleme hat auf eine eigene
Modellklasse geführt (*Stochastische Prozesse*), die hier nicht
behandelt werden kann (siehe IOSIFESCU/TAUTU (1973)).

3.5 Modelle für den Zusammenhang zweier Merkmale

In den letzten Abschnitten wurden Modelle vorgestellt für den
Einfluß einer Vorgabe- oder Ursachenvariablen X auf eine Zielvariable Y. Jetzt betrachten wir Fragestellungen hinsichtlich
des *Zusammenhanges* zweier gleichberechtigter Merkmale, die
simultan gemessen werden. So ist z.B. bei Analysen des Säug-
lingswachstums der Zusammenhang zwischen Geburtsgewicht X
und Geburtslänge Y von Interesse, wobei aber weder das Gewicht
als Vorgabe/Ursache für die Länge angesehen wird noch umgekehrt, sondern beide aus einer gemeinsamen Ursache intrauterinen
Wachstums resultieren. Es interessiert letzlich die gemeinsame
Verteilung dieser beiden Merkmale (vgl.Beispiel 1.24).

Der Fragestellung entsprechend bestehen die erhobenen Daten
wie in 3.4 ausPaaren (x_i, y_i), die aber im Gegensatz zu 3.4
entstanden sind als zweidimensionale Stichprobe aus *einer* Grundgesamtheit.

Als Modell für die Untersuchung von Merkmalspaaren hat man zunächst unabhängige zweidimensionale Zufallsvariablen (X_1, Y_1),
...., (X_n, Y_n), die alle die gleiche Verteilung wie (X,Y) haben.
Fragen, ob zwischen den Merkmalen ein linearer Zusammenhang
besteht, ob die Merkmale unkorreliert, positiv oder negativ
korreliert sind, führen auf statistische Fragen über die Größe
des Korrelationskoeffizienten ρ von X und Y (vgl. 1.5.4).

Das einfachste Modell für einen Zusammenhang von kontinuierlichen X und Y ist die *zweidimensionale Normalverteilung*, deren
Dichte durch (1) gegeben ist:

$$(1) \quad f(x,y) = \frac{1}{2\pi\sigma_1\sigma_2\sqrt{1-\rho^2}} \cdot e^{-z^2/2}$$

3.5 Modelle für den Zusammenhang zweier Merkmale

mit

(2) $\quad z^2 = \dfrac{1}{1-\rho^2} \cdot \left[\dfrac{(x-\mu_1)^2}{\sigma_1^2} - 2\rho \dfrac{(x-\mu_1)(y-\mu_2)}{\sigma_1 \sigma_2} + \dfrac{(y-\mu_2)^2}{\sigma_2^2} \right]$.

Hierbei sind μ_1, σ_1^2 und μ_2, σ_2^2 die Erwartungswerte bzw. Varianzen der eindimensionalen normalverteilten Zufallsvariablen X bzw. Y und ρ ist der Korrelationskoeffizent von X und Y. Abbildung 1.8 zeigt die Dichte einer zweidimensionalen Normalverteilung mit ρ = 0. Für festes z^2 definiert (2) in der (x,y)-Ebene eine Ellipse, in deren Zentrum das Paar (μ_1, μ_2) liegt und auf der die Dichte (1) konstant ist (Iso-Wahrscheinlichkeitslinie; siehe Abbildung 3.11). Je mehr ρ gegen -1 oder 1 geht, desto stärker konzentriert sich die Verteilung von (X, Y) auf die Umgebung einer Geraden durch (μ_1, μ_2) und desto stärker tritt der lineare Zusammenhang hervor.

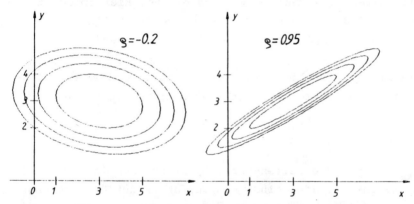

Abb. 3.11 Iso-Wahrscheinlichkeitslinien einer zweidimensionalen Normalverteilung mit μ_1 = 3, σ_1 = 2, μ_2 = 3, σ_2 = 1 und ρ = − 0.2 bzw. ρ = 0.95. Innerhalb der Ellipsen (z^2 = 1, 2, 3, 4) liegen jeweils 39.35 %, 63.21 %, 77.69 % bzw. 86.47 % der Gesamtwahrscheinlichkeit

Aus (1) und (2) ergibt sich wegen 1.4.(9), daß bei der Normalverteilung unkorrelierte X und Y (d.h. ρ = 0) zugleich unabhängig sind. Die Hypothese der Unkorreliertheit ist also im Normalverteilungsmodell identisch mit der Hypothese der Unabhängigkeit. Statistische Verfahren zu Hypothesen über den Korrelationskoeffizienten wie z.B. "ρ=0" oder "$\rho \geq \rho_0$" werden in

7.5.1 angegeben. Hierbei sind Verallgemeinerungen möglich, auf die wir jetzt nicht eingehen (Rangkorrelationskoeffizient; siehe 5.4 und 7.5.1), die aber mit wachsendem Stichprobenumfang wieder auf das Normalverteilungsmodell herauslaufen. Wenn nur die Unabhängigkeit der Merkmale X und Y interessiert, dann kann nach Diskretisierung von X und Y auch das folgende Modell verwendet werden.

Sind die Merkmale X und Y *kategorisiert,* so haben die Daten wie in den vorigen Abschnitten die Struktur einer Kontingenztafel (vgl. Beispiele in 5.2).Als Modell ergibt sich dann wiederum eine Wahrscheinlichkeitstafel, deren Elemente p_{kj} die Wahrscheinlichkeiten dafür sind, daß ein Meßwert (x,y) in die k-te Merkmalsklasse von X und zugleich in die j-te Merkmalsklasse von Y fällt (vgl. Beispiel 1.10). Im Gegensatz zu den Tafeln in den vorigen Abschnitten bilden hier jedoch alle Wahrscheinlichkeiten in der Tafel zusammen die Klassenwahrscheinlichkeiten *einer* Multinomialverteilung. Hier spiegelt sich wider, daß die Meßwerte (x,y) als zweidimensionale Stichprobe aus *einer* Grundgesamtheit aufgefaßt werden.

Die Hypothese der Unabhängigkeit von X und Y wird wegen 1.3.5(2) und 1.4 (8) formalisiert durch die Gleichungen

$$p_{kj} = p_{k+} \cdot p_{+j} \quad \text{für alle k und j,}$$

wobei p_{k+} und p_{+j} die Zeilen- bzw. Spaltensummen in der Wahrscheinlichkeitstafel sind. Ein Verfahren zur Überprüfung dieser Unabhängigkeitshypothese wird in 7.6.2 angegeben.

Kapitel 4 Versuchsplanung

Auf die Klärung der Fragestellung, die Aufstellung des mathematischen Modells und die Formulierung der zu überprüfenden Hypothesen bzw. Schätzprobleme für die jeweilige biologische oder medizinische Situation folgt die Planung der Art, Anzahl und Anlage der Versuche oder Beobachtungen zur Beantwortung der aufgeworfenen Fragen, der Datenerhebung und der Auswertungsmethodik.

Bei der Planung sind neben den rein biologisch-medizinischen sowie organisatorischen Einzelheiten auch eine Reihe von mathematisch-statistischen Gesichtspunkten zu berücksichtigen, damit die Experimente bei minimalem Aufwand zu optimalen Ergebnissen führen. Mit zunehmendem Umfang der Experimente und mit zunehmender Komplexität der Fragestellung erweist sich die mathematisch-statistische Versuchsplanung als immer wesentlicher.

Wir folgen in diesem Buch der logischen Folge der Handlung des Experimentators und geben deshalb in diesem Abschnitt bereits einen Überblick über die Methoden der mathematischen Versuchsplanung, obwohl deren Bedeutung oder Begründung z.T. erst im Lichte der mathematischen Versuchsauswertung deutlich wird. Der Text ist jedoch durchgehend so gehalten, daß der Leser ihn auch ohne Kentnis der Versuchsauswertungsmethoden lesen kann.

4.1 Planung der Vorgaben und Beobachtungen

Der erste Schritt der Versuchsplanung besteht in einer "Übersetzung" der Fragestellung, in der Auswahl und Quantifizierung von Vorgaben und der Festlegung des Beobachtungsschemas, kurz in der Grobplanung der *Versuchsanlage* (experimental design).

Sie hat das Ziel, mit möglichst kleinem Aufwand die unvermeidlichen Versuchsfehler gegenüber den vermuteten oder abzusichernden Effekten hinreichend klein zu halten. Eine nach wie vor lesenswerte Einführung in diese Problematik gibt das "klassische" Lehrbuch von COCHRAN & COX (1957). Viele interessante Hinweise zur Versuchsanlage bei Therapievergleichen finden sich bei JESDINSKY (1978).

Grundsätzlich ist zwischen der Anlage des Experiments als geschlossene Einheit mit festem Umfang und fester Dauer und einer Anlage als Sequentialexperiment zu unterscheiden, bei dem an genau definierten Zeitpunkten je nach Verlauf des Experiments über die Fortführung bzw. den Abbruch des Experiments entschieden wird. Wir beschränken uns in der Darstellung hier aus Platzgründen auf die erst genannten Experimente und verweisen für die sequentiellen Ansätze auf die Fachliteratur, z.B. ARMITAGE (1975).

Da bei der Versuchsplanung die *Vorgaben* und die *Beobachtungen* zu unterschiedlichen Problemen führen, folgen wir im weiteren dieser natürlichen Einteilung:

4.1.1 Vorgaben

Zu den Vorgaben zählen wir alle vom Experimentator willkürlich eingestellten Variablen. Dabei kann es sich z.B. um Einzelheiten bzw. Alternativen der Behandlung, etwa um verschiedene Medikamente, unterschiedliche Dosierungen und Behandlungszeiten handeln. Die Auswahl und Anordnung der Untergruppen der beobachteten Population spielt eine entsprechende Rolle. Bei Befragungen ist auch der Aufbau des Fragebogens (Reihenfolge und Inhalt der Fragen etc.) eine experimentelle Vorgabe.

Im Versuchsplan werden die einzelnen Gruppen mit ihren jeweils unterschiedlichen Vorgaben erfaßt. Besonderes Augenmerk ist auf die *Vollständigkeit* des Versuchsplans zu legen: Bei gleichzeitiger Untersuchung mehrerer Einflußgrößen ist deren wechselseitige Hemmung oder Verstärkung nur einwandfrei festzustellen, wenn alle Kombinationen verschiedener Einstellungen der zugehörigen Vorgaben eingeplant wurde. Dies gilt im strengen Sinn nur für das Gesamtexperiment. Unter Umständen können Teilexperimente jeweils nur bestimmte Kombinationen der Vorgabe enthalten. Man spricht dann von unvollständiger Blockanlage (vergl. 4.4.2 und z.B. LEE (1975)). Am weitesten ausgearbeitet sind die Planungs-Methoden im Falle linearer Regressionsmodelle.(Vergl. dazu z.B. BANDEMER (1976) oder ausführlicher KRAFFT (1978)).

Beispiel 4.1:

In einer limnologischen Untersuchung soll der Einfluß von Kalzium- und Kadmiumkonzentration auf die Lebenserwartung der Fische eines Binnengewässers erforscht werden. Sieht man etwa 3 Konzentrationsstufen für jedes der beiden Elemente vor, so besteht der vollständige Versuchsplan aus 9 Gruppen, die im folgenden Schema durch Kreuze gekennzeichnet sind:

Stufen der Cd-Konzentration:	Ca-Konzentrationsstufen		
	1	2	3
1	x	x	x
2	x	x	x
3	x	x	x

Oft werden stattdessen nur drei Konzentrationsstufen des einen Elements mit der niedrigsten Stufe des anderen Elements kombiniert, d.h. ein Versuchsplan nach folgendem Schema zugrunde gelegt:

Stufen der Cd-Konzentration:	Ca-Konzentrationsstufen		
	1	2	3
1	x	x	x
2	x	-	-
3	x	-	-

In diesem Fall läßt sich über die Wechselwirkung zwischen den beiden Konzentrationen, über mögliche Synergismen oder Antagonismen, keine Aussage gewinnen.

Ein besonders schwieriges Feld der Versuchsplanung stellt insbesondere in nicht linearen Ansätzen die optimale Wahl der Abstufungen der Einflußgrößen dar. Auf diese Problematik kann hier aus Platzgründen nicht näher eingegangen werden. Einzelheiten sind der Fachliteratur z.B. FINNEY (1971) zu entnehmen.

4.1.2 Beobachtungen

Ziel der Untersuchung ist letztlich die Beobachtung (Messung, Klassifizierung etc.) von Zielgrößen, die für die Fragestellung relevant sind und möglichst umfassende, zutreffende und präzise Antworten gestatten. Bei der mathematischen Versuchsplanung sind dementsprechend die Art, Anzahl und Skalierung der zu beobachtenden Variablen optimal festzulegen.
Umfassende Ergebnisse erhält man durch möglichst breite Variation der Beobachtungsbedingungen. *Präzise* Ergebnisse erfordern dagegen Experimente mit vielen Wiederholungen unter möglichst ähnlichen Bedingungen (vergl. 4.5). Eine geschickte Versuchsanlage muß zwischen diesen einander widersprechenden Forderungen einen optimalen Kompromiß finden.

Die Forderung nach möglichst *zutreffenden* Ergebnissen bedeutet, daß genau zu überprüfen ist, ob die Beobachtung auch der Fragestellung entspricht. Bei der Erhebung können z.B. Diagnosefehler auftreten indem eine vorhandene Krankheit nicht erkannt (falsch negativ) bzw. eine nicht vorhandene Krankheit diagnostiziert wird (falsch positiv). Solche Fehler setzen sich dann in der ganzen Untersuchung fort und können die Ergebnisse wertlos machen. Man nennt in diesem Zusammenhang eine beobachtete Variable hinsichtlich der Fragestellung *sensitiv*, wenn sie hinreichend selten falsch negativ und *valide*, wenn sie hinreichend selten falsch positiv ausfällt.

Beispiel 4.2: Lungentumorraten

In einem Inhalationsversuch soll die carcinogene Wirkung eines Schadstoffaerosols auf die Lungen von Ratten untersucht werden. Bei der Versuchsplanung wird eine pathologische Routineuntersuchung im Lichtmikroskop mit 4 Lungenschnitten vorgesehen. Zur Überprüfung der Validität und Sensitivität werden in einem Vorversuch parallel dazu die Lungen in Serienschnitten unter Einsatz eines Elektronenmikroskops pathologisch untersucht. Die Ergebnisse dieser aufwendigen Kontrolle kann als "wahrer Befund" angesehen werden. Die Ergebnisse der Untersuchung von 100 Tieren lassen sich wie folgt zusammenfassen:

krebsartige Veränderungen		"wahrer Befund" ja	nein	Summe Routine-untersuchung
Ergebnis Routine-unter-suchung:	ja	(richtig) 22	(falsch positiv) 2	24
	nein	(falsch negativ) 17	(richtig) 59	76
Summe "wahrer" Befund:		39	61	100

Man erkennt hieran, daß das geplante Verfahren genügend valide, aber unbefriedigend sensitiv ist. Es wird deshalb eine erhöhte Schnittzahl für die Routineuntersuchung in die Versuchsplanung aufgenommen.

Ein besonderes Problem für die Versuchsplanung stellen die sogenannten *non-response-Fälle* (bzw. fehlenden Meßwerte) dar. Insbesondere bei Erhebungen relativ seltener Charakteristika können die non-response-Fälle das Ergebnis ernsthaft in Frage stellen. Wenn z.B. in einer Fragebogenaktion eine allgemein negativ bewertete Verhaltensweise abgefragt wird, so findet sich diese unter den Personen, die nicht antworten oft wesentlich häufiger als unter den Antwortenden.

4.2 Berücksichtigung von Störeinflüssen

Wie im Abschnitt 2 ausgeführt muß bei allen biologisch-medizinischen Untersuchungen mit der Existenz gravierender Störeinflüsse gerechnet werden. Es empfiehlt sich deshalb bei der Versuchsplanung zunächst eine möglichst vollständige Liste aller denkbaren Störeinflüsse zu erarbeiten.

In den folgenden Abschnitten 4.2.1 - 4.2.3 werden verschiedene Arten von Störungen und ihre Kontrolle durch geeignete Versuchsplanung behandelt.

4.2.1 Meßbare Störungen

Wenn es mit vertretbarem Aufwand möglich ist, die Störungsvariable quantitativ zu erfassen oder ihre jeweilige Ausprägung in definierten Kategorien qualitativ festzuhalten, so ist dies in der Grobplanung des Versuchs vorzusehen. In diesem Fall wird die Störung zu einer "Kovariablen", einem Einfluß, der unfreiwillig mit untersucht und zur Beantwortung der eigentlichen Fragestellung rechnerisch eliminiert wird.

Obwohl sich dabei auch unterschiedliche Ausprägungen der Kovariablen in den experimentiellen Untergruppen rechnerisch berücksichtigen lassen, sollte die Versuchsplanung eine möglichst gleichartige Verteilung dieser Größen anstreben. Dies kann z.B. durch "Schichtung" der Stichproben oder "Blockanlage" geschehen (vergl. auch 4.4).

Beispiel 4.3 Magenkrebsstudie

In einer Studie sollen die Auswirkungen verschiedener Eßgewohnheiten (Typ A, Typ B) auf die Magenkrebsrate untersucht werden. Wie bei allen Krebsarten hängt die Sterberate für Magenkrebs entscheidend vom Geschlecht und Alter ab. Die folgende Tabelle zeigt dies für die Bundesrepublik 1976:

Lebensalter	Todesfälle an Magenkrebs auf 100.000	
	Männer	Frauen
35 - 40	3	-
40 - 45	7	6
45 - 50	15	9
50 - 55	27	14
55 - 60	48	19
60 - 65	89	38
65 - 70	143	62
70 - 75	232	92

Deshalb sind Geschlecht und Alter in diesem Falle als bekannte und "meßbare" Störgröße zu behandeln. Sie sind bei jedem untersuchten Fall aufzunehmen und in die Auswertung einzubeziehen, da sich sonst ganz entscheidende Fehlschlüsse einschleichen könnten.

Die möglichen Fehler sollen in diesem Beispiel illustriert werden. Für die Studie mögen 150.000 Personen mit den fraglichen Eßgewohnheiten ermittelt worden sein, und zwar mit folgender Verteilung auf Eßgewohnheit, Geschlecht und Alter:

Lebensalter	Typ A		Typ B	
	Männer	Frauen	Männer	Frauen
35 - 40	2000	1400	4500	8400
40 - 45	2800	1900	4100	9200
45 - 50	4400	2500	3700	8900
50 - 55	4500	2600	3600	7200
55 - 60	5300	3100	3200	6600
60 - 65	5800	3200	2400	5100
65 - 70	7900	3600	1300	3600
70 - 75	10000	9000	3250	4450

Allein aufgrund der unterschiedlichen Alters und Geschlechtzusammensetzung der beiden Kollektive würde sich hieraus bei völlig gleichen Raten in beiden Gruppen ein Erwartungswert von 57 Magenkrebstodesfällen per Jahr bei der Eßgewohnheit Typ A und nur 28 entsprechende Fälle bei Typ B ergeben.Würden also die Störeinflüsse durch Alters- und Geschlechtsverteilungen nicht erfaßt, bestünde keine Chance dem tatsächlichen Einfluß der Eßgewohnheit auf die Magenkrebsrate zu ermitteln, und man würde zu gravierenden Fehlurteilen gelangen.

4.2.2 Bekannte aber nicht meßbare Störungen

Neben der eben behandelten Gruppe von meßbaren Störungen können auch solche Störungen für die Untersuchung von Bedeutung sein, deren Existenz bekannt ist, die (mit vertretbarem Aufwand) jedoch nicht genau erfaßt werden können. Beispiel hierfür sind genetische Differenzen bei Versuchstieren aus unterschiedlichen Würfen, Unterschiede im Klima, den Jahreszeiten, der speziellen Umwelt, Laborunterschiede.

Personalfaktoren usw.. Solche Einflüsse sind gefährlich, da
sie schwer zu kontrollieren sind und systematisch Fehler erzeugen, die die Aussagekraft der Untersuchung zunichte machen
können. Jede einzelne Störung dieser Art muß deshalb durch
die Versuchsplanung "ausgeschaltet" werden. Als Hilfsmittel
stehen dazu zur Verfügung:

- *Homogenisierung* (Standardisierung) der Versuchsbedingung,
  d.h. künstliche Einengung der Varabilität der entsprechenden
  Störvariable (z.B. "Ausschaltung" von Klimaeinflüssen durch
  konstantes künstliches Klima, "Ausschaltung" von Personal-
  einflüssen durch präzise Vorschriften, Bedienungsanweisung,
  Schulung etc., "Ausschaltung" von Laboreinflüssen durch Verwendung gleicher Apparate, Kontrolle der Eichung etc.). Vergl.
  auch 4.4.1 .
- *Blockanlage*, d.h. Wiederholung des Experiments in kleineren
  Gruppen unter jeweils möglichst homogenen Bedingungen, wenn
  eine Homogenisierung im gesamten Versuch nicht möglich ist.
  (Vergl. auch 4.4.2).
- *Vergleichansätze*, d.h. "Ausschaltung" der Störeinflüsse, indem
  in einer oder mehreren Gruppen ein bekanntes und gut defi-
  niertes System den Störeinflüssen genauso unterworfen wird
  wie die experimentellen Gruppen und sich die Auswertung nur
  auf die Unterschiede zwischen diesen Gruppen bezieht. (Z.B.
  Kontrollgruppen ohne Behandlung, Placebo-Gruppen, Kontrollgruppen aus Gesunden, Bezug auf Standardpräparate etc.).
- *Randomisierung,* d.h. Einschalten eines Zufallsgenerators,
  der dafür sorgt, daß sich Störeinflüsse in zufälliger Weise
  auf die einzelnen Untergruppen des Experiments verteilen
  und dadurch systematische Fehler vermieden werden. (Vergl.
  auch 4.3).

4.2.3 Unbekannte Störungen

Neben den bekannten Störungen können oft noch eine Reihe von
Störungen benannt werden, deren Auftreten überhaupt nicht erkannt wird, über deren Vorliegen deshalb im Einzelfall auch
nichts ausgesagt werden kann. Beispiele hierfür sind unerkannte

Krankheiten bei Versuchstieren oder Patienten, Unregelmäßigkeiten im Enzymmuster oder in anderen speziellen physiologischen Daten, die nicht kontrolliert werden können, unbekannte genetische Unterschiede, unerkannte Verunreinigungen von Chemikalien u.v.a.. Solche Einflüsse sind besonders gefährlich, weil sie als unerkannte systematische Fehler die Ergebnisse erheblich verfälschen können. Wenn nicht genügend Sorgfalt zur Ausschaltung solcher Störungen getrieben wurde, kann deshalb keine sinnvolle Aussage über den Aussagewert der Untersuchung gemacht werden. Für die Behandlung solcher Störmöglichkeiten stehen zwei Strategien zur Verfügung:

- Absicherung durch *Kontrolluntersuchungen*, d.h. Verfeinerung des Versuchsplanes durch zusätzliche Messungen oder Überprüfungen, die Auskunft über die Existenz derartiger Störungen gibt. Hierdurch werden diese zu bekannten Störungen und können mit den oben diskutierten Methoden weiter behandelt werden.
- *Randomisierung* (siehe 4.3), d.h. Einschaltung von Zufallsgeneratoren mit deren Hilfe die unerkannten systematischen Einflüsse zufällig auf die Versuchsgruppen verteilt werden. Mit diesem "Trick" werden die systematischen Fehler zu zufälligen Fehlern, die der mathematisch-statistischen Auswertung zugänglich sind.

4.3 Vermeidung von systematischen Fehlern durch Randomisierung

4.3.1 Begründung der Randomisierung

Wie bereits in Abschnitt 4.2.3 ausgeführt, muß auch bei einem noch so sorgfältig ausgeführten biologischen Experiment stets mit noch nicht vollständig kontrollierten Störeinflüssen gerechnet werden, die die Versuchergebnisse beeinflussen können. Dabei sind systematische und zufällige Störungen zu unterscheiden. Während sich zufällige Störungen nur in einer Erhöhung der Versuchsstreuungen auswirken, können systematische Störungen das gesamte Versuchergebnis in Frage stellen, weil

es oft nicht möglich ist, den Einfluß der Störung vom Einfluß
der untersuchten Ursache zu unterscheiden. Die Grundidee der
Randomisierung besteht deshalb darin, möglichst systematische
Störeinflüsse durch zufällige Störungen zu ersetzen. Dies geschieht durch Einschaltung von Zufallsgeneratoren, die dafür
sorgen, daß sich die Störgrößen zufällig auf die einzelnen
Versuchsgruppen verteilen.(Vergl. KEMPTHORNE (1977)). Wir
wollen dieses Prinzip an einem Beispiel illustrieren:

Beispiel 4.4:

Wir betrachten ein Experiment, bei dem die Wirkung eines bestimmten
Medikaments auf die Laufleistung von Albino-Mäusen untersucht werden
soll. Der Einfachheit halber nehmen wir an, daß nur zwei Gruppen von
Mäusen untersucht werden sollen, und zwar eine unbehandelte Kontrollgruppe und eine mit dem Medikament behandelte Versuchsgruppe. Beide
Gruppen sollen je 20 Mäuse enthalten. Zur Durchführung des Experiments
wäre folgendes Verfahren denkbar: Der Experimentator greift in einen
Käfig mit 40 Mäusen hinein und fängt der Reihe nach 20 Mäuse für die
Kontrollgruppe. Die verbliebenen 20 Mäuse bilden die Versuchsgruppe.
Nach der Behandlung mit dem Medikament zeigen die Versuchsgruppentiere das bessere Laufergebnis. Der Unterschied ist statistisch signifikant (5% Irrtumswahrscheinlichkeit). Spricht dies für die Wirksamkeit des Medikaments?

Offensichtlich ist ein solcher Schluß unzulässig, da es wahrscheinlich
ist, daß der Experimentator bei diesem Verfahren zunächst die weniger
agilen Tiere fangen wird. Die Kontrollgruppe stellt also vermutlich
eine systematische Auswahl der Tiere dar. Dieser systematische Einfluß überlagert sich der Auswirkung des Medikaments und ist bei dieser
Versuchsanlage nicht mehr vom Einfluß des Medikaments zu trennen. Der
Versuch ist also wertlos.

Zur Vermeidung solcher Probleme wäre es richtig gewesen, die Tiere den
beiden Gruppen zufällig zuzuteilen. Man hätte dafür einen Würfel,
eine Zufallstabelle oder einen Taschenrechner heranziehen können, wie
es auf den nächsten Seiten ausführlich geschildert wird. Wenn sich
bei dem so geplanten Versuch ein signifikanter Unterschied findet,
kann er sehr wohl interpretiert werden, da die Auswirkungen zufälliger
Störungen durch die Auswertungsmethoden der mathematischen Statistik
beherrscht werden.

Dieses Beispiel zeigt die möglichen Risiken versteckter systematischer Störungen sehr deutlich. Angesichts der großen Anzahl von relevanten Parametern bei biologischen Experimenten ist es im allgemeinen sehr schwer zu überschauen, ob in einem konkreten Fall solche systematischen Störungen zu erwarten sind oder nicht. Man wird deshalb in jedem Falle eine Randomisierung vornehmen, weil nur bei absolut zufälliger Zuordnung der Versuchseinheiten zu den Versuchsgruppen wirklich Sicherheit vor derartigen systematischen Einflüssen besteht.

Es ist jedoch festzuhalten, daß Randomisierung nicht mit einfachem planlosen Zuordnen von Versuchseinheiten zu verwechseln ist. Sie setzt im Gegenteil einen genau geplanten Einsatz von Zufallsgeneratoren voraus.

4.3.2 Zufallsgeneratoren

Im letzten Teilabschnitt haben wir die Notwendigkeit der Einschaltung von Zufallsgeneratoren bei der Zuweisung von Versuchseinheiten zu Versuchsgruppen begründet. Wir werden uns jetzt näher mit solchen Zufallsgeneratoren auseinandersetzen. Im allgemeinen versteht man unter einem Zufallsgenerator eine Vorrichtung zum Erzeugen von Realisierungen einer Zufallsvariable mit vorgegebener Verteilung.

Für die speziellen Zwecke der Versuchsplanung benötigen wir solche Zufallsgeneratoren, die eine endliche diskrete Gleichverteilung (vergl. Beispiel 1.6) erzeugen. Der Zufallsgenerator soll also aus der fest vorgegebenen Menge der Zahlen zwischen 1 und N eine Zahl Z auswählen und dabei allen Zahlen zwischen 1 und N die gleiche Chance einräumen, ausgewählt zu werden. Weiter soll dieser Vorgang beliebig oft stochastisch unabhängig wiederholt werden können.

Die Wahrscheinlichkeit, bei der k-ten Ziehung irgendeine spezielle Zahl zwischen 1 und N zu erhalten, ist also stets gleich $1/N$, unabhängig davon, welche Ergebnisse die Auswahl in vorhergehenden Schritten ergeben hat.

Zur möglichst vollkommenen Realisierung dieses mathematischen
Ideals eines Zufallsgenerators sind die folgenden Hilfsmittel
weit verbreitet:

- *mechanische Zufallsgeneratoren* wie Würfel und Roulette
- Ziehen gut gemischter *Karten* oder *Lose*
- *Zeittaktunterbrecher* mit schnellen elektronischen Zählern
  (elektronische Würfel usw.)

Die meisten Zufallsgeneratoren sind jedoch nicht sehr gute
Realisierungen des obigen Ideals. Insbesondere zeigen die mechanischen Realisierungen häufig Abnutzungserscheinungen oder
"Dreckeffekte", die zu Asymmetrien der Auswahlwahrscheinlichkeiten führen.

Es sei noch einmal darauf hingewiesen, daß die Eigenschaften
der *Zufälligkeit* stets eine Eigenschaft der *Erzeugungsmethoden*
und nicht eine Eigenschaft des Ergebnisses ist. Ob also z.B.
die endliche Folge "1,3,2,2,5,1,1,3" aus einem Zufallsgenerator stammt oder nicht, kann endgültig nur durch Inspektion
ihres Erzeugungsprozesses beantwortet werden und nicht durch
Inspektion der Folge selbst. Betrachtet man jedoch viele, lange
Folgen, die mit einem Zufallsgenerator erzeugt wurden, so
findet man mit hoher Wahrscheinlichkeit annähernd gleiche
Häufigkeiten für alle vorkommenden Zahlen, alle möglichen
Nachbarpaare, -tripel, Unterfolgen usw.

Diese Tatsache kann man sich umgekehrt zunutze machen, um
rechnerisch Folgen mit ähnlichen Eigenschaften zu erzeugen,
die dann anstelle der Ergebnisse eines Zufallsgenerators verwendet werden können.

Solche Methoden heißen *Pseudozufallsgeneratoren*. Sie spielen
insbesondere bei Einsatz von Computern eine wesentliche Rolle
und sind in den meisten Fällen den unvollkommenen Versuchen
zur Realisierung echter Zufallsgeneratoren für die praktischen
Bedürfnisse der Versuchsplanung überlegen.

4.3 Vermeidung von systematischen Fehlern durch Randomisierung

Grundsätzlich sind solche Pseudozufallsgeneratoren als Tabellen oder als Rechenmethoden verfügbar. Die wichtigsten Methoden sind die *linearen Kongruenzmethoden*, bei denen schrittweise durch Multiplikation und Addition von Konstanten aus einer Pseudozufallszahl die nächste entsteht. Der einfachste Fall eines solchen Pseudozufallsgenerators ist die *multiplikative Kongruenzmethode,* die sich wegen des geringen Speicherbedarfs und geringen Rechenaufwandes besonders gut für *programmierbare Taschenrechner* eignet:

Man wähle eine Startzahl x_0 aus dem Intervall zwischen 0 und 1, die eine möglichst "zufällige" Ziffernfolge aufweist (insbesondere also keine "glatte" Zahl wie 0.5, 0.25 usw.), und berechnet für $i = 1,2,3,...$ die Werte

(1) $\quad x_i = \text{FRAC}(a \cdot x_{i-1})$, (FRAC bezeichnet den Nachkommateil)

wobei die Zahl a ein für die Methode charakteristischer Multiplikator ist. Die optimale Wahl von a ist von der verfügbaren Rechengenauigkeit und Zahlendarstellung im Rechner abhängig. Für programmierbare Tisch- oder Taschenrechner ist z.B. der Wert $a = 10011$ geeignet. Für Großrechenanlagen existieren meist Standardprogramme für Pseudozufallsgeneratoren verschiedenen Typs.

Anschließend berechnet man jeweils

(2) $\quad z_i = \text{INT}(1+N\,x_i)$ (INT bezeichnet den Vorkommateil)

und setzt dieses Verfahren so lange fort, bis man n verschiedene Zahlen z_i zwischen 1 und N gefunden hat (Doppelnennungen bleiben unberücksichtigt).

Beispiel 4.5: Randomisierte Laufaktivitätsmessung an
            Albino-Mäusen

In Beispiel 4.4 haben wir die Nachteile einer nicht randomisierten
Untersuchung zu dieser Fragestellung diskutiert. Wir nehmen das
Beispiel hier wieder auf, um das korrekte Randomisierungsverfahren
zu erklären. Aus Platzgründen beschränken wir uns jedoch auf einen
Vorversuch, bei dem aus einem Reservoir von 50 Mäusen eine Kontroll-
gruppe und eine Behandlungsgruppe mit je 3 Mäusen gebildet werden sollen.

Zunächst werden die 50 Tiere numeriert (bzw. in numerierte Behälter
gesetzt). Anschließend wird mit dem oben beschriebenen Zufallsgenerator (a = 10011, N = 50, Start mit x_o = 0.131578269) wie folgt ausgewählt, wobei die ersten drei Tiere in die Kontroll- und die nächsten
drei in die Behandlungsgruppe kommen sollen:

$$x_1 = 0.230050959 \qquad z_1 = 12$$

$$x_2 = 0.040150549 \qquad z_2 = 3$$

$$x_3 = 0.147146039 \qquad z_3 = 48$$

$$x_4 = 0.873996429 \qquad z_4 = 44$$

$$x_5 = 0.633250719 \qquad z_5 = 32$$

$$x_6 = 0.472947909 \qquad z_6 = 24$$

Die Kontrollgruppe besteht also aus den Tieren mit den Nummern 3, 12
und 48 und die Behandlungsgruppe aus denen mit den Nummern 24, 32
und 44.

4.3.3 Weitere Methodik zur Randomisierung

Das Beispiel 4.5 kann als typisch für die Regelsituation bei
der Randomisierung angesehen werden. In der großen Masse aller
Anwendungen in der Medizin und Biologie geht es um die Verteilung von Versuchseinheiten auf die Versuchsgruppen. Bei
näherer Betrachtung gibt es jedoch eine Reihe von Komplika-
tionen und etwas anders gelagerten Fällen, die in diesem Teilabschnitt exemplarisch behandelt werden sollen. Für weitere
Fragen verweisen wir auf die Spezialliteratur, z.B. FEINSTEIN
(1973).

a) *Randomisierung bei fehlender Information über den Umfang der Grundgesamtheit*

Bei vielen medizinischen Untersuchungen ist die Grundgesamtheit, aus der die Patienten stammen, nicht vor dem Versuchsbeginn bekannt. In solchen Fällen müssen sehr präzise Kriterien aufgestellt werden, die während der Versuchsdurchführung unzweifelhafte Entscheidungen über die Zugehörigkeit eines Patienten zur Grundgesamtheit gestatten.

Sollen etwa in einem Krankenhaus verschiedene Medikamente oder Behandlungen in ihrer Wirksamkeit verglichen werden, so kann als Grundgesamtheit z.B. die Menge aller Patienten mit einer bestimmten Indikation betrachtet werden, die im Untersuchungszeitraum eingeliefert werden. Eventuell ist die Grundgesamtheit aber auch komplizierter aufgebaut, weil z.B. gewisse Kontraindikationen ausgeschlossen sein müssen. Besser werden bei relativ umfangreicher Grundgesamtheit nicht die Medikamente selbst, sondern ganze Behandlungsstrategien verglichen, die Verzweigungen bei Unverträglichkeiten usw. einschließen. (Vergl. etwa PETO et.al. (1976)).

In diesen Fällen kennt man die Anzahl der Behandlungsstrategien M, aber der Umfang N der Grundgesamtheit ist vor dem Abschluß der Untersuchung unbekannt. Man kehrt deshalb das Prinzip der Randomisierung um und ordnet nicht den Behandlungsgruppen je N/M Patienten zu, sondern entscheidet sukzessive bei jedem Patienten, welche Behandlung er erhalten soll. Konkret bedeutet dies, daß ein Zufallsgenerator mit der Grundmenge $\{1,2,3,\ldots,M\}$ verwendet wird, der bei jedem neu eingelieferten Patienten betätigt wird, um die zugehörige Behandlungsstrategie zu finden. Bei komplizierteren Fragen sollte jedoch stets vor Versuchsbeginn mit Hilfe eines Zufallgenerators ein Plan aufgestellt werden, nach dem die Verteilung der Patienten in der Reihenfolge ihrer Aufnahme fixiert wird.

b) *Randomisierung von unbekannten Zeit-Einflüssen*

In manchen Fällen kann zur gleichen Zeit aus Gründen der Untersucher- oder Laborkapazität jeweils nur eine Untersuchung durchgeführt werden. Durch diesen Umstand können ebenfalls systematische Fehler in das Versuchsergebnis einfließen (Auswandern von Einstellungen bei Apparaturen, Ermüdungserscheinungen, klimatische Bedingungen, Alterung von Referenzlösungen etc.). Auch hier sollte stets eine Randomisierung durchgeführt werden. Dabei werden nicht nur die Versuchseinheiten, sondern auch die Untersuchungszeiten zufällig auf die Versuchsgruppen verteilt. Sollen etwa N Untersuchungen stattfinden, so werden zunächst in einer Grobplanung die Untersuchungszeiten $t_1, t_2, t_3, \ldots, t_N$ festgelegt, im nächsten Schritt werden diese Zeiten den Versuchseinheiten (z.B. Versuchstiere) zugeordnet und schließlich die Paare (bestehend aus Versuchseinheit und Untersuchungszeit) mit Hilfe eines Zufallsgenerators auf die Versuchsgruppen verteilt. - Eine Alternative hierzu, die häufig bessere Ergebnisse bringt, ist die Blockanlage oder Schichtung nach Zeiten.

c) *Randomisierung von weiteren Störeinflüssen*

In gewissen Fällen treten neben den über die Versuchszeit zu randomisierenden Störungen noch andere nicht an die eigentliche Versuchseinheit gebundene Störungen auf. Beispiele hierfür sind etwa Heterogenitäten von Spenderpopulationen, die sich der biologischen Variabilität der Versuchstiere (Empfänger) bei Transplatationsversuchen überlagern, Heterogenitäten bei Untersuchern (Diagnosen, Befragungen, Beurteilungen etc.), die sich der Variabilität der untersuchten Versuchseinheiten überlagern usw.. In diesen Fällen ist es möglich, durch mehrfache Einschaltung von Zufallsgeneratoren sicherzustellen, daß sich alle diese Einflüsse auf die Untersuchungsgruppen zufällig verteilen. Man kann auch zunächst zu neuen Versuchseinheiten (z.B. Paare Spender-Empfänger, Befrager-Befragter usw.) zusammenfassen und anschließend eine Zuordnung der Paare zu den Versuchsgruppen durchführen.

4.3 Vermeidung von systematischen Fehlern durch Randomisierung

Die beiden Möglichkeiten sind in der folgenden Graphik schematisch dargestellt:

Einschaltung von zwei Zufallsgeneratoren

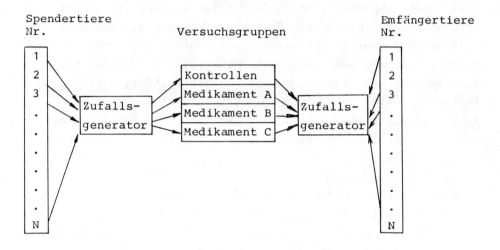

Verwendung eines Zufallsgenerators

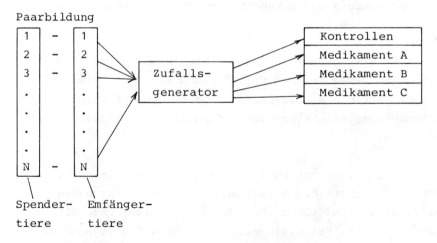

Abb. 4.1 Schema der Versuchsplanung im Beispiel eines Transplantationsversuchs

4.4 Erhöhung der Präzision durch geschickte Versuchsanlage

4.4.1 Homogenisierung der Versuchsbedingungen (Standardisierung)

Während wir im vorherigen Teilabschnitt gesehen haben, daß sich systematische Fehler durch Randomisierung der Versuchsanlage weitgehend vermeiden lassen, sind die zufälligen Störungen unvermeidbar und bei Randomisierungen sogar z.T. künstlich eingebaut worden. Bei der Behandlung der zufälligen Störungen besteht das Ziel der Versuchsplanung deshalb nicht in ihrer Ausschaltung, sondern darin, ihre Auswirkung so klein wie möglich zu halten, um zu Ergebnissen mit möglichst großer Präzision zu kommen.

Um dieses Ziel zu erreichen, wird man versuchen, möglichst viele der möglichen Einflußfaktoren im Experiment konstant zu halten. Man wird beispielsweise ein künstliches Klima aufbauen, nur Inzuchttiere einer Serie verwenden, alle Untersuchungen von der gleichen Person durchführen lassen, nur ein spezielles Meßgerät verwenden usw. Alle diese Möglichkeiten zur Kontrolle von Einflußfaktoren können mit dem Begriff der Homogenisierung der Versuchbedingungen (Standardisierung) umschrieben werden.

Ein derartiges Vorgehen hat den Vorteil, daß die Präzision der Beobachtungen erheblich gewinnt. Deshalb sind mit dieser Methode oft Effekte nachweisbar, die ohne eine entsprechend weitgehende Homogenisierung der Bedingungen nicht zu erkennen gewesen wäre.

Die Standardisierung hat aber auch gravierende Nachteile. Einmal schränkt sie oft die Anzahl der möglichen Versuchseinheiten stark ein und führt damit wieder zu einem ungewollten Präzisionsverlust. Beispielsweise kann durch die Verwendung nur eines Laboranten zwar der mögliche Personaleinfluß auf die Versuchsergebnisse ausgeschaltet werden, gleichzeitig setzt die Arbeitskapazität dieses Laboranten jedoch der Anzahl der

Messungen eine Grenze. Ebenso verhält es sich, wenn man den Zeitfaktor (Alterung von Substraten, oder Versuchstieren, Änderung von Umweltbedingungen etc.) durch Beschränkung auf sehr kleine Zeiträume einschränkt, wenn man nur Tiere eines Wurfs untersucht usw.

Auf der anderen steht das Prinzip der Standardisierung stets in Konkurrenz zur *Verallgemeinerungsfähigkeit* der Resultate. Je stärker die Versuchsanlage standardisiert ist, um so enger ist der im Experiment erfaßte Realitätsabschnitt. Werden beispielsweise nur Tiere eines besonderen Inzuchtstammes bei der Temperatur von 20 Grad Celsius und einer Luftfeuchtigkeit von 60% untersucht, so gelten die Resultate natürlich zunächst auch nur unter diesen speziellen Bedingungen. Man ist aber fast immer an viel generelleren Aussagen interessiert.

Aus diesen Gründen ist die einfache Homogenisierung der Versuchsanlage mit Fixierung möglichst aller Kovariablen auf spezielle Werte in der Regel nicht sinnvoll. Dagegen bietet die im nächsten Teilabschnitt zu besprechende Methode der Blockbildung die Möglichkeit, die Vorteile der Standardisierung zu nutzen und gleichzeitig ihre Nachteile zu umgehen.

4.4.2 Blockbildung

In vielen Fällen ist es - wie in den letzten Bemerkungen zu 4.4.1 ausgeführt - nicht möglich, die für eine hinreichende Aussagekraft der Ergebnisse notwendige Anzahl der Beobachtungen unter vollständig homogenen Bedingungen durchzuführen. Bei großen Fallzahlen kann die biologische Variabilität nicht vernachlässigt werden, bei langer Versuchsdauer ist eine gewisse zeitliche Variabilität nicht zu vermeiden, bei multizentrischen Studien tritt stets eine Variabilität zwischen den Zentren auf usw.

In solchen Fällen hilft man sich mit dem "Trick" der Blockbildung, d.h. man teilt das Experiment in gleichartige Teilexperimente auf, die jeweils so klein sind, daß in ihnen

homogene Bedingungen herrschen. Jedes solche Teilexperiment
sollte jedoch möglichst trotz kleinerer Besetzung das volle experi-
mentielle Programm enthalten. (Wenn diese Voraussetzungen nicht
erfüllt ist, spricht man von unvollständigen Blockplänen. Nähe-
res hierzu findet sich in der Spezialliteratur, z.B. LEE
(1975)).

Durch einen solchen Ansatz wird die Versuchsstreuung in jedem
einzelnen Block niedrig gehalten, die unvermeidlichen Inhomo-
genitäten bestehen nur noch zwischen den Blöcken und können
bei der Auswertung rechnerisch eliminiert werden (vergl. 7.3.5,
Varianzanalyse). Als relevante Versuchsstreuung verbleibt nur
die mittlere Streuung innerhalb der Blöcke.

Beispiel 4.6: Ertrag von Erbsen im Freiland-Anbau

Drei neue Erbsensorten sollen auf ihren Ertrag hin untersucht werden.
Dazu stehen vier verschiedene Anbauflächen zur Verfügung, die sich im
Mikroklima und in den Bodenverhältnissen unterscheiden und jeweils in
9 Parzellen unterteilt werden können.

Da sich die Unterschiede des Mikroklimas und der Bodenverhältnisse
zwischen den Anbauflächen nicht homogenisieren lassen und innerhalb
der Anbauflächen recht homogene Bedingungen bestehen, greift man zum
Versuchsplan in Blöcken. In jeder der vier Anbauflächen wird das Experiment in gleicher Weise wiederholt, indem jeweils 3 Parzellen
mit einer Sorte belegt werden. Die Zuteilung der Parzellen zu den Sorten
wird mit einem Zufallsgenerator vorgenommen.

Je nach dem Grad der Inhomogenität der Klima- und Bodenbedingungen
zwischen den Anbauflächen erreicht man damit eine ganz erhebliche
Reduktion der Versuchsstreuung gegenüber dem generellen Randomisieren,
bei dem man die insgesamt zur Verfügung stehenden 36 Parzellen mit
einem Zufallsgenerator auf die 3 Sorten verteilt, ohne die Zugehörigkeit
zu den Anbauflächen zu berücksichtigen.

4.4.3 Schichtung

In bestimmten Fällen ist es möglich, das Experiment nach dem Wert wichtiger Kovariablen in Blöcke zu unterteilen. Hierfür eignen sich insbesondere Altersgruppen und Geschlecht, aber auch viele spezielle Variablen wie soziologische Gruppen, Begleiterkrankungen, Risikogruppen usw..

Bildet man nach der Ausprägung solcher gut bekannten Variablen Blöcke, so spricht man von einer Schichtung der Stichprobe oder von Stratifizierung. Da die Blöcke in diesem Fall inhaltlich genau fixiert sind, ist man meist auch an den Unterschieden zwischen den Blöcken interessiert. Um die Versuchanlage gegen solche Unterschiede möglichst sensitiv zu machen, sind gleiche Besetzungen der Schichten anzusetzen, auch wenn sie in der Grundgesamtheit mit unterschiedlichen Anzahlen vorkommen. Bei der Schätzung von Maßzahlen der Grundgesamtheit ist dann entsprechend zu gewichten.

Beispiel 4.7: Postoperative Behandlung

In einer chirurgischen Klinik soll die Wirksamkeit zweier postoperativer Therapien bei Gallenoperationen (Cholelithiasis-Patienten) verglichen werden. Da die Wirkung und die möglichen Nebenwirkungen von einer Reihe von Faktoren wie Alter, Geschlecht und Nebenerkrankungen abhängen, ist es angezeigt, mit diesen Kovariablen Schichtungen zu definieren. Die Anzahl der Schichten wird dabei begrenzt durch praktische Faktoren wie die verfügbare Patientenzahl, die Kapazität der Untersucher usw..

Für eine nicht sehr umfangreiche Untersuchung entschließt man sich deshalb, die Kovariablen nur in folgendem groben Raster zu erfassen:

Kovariable	Ausprägungen	
Geschlecht	männlich (0)	weiblich (1)
Alter	bis 65 Jahre (0)	über 65 Jahre (1)
Nebenerkrankung	nein (0)	ja (1)

Diese Einteilung führt zu einer Aufteilung der Untersuchung in
$2^3 = 8$ Schichten laut folgender Tabelle:

Schicht	Geschlecht	Alter	Nebenerkrankungen
1	0	0	0
2	0	0	1
3	0	1	0
4	0	1	1
5	1	0	0
6	1	0	1
7	1	1	0
8	1	1	1

Sieht man in jeder Schicht je Therapie 20 Patienten vor, so beträgt der Gesamtumfang der Studien 320 Patienten.

4.4.4 Paarvergleiche

Geht es im geplanten Versuch nur um den Vergleich von zwei Gruppen (etwa belastet/unbelastet, behandelt/unbehandelt, Medikament A/Medikament B usw.), so kann das Prinzip der Blockanlage so weit getrieben werden, daß in jedem Block nur zwei Versuchseinheiten auftauchen, die möglichst geringe Unterschiede in allen Kovariablen aufweisen. Z.B. kann man solche Untersuchungen an Zwillingen durchführen (jedes Zwillingspaar ist ein Block), lokale Untersuchungen können an paarigen Organen von Versuchstieren vorgenommen werden, bei Befragungen können "statistische Zwillingspaare" ausgewählt werden (d.h. Personen, die in möglichst vielen Daten übereinstimmen) usw..

Solche Paaransätze reduzieren die Streuungen in den Blöcken naturgemäß sehr stark, allerdings ist die interne Streuung nicht mehr abzuschätzen. Deshalb sind solche Versuche mit etwas anderen Methoden auszuwerten, als die bisher besprochenen Blockanlagen. Hinweise findet man in 7.4.4 und in der Fachliteratur unter dem Stichwort gepaarte Beobachtungen, Paarvergleiche, gepaarte Stichproben.

4.4.5 Bezug auf Standardsysteme

In vielen Fällen ist die absolute Wirkung einer Einflußgröße
(z.B. einer Umweltbelastung oder einer Behandlung) großen
Schwankungen aufgrund schwer kontrollierbarer Kovariablen unterworfen. Die Aussage über die absolut gemessene Wirkung ist
in solcher Situation von zweifelhaftem Wert.

Man nimmt deshalb ein Standardsystem in die Versuchsplanung
auf (z.B. eine gut definierte chemische Substanz mit gut
bekannter Wirkung, ein erprobtes Medikament etc.), das den
gleichen unkontrollierbaren Kovariablen unterworfen wird.

Man beurteilt schließlich nicht die absolute Wirkung der Einflußgröße, sondern den Unterschied zwischen der Wirksamkeit des
Standardsystems und der Wirksamkeit des Testsystems. Ein besonders wichtiger Spezialfall dieses Ansatzes ist das Konzept
der relativen Wirksamkeiten (Titerbestimmung, bioassay).
Dabei geht man von der vielfach zu beobachtenden Tatsache
aus, daß die unkontrollierbaren Kovariablen zwar die absolute
Wirkung von Test- und Standardsubstanzen beeinflussen, der
Quotient ρ gleichwirksamer Dosierungen jedoch über weite Bereiche konstant bleibt.

Der typische Versuchsansatz für dieses Konzept ist der Vergleich von Test- und Standardsubstanzen in jeweils mehreren
Dosierungen. Bei Auftragung der Ergebnisse über einer logarithmischen Dosis-Achse entspricht der Abstand der beiden Kurven
gerade dem Logarithmus der relativen Wirksamkeit ρ .

Beispiel 4.8: Talgdrüsenschwundtest

Als Schnelltest auf die biologische Aktivität verschiedener Schadstoffe
werden vielfach verschiedene Konzentrationen einer Suspension der
fraglichen Gemische auf ein geschorenes Areal des Rückens von Mäusen
getropft und nach genau definierter Einwirkungszeit die Anzahl der geschädigten Talgdrüsen (in Bezug auf die ursprüngliche Zahl) ausgezählt. Wegen der biologischen Variabilität ist die absolute so ermittelte Dosis-Wirkungsbeziehung nicht sehr informativ.

In Abbildung 4.2 sind Ergebnisse von zwei solchen Versuchen mit identischem Ansatz, aber größerem zeitlichen Abstand skizziert, die diesen Effekt veranschaulichen: Die mittlere Dosis des Testpräparats entspricht im ersten Versuch einen Talgdrüsenschwund von rund 60% und im zweiten Versuch von rund 25%.

Bezieht man den Effekt der Testsubstanzen dagegen auf die mitgeführte Standardsubstanz und betrachtet den Quotienten ρ gleichwirksamer Dosierungen, so findet man eine gute Übereinstimmung zwischen beiden Experimenten: Im ersten Versuch ergibt sich $\rho = 40$ und im zweiten Versuch $\rho = 36$.

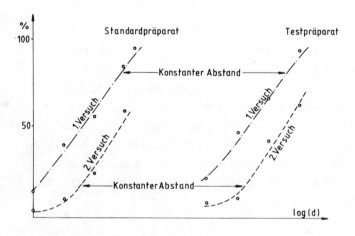

Abb. 4.2 Ergebnisse von Talgdrüsenschwund-Tests

4.5 Die notwendige Anzahl der Versuchseinheiten bei normalverteilten Daten

4.5.1 Präzisionsforderung und Fehlerrisiken

Wie in Abschnitt 7 im einzelnen dargestellt wird, sind bei der Entscheidung über Hypothesen auf der Basis der experimentellen Ergebnisse und ihrer (unvermeidbaren) zufälligen Versuchsfehler stets Risiken zu unterscheiden, nämlich das

4.5 Die notwendige Anzahl der Versuchseinheiten bei normalverteilten Daten

Fehlerrisiko 1. Art (Wahrscheinlichkeit α),

einen nur durch Zufallsschwankungen hervorgerufenen Unterschied für bedeutsam zu halten und das

Fehlerrisiko 2. Art (Wahrscheinlichkeit β),

einen tatsächlich vorhandenen Unterschied zu übersehen.

Für die Versuchsplanung sind Angaben darüber, wie groß das Fehlerrisiko 1. und 2. Art sein soll, von zentraler Bedeutung.

Ebenso wichtig ist es jedoch festzulegen, wie die *Präzisionsforderung* an das Experiment ist, d.h. die Größenordnung Δx der Unterschiede festzulegen, von denen hier die Rede ist. Geht es z.B. um die Frage, wie groß ein Patientenkollektiv für den Vergleich zweier Therapien zur Senkung des Blutdrucks sein sollte, so ist es neben der Angabe der Fehlerrisiken von entscheidender Bedeutung, ob eine Absenkung von etwa 0,1, 1.0 oder 10.0 [mm Hg] als wesentlicher und gegebenenfalls nachzuweisender Unterschied zwischen den Behandlungseffekten anzusehen ist.

Ähnliche Fragen ergeben sich zu sehr vielen experimentellen Situationen. Die Antwort läßt sich wie hier im allgemeinen aus der medizinischen (bzw. biologischen) Bedeutung solcher Unterschiede ableiten.

Es ist klar, daß man übertriebene Forderungen an die Präzision des Ergebnisses und an die Fehlerrisiken nur durch sehr hohe Zahlen von Versuchseinheiten befriedigen kann.

Der Zusammenhang zwischen den Fehlerrisiken α und β, dem nachzuweisenden Unterschied Δx und der Anzahl n der Versuchseinheiten ist bei den verschiedenen möglichen Fragestellungen, Auswertungsmethoden und Voraussetzungen sehr unterschiedlich. Wir beschränken uns in den folgenden Teilen dieses Abschnitts deshalb auf einige besondere wichtige Fragestellungen, die sich auf *normalverteilte Daten* beziehen. Die grundsätzlichen Probleme und Lösungsansätze sind in diesen einfachen Fragestellungen besonders durchsichtig.

Einzelheiten, Verallgemeinerungen und Ableitungen zu diesem Problemkreis finden sich im Kapitel 7, auf das wir hier generell verweisen. Weitere Hinweise finden sich in der Spezialliteratur (z.B. FINK (1976)und SCHLESSELMAN (1974)).
Es sei noch angemerkt, daß viele Verallgemeinerungen der folgenden Überlegungen letztlich wieder auf angenähert normalverteilte Größen zurückgeführt werden. Neben den normalverteilten Daten spielen in Medizin und Biologie *Häufigkeiten von Ereignissen* (binomial verteilten Größen) eine besondere Rolle. Für die Versuchsplanung bei solchen Daten gelten ganz analoge Überlegungen, wie sie im folgendem ausgeführt werden. Aus Platzgründen verweisen wir in diesem Zusammenhang deshalb nur auf den Abschnitt 7.2.4, in dem entsprechende Formeln abgeleitet werden.

4.5.2 Überprüfung von Grenzwerten

Bei vielen Fragestellungen kommt es darauf an, ob ein bestimmter Grenzwert überschritten wird oder nicht. Typische Beispiele dafür sind Immissions- und Emmissionsgrenzwerte (z.B. maximale Arbeitsplatzkonzentrationen von Schadstoffen, Auflagen für den Betrieb von Industrieanlagen) oder lebensmittelrechtliche Bestimmungen. In der mathematischen Statistik spricht man hier von *einseitigen Fragestellungen*. Es kommt bei der Auswertung und entsprechend deshalb auch bei der Versuchsplanung darauf an, ob die Streuung der Daten als bekannt angesehen werden kann oder ob sie aus der Stichprobe selbst ermittelt werden muß:

Fall 1: Bekannte Varianz σ^2

In diesem Fall erfolgt die Auswertung nach 7.3.1 (4) mit der Testgröße

(3) $t = \dfrac{(\bar{x}-\mu_0)\sqrt{n}}{\sigma}$, wobei μ_0 der Grenzwert und $\bar{x}$ der gemessene Mittelwert ist.

4.5 Die notwendige Anzahl der Versuchseinheiten bei normalverteilten Daten

Man berechnet aus der Standardnormalverteilung und dem Fehlerrisiko α (1. Art) das Quantil z_α (vgl. dazu 1.5.1, Anhang A.3.2 und die Tabelle am Ende dieses Buches) und entscheidet darüber, ob eine Grenzwertverletzung als nachgewiesen gilt, je nachdem $t > z_\alpha$ ist oder nicht.

Nimmt man an, daß tatsächlich eine Grenzwertüberschreitung von Δx vorliegt, so ist der Testwert normalverteilt mit Erwartungswert $\delta = \frac{\Delta x}{\sigma} \sqrt{n}$ und der Varianz 1. Der Fehler 2. Art (die Überschreitung Δx zu übersehen) tritt genau im Falle $t \leq z_\alpha$ auf. Da $t-\delta$ standardnormalverteilt ist und der Fehler 2. Art genau β betragen soll, folgt hieraus $-z_\beta = z_\alpha - \delta$ oder

$$(4) \quad z_\alpha + z_\beta = \delta = \frac{\Delta x}{\sigma} \cdot \sqrt{n} .$$

Nach n aufgelöst folgt

$$(5) \quad n = (z_\alpha + z_\beta)^2 \cdot (\frac{\sigma}{\Delta x})^2 .$$

Man erkennt an dieser Formel, wie n mit einer Reduktion von α und β (steigendes Fraktil z) und einer Erhöhung des Quotienten σ/Δx (Verhältnis zwischen Versuchsstreuung und relevantem Unterschied) steigt.

Beispiel 4.9: Arbeitsplatzbelastung

Die Einhaltung der maximalen Arbeitsplatzkonzentration μ_0 für Kohlenmonoxid soll in einem neu eingerichteten Teil eines Chemiewerks überprüft werden. Die Nachweisgrenze Δx soll die doppelte (bekannte) Standardabweichung σ der Meßmethode ausmachen. Wegen der unterschiedlichen Konsequenzen (unnötige Vorsichtsmaßnahmen bzw. unerkannte unzulässige Belastung der Mitarbeiter) werden unterschiedliche Werte für die Fehlerwahrscheinlichkeiten 1. und 2. Art zugrunde gelegt, und zwar α = 5% und β = 1% . Hieraus ergibt sich ein Versuchsplan mit

$$n = (1{,}6449 + 3{.}2905)^2 \cdot (\frac{1}{2})^2 = 6{.}089543 \approx 6 \text{ Messungen je Arbeitsplatz.}$$

Fall 2: Unbekannte Varianz σ^2

Ist σ^2 unbekannt, so erfolgt die Auswertung mit der Testgröße

(6) $t = \dfrac{(\bar{x}-\mu)\sqrt{n}}{s}$, wobei s die aus der

Stichprobe geschätzte Standardabweichung (vgl. 5.3.2) ist.
Diese Testgröße ist im Gegensatz zu (3) t-verteilt (vgl. A 3.5)
mit n-1 Freiheitsgraden. Bezeichnet man die tatsächliche
Abweichung von μ_0 mit Δx, so handelt es sich genauer um eine
t-Verteilung mit dem Nichtzentralitätsparameter $\alpha = \dfrac{\Delta x \sqrt{n}}{\sigma}$
(vgl. 7.3.1).

Für die Versuchsplanung versucht man zunächst aus Pilotstudien
oder Literaturangaben eine Abschätzung der Größe der Standardabweichung zu erhalten. Anschließend legt man den relevanten
Unterschied Δx in Einheiten der Standardabweichungen fest,
d.h. man fixiert $\Delta x/\sigma$.

Die Verteilung F der Testgröße t kann in Abhängigkeit von Stich-
probenumfang n und von $\Delta x/\sigma$ als $F(t \mid n, \Delta x/\sigma)$ dargestellt werden.
Der Zusammenhang zwischen den Fehlerrisiken und diesen Größen
ergibt sich dann als

(7) $F(t_{n-1,\alpha} \mid n, \Delta x/\sigma) = \beta$

Bei gegebenen α und β sowie $\Delta x/\sigma$ kann man hieraus ein Verfahren
zur schrittweisen Bestimmung von n gewinnen. Die Ergebnisse
solcher Rechnungen sind in Abbildung 4.3 a) - d) graphisch
dargestellt. Für viele praktische Probleme reicht die Benutzung
solcher Graphiken zur Versuchsplanung aus. (Vergl. Beispiel
4.10). Eine recht gute Näherung erhält man für großes n durch
die Formel

(8) $n = (z_\alpha + z_\beta)^2 \left(\dfrac{\sigma}{\Delta x}\right)^2 + 1$.

Die Größe $\sigma/\Delta x$ wird dabei entweder aus Pilotstudien abgeschätzt
oder als angestrebte Präzision vorgegeben.

4.5 Die notwendige Anzahl der Versuchseinheiten bei normalverteilten Daten

Beispiel 4.10: Trinkwasserkontrollmessung

Nach dem Europäischen Trinkwasserstandard der WHO (Stand 1971) lag der Grenzwert für Blei im Trinkwasser bei $\mu_0 = 0.10$ mg/l. Die Standardabweichung zwischen Meßwerten an verschiedenen Zapfstellen eines bestimmten Versorgungsnetzes schwankt bei der vorgesehenen Meßmethode um einen Erfahrungswert von $\sigma = 0.015$ mg/l. Die genaue Streuung zum Zeitpunkt der Messung ist also nicht bekannt. Für eine Kontrolluntersuchung sollte eine Nachweisgrenze von ungefähr $\Delta x = 0.01$ mg/l für die Überschreitung des Grenzwerts erreicht werden.

Der abzusichernde Unterschied beträgt damit etwa 2/3 der erwarteten Standardabweichung (d.h. $\Delta x/\sigma \approx 0.67$).

Die Irrtumswahrscheinlichkeit α für den Fehler 1. Art (einen "blinden Alarm" auszulösen) wurde auf 5% und die Irrtumswahrscheinlichkeit β für den Fehler 2. Art (eine Überschreitung der Grenze zu übersehen) auf 1% angesetzt.

Mit diesen Angaben erhält man z.B. aus der Abbildung 4.3.d) n = 38

Abb. 4.3 Anzahl der Versuchseinheiten im Falle einer Stichprobe

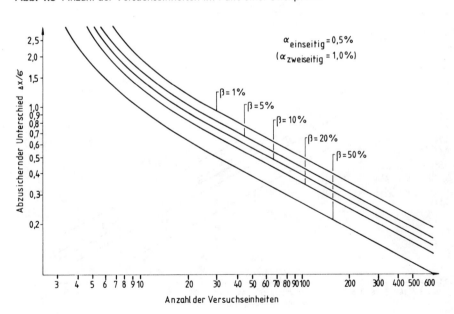

Abb. 4.3 a)

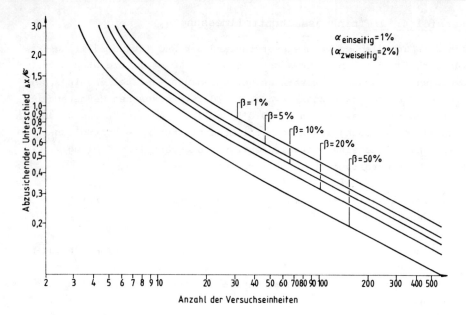

Abb. 4.3 b)

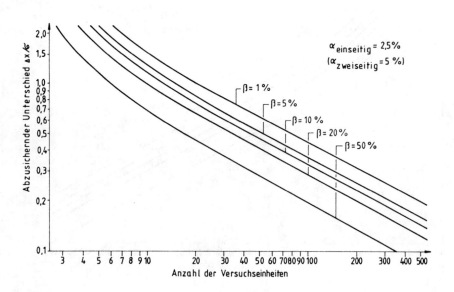

Abb. 4.3 c)

4.5 Die notwendige Anzahl der Versuchseinheiten bei normalverteilten Daten

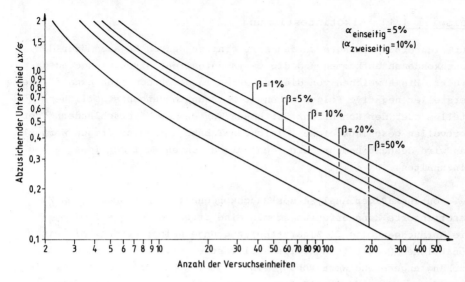

Abb. 4.3 d)

(Auf der y-Achse den Wert 0.67 aufsuchen und den Schnittpunkt mit der höchsten Kurve β = 1% auf die x-Achse projezieren). Es wären also 38 Messungen an verschiedenen Zapfstellen des Netzes vorzusehen, die mit der Methode der Randomisierung aus den Gesamtzapfstellen des Netzes auszuwählen sind.

4.5.3 Überprüfung von Normen

Dieses Problem spielt eine wichtige Rolle in so unterschiedlichen Zusammenhängen wie der medizinischen Diagnostik ("Gesundenormen"), der Kontrolle von Lebensmitteln (z.B. Einhaltung von Aufdrucken), der Beurteilung und Eichung von Meßverfahren oder -geräten u.v.a.. In der mathematischen Statistik spricht man hierbei von zweiseitigen Fragestellungen. Zur approximativen Ermittlung der notwendigen Anzahl der Versuchseinheiten kann ganz analog zum Abschnitt 4.5.2 vorgegangen werden, wenn man das Fehlerrisiko α durch den halben Wert $\frac{\alpha}{2}$ ersetzt. Wir illustrieren das Vorgehen an zwei weiteren Beispielen, die noch einmal zeigen, wie stark die Anzahl der Versuchseinheiten von der Größenordnung des abzusichernden Unterschieds abhängt.

Kapitel 4 Versuchsplanung

Beispiel 4.11: Nikotinbestimmung

Auf Zigarettenpackungen werden seit einigen Jahren Angaben über das Rauchkondensataufkommen und die darin enthaltene Nikotinmenge aufgedruckt. Ein Abweichen von diesen Werten in der Produktion kann für den Hersteller negative Folgen haben (z.B. Beanstandungen staatlicher Stellen oder der Konkurrenz bei hohen Werten bzw. "Verschleudern" der wertvollen geschmackreichen, leichten Tabake bei zu niedrigen Werten). Man wird deshalb bemüht sein, den aufgedruckten Wert möglichst genau einzuhalten.

Bei routinemäßiger Analyse des Rauchkondensats einer speziellen Zigarettensorte kann erfahrungsgemäß eine Streuung von $\sigma = 0.04$ mg pro Abrauchgang (je 20 Zigaretten) zugrunde gelegt werden. Mit einer monatlichen Qualitätskontrolle soll festgestellt werden, ob der auf der Packung angegebene Wert von $\mu_0 = 10.5$ mg eingehalten wird. Als Präzisionsforderung wird $\Delta x = 0.1$ mg zugrundegelegt (Genauigkeit der Packungsaufdrucke). Das Risiko für einen Fehler 1. Art, eine Abweichung dieser Größe festzustellen, obwohl sie gar nicht vorhanden ist, soll weniger als 1% befragen. Das Risiko für einen Fehler 2.Art, eine Abweichung dieser Größe zu übersehen, soll ebenfalls höchstens bei 1% liegen. Man berechnet die Anzahl n der Abrauchgänge für diese Fragestellung demzufolge aus
$\alpha/2 = 0.5\%$, $\beta = 1\%$, $\Delta x = 0.1$ und $\sigma = 0.04$ als

$$n = (\frac{2.5758 + 2.3263}{0.1})^2 \cdot (0.04)^2 = 3.814893 \approx 4.$$

Für die Planung einer solchen monatlichen Routineanalytik wird man also wenigstens 4 Abrauchgänge mit je 20 Zigaretten vorsehen.

Beispiel 4.12: Eichungskontrolle eines Gaschromatographen

Ein Gaschromatograph mit angeschlossenem Integrator soll anhand einer Eichprobe überprüft werden. Als noch nachzuweisender systematischer Fehler wird die halbe Standardabweichung zugrunde gelegt (d.h. $\Delta x/\sigma = 0.5$). Wieviel Messungen sind notwendig, wenn die Fehlerrisiken α (fälschlich die Eichung zu korrigieren) und β (mit unerkanntem systematischen Fehler zu arbeiten) beide 5% betragen sollen?

Aus Abbildung 4.3 b) liest man ab, daß hierfür 54 Messungen nötig sind.

4.5.4 Vergleich von Mittelwerten

Zahlreiche biologische und medizinische Probleme lassen sich auf den Vergleich der Mittelwerte zweier Gruppen von normalverteilten Daten mit gleicher Varianz zurückführen, Beispiele liefern vergleichende Untersuchungen verschiedener Behandlungsmethoden, Messungen an belasteten und "unbelasteten" Gewässern, Vergleiche von Merkmalen verschiedener Mutationen u.v.a..

Die Auswertungsmethoden hierfür sind im Abschnitt 7.3.2 dargestellt. Einseitige und zweiseitige Fragestellungen werden ebenso behandelt wie in den vorangegangenen Abschnitten 4.5.2 und 4.5.3. Wir beschränken uns hier auf den Fall gleicher Varianz σ_x^2. Die Anzahl n der Versuchseinheiten ist in beiden Gruppen gleich groß zu wählen.

Im Falle bekannter Varianz σ_x^2 erfolgt die Auswertung auf der Basis der Prüfgröße (vgl. 7.3.2 (4)):

$$(9) \quad t = \frac{\bar{x} - \bar{y}}{\sigma_x} \cdot \sqrt{\frac{n}{2}}$$

Diese Größe ist normalverteilt mit Varianz 1 und dem Erwartungswert

$$(10) \quad \delta = \frac{\Delta x}{\sigma_x} \cdot \sqrt{\frac{n}{2}} \quad . \quad \text{Analog zur Überlegung von 4.5.2}$$

erhält man also

$$(11) \quad z_\alpha + z_\beta = \frac{\Delta x}{\sigma_x} \cdot \sqrt{\frac{n}{2}} \qquad \text{bzw.}$$

$$n = 2(z_\alpha + z_\beta)^2 \left(\frac{\sigma_x}{\Delta x}\right)^2 .$$

In diesem Fall sind also doppelt so viel Versuchseinheiten notwendig wie beim Vergleich einer Stichprobe mit einem fest vorgegebenem Grenzwert.

Beipsiel 4.13: Coronen-Gehalt von Grünkohl

Zwei Grünkohlproben aus verschiedenen Anbaugebieten sollen in Bezug auf ihren Coronen-Gehalt untersucht werden. Ein Unterschied von 1 µg/kg Frischgewicht wird noch als relevanter Unterschied angesehen. Die Standardabweichung der Messmethode beträgt 0.5 µg/kg je Analyse. Wieviel Analysen sind notwendig, wenn die Fehlerrisiken erster und zweiter Art beide 5% betragen sollen?

Es handelt sich um eine zweiseitige Fragestellung, deshalb ist α zu halbieren. Man erhält mit

$$z_{\alpha/2} = 1.96 \text{ und } z_\beta = 1.6449$$

$$n = 2(1.96 + 1.6449)^2 \left(\frac{0.5}{1.0}\right)^2 \approx 6.4976$$

Es sind also von beiden Proben je 6 - 7 Analysen durchzuführen.

Im Falle unbekannter Varianz σ_x (Fall 2 und 7.3.2) erfolgt die Auswertung mit dem Prüfwert

$$t = \frac{\bar{x} - \bar{y}}{s} \cdot \sqrt{\frac{n}{2}} \text{ und } s = \frac{1}{2}(s_x^2 + s_y^2) \quad \text{, der t-verteilt ist mit } 2(n-1)$$

Freiheitsgraden. Besteht tatsächlich ein Unterschied Δx zwischen den beiden Gruppen, so handelt es sich genauer um eine t-Verteilung mit dem Nichtzentralitätsparameter

$$(10) \quad \delta = \frac{\Delta x}{\sigma_x} \cdot \sqrt{\frac{n}{2}} \quad .$$

Analog zum Vorgehen in 4.5.2 betrachtet man wieder die Verteilung F dieser Prüfgröße in Abhängigkeit von n und $\Delta x/\sigma$. Man kann bei der Vorgabe von α, β und $\Delta x/\sigma$ und wiederum die Anzahl n der Versuchseinheiten mit einem iterativen Lösungsverfahren aus der Gleichung

$$F(t_{2n-2;\alpha} \mid n, \Delta x/\sigma) = \beta$$

4.5 Die notwendige Anzahl der Versuchseinheiten bei normalverteilten Daten

bestimmen. Auf diese Weise gelangt man zu den Abbildungen 4.4. a) - d). Eine recht gute Näherung für große Anzahlen n erhält man mit der Formel

(12) $\quad n = 2(z_\alpha + z_\beta)^2 (\frac{\sigma_x}{\Delta x})^2 + 1$.

Beispiel 4.14: Wachstum von Krill

Zur Untersuchung des Temperatureinflusses auf das Wachstum von antarktischem Krill sollen randomisierte Gruppen von Krill bei verschiedenen Temperaturen unter sonst gleichen Bedingungen in zwei Aquarien gehalten werden. Die Standardabweichung des Gewichtes beträgt in ähnlichen Gruppen erfahrungsgemäß 20% des mittleren Gewichts. Als Nachweisgrenze wird ein Unterschied von 5% betrachtet, das Fehlerrisiko erster Art soll 5%, das zweiter Art 10% betragen.

Wieviele Tiere sind am Ende des Experiments zu untersuchen? Da nicht apriori klar ist, welche Gruppe das bessere Wachstum aufweisen wird, entscheidet man sich für einen zweiseitigen Test. Aus Abbildung 4.4 c) liest man für α = 2.5 und β = 10% sowie $\Delta x/\sigma_x$ = 0.25 den Wert n = 175 ab. Die Gruppen sind also so groß zu halten, daß bei Berücksichtigung der üblichen Lethalität je 175 Tiere untersucht werden können.

Abb. 4.4 Anzahl der Versuchseinheiten im 2-Stichproben-Fall

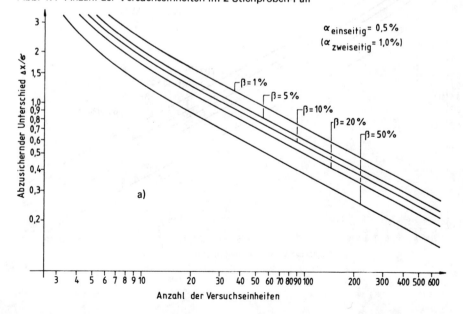

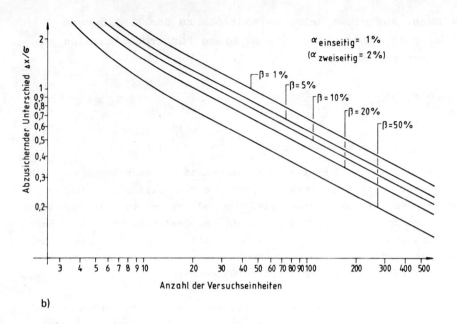

b)

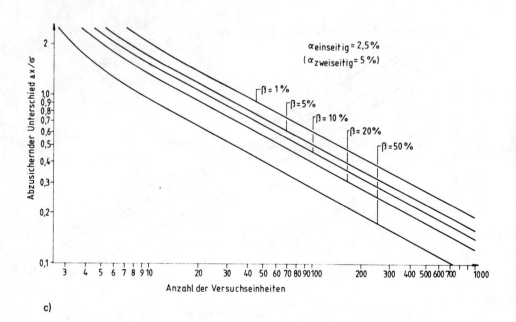

c)

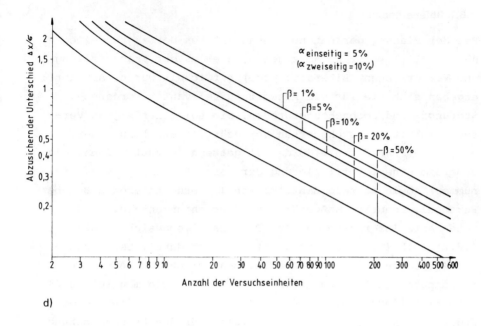

d)

4.6 Planung des Datenflusses

Bei Experimenten mit schlechter Planung stellt man oft in der Auswertungsphase fest, daß gewisse (für die Interpretation wichtige) Kovariablen nicht erfaßt, nicht genügend dokumentiert oder nicht mehr zugänglich sind. In anderen Fällen entstehen hohe Zusatzkosten, Fehlerrisiken und große Zeitverluste, weil die erhobenen Daten für die Auswertung umgearbeitet werden müssen (z.B. Konversion von Einzeldaten in Strichlisten, anschließende Konversion der Strichlisten in Häufigkeitszahlen per Hand, Ablochen für Computer, Umrechnen der Computer-Tabellenausdrucke in Prozentzahlen per Hand usw.). Solche Probleme kann man umgehen, wenn bei der Versuchsplanung die Einzelheiten der Datenerhebung und der Datenverarbeitung mitgeplant werden. Wir beschreiben die notwendigen Planungsschritte in chronologischer Reihenfolge.

4.6.1 Datenerhebung

Bei der Planung der Datenerhebung ist von der zugrundeliegenden *Modellvorstellung* auszugehen, die aus der Fragestellung und Vorversuchen (Literatur etc.) entwickelt wurde. Aus ihr ergeben sich die für die Auswertung relevanten Vorgaben-, Störungs- und Beobachtungsgrößen. Sie sollten für jede Versuchseinheit (Versuchsperson,Versuchstier etc.) in einer eigenen *Urschrift* (bzw. Urdatei) getrennt erfaßt werden, die außerdem eine Identifizierung der *Versuchseinheit* (z.B. Tiernummer) sowie weitere Einzelheiten (interne Angaben z.B. über Personal, benutzte Meßgeräte und Vorrichtungen etc.) und redundante Informationen (für Fehleranalysen siehe Abschnitt 4.8.2) enthält. Besonders wichtig ist es dabei, bereits die *Schnittstelle* zwischen manueller Bearbeitung und Auswertung im Computer im Auge zu haben, die so dicht wie möglich an der Urschrift liegen sollte. Es ist bei manueller Erfassung der Urdaten deshalb sinnvoll,das Formular für den Befunderhebungsbogen bzw. das Versuchsprotokoll gleich so *computer-gerecht* wie möglich zu fassen. (Vergl. auch KÖPCKE & ÜBERLA (1978)). Insbesondere sollte die Klassifizierung und Codierung von Merkmalen, die Reihenfolge der Informationen etc. bereits so geplant werden, daß sich die Ablochung und Weiterverarbeitung problemlos anschließen kann. (Vergl. dazu auch IMMICH (1975)). Zur Erleichterung der Ablochung sind Randspalten mit Eintragung von Codierungen in Kästchen sehr nützlich.

Bei *automatischer Messung* von Variablen sind die Probleme der Analog-Digital-Wandlung, die Wahl der Codierung und der Datenträger sowie der Einbau in eine Urdatei, in der die jeweilige Versuchseinheit sich noch identifizieren läßt, abzuklären.

Grundsätzlich ist zu bemerken, daß die Urschrift (Urdatei) alle Angaben mit der vollen abgelesenen (erhobenen) Genauigkeit enthalten sollte. Diese Forderung garantiert eine optimale Ausnutzung der erhobenen Informationen für die Auswertung. Insbesondere sollten keine Indizes errechnet, sondern die erhobenen Meßwerte in Form von Einzelwerten (nicht Mittelwerten) notiert werden. Auch Rundungen ("weil die Messung sowieso nicht so genau reproduzierbar ist") führen oft zu unnötigem Informationsverlust (vergl. etwa das Problem der "Bindung" in Abschnitt 7.25 und 7.4).

Weitere interessante Hinweise zu diesem Problemkreis finden sich bei PROPPE (1975).

4.6.2 Planung der Fehlerkontrollen

Die Überprüfung der Daten auf mögliche Fehler stellt den nächsten wichtigen Schritt der Datenverarbeitung dar und ist ebenfalls sorgfältig zu planen. Prinzipiell kann die Fehleranalyse einmal durch Vergleich von Urlisten mit Ausdrucken der erfaßten Daten erfolgen. Dieser Schritt ist in jedem Falle einzuplanen.

Um auch noch Fehler zu finden, die hierbei übersehen wurden oder Unstimmigkeiten in den Urlisten zu entdecken stehen wie in Abschnitt 5.1 ausgeführt drei Verfahrensgruppen zur Verfügung: Logische, algebraische und stochastische Fehlerkontrollen.

Bei den _logischen_ Fehleranalysen versucht man, logische Unstimmigkeiten im Datenmaterial ausfindig zu machen. Beispiele dafür sind Eintragungen von Latenzzeiten bei Versuchstieren, bei denen die Diagnose für die jeweils zu untersuchende Krankheit fehlt, Angaben von geschlechtsspezifischen Merkmalen (z.B. Anzahl der Schwangerschaften) beim Eintragen des "falschen" Geschlechts u.v.a.. Es ist sehr nützlich, sich die späteren Fehlerkontrollen dieser Art bereits im Planungsstudium größerer Untersuchungen zu überlegen, da man sie durch Aufnahme geeigneter Kontrollvariablen bzw. -informationen in die Datenerhebung überhaupt erst ermöglicht. Besonders wichtig ist diese Planung bei der Erstellung von Fragebögen, mit denen Daten für medizinische Untersuchungen erhoben werden sollen.

Bei den algebraischen Fehleranalysen wird die Konsistenz des
Datenmaterials durch Vergleich von Ergebnissen algebraischer
Operationen (Kontrollsummen, Kontrollspalten, Kontrollziffern)
durchgeführt. Solche Kontrollen sind natürlich ebenfalls nur
möglich, wenn bereits in der Planungsphase genügend Möglichkeiten hierfür vorgesehen und insbesondere ausreichend Kon-
trollgrößen wie Quersummen etc. miterhoben werden.

Insbesondere bei handschriftlichen Urlisten und Befunderhebungs-
bögen sind insbesondere genügend redundante Variable(z.B. Gesamt-
betrag und alle Einzelanteile bei Aufspaltungen, Quersummen
etc.) aufzunehmen. Gegebenenfalls sind für die Erhebung Kontrollziffern vorzusehen, die weitere Informationen über die
Versuchseinheit für Kontrollzwecke enthalten. Hierfür sind
die Nummern der Versuchseinheiten gut geeignet. Optimale Pla-
nungen algebraischer Fehlerananlysen leistet die Codierungs-
theorie, auf die hier jedoch nicht weiter eingegangen werden
kann.

Stochastische Fehlerkontrollen beruhen auf der Abschätzung
von Wahrscheinlichkeiten für das Auftreten von extrem (von
der übrigen Stichprobe)abweichenden Meßwerten oder Beobachtungen. Die hierfür notwendigen Verteilungsannahmen können für
die Planung aus Pilotstudien bzw. aus der Literatur gewon-
nen werden. (Vergl. Abschnitt 5.1)

Viele interessante Bemerkungen und Details zum Problemkreis
dieses Abschnitts findet man bei WAGNER (1975).

4.6.3 Weitere Datenverarbeitung

Aus der Modellvorstellung folgt im allgemeinen direkt die
Festlegung einer bestimmten *Auswertungsmethode*. Damit können
die Einzelheiten der Datenverarbeitung frühzeitig geplant werden. Insbesondere sollte bereits im Planungsstadium die Soft-
ware (Computerprogramme) für die Auswertung bereitgestellt wer-

4.6 Planung des Datenflusses

den. Erfahrungsgemäß kann eine zu spät begonnene Implementierung oder Entwicklung von Computerprogrammen erhebliche Verzögerungen für die Fertigstellung der Auswertung bedeuten.

Ein wichtiges Teilprogramm stellt die *Datensicherung* dar. Neben den Urschriften sollte stets noch die Ablagerung einer Computerlesbaren (Lochkarten, Lochstreifen, Bänder etc.) Version der Urdatei vorgesehen werden. So wird im Notfall nicht eine neuerliche Ablochung des gesamten Datensatzes notwendig.

Insbesondere bei der Einschaltung mehrerer Computer in den Auswertungsprozeß (z.B. Trennung von Datenverarbeitung und eigentlicher numerischer Auswertung, Zusammenarbeit zwischen verschiedenen Institutionen) ist besondere Sorgfalt in der Planung des *Datenflusses* zwischen diesen Rechnern notwendig.

Es müssen Schnittstellen, Datenstruktur und Übergabemodalitäten definiert werden. Die *Kompatibilität* der Übergabemedien ist zu überprüfen (z.B. Eignung von Übertragungskanälen, Lesbarkeit von Bändern, Lochstreifen und Lochkarten und Codierung der Daten auf diesen Datenträgern). Ähnliche Probleme treten in abgemildeter Form auch beim Einsatz von Online-Verarbeitungen und Einsatz verschiedener Speichermöglichkeiten in einem Rechenzentrum auf.

Bei komplizierteren Abläufen wird man einen *Datenflussplan* aufstellen, wie er in Abbildung 4.5 im Beispiel dargestellt ist.

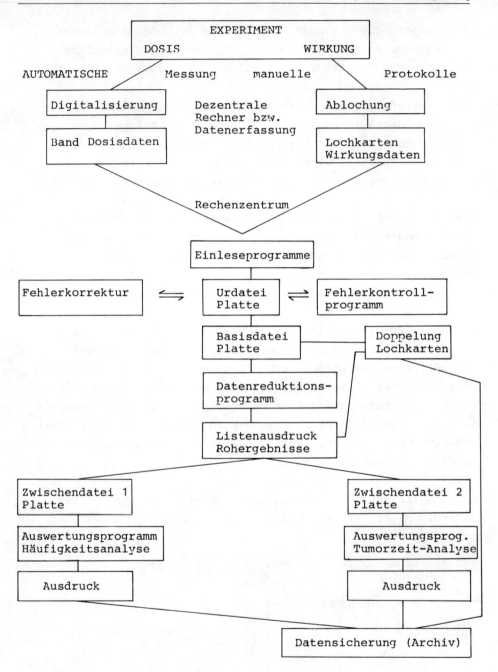

Abb. 4.5 Beispiel zur Datenflußplanung eines Experiments zur Kanzerogenese

4.6.4 Checkliste

1 Enthält der Entwurf für das Formblatt des Versuchsprotokolls (des Befunderhebungsbogens, Fragebogens, der Struktur der Urdatei) bereits
   a) Identifikation der Versuchseinheiten?
   b) räumliche, zeitliche Angaben über die Erhebung?
   c) Identifikation der beteiligten Personen?
   d) Identifikation der benutzten Apparatur?

2a) Sind alle Vorgabe-Möglichkeiten erfaßt?
 b) Sind alle relevanten Störvariablen erfaßt?
 c) Sind alle Beobachtungsmöglichkeiten erfaßt?

3a) Welche Möglichkeiten der logischen Fehleranalyse sind vorgesehen? (logische Abfragemöglichkeiten)?
 b) Welche Möglichkeiten der algebraischen Fehleranalyse sind vorgesehen? (Kontrollspalten, Summen, Kontrollziffern etc.)?
 c) Welche Möglichkeiten der stochastischen Fehleranalyse sind vorgesehen? (Rückverfolgungsmöglichkeit von "Ausreißern", Aussonderungskriterien)?

4a) Wo liegt die Schnittstelle zwischen manueller und elektronischer Datenverarbeitung?
 b) Wie ist die Übergabe an dieser Schnittstelle vorgesehen? (Liste - Lochkarte, Lochstreifen, Band etc.)
 c) Wie sind die qualitativen Merkmale codiert?
 d) Wie viele Stellen sind für die quantitativen Merkmale vorgesehen? Sind hierbei Vorzeichenwechsel möglich? Soll die Übergabe in Exponentialschreibweise (wissenschaftliche Notation) oder mit fester Kommastellung erfolgen?
 e) Ist die Ablochung (Dateneingabe) aufgrund des Protokolls gut vorbereitet? Sind insbesondere alle zu übernehmenden Daten in einer getrennten Spalte erfaßt? Sind in dieser Spalte Kästchen in der richtigen Anzahl (vergl. c,d) vorgesehen?

III Versuchsauswertung

Kapitel 5 Beschreibung des rohen Versuchsergebnisses: Datenvorverarbeitung

Nach der Durchführung der experimentellen Untersuchung liegen die Versuchsergebnisse in Form einer großen Anzahl mehr oder minder geordneter Rohdaten vor. Die erste Aufgabe der Versuchsauswertung besteht darin, die Rohdaten zu überprüfen, zu sichten, zu ordnen, zu sichern und durch Errechnung einfacher Maßzahlen sowie graphischer Darstellungen einen ersten Überblick über die erhaltene Datenstruktur zu gewinnen.

Bei aller Hochachtung vor komplizierten mathematischen Auswertungsmethoden und entsprechenden Computerprogrammen sollte dieser Schritt der Versuchsauswertung auf keinen Fall unterbleiben. Die Erfahrung zeigt, daß eine sorgfältige Datenvorverarbeitung und Dateninspektion schon manchen schwerwiegenden Fehler zu vermeiden half und auf manche vorher nicht abgesehene Störung oder Komplikation aufmerksam machte.

5.1 Fehlerkontrollen

Wie sorgfältig auch immer die Daten einer empirischen Untersuchung erhoben sein mögen, stets muß man mit groben Fehlern rechnen, die die verschiedensten Ursachen haben können wie z.B. Vertauschungen, Übertragungsfehler, Ablochungsfehler, Störungen bei der Datenerfassung usw.

Je größer das Datenmaterial und je vollständiger "computerisiert" die Auswertung ist, desto schwerer wird es, solche Fehler zu entdecken. Hier wird es notwendig, sich automatischen Fehlersuchmöglichkeiten zuzuwenden, die suspekte Daten aussondern und einer manuellen Nachkontrolle zugänglich machen.

5.1 Fehlerkontrollen

Die Grundprinzipien der logischen, algebraischen und stochastischen Fehleranalyse sind bereits in Kapitel 4 dargestellt worden. Im Folgenden werden für die Durchführung weitere Details und Beispiele gegeben.

5.1.1 Logische Fehlerkontrollen

Wir schlagen vor, zunächst eine Kontrolle auf logische Widersprüche vorzunehmen. Dabei sind mit einigem Aufwand an Phantasie möglichst viele mögliche Widersprüche im Datenmaterial abzufragen. Beispiele hierfür sind etwa folgende Abfragen:

Sind bei männlichen Tieren Schwangerschaftsdauern notiert?
Sind bei unbehandelten Tieren Dosierungen angegeben?
Fehlen umgekehrt Dosierungen bei behandelten Tieren?
Liegt die Behandlungszeit oder eine andere beobachtete Zeit über der Lebenszeit des Versuchstieres?
Ist eine Tumorinduktionszeit notiert, aber kein Tumor dokumentiert?
Ist eine Rekonvaleszenzzeit angegeben, aber die Heilung nicht verschlüsselt? usw.

Diese Fragen erscheinen im ersten Moment unsinnig oder absurd, aber man wird staunen, wie viele suspekte Fälle solche Abfragen bei sehr großem Datenmaterial zu Tage fördern. Die Beispielfragen oben sind alle bei der Fehlerkontrolle in großem empirischen Material erprobt.

5.1.2 Algebraische Fehlerkontrolle

Der nächste Schritt der Fehlerkontrolle besteht in der algebraischen Abfrage aller in den Daten vorhandenen Gleichungen. Hier lauten die entsprechenden Abfragen etwa:

Ist die Gesamtzahl der Versuchspersonen gleich der Summe aller Anzahlen in den Teilgruppen?
Ist die Anzahl der lebenden und verstorbenen Patienten gleich der Anzahl der recherchierten Fälle?
Stimmt bei rechteckiger Anordnung der Daten in Tabellen die Summe der Zeilensummen mit der Summe der Spaltensummen überein? usw.

In speziellen Fällen können noch sehr viel komplizierte
Gleichungen abgefragt werden. Auch hier kommt es auf eine
genaue Überlegung der Möglichkeiten solcher Abfrage an,
um möglichst effiziente Fehlerkontrollen zu ermitteln.

Es sei noch angemerkt, daß es für die Durchführung algebraischer Fehlerkontrollen durchaus nützlich ist, redundante
Informationen in den Daten mitzuverschlüsseln. Dies kann
zu einem eigenständigen Prinzip gemacht werden, indem Kontrollziffern kodiert werden, mit deren Hilfe möglichst nicht nur
verdächtige Fälle aufgefunden werden können, sondern auch
noch der Fehler zu identifizieren ist. Diese Überlegung führt
auf das algebraische Problem der Fehler-erkennenden Codierung,
auf das hier leider nicht weiter eingegangen werden kann.
(Vergl. etwa PETERSON (1967)).

5.1.3 Stochastische Fehlerkontrolle

Sind die Verteilungen der Meßwerte aus Vorversuchen im Prinzip
bekannt, so kann man solche Fälle einer erneuten Überprüfung
(Revision) zuführen, die extrem geringe Wahrscheinlichkeiten
unter der bekannten Verteilung (eventuell mit geschätzten Parametern) aufweisen.

Dieses Prinzip ist mit großer Vorsicht anzuwenden, denn es besteht bei seiner exzessiven Verwendung stets die Gefahr einer
Verfälschung des Versuchsergebnisses. (Bestimmte Fälle können
aufgrund der zu untersuchenden Einflüsse eher am Rand der Verteilungen liegen als diejenigen aus anderen Gruppen. In solchen
Fällen sind die Revisionschancen auf die Gruppen ungleichmäßig
verteilt und der Einfluß der Entscheidung über die Revision
kann das Versuchsergebnis überlagern).

In der Literatur wird dieses Verfahren häufig als "Ausreißer"-
Analyse bezeichnet. Wir stellen hier exemplarisch für diese
Methodik nur den einfachsten Fall einer Identifikation extrem
unwahrscheinlicher Daten in einem umfangreichen Kollektiv
($n \geq 25$) vor.

5.1 Fehlerkontrollen

In diesem Fall berechnet man den Mittelwert, $\bar{x}$ und die Standardabweichung s der Stichprobe (vergl. auch 5.3.2) und bildet für den kleinsten bzw. größten Meßwert x_1 die Testgröße $t = (x_1 - \bar{x})/s$. Übersteigt der Betrag von t z.B. einen Wert von 3,29 (bei n=20), 3,40 (bei n=30), 3,54 (bei n=50) bzw. 3,72 (bei n=100), so ist eine Überprüfung des Meßwerts angezeigt. Tabellen mit solchen Grenzwerten finden sich unter dem Stichwort "Ausreißertest" in der einschlägigen Literatur z.B. bei SACHS (1973).

Beispiel 5.1: Blutgasanalysen

Bei Blutgasanalysen eines relativ homogenen Kollektivs von 50 Patienten wurde der pH-Wert bestimmt. Der Mittelwert des Kollektivs beträgt 7.423 und die Standardabweichung 0.019. Die Daten können als normalverteilt angesehen werden. Eine besonders große Abweichung vom Mittel findet sich bei einem Patienten, für den ein Wert von 7.48 abgelocht wurde.
Man berechnet die Prüfgröße

$$t = \frac{7.48 - 7.423}{0.019} = 3.00.$$ Da sie kleiner ausfällt als der

zugehörige Grenzwert von 3.54 ist der zugehörige pH-Wert in diesem Kollektiv "unverdächtig".

In einem zweiten Kollektiv von 100 Patienten der gleichen Untersuchung liegt der Mittelwert bei 7.418 und die Standardabweichung bei 0.022. Die extremste Abweichung findet sich bei einem abgelochten pH-Wert von 7.24. Mit

$$t = \frac{7.24 - 7.418}{0.022} = -8.09$$

liegt der Betrag der Prüfgröße hier deutlich oberhalb des Grenzwerts von 3.72. Deshalb wird die entsprechende Eintragung im Urmaterial überprüft und festgestellt, daß es sich hier um einen Übertragungsfehler handelt. Der korrekte Wert beträgt 7.42. die beiden Nachkommastellen waren vertauscht worden.

In diesem Beispiel ist auch die Grenze der Methodik gut zu demonstrieren. Es werden nämlich nur solche Fehler erkannt, die zu "unmöglichen" Werten führen. Ein Schreibfehler, der etwa 7.43 in 7.34 vertauscht, würde nicht entdeckt werden.

5.2 Graphische Darstellung und Kreuztabellierung

Als besonders nützlich für den ersten Überblick über die Datenstruktur und zur schnellen Erkennung von eventuellen Besonderheiten des Datenmaterials erweisen sich immer wieder graphische Darstellungen des rohen Versuchsergebnisses. Wir diskutieren im Folgenden einige der einfachsten Verfahren dieser Art und beenden diesen Abschnitt mit einigen Bemerkungen zur Kreuztabellierung der Daten.

Die einfachste und häufigste Art der graphischen Darstellung der Verteilung der Meßergebnisse einer Variablen ist das Histogramm. Bei dieser Art der Präsentation der Daten wird auf der X-Achse die Variable und auf der Y-Achse die Häufigkeit der einzelnen Meßwerte dargestellt.

Im Falle kategorisierter oder diskreter Daten ist dies unproblematisch. Bei stetigen Daten wird zunächst eine Intervalleinteilung konstruiert und die Anzahl der Meßwerte bestimmt, die in ein vorgegebenes Intervall fallen. Auf den so ermittelten Anzahlen basieren dann die graphisch dargestellten Häufigkeiten.

> Ein Beispiel hierzu ist in Abbildung 5.1 dargestellt. Es handelt sich um die Geburts-Körperlänge von 100 verstorbenen Säuglingen. In Abbildung 5.1.a sind die ursprünglichen Meßdaten als "Stabdiagramm" wiedergegeben. Die beiden Abbildungen 5.1.b und 5.1.c enthalten dieselben Meßwerte in zwei verschiedenen Zusammenfassungen von je 5 Werten zu einem Intervall als "Blockdiagramm". Einmal beginnen die Intervalle jeweils mit dem "runden" Wert (z.B. 25, 30, 35 usw.) und einmal enden sie mit ihm.

Man erkennt hieraus, daß auch geringfügig abgeänderte Intervalldefinitionen zu erheblichen Veränderungen des Erscheinungsbildes eines Histogrammes führen können. Wichtig ist bei der Intervalleinteilung, daß man möglichst keine Intervallgrenzen benutzt, auf denen Meßwerte liegen und daß die Intervalle gleich groß sind. Unter Umständen ist es nützlich, die Histogramme der gemessenen Variablen unter verschiedenen Intervalleinteilungen darzustellen.

5.2 Graphische Darstellung und Kreuztabellierung

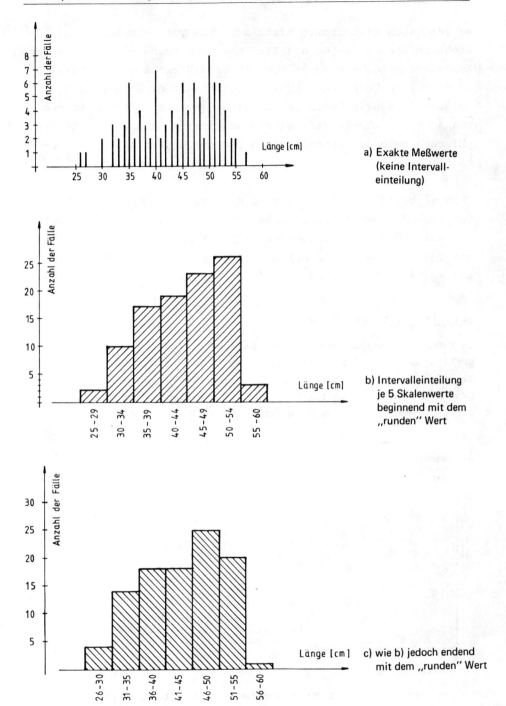

Abb. 5.1 Histogramme von Geburtskörperlängen verstorbener Säuglinge

Während sich Histogramme stets auf eine Variable beziehen, besteht in vielen Fällen das Ziel der Untersuchung gerade in der Analyse des Zusammenhangs von mehreren Variablen, die jeweils an derselben Versuchseinheit bestimmt werden. Soweit es sich um quantifizierte Variable handelt, kann man durch Auftragen von je zwei solcher Variabler gegeneinander ebenfalls mit graphischen Methoden schnell einen Überblick über die Daten erhalten.

Geht es bei der Untersuchung um den Zusammenhang zwischen zwei variierenden Merkmalen in einem Kollektiv, so erhält man bei der Auftragung der Versuchseinheiten typische "Punktwolken" mit Verdichtungen, die auf besonders enge Zusammenhänge hinweisen. Wir wollen diese Graphiken als (x/y)- Plots bezeichnen.

Beispiel 5.2: Lungenfunktionswerte

In Tabelle 1 des Anhangs sind die Daten von Lungenfunktionswerten eines pathalogischen Patientenkollektivs enthalten. In Abbildung 5.2 sind die Atemgrenzwerte dieser Patienten gegen die Residualvolumina aufgetragen. Die gemeinsame Verteilung der beiden Variablen ist aus dieser Darstellung wesentlich besser zu erkennen als aus der Tabelle.

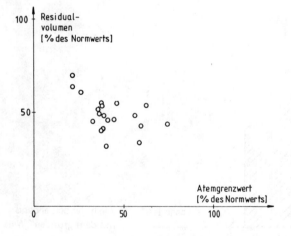

Abb. 5.2
Beispiel eines (x/y)-Plots
von Lungenfunktionswerten

In anderen Fällen ist eine der beiden Variablen als Einflußgröße systematisch variiert und die zweite Variable als Resultat gemessen. Man spricht in diesem Fall von einer Dosis-

Wirkungs-Beziehung und stellt den Einstellungen der Ursachenvariable meist nur den Mittelwert der Wirkungsvariable gegenüber. Durch dünn eingezeichnete lineare Interpolation wird der Verlauf der Dosis-Wirkungs-Beziehung für das Auge deutlicher hervorgehoben. Dieses weitverbreitete Verfahren sollte aber nicht zu einer Überinterpretation der Interpolationslinien verleiten, sondern nur als Darstellungshilfe im ersten Auswertungsschritt benutzt werden.

Beispiel 5.3: Krebsinduktion

In Tabelle 2 des Anhangs sind die Daten eines Krebsinduktions-Experiments angegeben. Trägt man die Dosierung gegen die Anzahl der Tiere mit Tumoren am Applikationsort auf, so ergibt sich die Abb.5.3, die ein einfaches Beispiel einer Dosis-Wirkungs-Beziehung illustriert.

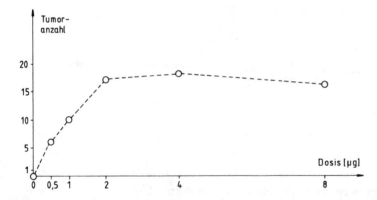

Abb. 5.3 Beispiel der graphischen Darstellung einer Dosis-Wirkungs-Beziehung
Tumortragende Tiere gegen Dosis Benzpyren

Schließlich ist die zeitliche Konstanz bzw. die zeitliche Entwicklung bei vielen Variablen von besonderer Bedeutung. Auch für diese Problematik kann man sich durch graphische Darstellung sogenannter Zeitreihen schnell einen Überblick verschaffen. Insbesondere bei Langzeitexperimenten sollte zeitliche Konstanz aller wesentlichen Variablen so überprüft werden.

Beispiel 5.4 Gewichtsentwicklung eines Hamsters

Bei vielen Tierversuchen spielt die Kontrolle des Körpergewichts etwa
zur Dosisbestimmung oder zur Überwachung des Allgemeinzustands eine
wichtige Rolle. In diesen Fällen werden die täglichen Gewichtsbestim-
mungen als Zeitreihe dargestellt, um einen schnellen Überblick über
den Verlauf dieser Variable im Versuch zu erhalten. Dies ist in Abbildung 5.4 am Beispiel der Gewichtsentwicklung eines syrischen Gold-
hamsters während eines Langzeitversuchs (Inhalation) durchgeführt.

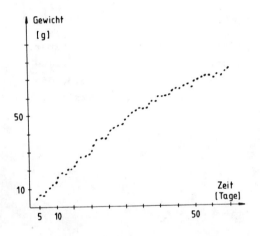

Abb. 5.4 Beispiel einer Zeitreihe (Gewichtsentwicklung eines Hamsters während eines Inhalationsversuchs)

Im Falle von nicht quantifizierten Variablen ist es sehr viel
schwieriger, sich einen groben Überblick über die Versuchsergebnisse zu verschaffen. Zwar lassen sich die Verteilung noch
durch Diagramme wie in Abbildung 5.1 darstellen, die Zusammenhänge zwischen den Variablen sind jedoch nicht so gut zu erfassen wie in einem (x/y)- Plot.

Hier hilft in der Regel nur die Zerlegung der Daten in
"Kontingenztafeln" oder "Kreuztabellen" (Matrizen, Tabellen
mit 2 Eingängen), aus denen die gemeinsame Verteilung von jeweils zwei Variablen hervorgeht. Benennt man die beiden qualitativen Variablen mit A, bzw. B und ihre möglichen Ausprägungen
kurz mit 1,2,3,...,k bzw. 1,2,3,...,m, so zählt man für diese
Darstellung zu jeder Merkmalkombination i,j (etwa A=2 und B=5)
die Anzahl der Versuchseinheiten x_{ij} aus, die diese Kombi-

nation zeigen. Anschließend ordnet man die so erhaltenen Anzahlen in einem Schema der folgenden Art an:

Kreuztabelle A/B (Kontingenztafel)

Ausprägung A	Ausprägung B					Zeilensummen
	1	2	3	...	m	
1	x_{11}	x_{12}	x_{13}	...	x_{1m}	x_{1+}
2	x_{21}	x_{22}	x_{23}	...	x_{2m}	x_{2+}
3	x_{31}	x_{32}	x_{33}	...	x_{3m}	x_{3+}
.	.	.	.		.	.
.	.	.	.		.	.
.	.	.	.		.	.
k	x_{k1}	x_{k2}	x_{k3}	...	x_{km}	x_{k+}
Spaltensummen	x_{+1}	x_{+2}	x_{+3}	...	x_{+m}	x_{++}

(siehe auch Beispiel 5.5 auf S. 146)

Geht es um den Zusammenhang zwischen einem quantifizierten und einem nur qualitativen erfaßten Merkmal, so kann man die Daten durch x-y-Plots darstellen, indem etwa auf der einen Achse Intervalle der quantifizierten Größe, auf der anderen Achse die Anteile der einzelnen qualitativen Ausprägung aufgetragen werden. Man kann aber auch eine Kreuztabellierung vornehmen indem man die entsprechenden Anzahlen in eine Matrix nach obigem Schema einträgt.

5.3 Einfache Maßzahlen

Während bei klassifizierten Daten die Angabe der empirischen Verteilung oder der Häufigkeit für die einzelnen Merkmalsausprägungen schon ein gutes Bild der Daten vermittelt, besteht der nächste Schritt der Analyse stetiger Daten in der Berechnung einfacher Maßzahlen, die eine grob quantifizierte Beschreibung der Versuchsergebnisse erlauben. Im wesentlichen

Beispiel 5.5: Appendektomien

Bei der Analyse der Daten von Appendektomie-Patienten eines großen Krankenhauses interessierte u.a. der Zusammenhang zwischen der Operationshäufigkeit an den einzelnen Wochentagen und der Diagnose. Die Aufschlüsselung des Datenmaterials nach diesen beiden kategoriellen Merkmalen ergibt die folgende Anordnung:

Wochentage:	Diagnose: perforiert (1)	phlegmonös (2)	akut (3)	chronisch (4)	sonstiges (5)	subakut (6)	Summe
(1) Montag	13	35	49	35	27	59	218
(2) Dienstag	10	27	64	36	28	82	247
(3) Mittwoch	16	25	39	10	8	35	133
(4) Donnerstag	12	21	58	46	26	77	240
(5) Freitag	15	24	52	25	36	60	212
(6) Samstag	11	24	11	8	3	11	68
(7) Sonntag	9	23	19	2	8	5	66
Summe	86	179	292	162	136	329	1184

Ein Vergleich mit dem allgemeinen Schema ergibt hierfür

z.B. $x_{23} = 64$, $x_{32} = 25$, $x_{3+} = 133$, $x_{+1} = 86$, $x_{++} = 1184$ usw.

ist man hier an zwei Informationen interessiert, nämlich an der Antwort auf die beiden Fragen:

- wo liegen die Werte? (Lokation)
- wie breit streuen die Werte? (Dispersion)

Zur Beantwortung beider Fragen stehen eine Reihe unterschiedlicher Methoden (Vergleiche 6.3, 6.4) zur Verfügung. Wir geben jeweils zwei besonders wichtige Maßzahlen dazu an.

5.3.1 Lokationsmasse: Mittelwert und Median

Ist eine Stichprobe mit den Werten

$x_1, x_2, x_3, \ldots, x_n$ gegeben, so bezeichnet man

das (arithmetische) *Mittel*

(1) $\bar{x} = \frac{1}{n}(x_1+x_2+x_3+\ldots+x_n)$

als Mittelwert der Sichprobe. Zur Vereinfachung der später noch häufiger auftretenden Summen bedienen wir uns der Abkürzung

(2) $\Sigma x_i = x_1+x_2+\ldots+x_n$ oder kürzer Σx, deren exakte Bedeutung jeweils eindeutig aus dem Zusammenhang hervorgeht (Vergl. auch Kap. 1). Damit schreibt sich der Mittelwert kurz

(3) $\bar{x} = \frac{1}{n} \cdot \Sigma x$.

In vielen Zusammenhängen ist nicht so sehr der Mittelwert von Bedeutung, sondern eher eine Information darüber, welche Stelle der Skala die Meßwerte in zwei Hälften teilt. Einen solchen Wert nennt man *Median*. Wir bezeichnen ihn kurz mit $x_{50\%}$. Der Median ist in manchen Fällen ein besseres Maß für die Lokation der Stichprobe, weil er weniger durch Fehler am Rande beeinträchtigt wird. Die Bestimmung des Median ist komplizierter zu beschreiben, weil man zwei Fälle unterscheiden muß:

a) die Meßwerte liegen als hinreichend genaue Einzelwerte vor, die voneinander verschieden sind, so ordnet man sie in aufsteigender Reihenfolge und nimmt entweder den "mittleren Wert" (ungerades n) oder das Mittel der beiden "mittleren" Werte (gerades n) dieser Reihe als Median.

b) Liegen die Meßwerte dagegen nach Intervallen gruppiert vor, so ordnet man die Intervalle ebenfalls aufsteigend an, bezeichnet ihre Grenzen mit a_i (untere Grenze) bzw. b_i (obere Grenze), ihre Besetzung mit f_i und die jeweils aufsummierte Besetzung aller bisherigen Intervalle mit F_i. Im nächsten Schritt wird dasjenige Intervall (a_j, b_j) betrachtet, das den "mittleren" Wert enthält, d.h. für das erstmals F_j größer als $\frac{n}{2}$ ist. Schließlich setzt man

(4) $\quad x_{50\%} = a_j + (\frac{n}{2} - F_{j-1}) \frac{b_j - a_j}{f_j}$.

Dabei wird angenommen, daß die Intervallgrenzen so gewählt wurden, daß keine Meßwerte auf die Grenzen fallen und daß auch für die Endintervalle Grenzen festgelegt wurden. In der Praxis läßt sich dies meist ohne Probleme realisieren.

Im Beispiel 5.6 wird die praktische Berechnung des Median nach beiden Verfahren für eine Reihe von Vitalkapazitäts-Meßwerten durchgeführt.

5.3.2 Dispersionsmasse: Standardabweichung und Spannweite

Das einfachste, sehr grobe Maß für die Streubreite der Daten ist die Angabe der Differenz zwischen kleinsten und größtem Wert, die mit Spannweite (Range) bezeichnet wird. Je größer das Datenmaterial, um so weniger Information gibt dieses Maß jedoch für das Streuverhalten des gesamten Datensatzes, da es nur von den beiden extremsten Werten abhängt und damit gegen zufällige und systematische Störung sehr anfällig wird.

Aus Gründen, die wir später noch genauer ausführen, ist es deshalb in den meisten Fällen sinnvoll sich als Maß für die Dispersion der Daten auf die Standardabweichung der Stichprobe

(5) $\quad s = \sqrt{\frac{1}{n-1} \Sigma (x-\bar{x})^2}\quad$ zu einigen.

Das Quadrat dieser Größe

(6) $\quad s^2 = \frac{1}{n-1} \Sigma (x-\bar{x})^2\quad$ werden wir als Varianz der Stichprobe bezeichnen. Die Berechnung sollte wenn möglich nach dieser Formel erfolgen. In Ermangelung anderer Information oder aus rechentechnischen Gründen kann sie auch nach der mathematisch äquivalenten Formel

(7) $\quad s^2 = \frac{1}{n-1} \{ (\Sigma x^2) - \frac{1}{n} (\Sigma x)^2 \}\quad$ durchgeführt werden.

5.3 Einfache Maßzahlen

Dies führt jedoch leicht zu erheblichen Rundungsfehlern, da oft zwei große Zahlen von einander abgezogen werden. Man vermeidet diesen Nachteil durch eine Skalenverschiebung um einen Betrag d, der in der Nähe des Mittelwerts der Stichprobe liegt. (Meist genügt der erste Meßwert). Die Formel lautet dann

(8) $\quad s^2 = \frac{1}{n-1} \quad (\Sigma(x-d)^2 - \frac{1}{n}(\Sigma(x-d))^2$.

Vergleiche hierzu auch Abschnitt 6.4 und Anhang A 2.2

Beispiel 5.6: Vitalkapazität

In Tabelle A 1 des Anhangs ist die Vitalkapazität von 20 Patienten (in % des Normwerts) angegeben.
Der Mittelwert berechnet sich als

$$\bar{x} = \frac{1}{20} \cdot 1279 = 63.95 .$$

Ordnet man die Daten in aufsteigender Reihenfolge, so erhält man die folgende Reihe

37,46,46,53,55,56,59,63,64,65,66,67,67,68,72,73,73,76,79,94

Betrachtet man diese Daten als genügend präzise Einzelmessungen, so erhält man als Median

$$x_{50\%} = \frac{1}{2}(65+66) = 65.5 .$$

Zum gleichen Ergebnis kommt man, wenn man annimmt, daß es sich um Intervalle mit den Grenzen

a_i=36.5, 37.5, 38.5,...bzw. b_i=37.5, 38.5,... handelt.

Um die Berechnung des Medians bei gruppierten Daten besser zu illustrieren, wollen wir die Intervalleinteilung jetzt künstlich vergröbern und annehmen, daß wir nur folgende Information über diese Daten erhalten:

Intervall Nr.	i	1	2	3	4	5	6	7
untere Grenze	a_i	30	40	50	60	70	80	90
obere Grenze	b_i	40	50	60	70	80	90	100
Besetzung	f_i	1	2	4	7	5	0	1
Gesamt	F_i	1	3	7	14	19	19	20

Aufgrund eines solchen gruppierten Datenmaterials, würde sich der Median wie folgt berechnen: $j = 4$, denn F_4 ist größer und F_3 kleiner als $\frac{n}{2} = 10$. Damit ist $a_j = 60$ bzw. $b_j = 70$ und man erhält

$$x_{50\%} = 60 + (10-7)\frac{70-60}{7}$$

$$= 64.3$$

Die Varianz ergibt sich für das Datenmaterial dieses Beispiels als

$$s^2 = \frac{1}{19} \cdot (67-63.95)^2 + (37-63.95)^2 - (65-63.95)^2 - \ldots - (56-63.95)^2 - (68-63.95)^2$$

$$= 168.5763$$

und die Standardabweichung zu

$$s = \sqrt{168.57} = 12.9837$$

Die Spannweite beträgt schließlich

$$94 - 37 = 57.$$

5.4 Zusammenhangsmasse

Wenn mehrere Variable am gleichen Untersuchungsobjekt (Versuchstier, Probe, Patient,...) gemessen wurden, interessiert in der Regel der mögliche Zusammenhang zwischen diesen Variablen. Zur Beurteilung solcher Zusammenhänge stehen eine Reihe von nützlichen Maßzahlen zur Verfügung, die wir im Folgenden kurz vorstellen wollen. Die Auswahl der Maßzahlen hängt wesentlich vom "Skalenniveau" der Untersuchung ab, d.h. von der Frage, ob die Variablen durch (hinreichend genaue) reelle Zahlen,

5.4 Zusammenhangsmasse

durch eine Rangordnung oder nur durch (ungeordnete)Kategorien beschrieben werden können. Entsprechend ist deshalb auch dieser Abschnitt unterteilt.

5.4.1 Linearer Zusammenhang bei stetigen Merkmalen

Sind die beiden fraglichen Variablen beide durch Angaben (hinreichend genauer) reeller Zahlen zu kennzeichnen, so besteht der einfachste Fall eines solchen Zusammenhangs in einer linearen Beziehung zwischen den Mermalen, d.h. Mittelwertabweichungen des einen Merkmals sind zu den entsprechenden Mittelwertabweichungen des anderen Merkmals proportional.

In der Praxis kann ein solcher idealer Zusammenhang natürlich nicht erwartet werden. Vielmehr werden die wirklichen Zusammenhänge komplizierter sein und ihre Beobachtung zudem noch durch die Überlagerung der Versuchsstreuung erschwert werden. In vielen Fällen bleibt die Fiktion eines linearen Zusammenhangs (oft in Ermangelung besserer Modelle) jedoch eine praktikable Näherung zur Beschreibung des Versuchsergebnisses. Man ist in diesen Fällen an einer Meßzahl interessiert, die den Grad des linearen Zusammenhangs oder die Güte der linearen Näherung beschreibt. Da der Grad der Linearität offensichtlich nicht von den Nullpunkten und den Einheiten der Meßgrößen abhängt, wird man speziell solche Maßzahlen für den linearen Zusammenhang suchen, die von solcher Skalierung unabhängig sind.

Zu diesem Zweck werden Korrelationskoeffizienten eingeführt deren Wert zwischen +1 und -1 liegt. Ein Wert von +1 bedeutet einen exakten linearen Zusammenhang im Sinne gleichzeitiger Erhöhung oder Erniedrigung des Meßwerte beider Variabler, während der Korrelationskoeffizient den Wert -1 bei exakt linearen aber gegenläufigen Zusammenhang annimmt. Der Wert 0 bedeutet, daß auch näherungsweise nicht von einem linearen Zusammenhang gesprochen werden kann.

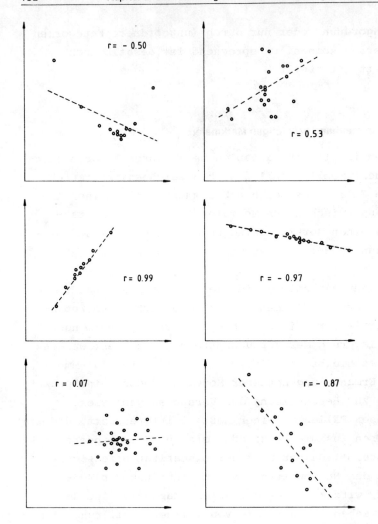

Abb. 5.5 Beispiele für Korrelationskoeffizienten verschiedener Größe

Liegen die Meßwerte als reelle Zahlen vor, so kann als Abhängigkeitsmaß der Korrelationskoeffizient r nach folgender Formel berechnet werden:

(1) $\quad r = \dfrac{\Sigma(x-\bar{x})(y-\bar{y})}{\sqrt{\Sigma(x-\bar{x})^2 \, \Sigma(y-\bar{y})^2}}$

Mit den in 5.3.2 genannten Vorbehalten können hierin wieder

5.4 Zusammenhangsmasse

$\Sigma(x-\bar{x})$ durch $\Sigma x^2 - \frac{1}{n}(\Sigma x)^2$

$\Sigma(y-\bar{y})$ durch $\Sigma y^2 - \frac{1}{n}(\Sigma y)^2$ und

$\Sigma(x-\bar{x})(y-\bar{y})$ durch $\Sigma xy - \frac{1}{n}\Sigma x \Sigma y$ ersetzt werden.

Bei einiger Erfahrung vermittelt die Maßzahl des Korrelationskoeffizienten bereits eine recht wichtige Information über den Zusammenhang der beiden Merkmale. Um eine grobe Anschauungsgrundlage hierfür zu vermitteln sind in Abbildung 5.5 einige Beispiele von (x/y)- Plots mit den zugehörigen Korrelationskoeffizienten aufgeführt. Die Einzelheiten der Rechnung sind im Beispiel 5.7 erläutert.

Beispiel 5.7: Hirnvolumenmessung

In einer Population von 20 männlichen Albinomäusen mit Ontogenesealter von 30 Tagen (Standardabweichung 15 Tage) wurden Werte für das Volumen von Tectum bzw. Neocortex gemessen, die in der Tabelle auf der folgenden Seite enthalten sind.

Aus diesen Zahlen berechnet man folgende Hilfssumme

$\bar{x}$ = Mittelwert der Neocortexvolumina = 80.175
$\bar{y}$ = Mittelwert der Tectumvolumina   = 10.345

$\Sigma(x-\bar{x})^2$ = Quadratsumme der Neocortexabweichungen = 36 334.53757

$\Sigma(y-\bar{y})^2$ = Quadratsumme der Tectumabweichungen   =   385.8695

$\Sigma(x-\bar{x})(y-\bar{y})$ = Summe der Abweichungsprodukte = 3573.4325

Für den Korrelationskoeffizient ergibt sich daraus

$$r = \frac{3573.4325}{\sqrt{36334.53757 \cdot 385.8695}} = 0.954345$$

Man erhält also eine relativ hohen Wert für den Grad des linearen Zusammenahngs

	Hirnvolumen (mm^3)	
Tier Nummer	Neocortex	Tectum
1	3.0	0.3
2	112.3	13.0
3	37.5	8.4
4	109.8	13.6
5	68.2	11.6
6	118.2	13.1
7	117.1	12.8
8	11.0	4.0
9	109.7	12.2
10	105.3	13.4
11	108.0	13.4
12	110.7	13.7
13	91.6	13.3
14	104.1	13.0
15	117.6	12.9
16	8.2	4.5
17	54.3	8.3
18	103.1	11.9
19	112.3	13.3
20	1.5	0.2

Diese Daten sind in Abbildung 5.6 graphisch dargestellt.

Eine genaue Betrachtung der Abbildung 5.6 läßt jedoch vermuten, daß der wahre Zusammenhang zwischen den beiden Merkmalen nicht linear ist. Der hohe Korrelationskoeffizient spricht eben nur für eine brauchbare lineare Näherung der Meßpunkte.
Bei der Interpretation ist stets Vorsicht geboten.

5.4 Zusammenhangsmasse

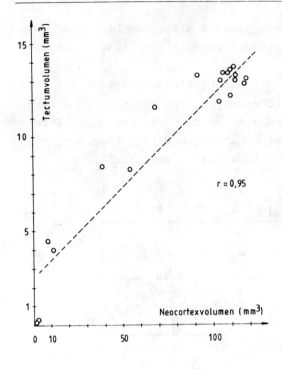

Abb. 5.6
Zusammenhang zwischen
Tectum- und Neocortexvolumen

An diesem Beispiel ist auch der Effekt der Rundungen auf die an sich mathematisch äquivalente Formel gut zu demonstrieren:

$$r = \frac{\Sigma xy - (\Sigma x \Sigma y)/n}{\sqrt{[\Sigma x^2 - \Sigma x/n][\Sigma y^2 - \Sigma y/n]}}$$

Bei 8-stelliger Genauigkeit liefert diese Formel

r = 0,951844, bei 6-stelliger Genauigkeit r = 0,954337

bei 4-stelliger Genauigkeit r = 0,940937.

5.4.2 Zusammenhang bei geordneten Merkmalausprägungen

Liegen die Informationen über die beobachteten Merkmale nicht als Meßwert vor, sondern sind sie lediglich nach der Größe (dem Rang) geordnet, so kann man immer noch den Zusammenhang zwischen den Variablen durch das Ausmaß beschreiben, mit dem hohe Rangwerte der eine Variable stets jeweils mit hohen bzw. niedrigen Rangwerten der anderen Variable gekoppelt sind. Dazu geht man folgendermaßen vor:

Zunächst werden alle Untersuchungsobjekte einmal nach der Größe des einen, dann nach der Größe des anderen Merkmals in einer Reihe gebracht. Bei gleichem Wert werden mittlere Rangplätze zugeordnet. So erhält man eine Tabelle der folgenden Art, aus der die Plazierung der Versuchseinheiten bezüglich beider Variablen hervorgeht:

Versuchseinheit Nr.	1	2	3	4	n
Rang bezgl. der 1. Variable	R_1	R_2	R_3	R_4	.....R_n
Rang bzgl. der 2. Variable	S_1	S_2	S_3	S_4	.....S_n

Als Zusammenhangsmaß berechnet man in diesem Fall den _Rangkorrelationskoeffizienten_ nach SPEARMAN gemäß

$$(2) \quad r_s = \frac{\Sigma (R_i - \frac{n+1}{2})(S_i - \frac{n+1}{2})}{\sqrt{\Sigma (R_i - \frac{n+1}{2})^2 \; \Sigma (S_i - \frac{n+1}{2})^2}}.$$

Dieser Ansatz entspricht genau dem üblichen Korrelationskoeffizient, wenn man in Formel (1) statt der Meßwerte die Ränge und statt der Mittelwerte die mittleren Ränge $(n+1)/2$ einsetzt. Besonders einfach wird die Rechnung, wenn man keine gleichen Meßwerte vorliegen hatte. In diesem Fall ist

$$(3) \quad r_s = 1 - \frac{6 \, \Sigma D_i^2}{n(n^2-1)}$$

Wobei $D_i = R_i - S_i$ die Differenz einander zugeordneter Rangzahlen ist.

Bei vielen Fragestellungen kommt es gar nicht so sehr darauf an, ob zwischen zwei Größen ein linearer Zusammenhang besteht, sondern eher darauf, ob überhaupt überzufällig oft höhere Werte

5.4 Zusammenhangsmasse

des einen Merkmals mit höheren bzw. niedrigeren Werten des anderen Merkmals gekoppelt auftreten. In solchen Fällen spricht man von positiven oder negativen Trend oder von einem monotonen Zusammenhang. Der Spearmansche Korrelationskoeffizient ist ein sehr geeignetes Maß zur Untersuchung solcher Fragen.

Beispiel 5.8: Allgemeinzustand und Vitalkapazität in einem pathologischen Patientenkollektiv

Als Beispiel hierfür wollen wir annehmen, daß die Patienten im Beispiel des Anhangs vom behandelten Ärzteteam aufgrund individueller Untersuchungen des Allgemeinzustands in die angegebene Reihung gebracht wurden. Es soll also der Patient Nr. 1 den ungünstigsten und der Patient Nr. 20 den günstigsten Allgemeinzustand haben. Wir wollen nun als Maß für den Zusammenhang zwischen Allgemeinzustand und Vitalkapazität in diesem Patientenkollektiv den Rangkorrelationskoeffizienten r_s bestimmen.

Dazu ordnen wir die Meßwerte der Vitalkapazität in aufsteigender Reihe. an und erhalten die folgende Tabelle

Rang nach Allgemeinzustd. (Patienten Nr.)	Vital- kapazität	Rang nach Vitalkapazität
2	37	1
6	46	2.5
12	46	2.5
5	53	4
15	55	5
19	56	6
4	59	7
13	63	8
18	64	9
3	65	10
8	66	11
1	67	12.5
14	67	12.5
20	68	14
17	72	15
10	73	16.5
9	73	16.5
16	76	18
7	79	19
11	94	20

Beachtet man, daß der mittlere Rang in beiden Fällen 10.5 beträgt, so erhält man die Hilfssumme

$\Sigma(R_i - \bar{R}_i)^2$ = Quadratsumme der Rangabweichungen (Allgemeinzustand)
= 665

$\Sigma(S_i - \bar{S}_i)^2$ = Quadratsumme der Rangabweichungen (Viatlkapazität)
= 663.5

$\Sigma(R_i - \bar{R}_i)(S_i - \bar{S}_i)$ = Produktsumme der Rangabweichungen = 140.

Damit erhält man

$$r_s = \frac{140}{\sqrt{665 \cdot 663.5}} = 0.210764$$

Die beiden Merkmale Vitalkapazität und Allgemeinzustand stehen in diesem speziellen Patientenkollektiv also nur in einem schwachen positiven Zusammenhang.

Rechnet man übrigens (unzulässiger Weise, weil hier gleiche Werte der Vitalkapazität aufgetreten sind) nach der Näherungsformel (3), so erhält man den Wert 0.211654.

5.4.3 Zusammenhang bei kategoriellen Variablen

Sind die beiden Variablen nur in (ungeordneten) Kategorien erfaßt, so ist die Situation komplizierter. Eine allgemeine Aussage wie "niedrigere Werte der eine Variable entsprechen niedrigeren Werten der anderen Variablen" ist in diesem Fall nicht möglich. Die Zusammenhänge zwischen den Variablen können sich hier nur noch dadurch äußern, daß gewisse Merkmalkategorien der einen Variable stärker mit ganz bestimmten Merkmalausprägungen der anderen Variable assoziiert sind. Es ist deshalb sinnvoll, die Frage auf jeweils eine Merkmalskategorie (oder eine Gruppe) zu beschränken. Die entsprechende Kreuztabellierung (Kontingenztafel) führt zu einer 2x2-Tafel der Form:

5.4 Zusammenhangsmasse

	2. Variable: Merkmal		Summe
	vorhanden	nicht vorhanden	
1. Variable:			
Merkmal vorhanden	x_{11}	x_{12}	x_{1+}
Mermal nicht vorhanden	x_{21}	x_{22}	x_{2+}
Summe	x_{+1}	x_{+2}	x_{++}

Besteht kein Zusammenhang in der Ausprägung der beiden Merkmale, so müßte unter den Merkmalsträgern der ersten Variable genau so oft das entsprechende Merkmal der zweiten Variable zu beobachten sein wie unter den bezüglich der ersten Variable merkmalsfreien Versuchseinheit. Mit anderen Worten wäre die Chance für das zweite Merkmal in den beiden nach dem ersten Merkmal gebildeten Gruppen gleich groß. D.h. es wäre ungefähr

$$\frac{x_{11}}{x_{12}} = \frac{x_{21}}{x_{22}} \quad \text{oder} \quad \frac{x_{11}}{x_{12}} \cdot \frac{x_{22}}{x_{21}} = 1$$

Bei positiver Koppelung (häufiges gleichzeitiges Auftreten) der beiden Mermale müßte

$\frac{x_{11}}{x_{12}}$ groß und $\frac{x_{21}}{x_{22}}$ klein, d.h. $\frac{x_{11}}{x_{12}} \cdot \frac{x_{22}}{x_{21}}$ groß

und bei negativer Koppelung $\frac{x_{11}}{x_{12}} \cdot \frac{x_{22}}{x_{21}}$ klein sein.

Man nennt

$$\hat{\psi} = \frac{x_{11}}{x_{12}} \cdot \frac{x_{22}}{x_{21}} \quad \text{das Kreuzverhältnis}$$

(crossproduct ratio) der obigen Tafel. $\hat{\psi}$ kann beliebige positive Werte annehmen. Werte unter 1 bedeuten negative Koppelung, Wert über 1 positive Koppelung der beiden Merkmale. Werte um 1 sprechen für weitgehende Unabhängigkeit d.h. gegen einen nennenswerten Zusammenhang der beiden Merkmale.

Beispiel 5.9: Lungenresektionen beim Bronchialkazinom

In zwei verschiedenen Kliniken wurde die Anzahl der Bronchialkarzinomdiagnosen mit der Anzahl der Lungenresektionen verglichen. Man erhält folgende Tabelle

	reseziert	nicht reseziert	Summe
Klinik 1	1078	1241	2319
Klinik 2	446	1206	1652
Summe	1524	2447	3971

Das Kreuzproduktverhältnis ergibt mit

$$\hat{\psi} = \frac{1078}{1241} \cdot \frac{1206}{446} = 2.3488$$

einen relativ hohen Wert, der den Eindruck quantifiziert, daß in der Klinik 1 eine höhere Resektionsrate vorliegt als in der Klinik 2. D.h. die Chance eines Bronchialkarzinom-Patienten, reseziert zu werden, ist in Klinik 1 wesentlich höher als in Klinik 2.

5.5 Beschreibung von funktionellen Zusammenhängen

Grundsätzlich ist stets zwischen der Frage nach dem *Grad* und derjenigen nach der speziellen *Form* eines Zusammenhanges zu unterscheiden. Im Abschnitt 5.4 haben wir die Fragestellung nach dem Grad des Zusammenhanges in den Vordergrund gestellt. Hier sollen verschiedene Formen von Zusammenhängen diskutiert werden.

Grundsätzlich gehen wir dabei von folgender *Situation* aus: Eine der beiden in Frage stehenden Variablen wird als unabhängige (Vorgabe-, Ursache-) Variable und die andere als abhängige (Beobachtungs-, Wirkungs-) Variable verstanden. Die unabhängige Variable x wird z.B. im Experiment etwa in den Stufen

$$x_1, x_2, x_3, \ldots, x_n \quad \text{vorgegeben und}$$

jeweils der zugehörige Wert der abhängigen Variable

$$y_1, y_2, y_3, \ldots, y_n \quad \text{gemessen.}$$

Gesucht ist eine Funktion f, die bei Einsetzen der unabhängigen Variable bis auf kleine zufällige Abweichungen den gemessenen Wert der abhängigen Variable liefert. D.h. wir suchen f mit

(1) $\quad y_i \approx f(x_i).$

5.5.1 Prinzip der kleinsten Quadrate

Diese Forderung ist natürlich noch sehr unpräzise. Wir werden sie im Folgenden stets nach dem *Prinzip der "kleinsten Quadrate"* präzisieren, das Folgendes besagt:

In der jeweils zugelassenen Funktionenklasse (z.B. alle linearen, alle quadratischen oder alle exponentiellen Funktionen) wird die Funktion f als optimale Beschreibung des Zusammenhanges zwischen den Variablen angesehn, für die die Summe der quadratischen Differenz (kurz SQD) zwischen Funktions- und Meßwerten minimal wird. In Formeln:

(2) $\quad SQD(f) = \sum_{i=1}^{n} (y_i - f(x_i))^2 = \text{Min!}$

Mit anderen Worten: Die Kurve wird so durch die Meßpunkte "gelegt", daß deren Streuung um die Kurve minimal wird. Dabei werden offensichtlich die Abweichungen sämtlich gleichberechtigt behandelt. Dies ist natürlich nur sinnvoll, wenn sich die Versuchsfehler ebenfalls überall in der gleichen Größenordnung bewegen.

5.5.2 Lineare Funktionen:

Wir wollen dieses Prinzip am Problem der Bestimmung einer *"optimalen Geraden"* (Ausgleichsgerade, linearer Trend) durch eine Meßwertgruppe verdeutlichen.
Bekanntlich können Geraden durch Gleichungen der Form
$y = f(x) = a + bx$ analytisch dargestellt werden. Das Problem, eine optimale Gerade durch die Meßpunkte

$$(x_1, y_1), (x_2, y_2), \ldots, (x_n, y_n) \quad \text{zu legen, läuft}$$

also auf die Bestimmung der Parameter a und b heraus. Nach dem Prinzip der kleinsten Quadrate sind unter allen Möglichkeiten für a und b die optimalen Parameter $\hat{a}$ und $\hat{b}$ (bzw. die optimale Gerade) durch die Bedingung ausgezeichnet, daß

$$(3) \quad SQD(\hat{a},\hat{b}) = \sum_{i=1}^{n} (y_i - \hat{a} - \hat{b}x_i)^2 \quad \text{minimal ist.}$$

Für ein Minimum ist es notwendig, daß die partiellen Abteilungen nach a und b verschwinden, d.h.:

$$(4) \quad \frac{\partial\, SQD(a,b)}{\partial\, a} = \frac{\partial\, SQD(a,b)}{\partial\, b} = 0 \quad \text{für } a = \hat{a} \text{ und } b = \hat{b}.$$

Dieses Gleichungssystem kann wie folgt gelöst werden:

Zunächst folgt durch Differenzieren

$$\Sigma(y-\hat{a}-\hat{b}x) = 0 \quad \text{und} \quad \Sigma(y-\hat{a}-\hat{b}x)x = 0. \quad \text{Hieraus folgt unmittelbar}$$

$$y = n\hat{a} + \hat{b}\,\Sigma x \quad \text{und} \quad \Sigma xy = \hat{a}\,\Sigma x + \hat{b}\,\Sigma x^2.$$

Durch Auflösen nach den unbekannten Parametern $\hat{a}$ und $\hat{b}$ erhält man schließlich:

$$(5) \quad \hat{b} = \frac{\Sigma x\, y - \frac{\Sigma x\, \Sigma y}{n}}{\Sigma x^2 - \frac{\Sigma x\, \Sigma x}{n}} = \frac{\Sigma(x-\bar{x})(y-\bar{y})}{\Sigma(x-\bar{x})^2}$$

und

(6) $$\hat{a} = \frac{1}{n} \Sigma y - \frac{1}{n} \hat{b} \Sigma x \quad \text{bzw.}$$

(7) $$\hat{a} = \bar{y} - \hat{b}\bar{x}$$

<u>Beispiel 5.10:</u> Hirnvolumenmessungen (vergl. Beispiel 5.7)

Wir berechnen die optimale Gerade durch die Meßpunkte aus Abbildung 5.6 als

$$\hat{b} = \frac{20161.64 - \frac{1}{20} \cdot 206.90 \cdot 1603.50}{164895.15 - \frac{1}{20} (1603.50)^2} = 0.098348$$

$$\hat{a} = \frac{206.90}{20} - 0.098348 \cdot \frac{1603.50}{20} = 2.459942$$

Die optimale Gerade wird also analytisch ungefähr durch die Gleichung

$$f(x) = \hat{a} + \hat{b}x$$
$$= 2{,}46 + 0{,}098\, x \text{ beschrieben.}$$

Unter Umständen ist es (wie auch im Beispiel 5.10 aus der eingezeichneten Geraden ersichtlich) nicht befriedigend, den Zusammenhang zwischen den Variablen durch eine lineare Funktion (Gerade) zu beschreiben. In solchen Fällen wird man andere Funktionsklassen für die Minimierung der quadratischen Differenzen zugrunde legen. Eine Reihe von typischen Fällen dieser Art werden im Folgenden diskutiert.

5.5.3 Polynomfunktionen:

In vielen Fällen sucht man statt nach einer linearen nach einer quadratischen oder kubischen Beziehung zwischen Vorgaben und

Beobachtungen. Ganz allgemein kann diese Art von Zusammenhängen durch Polynomfunktionen der Form

(8) $\quad f(x) = a_o + a_1 x + a_2 x^2 + \ldots + a_{m-1} x^{m-1} + a_m x^m \quad$ bzw.

(9) $\quad f(x) = \sum_{j=0}^{m} a_j x^j$

beschrieben werden. Die reellen Zahlen $a_o, a_1, a_2, \ldots a_{m-1}, a_m$ heißen Koeffizienten. Offensichtlich ist die Polynomfunktion durch Angaben der Koeffizienten eindeutig bestimmt.

Nach dem Prinzip der kleinsten Quadrate erhält man in der Klasse aller Polynome der Form (9) das optimale Polynom mit den Koeffizienten $\hat{a}_j$ zu vorgegebener Meßreihe aus der Bedingung, daß

(10) $\quad SQD(\hat{a}_o, \hat{a}_1, \ldots, \hat{a}_m) = \sum_{i=1}^{n} \left(y_i - \sum_{j=0}^{m} \hat{a}_j x_i^j \right)^2 \quad$ minimal ist.

Genau wie im linearen Fall folgen hieraus die Gleichungen

(11) $\quad \dfrac{\partial SQD(a_o, \ldots, a_m)}{\partial a_k} = o \quad$ für $\quad a_j = \hat{a}_j \quad$ und $\quad j, k = 0, 1, 2, \ldots, m.$

Differenziert erhält man

(12) $\quad \sum_{j=1}^{n} (y_i - \sum_{j=1}^{m} \hat{a}_j x_i^j) x_i^k = o \quad$ für $\quad k = o, 1, 2, \ldots, m$

oder in Normalform

(13) $\quad \hat{a}_o \Sigma x^k + \hat{a}_1 \Sigma x^{2+1} + \hat{a}_2 \Sigma x^{2+2} + \ldots + \hat{a}_m \Sigma x^{2+m} = \Sigma x^k y$

$\quad$ für $k = o, 1, 2, \ldots, m.$

5.5 Beschreibung von funktionellen Zusammenhängen

Dieses lineare Gleichungssystem kann mit Standardmethoden, die praktisch für jeden Computer vorliegen, nach den Unbekannten $\hat{a}_0, \hat{a}_1, \ldots \hat{a}_m$ aufgelöst und damit das optimale Polynom bestimmt werden.

Um diesen letzten Schritt etwas anschaulicher zu machen führen wir die Lösung für den Fall $m = 2$, d.h. für einen *quadratischen Zusammenhang*

$$f(x) = a_0 + a_1 x + a_2 x^2$$

im folgenden Beispiel explizit durch:

Die Normalgleichungen lauten in diesem Falle ausführlich geschrieben

(14) $\quad \hat{a}_0 \cdot n + \hat{a}_1 \Sigma x + \hat{a}_2 \Sigma x^2 = \Sigma y \qquad$ (für $k = 0$)

(15) $\quad \hat{a}_0 \Sigma x + \hat{a}_1 \Sigma x^2 + \hat{a}_2 \Sigma x^3 = \Sigma xy \qquad$ (für $k = 1$)

(16) $\quad \hat{a}_0 \Sigma x^2 + \hat{a}_1 \Sigma x^3 + \hat{a}_2 \Sigma x^4 = \Sigma x^2 y \qquad$ (für $k = 2$)

Beispiel 5.11: Reaktionszeiten von Rhesusaffen

Als Wirkung eines neurotoxischen Präparats sollen die Veränderungen der (blickwinkelspezifischen) Reaktionszeiten eines Rhesusaffen auf optische Reize untersucht werden. Die Aufnahme der Reaktionszeiten des unbehandelten Tieres ergab die Werte aus Spalte 1 und 2 der folgenden Tabelle (vergl. auch Abbildung 5.7). Die Meßpunkte sollen durch eine quadratische Funktion angenähert werden.

Die zugehörigen Hilfssummen ergeben sich aus der untersten Zeile der Tabelle.

Die Normalgleichungen lauten in diesem Fall also

$$\hat{a}_0 \cdot 17 + \hat{a}_1 \cdot 0 + \hat{a}_2 \cdot 49368 = 8.49$$

$$\hat{a}_0 \cdot 0 + \hat{a}_1 \cdot 49368 + \hat{a}_2 \cdot 0 = 5.83$$

$$\hat{a}_0 \cdot 49368 + \hat{a}_1 \cdot 0 + \hat{a}_2 \cdot 256861704 = 35480.83$$

Reaktionszeit in Abhängigkeit vom Blickwinkel bei einem Rhesusaffen

Meßwerte		Rechengrößen				Funktionswerte
Blick-winkel x (Grad)	Reaktions-zeit y (Sek.)	x^2	x^4	xy	$x^2 y$	f(x)
88	0,88	7 744	59 969 536	77,44	6 814,72	0,97
77	0,85	5 929	35 153 041	65,45	5 039,65	0,80
66	0,76	4 346	18 974 736	50,16	3 310,56	0,65
55	0,45	3 025	9 150 625	24,75	1 361,25	0,52
44	0,41	1 936	3 748 096	18,04	793,76	0,41
33	0,32	1 089	1 185 921	10,56	348,48	0,33
22	0,27	484	234 256	5,94	130,68	0,27
11	0,24	121	14 641	2,64	29,04	0,24
0	0,23	0	0	0	0	0,22
-11	0,26	121	14 641	-2,86	31,46	0,23
-22	0,27	484	234 256	-5,94	130,63	0,27
-33	0,33	1 089	1 185 921	-10,89	359,37	0,32
-44	0,41	1 936	3 748 096	-18,04	793,76	0,40
-55	0,50	3 025	9 150 625	-27,50	1 512,5	0,50
-66	0,54	4 346	18 974 736	-35,64	2 352,24	0,63
-77	0,68	5 929	35 153 041	-52,36	4 031,72	0,78
-88	1,09	7 744	59 969 536	-95,92	8 440,96	0,95
0	8,49	49 368	256 861 704	5,83	35 480,83	Summe

Die Hilfssumme Σx und Σx^3 sind Null, weil die x-Werte symmetrisch angeordnet sind.

Diese Lösung des linearen Gleichungssystems führt auf

$\hat{a}_0 = 0.222415$

$\hat{a}_1 = 0.118093 \cdot 10^{-3}$

$\hat{a}_2 = 0.0953846 \cdot 10^{-3}$

5.5 Beschreibung von funktionellen Zusammenhängen

Die optimale quadratische Funktion für die Abhängigkeit der Reaktionszeit y vom Winkel x, in dem der Reiz auftaucht, ist also ungefähr

$$y = f(x) = 0.222 + 0.118 \cdot 10^{-3} \cdot x + 0.095 \cdot 10^{-3} \cdot x^2.$$

Die zugehörigen Funktionswerte sind in der letzten Spalte der folgenden Tabelle aufgelistet und als gestrichelte Kurve in Abbildung 5.7 graphisch dargestellt.

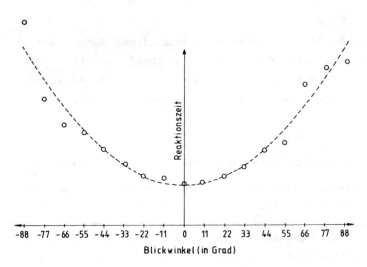

Abb. 5.7 Reaktionszeit in Abhängigkeit vom Blickwinkel bei Rhesusaffen

5.5.4 Exponentielle und logarithmische Funktionen

Insbesondere die wichtigen biologischen Phänomene des Wachstums (bzw. der Entwicklung) und des Abbaus von Fremdstoffen, Energievorräten etc. führt zu einer ganz anderen Familie von Funktionen die durch Gleichung

(17) $\qquad y = f(x) = ce^{bx} \qquad$ bzw.

(18) $\qquad \ln y = a + bx \quad$ mit $\quad a = \ln c$

beschrieben werden. Diese Gleichungen gehen durch Logarithmieren auseinander hervor und sind deshalb äquivalent.

168   Kapitel 5 Beschreibung des rohen Versuchsergebnisses: Datenvorverarbeitung

Je nachdem ob der Parameter b hierin positiv oder negativ ist, werden die zugehörigen Kurven (im Falle der Zeit als unabhängiger Variabler x) als Wachstums- bzw. Abklingkurven bezeichnet. Je nach Fragestellung und empirischer Gegebenheit kommt es bei der Approximation empirischer Daten durch solche Funktionen mehr auf den absoluten oder mehr auf den relativen Fehler an. Entsprechend wird man das Prinzip der kleinsten Quadrate eher auf die Gleichungsgestalt (17) oder (18) anwenden.

Im zweiten Fall kann die mathematische Behandlung sofort auf den linearen Fall zurückgeführt werden, während der erste Fall mathematisch aufwendiger ist. Das folgende Beispiel illustriert die Anwendung des Prinzips im einfacheren zweiten Fall.

Beispiel 5.12: Abbau von polyzyklischen Kohlenwasserstoffen

Fünf Gruppen von Mäusen wurde eine feste Dosis Benzpyren subkutan injiziert. Nach 0,7,28,90 bzw. 180 Tagen wurde jeweils eine Gruppe daraufhin untersucht, wieviel Benzpyren noch am Applikationsort vorhanden war. Die Ergebnisse sind aus den ersten beiden Spalten der folgenden Tabelle zu entnehmen. Als mathematische Modellvorstellung kann eine Gleichung der Form (17) bzw. (18) herangezogen werden (Abkling- bzw. Abbauprozeß). Das es aufgrund der Nachweismethodik eher auf die relativen Fehler ankommt, entschließt man sich zu einer Anpassung mit Formel (18).

Als optimale Koeffizienten erhält man

$$\hat{b} = \frac{517.37 - \frac{1}{5} \cdot 14.78 \cdot 305}{41333 - \frac{(305)^2}{5}} = -0.016905 \quad \text{und}$$

$$\hat{a} = \frac{15.11}{5} + 0.017790 \cdot \frac{305}{5} = 3.987187 \quad \text{bzw.}$$

$$c = \exp(a) = 53.903027$$

5.5 Beschreibung von funktionellen Zusammenhängen

Die optimale Funktionsgleichung lautet also gerundet

$$\ln y = 3.99 - 0.0169 \cdot t$$

bzw. in exponentieller Form

$$y = 53.90 \cdot e^{-0.0169\, t}$$

Zugrunde gelegte Daten:

Tag nach Applikation x	Benz(a)pyren in Mikrogrammen y	$\ln y$	$x \ln y$	x^2
0	65	4.17	0	0
7	54	3.99	27.92	49
28	34	3.53	98.74	748
90	6.3	1.84	165.65	8100
180	3.5	1.25	22.50	32400
305		15.11	517.37	41333

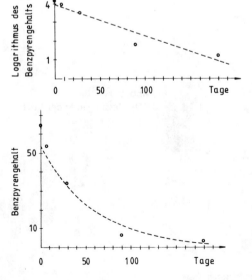

Abb. 5.8
Benzpyren-Abbau nach subkutaner Injektion

5.5.5 Periodische Funktionen

In sehr vielen Situationen treten in der Biologie und Medizin periodische Veränderungen der beobachteten Größen auf. Z.T. sind sie durch exogene Faktoren (z.B. Tagesrythmus, Jahreszeiten) z.T. durch endogene Schwingungen hervorgerufen. Solche Verlaufskurven lassen sich keiner der bisher diskutierten Funktionen-Familien unterordnen, sie lassen sich jedoch stets mit Ansätze der Form

(19) $\quad y = f(t) = a + \sum_{j=1}^{m} b_j \cos(\omega_j t + \Phi_j) \quad$ approximativ

mit $\omega_j = 2\pi f_j$

erfassen.

Dabei bestimmt a das Niveau, d.h. den langfristigen Mittelwert der Funktion, während f_j die Frequenz, Φ_j die Phase (Verschiebung des zeitlichen Nullpunkts) und b_j die Amplitude (maximaler Einfluß) von m verschiedenen Kosinusschwingungen angeben, die sich gegenseitig überlagern. Je nach der Anzahl der hierbei auftretenden unbekannten Parameter kann die Anpassung nach der Methode der kleinsten Quadrate rechnerisch aufwendig werden.

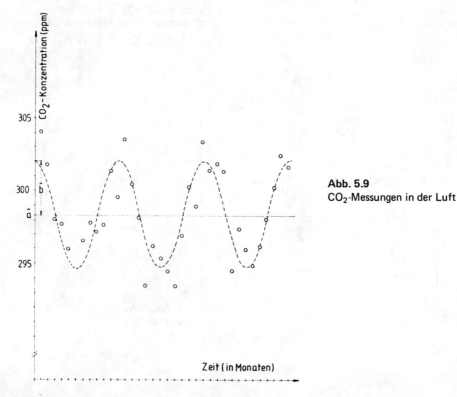

Abb. 5.9
CO_2-Messungen in der Luft

5.5 Beschreibung von funktionellen Zusammenhängen

Beispiel 5.13: CO_2-Konzentrationen in der Luft

CO_2 Messungen in der Luft

	Meßwerte		Rechengrößen			Funktionswerte
	Beobachtungs Monate	CO_2 Messung in ppm	$\cos \omega t$ x	$(\cos \omega t)^2$ x^2	$y \cos \omega t$ xy	
	1	304.1	0.8660	0.75	263.3506	301.5
	2	301.8	0.5000	0.25	150.9000	300.1
	3	298.1	0.0000	0.00	0.0000	298.3
	4	297.7	-0.5000	+0.25	-148.8500	296.5
	5	296.0	-0.8660	0.75	-256.3360	295.2
	6	293.1	-1.0000	1.00	-293.1000	294.7
1. Jahr	7	296.5	-0.8660	0.75	-256.7690	295.2
	8	297.7	-0.5000	0.25	-148.8500	296.5
	9	297.1	0.0000	0.00	0.0000	298.3
	10	297.6	0.5000	0.25	148.8000	300.1
	11	301.3	0.8660	0.75	260.9258	301.5
	12	299.5	1.0000	1.00	299.5000	302.0
	13	303.5	0.8660	0.75	262.8310	301.5
	14	300.4	0.5000	0.25	150.2000	300.1
	15	298.1	0.0000	0.00	0.0000	298.3
	16	293.5	-0.5000	0.25	-146.7500	296.5
	17	296.1	-0.8660	0.75	-256.4226	295.2
	18	295.3	-1.0000	1.00	-295.3000	294.7
2. Jahr	19	294.4	-0.8660	0.75	-254.9504	295.2
	20	293.5	-0.5000	0.25	-146.7500	296.5
	21	296.9	0.0000	0.00	0.0000	298.3
	22	300.2	0.5000	0.25	150.1000	300.1
	23	298.9	0.8660	0.75	258.8474	301.5
	24	303.3	1.0000	1.00	303.3000	302.0
	25	301.3	0.8660	0.75	260.9528	301.5
	26	301.8	0.5000	0.25	150.4000	300.1
	27	301.2	0.0000	0.00	0.0000	298.3
	28	294.4	-0.5000	0.25	-147.2000	296.5
	29	297.3	-0.8660	0.75	-257.4618	295.2
	30	295.9	-1.0000	1.00	-295.9000	294.7
3. Jahr	31	294.8	-0.8660	0.75	-255.2968	295.2
	32	296.1	-0.5000	0.25	-148.0500	296.5
	33	298.0	0.0000	0.00	0.0000	298.3
	34	300.1	0.5000	0.25	150.0500	300.1
	35	302.3	0.8660	0.75	261.7918	301.5
	36	301.5	1.0000	1.00	301.5000	302.0
Summe		10 739.3	0.0000	18.00	65.4628	

Das Vorgehen soll an einer dreijährigen Meßreihe (siehe folgende Tabelle) von CO_2-Konzentrationen in der Luft veranschaulicht werden. Dieser Meßreihe soll der einfachste Spezialfall von (19) angepaßt werden: Eine periodische Funktion, die das mittlere CO_2- Niveau und eine

Kosinusschwingung mit einer jährlichen Periode berücksichtigt. Man geht dazu vom folgenden Ansatz aus:

(20) $\quad y = a + b \cos \omega t \quad$ wobei $\omega = 2\pi/12$ ist, falls t in

Monaten gemessen wird. (Eine Phasenverschiebung ist nicht zu berücksichtigen, da die Phasenlage durch die Jahreszeiten bestimmt wird).
Mit dem Ansatz $x = \cos \omega t$ reduziert sich (20) wieder auf den linearen Regressionsansatz und man erhält für das CO_2-Niveau a sowie die Amplitude b die folgenden Schätzungen:

$$\hat{a} = \frac{\Sigma y}{n} - b \frac{\Sigma \cos \omega t}{n} \quad \text{und}$$

$$\hat{b} = \frac{\Sigma y \cos \omega t - \frac{1}{n} \Sigma \cos \omega t}{\Sigma (\cos \omega t)^2 - \frac{1}{n} (\Sigma \cos \omega t)^2}$$

Für das Beispiel sind die Rechenwerte in den mittleren Spalten der Tabelle enthalten. Der Summenzeile entnimmt man, daß sich hier

$$\hat{a} = \frac{1}{36} \cdot 10739.3 = 298.3139 \quad \text{und}$$

$$\hat{b} = \frac{65.4628}{18.0000} = 3.6368 \quad \text{ergibt.}$$

Die optimale Kosinusfunktion für diesen Datensatz ist also

$$y = 298.3 + 3.6 \cdot \cos(\frac{2\pi}{12} \cdot t).$$ Diese Funktion ist als gestrichelte Linie in Abbildung 5.9 zusammen mit den Ausgangsdaten dargestellt.

5.5.6 Linearisierende Transformationen

In den letzten Teilen dieses Abschnitts wurde deutlich, daß die Lösung der zum Prinzip der kleinsten Quadrate gehörigen

5.5 Beschreibung von funktionellen Zusammenhängen

Minimierungsaufgabe zu erheblichem Aufwand führen kann. Insbesondere wenn der Einsatz von Rechenanlagen hierfür nicht möglich ist, kann man das Problem durch geschickte Transformation von Vorgaben (x-Daten) und Beobachtungen (y-Daten) auf eine lineare Approximation zurückzuführen.

Formal bedeutet dies den Übergang von einer nicht linearen Funktionsgleichung $y = f(x)$ mit den Transformationen

$$y^* = g(y) \quad \text{und} \quad x^* = h(x) \quad \text{zu einer}$$

Geradengleichung der Form

$$y^* = a + b\, x^*.$$

Die mit den obigen Normalgleichungen bestimmten Schätzungen der Geradenparameter a und b können anschließend zur Bestimmung der Funktion f herangezogen werden.

Im Beispiel der Exponentialfunktion

$$y = k\, e^{mx}$$

haben wir dieses Verfahren oben schon angewendet. Die zugehörigen Transformationen sind

$$y^* = \ln y \quad \text{und} \quad x^* = x$$

und die Konstanten k und m hängen gemäß

$$\ln k = a \quad \text{und} \quad m = b$$

mit den Geradenparametern zusammen.

Für einige wichtige Funktionen sind entsprechende Transformationen in der folgenden Tabelle zusammengestellt. Bei diesem Vorgehen ist zu beachten, daß nicht die Funktion $f(x)$ im Sinne des Prinzips der kleinsten Quadrate optimal an die Daten angepaßt wird, sondern die Gerade $y^* = a + b\, x^*$ stellt eine

optimale lineare Anpassung an die transformierten Daten dar.
In vielen Fällen ist dies sinnvoll, weil der transformierte
Maßstab natürlicher erscheint (z.B. logarithmische Maßstäbe
bei vielen biologischen Problemstellungen) als die ursprüng-
liche Skalierung. Ist dies nicht der Fall, so sind die Ergeb-
nisse mit großer Vorsicht zu interpretieren. Hier hilft unter
Umständen die Einführung von Gewichtsfaktoren, die im nächsten
Teilabschnitt besprochen und in der letzten Zeile der folgenden
Tabelle angedeutet ist.

Linearisierende Transformationen und Gewichte

funktioneller Zusammenhang	$y =$	$k\, x^m$	$k \cdot e^{mx}$	$k + \dfrac{m}{x}$	$\dfrac{1}{k+mx}$
Transformationen:					
Beobachtung: (Zielgröße)	$y^* =$	$\log y$	$\ln y$	y	$1/y$
	$y^* =$	10^y	e^y	y	$1/y$
Vorgabe: (Einflußgröße)	$x^* =$	$\log x$	x	$1/x$	x
	$x^* =$	10^x	x	$1/x$	x
Bedeutung der Konstanten:	$a =$	$\log k$	$\ln k$	k	k
	$b =$	m	m	m	m
Gewicht (bis auf konst. Faktor)	$g =$	y^2	y^2	1	y^4

5.5.7 Gewichtung von Meßpunkten

Häufig erscheint es angebracht, für einige Meßpunkte aufgrund
genauerer Kenntnisse (unterschiedliche Anzahl von Wiederholungen der Messung, unterschiedliche Meßgeräte, sonstige
Unterschiede in der Präzision der Bestimmung) oder inhaltlicher
Differenzierung (unterschiedlich wichtige Meßbereiche für eine
praktische Schlußfolgerung etc.) eine bessere Anpassung der

5.5 Beschreibung von funktionellen Zusammenhängen

gesuchten Kurve zu verlangen als bei anderen Meßpunkten. Zur Quantifizierung solcher Anforderungen werden den Meßpunkten (x_i, y_i) Gewichtsfaktoren g_i zugeordnet und das Prinzip der kleinsten Quadrate in die Forderung nach der Minimierung der gewogenen Quadratsumme abgewandelt:

$$SQG(f) = \sum_{i=1}^{n} g_i (y_i - f(x_i))^2 = \text{Min!}$$

Offensichtlich sind jetzt Abweichungen vom theoretischen Wert umso gravierender, je größer sich das jeweilige Gewicht g_i darstellt. Als Beispiel seien die Ableitung der Gleichungen für die gewogene lineare Approximation angegeben:

Man erhält

$\Sigma\, g(y - \hat{a} - \hat{b}x) = 0$ und $\Sigma\, g(y - \hat{a} - \hat{b}x)x = 0$, woraus

$\Sigma\, gy = \hat{a} \cdot \Sigma\, g + \hat{b}\, \Sigma\, gx$ und

$\Sigma\, gxy = \hat{a}\, \Sigma\, gx + \hat{b}\, \Sigma\, gx^2$ folgt

Durch Auflösen nach $\hat{a}$ und $\hat{b}$ erhält man jetzt

$$\hat{b} = \frac{\Sigma\, gxy - \frac{1}{\Sigma\, g} \cdot \Sigma\, gx\, \Sigma\, gy}{\Sigma\, gx^2 - \frac{1}{\Sigma\, g} (\Sigma\, gx)^2}$$

und $\hat{a} = \tilde{y} - \hat{b}\tilde{x}$, wobei $\tilde{y} := \frac{1}{\Sigma\, g} \cdot \Sigma\, y$

und $\tilde{x} = \frac{1}{\Sigma\, g} \Sigma\, x$ die gewogenen Mittelwerte von x und y bedeuten.

Die noch relativ willkürlich anmutende Wahl der Gewichte wird sich in der Praxis an der Maßgabe von Modellvorstellungen für die weitere Analyse (Schätzen und Testen aufgrund mathematischer Modelle) orientieren. Aufgrund solcher Modellvorstellungen werden die Gewichte umgekehrt proportional zur Varianz der Beobachtung angesetzt. Falls die unterschiedliche Präzision der Beobachtungen allein auf unterschiedliche Anzahlen zurückzuführen ist, sind Anzahlen als Gewichte einzusetzen.

Gewichtsfaktoren sind auch geeignet die Nachteile der linearisierenden Transformationen abzumildern, wenn eine Optimierung im ursprünglichen Maßstab angestrebt wird. In diesem Falle setzt man die Gewichte als $g = \left(\frac{\partial y}{\partial x}\right)^{-2}$ an der Stelle

y an. Entsprechende Gewichtsfaktoren sind in der letzten Zeile der obigen Tabelle enthalten. Man minimiert nun die gewogene Quadratsumme und erhält wie oben $\hat{a}$, $\hat{b}$ woraus man y = f(x) bestimmt. Die Funktion stellt bei nicht zu großen Abweichungen der Meßpunkte von den Funktionswerten eine praktische sehr brauchbare Approximation an die optimale Funktion im ursprünglichen (nicht transformierten) Netz dar.

Kapitel 6 Präzisierung des Modells: Schätzen von Modellparametern

6.1 Einleitung

Die im Kapitel 3 vorgestellten Modelle für die Beschreibung von stochastischen Vorgängen hängen von Modellparametern ab. Diese oder einige dieser Parameter sind im allgemeinen unbekannt, und es ist oft gerade das Ziel von Untersuchungen, Informationen und damit Aussagen über diese unbekannte Parameter zu erhalten.

Beispiel 6.1: Ausfallrate von Herzschrittmachern

Legt man für die Dauer der Funktionsfähigkeit eines Herzschrittmachers vereinfachend eine Exponentialverteilung (siehe 3.1.7(3)) zugrunde, so hängt diese von einem Parameter λ ab. Dieser Parameter λ kann interpretiert werden als die Ausfallrate pro Zeiteinheit für Herzschrittmacher dieses Typs oder $1/\lambda$ als die erwartete Dauer der Funktionsfähigkeit. Für eine Entscheidung, nach welcher Zeit ein Herzschrittmacher erneuert werden soll und ebenso für den Vergleich von Herzschrittmachern verschiedenen Typs ist die Kenntnis des Parameters λ unerläßlich. Ist λ nicht bekannt, so muß λ aufgrund einer Untersuchung geschätzt werden.

Beispiel 6.2: Körpergröße

Die Verteilung der Körpergröße der 30-jährigen deutschen Männer kann recht gut durch eine Normalverteilung beschrieben werden mit den Parametern μ (Erwartungswert der Körpergröße) und σ (Standardabweichung von der erwarteten Körpergröße). Für einen Herrenausstatter sind die Werte der Parameter von besonderem Interesse. Sind nämlich μ und σ bekannt, so weiß er, welches die gängigsten Konfektionsgrößen für diese Altersklasse sein werden und wie breit sein Sortiment hinsichtlich der Größen angelegt sein muß, damit er mindestens 80% aller 30-jährigen männlichen Kunden zufriedenstellen kann. Um Informationen über die zunächst unbekannten Parameter zu erhalten, könnte der Herrenausstatter eine Umfrage unter seinen Stammkunden durchführen.

Vor der Durchführung einer Untersuchung kann in der Regel nur über den Verteilungstyp eine Modellannahme gemacht werden (z.B. Normalverteilung), wobei nicht von jedem Modellparameter der Wert bekannt ist. Es liegt somit keine einzelne Verteilung vor, sondern eine Klasse von Verteilungen (z.B. die Klasse aller Normalverteilungen). Aufgrund einer Untersuchung oder einer Stichprobe erhält man Aussagen über die unbekannten Parameter, und dadurch wird die ursprünglich zugelassene Verteilungsklasse eingeschränkt - das Modell wird präzisiert.

In der Statistik unterscheidet man drei Grundtypen von statistischen Aussagen über bekannte Modellparameter:

- *Punktschätzungen*
  Angabe eines einzelnen Zahlenwertes als Schätzwert für den Parameter

- *Intervall- oder Bereichsschätzungen*
  Angabe eines Zahlenintervalls oder eines anderen Bereiches, in dem der Parameter mit hoher Wahrscheinlichkeit liegt

- *Tests*
  Verfahren zur Entscheidung zwischen zwei Hypothesen über den Parameter

Beispiel 6.3: Wahlvorhersage

Der unbekannte Parameter sei der Stimmenanteil, den die Partei A bei der Wahl am nächsten Sonntag erhalten wird. Es wurde eine Meinungsumfrage durchgeführt und ein Statistiker erläutert in einem Gespräch mit einem Reporter die Ergebnisse dieser Umfrage.

6.1 Einleitung

Rep.: Was hat die Meinungsumfrage für die Partei A ergeben?

Stat.: Als Schätzwert für den Stimmenanteil der Partei A am nächsten Sonntag ergibt sich der Wert 5.1%. (*Punktschätzung*)

Rep.: Das ist für die Partei ja recht erfreulich: Sie scheint damit endlich den Sprung über die 5%-Hürde zu schaffen. Allerdings haben gestern einige Institute andere Zahlenwerte genannt. Was sagen Sie zu diesen Schwankungen?

Stat.: Selbstverständlich sind wir nicht sicher, daß die Partei genau 5.1% der Stimmen erhalten wird. Man kann aufgrund einer Stichprobe weder mit absoluter Sicherheit noch mit absoluter Genauigkeit den wahren Stimmenanteil ermitteln. Legen wir z.B. eine Sicherheitswahrscheinlichkeit von 90% zugrunde und berücksichtigen wir, daß 2000 zufällig ausgewählte Wahlberechtigte befragt wurden, so ergibt sich eine Schwankungsbreite von $\pm$ 0.8%, d.h. höchstwahrscheinlich - genauer: Mit einer Wahrscheinlichkeit von 90% - wird der Stimmenanteil der Partei A zwischen 4.3% und 5.9% liegen. (*Intervallschätzung, Konfidenzintervall*)

Rep.: Damit ist also das Scheitern an der 5%-Klausel noch durchaus möglich. Minister B hat kürzlich die Hypothese aufgestellt, daß die Partei A auch diesmal nicht ins Parlament einziehen wird. Wie stehen Sie zu dieser Hypothese?

Stat.: Im ersten Augenblick scheint das Ergebnis der Hypothese des Ministers zu widersprechen. Weil aber das Umfrageergebnis mit zufälligen Schwankungen behaftet ist, könnte die Hypothese doch zutreffen. Eine Entscheidung darüber, ob diese Hypothese bei Berücksichtigung der zufälligen Schwankungen zu akzeptieren oder zu verwerfen ist, hängt unter anderem davon ab, welche Risiken von Fehlentscheidungen man bereit ist einzugehen. Deshalb ist eine Antwort auf Ihre Frage ohne Präzisierung der Fehlerrisiken nicht möglich. (*Statistischer Test*)

In diesem Kapitel werden für verschiedene Situationen Punkt- und Intervallschätzungen angegeben; statistische Tests werden im Kapitel 7 behandelt.

6.2 Schätzgrößen und ihre Eigenschaften

Zur Einführung in die Problematik des Schätzens gehen wir vom folgenden Beispiel aus. Die unbekannte Wahrscheinlichkeit p für das Auftreten einer Nebenwirkung (Schwindelgefühl, Kopfschmerz oder Müdigkeit) bei Anwendung eines bestimmten Antihypertonikums soll empirisch bestimmt werden.

Vorgehen in der Praxis	Modell
Es werden n(z.B. n=100) zufällig ausgewählte Patienten mit dem Antihypertonikum behandelt und es wird für jeden Patienten notiert, ob die Nebenwirkung aufgetreten ist oder nicht (Stichprobe). Die Ergebnisse können wie folgt codiert und aufgelistet werden: $x_i=0$: Keine Nebenwirkung $x_i=1$: Nebenwirkung | Patient Nr. i | 1 | 2 | 3 | ... | n | | Ergebnis x_i (z.B.) | 1 | 1 | 0 | ... | 1 |	Jedem Patienten wird eine Zufallsvariable zugeordnet: $X_i = \begin{cases} 0, & \text{falls keine Nebenwirkung} \\ 1, & \text{falls Nebenwirkung} \end{cases}$ beim Patienten Nr. i $X_1,...,X_n$ sind unabhängig, Binomial(1,p)-verteilt mit der Nebenwirkungswahrsch. $p=P(X_i=1)$
$x_1,...,x_n$ sind Realisierungen der Zufallsvariablen $X_1,...,X_n$	
Es wird ausgezählt, bei wievielen der n Patienten die Nebenwirkung auftrat; diese Anzahl sei k (z.B. k=13)	Es wird die Zufallsvariable K "Anzahl der Patienten mit Nebenwirkungen" gebildet: $K=X_1+...+X_n$
k ist eine Realisierung der Zufallsvariablen K	
Es wird die relative Häufigkeit $\hat{p}=k/n$ berechnet (hier: k/n=13/100)	Es wird die Zufallsvariable K/n gebildet
$\hat{p}=k/n$ ist eine Realisierung der Zufallsvariablen K/n	
p wird geschätzt durch den *Schätzwert* $\hat{p}$ (hier: $\hat{p}=13\%$)	Die Zufallsvariable K/n heißt *Schätzgröße* für p
Der Schätzwert ist eine Realisierung der Schätzgröße	

6.2 Schätzgrößen und ihre Eigenschaften

Das bekannte Verfahren, eine Wahrscheinlichkeit durch die entsprechende relative Häufigkeit zu schätzen, wurde hier im Rahmen eines stochastischen Modells formuliert, das unabhängig von einer speziellen Stichprobe betrachtet werden kann. Mit diesem "Trick" können bereits vor der Untersuchung die Eigenschaften von Schätzgrößen bestimmt werden.

a) *Eigenschaften von Schätzgrößen*

Bei mehrfacher Anwendung eines Schätzverfahrens werden die Schätzwerte um den wahren Wert streuen. Ein Schätzverfahren könnte man deshalb "gut" nennen, wenn die Schätzgröße etwa folgende sinnvolle Eigenschaften erfüllt:

1) Die Schätzwerte sollen wenigstens im Mittel gleich p sein (*Erwartungstreue*), d.h. es soll nicht vorkommen, daß systematisch zu große oder kleine Schätzwerte auftreten.

2) Die Schätzwerte sollen möglichst wenig streuen, d.h. die Varianz der Schätzgröße soll möglichst klein sein (*minimale Varianz*).

3) Je größer der Stichprobenumfang ist, desto sicherer soll der Schätzwert dicht beim wahren p liegen (*Konsistenz*).

Die oben angegebene Schätzgröße $T_n = (X_1 + .. + X_n)/n = K/n$ ist erwartungstreu:

(1) $\qquad E(T_n) = p$

Die Varianz von T_n berechnet sich zu (vgl. 3.1.2(5) zusammen mit 1.5.3(2))

(2) $\qquad Var(T_n) = Var(K)/n^2 = pq/n \qquad (q = 1-p)$

und konvergiert mit wachsendem Stichprobenumfang n gegen 0. Aus diesen beiden Eigenschaften

$$E(T_n) = p \text{ und } Var(T_n) \longrightarrow 0 \text{ für } n \longrightarrow \infty$$

ergibt sich die Konsistenz von T_n: Für beliebig kleine Abweichungen ε strebt die Wahrscheinlichkeit, daß der Schätzwert sich vom wahren Wert p um weniger als ε unterscheidet, gegen 1 (siehe auch Abbildung 6.1):

(3) $\qquad P(p-\varepsilon \leq T_n \leq p+\varepsilon) \longrightarrow 1 \quad$ für $n \longrightarrow \infty$.

Dies ist in diesem Fall die Aussage des Gesetzes der großen Zahlen (vgl. 1.6).

b) *Allgemeines Modell , Begriffsbildung und Sprechweisen*

Ein Merkmal X besitzt eine Verteilung aus einer bestimmten Klasse (z.B. Klasse der B(n,p)-Verteilungen) und die Verteilung hängt von einem unbekannten Parameter Θ (z.B. $\Theta=p$) ab. Die Modellierung einer Stichprobe vom Umfang n erfolgt durch *unabhängige* Zufallsvariable $X_1, X_2, \ldots X_n$, die alle die gleiche Verteilung wie X haben. Eine *Schätzgröße*

(4) $\qquad T_n = T(X_1, \ldots X_n)$

ist eine geeignet gewählte Funktion der Zufallsvariablen $X_1, \ldots, X_n$ und somit selber eine Zufallsvariable. Setzt man in

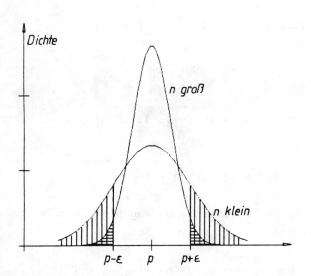

Abb. 6.1 Zur Konsistenz: Konzentration der Wahrscheinlichkeitsmasse von T_n auf ein Intervall um den wahren Wert p

die Schätzgröße die Realisierungen $x_1, x_2, \ldots x_n$ einer Stichprobe ein, so erhält man einen _Schätzwert_ (_Punktschätzung_)

$$\hat{\Theta} = T_n(x_1, \ldots, x_n)$$

für den unbekannten Parameter Θ.

Aufgabe der Statistik ist es, möglichst "gute" Schätzgrößen zu finden, wobei u.a. die oben angesprochenen Eigenschaften "Erwartungstreue", "Minimale Varianz" und "Konsistenz" als Optimalitätskriterien zugrunde gelegt werden können.
Im Folgenden werden die Begriffe "Schätzgröße" und "Schätzwert" vereinfachend nicht immer streng unterschieden. Ferner verwenden wir für die oben angegebene Modellierung einer Stichprobe oft die nicht ganz präzise Kurzsprechweise:
$x_1, \ldots, x_n$ sind n unabhängige Beobachtungen/Realisierungen der Zufallsvariablen X.

6.3 Schätzen der Parameter einer Normalverteilung

6.3.1 Punktschätzungen

Beispiel 6.4: Wirkstoffgehalt von Tabletten

Bei einer Massenproduktion von schmerzstillenden Tabletten mit dem Wirkstoff Acetylsalicylsäure ist der Wirkstoff X bedingt durch zufällige Schwankungen und Fehler im Produktionsprozeß eine Zufallsvariable. Aus längerer Erfahrung ist bekannt, daß X näherungsweise Normal (μ, σ^2)-verteilt ist.

Durch eine Untersuchung soll der wahre Wirkstoffgehalt μ einer Tagesproduktion festgestellt und evtl. mit einem Sollwert verglichen werden. Bei einer Analyse von n=20 zufällig der Tagesproduktion entnommenen Tabletten ergaben sich folgende Werte x des Wirkstoffs [in mg] :

325	330	269	356
315	333	298	329
311	303	294	288
307	290	316	322
296	310	313	310

Der mittlere Wirkstoffgehalt dieser n=20 Tabletten beträgt

$$\bar{x} = (325 + 315 +...+ 310)/20 = 310.75 \ .$$

Diesen mittleren Wirkstoffgehalt $\bar{x}$ können wir ansehen als Schätzwert für den unbekannten Tageswert μ . Die Frage, ob dieser Schätzwert für den Tageswert μ signifikant von einem Sollwert abweicht und somit eine Korrektur des Produktionsprozesses notwendig ist, wird in 7.3 weiter untersucht.

Dem Beispiel 6.4 liegt folgendes Modell zugrunde: Die Meßwerte sind Realisierungen unabhängiger und Normal(μ,σ^2)-verteilter Zufallsvariabler $X_1,...,X_n$ mit unbekanntem μ.
Als Schätzgröße für μ wurde im Beispiel die Zufallsvariable "Arithmetisches Mittel"

(1) $\qquad \bar{X} = \Sigma \ X_i/n$

verwendet. Diese Schätzgröße ist nach 1.5.3(8) erwartungstreu für μ und hat die Varianz Var($\bar{X}$) = σ^2/n. Mit wachsendem Stichprobenumfang n konvergiert die Varianz der Schätzgröße gegen 0 und somit ist $\bar{X}$ konsistent.

Häufig benötigt man auch einen Schätzwert für die Varianz σ^2. Da die Varianz definiert ist als die erwartete quadratische Abweichung von μ, liegt es nahe, σ^2 durch die mittlere quadratische Abweichung von μ zu schätzen. Diese Schätzgröße

(2) $\qquad \Sigma(X_i - \mu)^2/n$

ist erwartungstreu und konsistent. Wenn μ nicht bekannt ist, wird μ in (2) durch die Schätzgröße $\bar{X}$ ersetzt. Dadurch wird jedoch die Varianz unterschätzt, und erst mit dem Nenner n-1 statt n erhält man eine erwartungstreue Schätzgröße:

(3) $\qquad \Sigma(X_i - \bar{X})^2/(n - 1)$

Diese Schätzgröße ist auch konsistent.

6.3 Schätzen der Parameter einer Normalverteilung

Die Standardabweichung σ schätzt man durch die Wurzel aus der in (3) angegebenen Schätzgröße. Diese neue Schätzgröße ist jedoch nicht mehr erwartungstreu, aber noch konsistent. Ersetzt man in (3) die Zufallsvariablen $X_1,\ldots,X_n$ durch Realisierungen $x_1,\ldots,x_n$, so ergibt sich der aus 5.3.2 bekannte Schätzwert für σ^2:

(4) $\quad s^2 = \Sigma(x_i - \bar{x})^2/(n-1)$.

Diese Schätzgrößen sind in 6.4 a) übersichtartig zusammengefaßt.

6.3.2 Intervallschätzungen

Die Punktschätzung $\bar{x}$ für den Parameter μ soll jetzt durch die Angabe einer Bandbreite ergänzt werden. Dazu konstruieren wir um den Schätzwert $\bar{x}$ herum ein Intervall mit den Endpunkten a und b, das μ mit möglichst großer Wahrscheinlichkeit enthalten soll. Wird das Schätzverfahren mehrfach angewendet, so kann das zufällige Intervall den wahren Wert μ einfangen oder nicht (vgl. Abbildung 6.2)

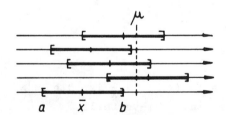

Abb. 6.2 Verschiedene Realisierungen eines Konfidenzintervalles

Die Bandbreite, also die Länge des Intervall soll einerseits möglichst klein sein. Andererseits wird bei kleinerem Intervall μ häufiger außerhalb dieses Intervalls liegen. Wir geben deshalb z.B. eine Irrtumswahrscheinlichkeit α vor und konstruieren das Intervall so, daß μ (höchstens) mit der Wahrscheinlichkeit α außerhalb des Intervalls liegt. Die Wahrscheinlichkeit α setzt sich zusammen aus den Wahrscheinlichkeiten , daß μ oberhalb bzw. unterhalb des Intervalls liegt. Werden die Abweichungen nach oben und unten als gleich gravierend angesehen, so kann man diese Einzelwahrscheinlichkeiten mit je $\alpha/2$ ansetzen. Dies führt hier zu einem Intervall, das symmetrisch zum Schätzwert $\bar{x}$ ist.

Zur Konstruktion eines solchen Intervalls betrachten wir Zufallsvariable $X_1, \ldots, X_n$. Diese sollen wie in 6.3.1 unabhängig und Normal (μ, σ^2)-verteilt sein mit unbekanntem Erwartungswert μ und der Varianz σ^2, die wir zunächst als bekannt ansehen. Für die Länge des Intervalls ziehen wir die Standardabweichung $\sigma_{\bar{X}} = \sigma/\sqrt{n}$ der Schätzgröße $\bar{X}$ heran, denn diese ist eine Maßzahl dafür, wie stark die Realisierungen von $\bar{X}$ schwanken. Für ein symmetrisches Intervall von a bis b erhalten wir somit den Ansatz

(1) $a = \bar{X} - c\sigma_{\bar{X}}$, $b = \bar{X} + c\sigma_{\bar{X}}$ mit $\sigma_{\bar{X}} = \sigma/\sqrt{n}$.

Hierbei ist c wie oben gesagt so festzulegen, daß μ mit einer Wahrscheinlichkeit α außerhalb und somit mit der Wahrscheinlichkeit $1-\alpha$ im Intervall liegt. Es soll also gelten:

(2) $P(\bar{X} - c\sigma_{\bar{X}} \leq \mu \leq \bar{X} + c\sigma_{\bar{X}}) = 1 - \alpha$

oder anders geschrieben

(3) $P(-c \leq \dfrac{\bar{X} - \mu}{\sigma_{\bar{X}}} \leq c) = 1 - \alpha$.

Die hierin auftretende Zufallsvariable $(\bar{X} - \mu)/\sigma_{\bar{X}}$ ist die Standardisierung von $\bar{X}$ und somit Normal$(0,1)$-verteilt.

Damit (3) gilt, muß c das $\alpha/2$-Quantil $z_{\alpha/2}$ der N(0,1)-Verteilung sein (vgl. 3.1.5(5)). Somit ergibt sich für μ das
Konfidenzintervall

(4) $[\bar{X} - z_{\alpha/2} \cdot \dfrac{\sigma}{\sqrt{n}} \; ; \; \bar{X} + z_{\alpha/2} \cdot \dfrac{\sigma}{\sqrt{n}}]$

zur *Konfidenzwahrscheinlichkeit* $1-\alpha$ oder: zum *Niveau* α .

6.3 Schätzen der Parameter einer Normalverteilung

Statt (4) nimmt man auch das offene Intervall, das die Intervallgrenzen nicht mit einschließt. Dieses hat, da $\bar{X}$ kontinuierlich verteilt ist, die gleiche Konfidenzwahrscheinlichkeit.

Beispiel 6.5: Fortsetzung von Beispiel 6.4

Im Beispiel 6.4 ist $\bar{x} = 310.75$ ein Schätzwert für den unbekannten Wirkstoff-Tageswert μ. Diese Punktschätzung soll durch die Angabe eines 95%-Konfidenzintervalls (d.h. $\alpha = 5\%$) ergänzt werden. Aufgrund langer Erfahrung sei die Standardabweichung σ der einzelnen Zufallsvariablen bekannt: $\sigma = 20$.

Für $1 - \alpha = 95\%$, also $\alpha/2 = 2.5\%$ liest man aus der Tabelle im Anhang A 4.2 $z_{2.5\%} = 1.960$ ab. Damit erhält man

$$\bar{x} \mp z_{\alpha/2} \cdot \frac{\sigma}{\sqrt{n}} = 310.75 \mp 1.960 \cdot \frac{20}{\sqrt{20}} = \begin{cases} 301.98 \\ 319.52 \end{cases}$$

Dieses Ergebnis könnte so interpretiert werden: Bei etwa 95% der an diesem Tag produzierten Tabletten wird der Wirkstoffgehalt zwischen 302 und 320 liegen.

Wird eine Konfidenzwahrscheinlichkeit von 99% gefordert, so erhält man mit $z_{\alpha/2} = 2.576$ das wesentlich größere Konfidenzintervall von 299 bis 323.

Anhand der Tabelle in A 4.2 und (4) erkennt man, daß einerseits das Konfidenzintervall umso größer wird, je höher die geforderte Konfidenzwahrscheinlichkeit ist. Andererseits wird bei fester Konfidenzwahrscheinlichkeit mit wachsendem Stichprobenumfang n die Standardabweichung von $\bar{X}$ immer kleiner und damit auch das Konfidenzintervall.

Ist die Varianz σ^2 nicht bekannt, so ersetzen wir überall σ^2 durch die Schätzung 6.3.1(3). Die in (3) auftretende Zufallsvariable ist dann jedoch nicht mehr N(0,1)-verteilt, sondern besitzt eine sogenannte t_{n-1}-Verteilung (siehe Anhang A 3.5, A 4.2). Deshalb muß in (4) zusätzlich das Quantil der Normalverteilung durch $\alpha/2$- Quantil $t_{n-1;\alpha/2}$ der t_{n-1}-Verteilung ersetzt werden.

Das sich dann ergebende Konfidenzintervall und das Intervall
(4) sind in der folgenden Übersicht aufgeführt.

Konfidenzintervall für den Parameter µ einer Normalverteilung	
Modell: $X_1,..,X_n$ unabhängige und $N(\mu,\sigma^2)$-verteilte Zufallsvariable	
Daten: $x_1,...,x_n$	
Das Intervall $[\bar{X} - d ; \bar{X} + d]$ ist ein Konfidenzintervall zur Konfidenzwahrscheinlichkeit $1-\alpha$, wobei	
falls σ bekannt	falls σ unbekannt
$d = z_{\alpha/2} \cdot \sigma/\sqrt{n}$	$d = t_{n-1;\alpha/2} \cdot s/\sqrt{n}$ $s = \sqrt{\Sigma(X_i-\bar{X})^2/(n-1)}$
$z_{\alpha/2}$ = $\alpha/2$-Quantil der $N(0,1)$-Verteilung	$t_{n-1;\alpha/2}$ = $\alpha/2$-Quantil der t_{n-1}-Verteilung
Quantile der $N(0,1)$- und t_n-Verteilung siehe Tabelle A 4.2	

Häufig ist man nur an einseitigen Schranken für µ interessiert,
die angeben, wie groß µ mindestens bzw. höchstens ist.
Die oben angegebenen Intervalle sind so konstruiert, daß unterhalb und oberhalb der Intervalle jeweils die Wahrscheinlichkeit $\alpha/2$ liegt.
Die *zweiseitigen* Intervallgrenzen sind also zugleich *einseitige
untere* bzw. *obere Konfidenzschranken* mit halber Irrtumswahrscheinlichkeit $\alpha/2$ statt α. Will man z.B. obere 95%-Konfidenzschranken berechnen, so ist in den obigen Formeln für
$z_{\alpha/2}$ bzw. $t_{n-1;\alpha/2}$ das betreffende 5%-Quantil einzusetzen.

6.4 Schätzungen für Erwartungswert und Varianz

a) *Punktschätzungen*

In 6.3.1 wurden für den Erwartungswert und die Varianz einer Normalverteilung Schätzgrößen angegeben. Auch wenn eine andere, unter Umständen unbekannte Verteilung zugrunde liegt, sind diese erwartungstreu (außer der Schätzgröße für die Standardabweichung σ) und konsistent.

Punktschätzungen für Erwartungswert und Varianz		
Modell: $X_1, X_2, \ldots, X_n$ unabhängige Zufallsvariable mit gleicher Verteilung		
Daten: $x_1, x_2, \ldots, x_n$ (Realisierungen von $X_1, X_2, \ldots, X_n$)		
Schätzwert für	falls μ bekannt	μ unbekannt
μ		$\bar{x} = \Sigma x_i / n$
σ^2	$\Sigma (x_i - \mu)^2 / n$	$s^2 = \Sigma (x_i - \bar{x})^2 / (n-1)$
σ	$\sqrt{\Sigma (x_i - \mu)^2 / n}$	$s = \sqrt{\Sigma (x_i - \bar{x})^2 / (n-1)}$
Zur Berechnung von s^2 siehe 5.3.2 und Anhang A 2.2		

b) *Konfidenzintervalle für den Erwartungswert*

Ist die zugrunde liegende Verteilung keine Normalverteilung, so ist die Bestimmung von Konfidenzintervallen im allgemeinen mit einem größeren Aufwand verbunden. Da jedoch bei beliebiger Verteilung der Durchschnitt $\bar{X}$ näherungsweise normalverteilt ist (vgl. "Zentraler Grenzwertsatz" in 1.6), ist das Intervall

(1) $\quad [\bar{X} - d \,;\, \bar{X} + d] \quad$ mit $\quad d = z_{\alpha/2} \cdot s/\sqrt{n}$

ein Konfidenzintervall, das den Erwartungswert µ mit einer
Wahrscheinlichkeit von ungefähr 1-α enthält. Mit wachsendem
Stichprobenumfang n wird diese Approximation immer besser.
Eine andere Möglichkeit für die Konstruktion von Konfidenz-
intervallen auch für kleines n erhält man mit der Tchebyschev-
Ungleichung (vgl. 1.5.2):

(2) $P(\bar{X} - d \leq \mu \leq \bar{X} + d) \geq 1 - \alpha$ mit $d = \sigma/\sqrt{\alpha n}$.

Dieses Intervall von $\bar{X}$ - d bis $\bar{X}$ + d hat eine Konfidenzwahrscheinlichkeit von *mindestens* 1 - α.

Ist σ unbekannt, so erhält man ein approximatives Intervall,
wenn man in (2) σ durch s ersetzt.

Beispiel 6.6: Konfidenzintervall für µ

Bei n=50 Gesunden wurde eine mittlere Eisenbindungskapazität von
$\bar{x}$=320 [µg pro 100 ml Serum] mit einer Standardabweichung von
s=30 ermittelt. Um hieraus für die erwartete Eisenbindungskapazität µ bei Gesunden ein 90%-Konfidenzintervall zu erhalten, verwenden wir (1) oder (2), da uns der Verteilungstyp dieses Merkmals
nicht bekannt ist.

Mit α=10% und $z_{\alpha/2}$=1.645 berechnet man

bei (1) d=6.98 ≈ 7 und das Intervall [313 ; 327] bzw.

bei (2) d=13.42 ≈ 13 und das Intervall [307 ; 333] .

Das mit (2) berechnete Konfidenzintervall hat zwar eventuell eine
erheblich größere Konfidenzwahrscheinlichkeit als 90%, dafür
aber eine fast doppelt so große Länge wie das mit (1) berechnete
Intervall.

6.5 Schätzen einer Wahrscheinlichkeit

Für das Problem des Schätzens einer einzelnen Wahrscheinlichkeit p wurde bereits in 6.2 ein Modell und ein Schätzver-

fahren vorgestellt: p wird durch die relative Häufigkeit
$\hat{p}=k/n$, d.h. durch die beobachtete Erfolgsquote des interessierenden Ereignisses geschätzt. Im Folgenden bezeichnen wir der
Vereinfachung wegen auch die zugehörige Schätzgröße K/n mit $\hat{p}$.

Um bei nicht zu kleinem Stichprobenumfang n ein Konfidenzintervall für p zu bekommen, kann man die Normalapproximation
in 3.1.2 c) ausnutzen. Man erhält dann analog zu 6.3.2,
daß für die Schätzgröße $\hat{p}$ die Aussage

(1) $\hat{p} - z_{\alpha/2} \cdot \sigma \leq p \leq \hat{p} + z_{\alpha/2} \cdot \sigma$ für $\sigma = \sqrt{p(1-p)/n}$

mit einer Wahrscheinlichkeit von näherungsweise $1-\alpha$ zutrifft.
(1) kann man nicht direkt als Konfidenzintervall für p verwenden, weil die Grenzen über σ noch vom unbekannten p abhängen. Es liegt jedoch nahe, das p in σ durch die Schätzung
$\hat{p}$ zu ersetzen. Dies führt zu dem Konfidenzintervall

(2) $[\hat{p} - z_{\alpha/2} \cdot \sqrt{\hat{p}(1-\hat{p})/n} \; ; \; \hat{p} + z_{\alpha/2} \cdot \sqrt{\hat{p}(1-\hat{p})/n}]$

mit der approximativen Konfidenzwahrscheinlichkeit $1 - \alpha$.

Über den Fehler der Normalapproximation hinaus entsteht hier
infolge des Ersetzens von σ durch $\sqrt{\hat{p}(1-\hat{p})/n}$ ein weiterer
zufälliger Fehler. Die erwartete Größe dieses Fehlers wird einerseits bei festem p mit wachsendem n immer kleiner und ist andererseits bei festem n für zentrale p-Werte (in der Nähe von
0.5) kleiner als für extreme (siehe Abbildung 6.3).

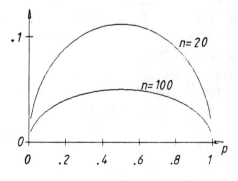

Abb. 6.3 Die Standardabweichung
$f(p) = \sqrt{p(1-p)/n}$ für $n = 20$ und
$n = 100$ als Funktion von p

Die aus dieser Ersetzung resultierenden zufälligen Fehler lassen sich vermeiden, wenn man (1) direkt umformen kann zu

(3) $\quad p_{unten} \leq p \leq p_{oben}$

mit von p unabhängigen Intervallgrenzen. Nach längerer Rechnung gelingt dies und man erhält mit den Hilfsgrößen

(4) $\quad z^2 = (z_{\alpha/2})^2 \;,\; \tilde{p} = \dfrac{k + 0.5\, z^2}{n + z^2} \;,\; d = \sqrt{\tilde{p}^2 - \dfrac{k^2}{n(n+z^2)}}$

das Konfidenzintervall $[p_{unten}\,;\,p_{oben}]$ mit

(5) $\quad p_{unten} = \tilde{p} - d \quad \text{und} \quad \tilde{p}_{oben} = \tilde{p} + d$.

Dieses Konfidenzintervall hat wiederum die approximative Konfidenzwahrscheinlichkeit $1-\alpha$ und ist vor allem bei extremen p-Werten dem Konfidenzintervall (2) vorzuziehen. Das Intervall (3) mit (5) ist in der Regel nicht zu $\hat{p}$ symmetrisch; hierin spiegelt sich die Tatsache wider, daß die Binomialverteilungen außer p=0.5 keine symmetrischen Verteilungen sind.

Beispiel 6.7: Geschlechterverhältnis

Wird in dem im Beispiel 1.2 formulierten Modell die unbekannte Wahrscheinlichkeit p für eine Jungengeburt mit den dort angegebenen Daten geschätzt, so ergibt sich der Schätzwert
$\hat{p} = 321480/626373 \approx 51.32\%$. Da der unbekannte p-Wert in der Nähe von 50% liegt und darüber hinaus der Stichprobenumfang n = 626373 sehr groß ist, verwenden wir zur Berechnung eines Konfidenzintervalles für p die Formel (2) : Mit $z_{\alpha/2} = 2.576$ ($\alpha = 1\%$) erhalten wir das 99%-Konfidenzintervall [51.16% ; 51.49%] .

6.5 Schätzen einer Wahrscheinlichkeit

Beispiel 6.8: Wahlvorhersage

Bei einer Meinungsumfrage (vgl. Beispiel 6.3) ergab sich, daß von n=2000 zufällig ausgewählten Wahlberechtigten $\hat{p}$ = 5.1% am nächsten Sonntag die Partei A wählen wollen. Um ein Konfidenzintervall für den unbekannten Stimmenanteil p der Partei bei der Wahl zu berechnen, verwenden wir jetzt die Formeln (3) bis (5), da p klein ist. Mit $z_{\alpha/2}$ = 1.645 (α = 10%) ergibt sich das 90%-Konfidenzintervall [4.3% ; 6.0%].

Welches Berechnungsverfahren hat der im Beispiel 6.3 zitierte Statistiker für sein Konfidenzintervall verwendet?

Die Konfidenzintervalle (2) und (3) mit (4)-(5) beruhen auf der Normalapproximation des Binomialmodells und halten die Konfidenzwahrscheinlichkeit 1 - α nur näherungsweise ein. Sie sollten nur bei nicht zu kleinen Stichprobenumfängen n angewendet werden.

Um auch für kleine Umfänge n Konfidenzintervalle zu erhalten, geht man von einer zu (1) analogen Beziehung aus, die die exakte Verteilung, also die Binomialverteilung berücksichtigt. Durch Umformungen erhält man dann ein Konfidenzintervall

(6) $[\tilde{p}_{unten} ; \tilde{p}_{oben}]$

mit den in (8) angegebenen Intervallgrenzen. Auch dieses Intervall hat unter Umständen nicht genau die Konfidenzwahrscheinlichkeit 1 - α ; jedoch weiß man hier, daß sie *mindestens* 1 - α , ist, also wohl größer, aber nicht kleiner als 1 - α sein kann. Mit wachsendem n weicht sie immer weniger von 1 - α ab.

Die nach CLOPPER und PEARSON benannten Intervallgrenzen zu (6) können wegen eines Zusammenhanges zwischen der Binomial- und der F-Verteilung (siehe Anhang A 3.9, 3.7 und 4.4) mit deren Quantilen $F_{f,g;\alpha/2}$ angegeben werden. Mit den Freiheitsgraden

(7) $f = 2k$ = doppelte Erfolgsanzahl
       $g = 2(n-k)$ = doppelte Mißerfolgsanzahl

berechnen sie sich zu

(8)
$$\tilde{p}_{unten} = \frac{1}{1+a} \quad \text{mit } a = \frac{g+2}{f} \cdot F_{g+2,f;\alpha/2}$$

$$\tilde{p}_{oben} = \frac{b}{1+b} \quad \text{mit } b = \frac{f+2}{g} \cdot F_{f+2,g;\alpha/2}$$

Beispiel 6.9: Erfolgswahrscheinlichkeit eines Medikaments

Ein Medikament zeigte bei n=20 Anwendungen genau k=15 Erfolge. Die unbekannte Erfolgswahrscheinlichkeit p wird also durch $\hat{p}$ = 15/20 = 75% geschätzt. Wegen des geringen Stichprobenumfanges kann diese Punktschätzung erheblich von dem wahren p-Wert abweichen, wie das folgende Konfidenzintervall zeigt, das wir (da n klein ist) mit (6) - (8) berechnen.

Bei f=30 und g=10 ergeben sich für die gewünschte Konfidenzwahrscheinlichkeit von 90% aus den Tabellen A 4.4 (mit Interpolation) folgende Quantile: $F_{12,30;5\%} \approx 2.10$ und $F_{32,10;5\%} \approx 2.69$. Somit sind a=0.840 und b=8.608, woraus dann folgt:

$$\tilde{p}_{unten} = 54.3\% \quad \text{und} \quad \tilde{p}_{oben} = 89.6\% .$$

Wie bei der Normalverteilung (vgl. 6.3.2) sind auch hier die *zweiseitigen* Schranken in (2), (3) und (6) zugleich die *einseitigen unteren* bzw. *oberen* Konfidenzschranken mit halber Irrtumswahrscheinlichkeit $\alpha/2$ statt α. So ist etwa im Beispiel 6.9 der Wert 89.6% eine obere Schranke für p zur Konfidenzwahrscheinlichkeit 95% (Irrtumswahrscheinlichkeit 5%).

6.6 Maximum-Likelihood-Schätzungen

In den vorigen Abschnitten wurden konkret nur Schätzungen für Erwartungswerte, Varianzen und Standardabweichungen angegeben, nicht jedoch für beliebige Parameter einer Verteilung wie z.B. für die Parameter einer Weibullverteilung. Für die (Punkt-)

6.6 Maximum-Likelihood-Schätzungen

Schätzung von allgemeinen Parametern soll jetzt eine universell einsetzbare Methode behandelt werden, die in vielen wichtigen Fällen optimale Eigenschaften besitzt und deshalb eine weite Verbreitung gefunden hat. Die mit dieser Methode gewonnenen Schätzgrößen sind asymptotisch erwartungstreu; für kleine Stichprobenumfänge n können sich jedoch Abweichungen des Erwartungswertes des Schätzers vom wahren Parameter ergeben. Legt man auch für kleine Umfänge Wert auf die Erwartungstreue, so kann man diese oft durch Multiplikation der Schätzgröße mit einem geeigneten Faktor erreichen. So ist z.B. bei der Normalverteilung $\Sigma(X_i-\bar{X})^2/n$ ein Schätzer für σ^2 (siehe Beispiel 6.13), der nach Multiplikation mit n/(n-1) erwartungstreu wird (vgl. Übergang von (2) zu (3) in 6.3.1).

Die Idee der Maximum-Likelihood-Schätzung haben wir bereits in Beispiel 3.2 angesprochen. Dort ging es darum, die Anzahl N der Tiere einer bestimmten Spezies in einem Ökosystem zu schätzen. Es wird derjenige Wert als Schätzwert verwendet, bei dem das tatsächliche Ergebnis des Rückfangexperimentes am wahrscheinlichsten wäre.

Allgemein könnte man diese Methode im *diskreten* Fall folgendermaßen formulieren: Aufgrund einer Stichprobe mit dem Ergebnis $x_1,\ldots,x_n$ soll ein unbekannter Modellparameter θ geschätzt werden. Wäre θ bekannt, so könnte man die Wahrscheinlichkeit für das beobachtete Ergebnis im Modell berechnen. Da θ unbekannt ist, kann man diese Wahrscheinlichkeit nur als Funktion $L(\theta)$ des unbekannten Wertes θ betrachten. Man zieht nun denjenigen Wert $\hat{\theta}$ als Schätzwert heran, bei dem diese Wahrscheinlichkeit $L(\theta)$ möglichst groß ist.

Die Funktion $L(\theta)$ wird *Likelihood-Funktion* genannt. Ein Parameterwert $\hat{\theta}$, bei dem die Likelihood-Funktion maximal ist, nennen wir *Maximum-Likelihood-Schätzer* (abgekürzt: ML-Schätzer).

Beispiel 6.10: Hardy-Weinberg-Gleichgewicht

In manchen Fällen (siehe Beispiel 7.26) läßt sich das genetische Gleichgewicht in einer bestimmten Population durch folgenden Ansatz für drei Phänotypwahrscheinlichkeiten modellieren:

(1) $\quad p_{11} = \theta^2, \quad p_{12} = 2\theta(1-\theta), \quad p_{22} = (1-\theta)^2$

mit einem unbekannten Parameter θ (Allelfrequenz). Aufgrund von beobachteten Phänotyphäufigkeiten, etwa a=61, b=258 bzw. c=181 (insgesamt N=500 Beobachtungen) soll θ geschätzt werden.

Die Multinomial-Wahrscheinlichkeit, daß sich bei N=500 unabhängigen Beobachtungen die Häufigkeiten a,b und c ergeben, ist wegen (1):

$$L(\theta) = \frac{N!}{a!\,b!\,c!} \cdot p_{11}^a \cdot p_{12}^b \cdot p_{22}^c = \frac{N!}{a!\,b!\,c!} \cdot 2^b \cdot \theta^{2a+b} \cdot (1-\theta)^{2c+b}.$$

Wie bestimmt man hier die Maximalstelle der Likelihood-Funktion $L(\theta)$?

Ein ML-Schätzer $\hat{\theta}$, also eine Maximalstelle der Likelihood-Funktion L wird meist durch Differentiation nach θ und Nullsetzen der ersten Ableitung (*ML-Gleichung*) berechnet. Wenn die Likelihood-Funktion wie im letzten Beispiel ein Produkt von Wahrscheinlichkeiten ist, ist es einfacher, die Maximalstelle der log-Likelihood-Funktion $\ln L(\theta)$ zu bestimmen, die mit der Maximalstelle von $L(\theta)$ übereinstimmt.

Beispiel 6.11: Fortsetzung von Beispiel 6.10

Die Maximalstelle $\hat{\theta}$ der log-Likelihood-Funktion

$$\ln L(\theta) = \ln \frac{N!}{a!\,b!\,c!} + b \cdot \ln 2 + (2a+b) \cdot \ln\theta + (2c+b) \cdot \ln(1-\theta)$$

bestimmen wir durch Differentiation. Die Lösung der ML-Gleichung
$d\ln L(\theta)/d\theta = (2a+b)/\theta - (2c+b)/(1-\theta) = 0$ ist

(2) $\quad \hat{\theta} = \dfrac{2a+b}{2N} \qquad$ mit $N = a+b+c$.

6.6 Maximum-Likelihood-Schätzungen

Durch Einsetzen der im Beispiel 6.10 angegebenen Werte für a, b und c erhält man den ML-Schätzwert

$$\hat{\theta} = \frac{2 \cdot 61 + 258}{2 \cdot 500} = 0.38 \ .$$

Im allgemeinen muß man sich noch davon überzeugen, ob an der Stelle $\hat{\theta}$ tatsächlich ein absolutes Maximum vorliegt. Dies ist hier, wie auch die Abbildung 6.4 zeigt, der Fall.

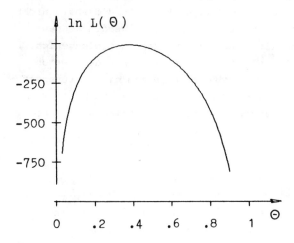

Abb. 6.4
Die log-Likelihoodfunktion zum Beispiel 6.11

Im letzten Beispiel interessiert vielleicht nicht so sehr der Parameter θ (Allelfrequenz) als vielmehr die Phänotypwahrscheinlichkeiten, die im Hardy-Weinberg-Gleichgewicht gemäß (1) durch θ bestimmt sind. Es liegt nahe, die Wahrscheinlichkeiten p_{ij} durch Einsetzen von $\hat{\theta}$ in (1) zu schätzen. Die sich so ergebenden Schätzer für die p_{ij} sind wieder ML-Schätzer, denn es gilt der generelle Transformationssatz: Läßt sich ein Parameter ß funktional durch θ darstellen in der Form ß=g(θ) und ist $\hat{\theta}$ ein ML-Schätzer für θ, dann ist $\hat{ß}$=g($\hat{\theta}$) ein ML-Schätzer für ß.

Beispiel 6.12.: Fortsetzung von Beispiel 6.10 und 6.11

Setzt man in (1) den ML-Schätzwert $\hat{\theta}$=0.38 ein, so ergeben sich folgende Schätzwerte für die Phänotypwahrscheinlichkeiten:

$$\hat{p}_{11} = 0.1444 \ , \quad \hat{p}_{12} = 0.4712 \ , \quad \hat{p}_{22} = 0.3844 \ .$$

Auf den ersten Blick scheint es naheliegend, die Phänotypwahrscheinlichkeiten nicht so zu bestimmen, sondern sie wie andere Wahrscheinlichkeiten auch aus den zugehörigen relativen Häufigkeiten wie folgt zu schätzen:

$\tilde{p}_{11}=61/500=0.1220$, $\tilde{p}_{12}=258/500=0.5160$, $\tilde{p}_{22}=181/500=0.3620$

Die Diskrepanz zu der oben abgeleiteten Schätzung ergibt sich aus der Tatsache, daß unter der Annahme des genetischen Gleichgewichts die Phänotypwahrscheinlichkeiten über (1) gekoppelt sind und deshalb nicht unabhängig voneinander, sondern nur über θ geschätzt werden können. Liegt in der Population tatsächlich das Hardy-Weinberg-Gleichgewicht vor, so müssten die Werte $\hat{p}_{11}$, $\hat{p}_{12}$ und $\hat{p}_{22}$ ungefähr mit den Werten $\tilde{p}_{11}$, $\tilde{p}_{12}$ bzw. $\tilde{p}_{22}$ übereinstimmen. Umgekehrt kann man die Differenzen zwischen den Schätzwerten $\hat{p}_{ij}$ und $\tilde{p}_{ij}$ heranziehen, um zu beurteilen, ob sich die Population im Gleichgewicht befindet (vgl. Beispiel 7.26).

Bei *kontinuierlichen* Zufallsvariablen $X_1,\ldots,X_n$, deren Verteilungen von einem zu schätzenden Parameter θ abhängen, nimmt man als Likelihood-Funktion L die Dichte der gemeinsamen Verteilung an der Stelle der beobachteten Realisierungen $x_1,\ldots,x_n$. Bei unabhängigen $X_1,\ldots,X_n$ ist die Dichte der gemeinsamen Verteilungen nach 1.4(9) gleich dem Produkt der einzelnen Dichten. Ein ML-Schätzer $\hat{\theta}$ ist dann wie im diskreten Fall eine Maximalstelle von L.

Sind *zwei oder mehr* Parameter unbekannt, so ist die Likelihood-Funktion eine Funktion mehrerer Variabler. Eine Maximalstelle von L kann man dann meist bestimmen, indem man L oder ln L nach jeder Variablen einzeln partiell differenziert und diese Ableitungen Null setzt. Auf diese Weise erhält man ein *System* von Gleichungen für die unbekannten Parameter (vgl. Beispiel 6.13). Dieses System und manchmal sogar eine einzelne Gleichung für *einen* Parameter läßt sich nicht immer so einfach wie im Beispiel 6.13 auflösen, und evtl. ist die Lösung überhaupt nicht allgemein angebbar. In diesen Fällen muß das Gleichungssystem mit den eingesetzten Daten iterativ gelöst werden (vgl. Beispiel 6.14).

6.6 Maximum-Likelihood-Schätzungen

Beispiel 6.13: Normalverteilung

Zur Schätzung von μ und σ bei einer Normalverteilung mit den unabhängigen Realisierungen $x_1, \ldots x_n$ hat die log-Likelihood-Funktion die Gestalt

(3) $\ln L(\mu, \sigma) = \ln [f(x_1) \cdot f(x_2) \cdot \ldots \cdot f(x_n)]$

$= -n \cdot \ln(\sqrt{2\pi}\sigma) - \Sigma (x_i - \mu)^2 / 2\sigma^2$,

wobei f die Dichte der $N(\mu, \sigma^2)$-Verteilung ist. Differenziert man ln L partiell einmal nach μ und einmal nach σ und setzt diese Ableitungen Null, so ergibt sich das Gleichungs-system

$-2 \Sigma(x_i - \mu) / 2\sigma^2 = 0$, $-n/\sigma - \Sigma(x_i - \mu)^2 / \sigma^3 = 0$.

Als Lösungen berechnet man leicht die ML-Schätzer

(4) $\hat{\mu} = \frac{1}{n} \Sigma x_i = \bar{x}$, $\hat{\sigma} = \sqrt{\frac{1}{n} \Sigma (x_i - \bar{x})^2}$.

Beispiel 6.14: Weibull-Verteilung

Es sei bekannt, daß die folgenden n=10 Daten aus einer Weibull-Verteilung (vgl. 3.1.7) mit den Parameterwerten w=0 und b=2 stammen:

x_i: 1.5459, 0.8452, 0.5812, 0.5698, 0.9428
0.4180, 1.3366, 0.4001, 1.2846, 0.5008

Der dritte Parameter k soll mit diesen Daten nach der ML-Methode geschätzt werden.

Die log-Likelihood-Funktion ergibt sich bei Unabhängigkeit der Realisierungen zu

$\ln L(k) = n \cdot \ln(bk) + (k-1) \Sigma \ln(x_i - w) - b \Sigma (x_i - w)^k$,

wobei w=0, b=2, n=10 und x_i die oben angegebenen Werte sind.
Die Ableitung g von ln L nach k

$g(k) = \frac{n}{k} + \Sigma \ln(x_i - w) - b \Sigma (x_i - w)^k \cdot \ln(x_i - w)$

führt auf die ML-Gleichung g(k)=0, die nicht explizit nach k aufgelöst werden kann.

Für einen plausiblen Wert k_0 (Anfangswert) probieren wir, ob $g(k_0)=0$ erfüllt ist. Wenn nicht, dann wird dieser Anfangswert etwa nach folgender Vorschrift *(Newton-Verfahren)* schrittweise systematisch verbessert:

(5) $\quad k_{i+1} = k_i - g(k_i)/g'(k_i) \quad (i=0,1,2,\ldots)$,

wobei g' die Ableitung von g ist. Das Verfahren wird abgebrochen, wenn die gewünschte Genauigkeit erreicht ist.

Wollen wir k auf 4 Stellen hinter dem Komma genau bestimmen, so ergeben sich hier die folgenden mit dem Verfahren (5) aus $k_0=1$ berechneten Näherungslösungen der Gleichung $g(k)=0$:

Schritt Nr.	Näherungslösungen k	g(k)
0	1.000 000	8.220 305 931
1	1.608 164	2.528 860 043
2	1.984 903	0.318 622 655
3	2.046 371	0.005 320 681
4	2.047 432	0.000 001 486
5	2.047 433	-0.000 000 003

Das Verfahren wird nach dem 5. Schritt abgebrochen, da es bei der vorgegebenen Genauigkeit (4 Stellen hinter dem Komma) keine Änderungen von k mehr liefert. Somit ist 2.0474 ein Näherungswert für den ML-Schätzer $\hat{k}$.

6.7 Schätzungen in linearen Modellen

Zum Abschluß werden noch für einige der in 3.2 bis 3.4 behandelten Modelle Schätzer angegeben.

Beim *linearen Regressionsmodell*

(1) $\quad Y_i = a + bx_i + \sigma Z_i \quad (i=1,\ldots,n)$
mit unabhängigen, $N(0,1)$-verteilten Z_i

sind die x_i fest vorgegebene Werte (Versuchsbedingungen) und a, b, σ im allgemeinen unbekannte Parameter. Die Parameter a und b, die die Regressionsgerade bestimmen, können wie be-

6.7 Schätzungen in linearen Modellen

reits in 5.5.2 ausführlich dargelegt nach der Methode der kleinsten Quadrate geschätzt werden. Die dort angegebenen Werte $\hat{a}$ und $\hat{b}$ (siehe 5.5.2(5) und (7)) sind in diesem Modell zugleich ML-Schätzer. Konfidenzbereiche für a und b sowie für die gesamte Regressionsgerade y=a+bx sind z.B. in SACHS (1978) angegeben.

Für σ^2 verwendet man nicht den ML-Schätzwert SQD/n, sondern den korrigierten erwartungstreuen Schätzwert

(2) $\hat{\sigma}^2$ = MQD = SQD/(n-2)   mit   SQD = $\Sigma(y_i - (\hat{a}+\hat{b}x_i))^2$.

Zur Berechnung von $\hat{a}$, $\hat{b}$ und SQD siehe 5.5.2 und Anhang A 2.5.

Bei den in 3.2 und 3.3 behandelten Modellen der *Varianzanalyse* werden die Parameter ebenfalls nach der Methode der kleinsten Quadrate geschätzt (dies sind wiederum ML-Schätzer) und die Varianzschätzung wird wieder korrigiert, damit sie erwartungstreu ist. Beispielhaft soll dies am Mehrstichprobenmodell 3.3(4) erläutert werden. (vgl. auch 7.3.5).

Aus jeder von k Populationen wird zur Untersuchung eines bestimmten Merkmals Y eine Stichprobe entnommen. Die n_i Ergebnisse $y_{i1}, y_{i2}, \ldots$ der i-ten Stichprobe werden durch unabhängige jeweils Normal (μ_i, σ^2)-verteilte Zufallsvariable modelliert.

Selbstverständlich wird der Erwartungswert μ_i durch das Mittel der betreffenden Ergebnisse geschätzt:

(3) $\hat{\mu}_i = (y_{i1}+y_{i2}+\ldots)/n_i$ oder kurz $\hat{\mu}_i = \bar{y}_{i+}$.

Dies sind nach Beispiel 6.13 ML-Schätzer.

Als ML-Schätzer für σ^2 ergibt sich analog zum Beipiel 6.13 die Summe SQI aller quadratischen Abweichungen $(y_{ij}-\bar{y}_{i+})^2$ der Daten y_{ij} von ihrem jeweiligen Stichprobenmittel $\bar{y}_{i+}$ dividiert durch die Gesamtzahl $n=n_1+\ldots+n_k$ der Daten. Die Erwartunsgtreue für σ^2 erreicht man hier wie bei allen in 3.2 bis 3.4 angegebenen Modellen der Varianz- und Regressionanalyse dadurch, daß man die Summe der Abweichungsquadrate (hier: SQI) statt durch den Stichprobenumfang n durch den *Freiheitsgrad* n-r dividiert, wobei r die Anzahl der sonstigen (unabhängigen) Parameter ist. Da hier neben σ^2 noch r=k Parameter $\mu_1,\ldots,\mu_k$ vorliegen, die unabhängig voneinander beliebige Werte annehmen können, ergibt sich dann die in 7.3.5 verwendete Schätzung

(4) $\quad \hat{\sigma}^2 = \text{MQI} = \sum\limits_{i=1}^{k} \sum\limits_{j=1}^{n_i} (y_{ij} - \bar{y}_{i+})^2 / (n-k)$.

Zur Berechnung von MQI siehe Beispiel 7.23 und Anhang A 2.4 .

Kapitel 7   Schlußfolgerungen aus dem Versuch: Testen von Hypothesen

7.1 Einführung

Nach der Durchführung eines Versuchs und der Präzisierung eines angemessenen stochastischen Modells sind diejenigen Fragen zu beantworten, deren Klärung der eigentliche Zweck des Versuchs war. Allerdings lassen sich nicht alle Fragen aufgrund eines Versuchs beantworten, selbst wenn sie hinreichend präzise formuliert sind wie z.B. "Wie sind die Geburtsgewichte von Neugeborenen (eines festen Kollektivs) verteilt?" oder "Welcher Zusammenhang besteht zwischen dem durchschnittlichen Zigarettenkonsum pro Tag und der Wahrscheinlichkeit, daß sich ein Lungenkrebs entwickelt?" Die im folgenden behandelten statistischen Verfahren können nur solche Fragen über das Modell beantworten, die nur *zwei* alternative Antworten zulassen (ja/nein). Hierbei formuliert man beide möglichen Antworten als alternative *Hypothesen* über das Modell und entscheidet sich aufgrund des Versuchs für eine dieser Hypothesen. Bei obigen Fragestellungen könnte man etwa folgende Hypothese aufstellen: "Das Geburtsgewicht ist normalverteilt (bzw. nicht-normalverteilt)" oder "Es gibt einen (bzw. keinen) Zusammenhang zwischen Zigarettenkonsum und dem Lungenkrebs-Risiko". Die Entscheidung zwischen zwei Hypothesen erfolgt aufgrund des Versuchs durch einen sogenannten statistischen Test: Hierbei wird grob gesprochen eine Hypothese verworfen, wenn der Versuchsausfall unter der Annahme der Gültigkeit der Hypothese eine zu geringe Wahrscheinlichkeit hat, also zu "unwahrscheinlich" ist. Solche Hypothesen können etwa *einen* Modellparameter spezifizieren, z.B.

- Bei Neugeborenen ist das männliche Geschlecht mit Wahrscheinlichkeit 1/2 vertreten.

- Bei einem Präzisions-Voltmeter ist die Varianz der Einzelmessung höher als der vom Hersteller angegebene Wert.

oder auch *zwei* (bzw. *mehrere*) Parameter untereinander vergleichen:

- Die Heilquote der (neuen) Therapie A ist besser als die der Therapie B.
- Das Messverfahren A liefert stets kleinere Werte als das Verfahren B.

Andere Hypothesen beschäftigen sich mit der Unabhängigkeit bzw. dem Zusammenhang von Merkmalen:

- Untergewicht bei Neugeborenen ist unabhängig von der Legitimität.
- Körpergröße und Gewicht bei Erwachsenen sind positiv korreliert.

wobei die Abhängigkeit der Merkmale auch spezifiziert sein kann, etwa durch einen linearen Ansatz:

- Der mittlere Blutdruck von Männern ist eine lineare Funktion des Alters.

Die einem Modell zugrundeliegende Verteilungsannahme kann ebenfalls als Hypothese formuliert und getestet werden (Anpassungstest), z.B.

- Das Geburtsgewicht Neugeborener ist normalverteilt.

Aus der Vielfalt von Modellen, Hypothesen und Tests werden in diesem Kapitel nur einige wichtige exemplarisch behandelt. Für diskrete Merkmale werden im wesentlichen Häufigkeitsvergleiche und Kontingenztafeln behandelt und für stetige normalverteilte Variablen werden Tests des Erwartungswerts, der Varianz, des Korrelationskoeffizienten sowie die (einfache) Varianzanalyse und die Regressionsanalyse erörtert. Von den parameterfreien Verfahren werden Rangtests zum Vergleich zweier Verteilungen vorgestellt. Außerdem werden einige Anpassungstests diskutiert.

7.2 Tests für einzelne Wahrscheinlichkeiten

Bei vielen Untersuchungen ist man an einem speziellen Ereignis ("Erfolg") interessiert, und will Hypothesen für die Erfolgswahrscheinlichkeit überprüfen. Im folgenden werden die einfachsten Fälle dieser Art behandelt, bei denen es um den Vergleich einer solchen Wahrscheinlichkeit mit einem vorgegebenen "theoretischen" Wert oder um den Vergleich zweier Erfolgswahrscheinlichkeiten, z. B. in zwei verschiedenen Populationen, geht (Vergleiche von mehr als zwei solchen Wahrscheinlichkeiten werden erst in 7.6.2 diskutiert). An diesen typischen Test-Situationen werden die wichtigen Begriffe und Methoden von statistischen Tests exemplarisch eingeführt. Im letzten Abschnitt 7.2.5 wird noch der Vorzeichen-Test zum Vergleich von zwei stetigen Zufallsvariablen in gepaarten Stichproben vorgestellt, weil er auf dem Test einer Erfolgswahrscheinlichkeit basiert (Vergleiche von zwei beliebigen stetigen Verteilungen werden in 7.4.3-4 wieder aufgegriffen).

7.2.1 Erläuterung eines Tests

Häufig kann bereits die Analyse einer einzelnen Wahrscheinlichkeit $p = P(E)$ für ein spezifisches Ereignis E, welches meist als "Erfolg" interpretiert wird, wesentliche Aufschlüsse über die zu klärende Fragestellung liefern.

Beispiel 7.1: Vererbung eines Merkmals

In der Genetik wird versucht, den Erbgang eines phänotypischen Merkmals durch ein möglichst einfaches Modell zu erklären und dieses dann durch Kreuzungsversuche zu überprüfen. Im einfachsten Modell eines dominanten Erbgangs wird die Merkmalsausprägung durch ein Gen mit zwei Allelen A (dominant) und a (rezessiv) gesteuert, wobei das Merkmal auftritt, wenn mindestens ein dominantes Allel A vorhanden ist. Ist dagegen noch ein weiteres Gen mit den Allelen B und b am Erbgang beteiligt, so tritt das Merkmal z. B. bei *komplementärer Polygenie* nur dann auf, wenn *beide* dominanten Allele A und B vorhanden sind. Bei einer dihybriden Kreuzung AABB × aabb spaltet die 2. Tochtergeneration (F_2) im einfachen Modell im Verhältnis 3:1 und bei Polygenie im Verhältnis 9:7 auf. Betrachten wir nun willkürlich das Fehlen des Merkmals als "Erfolg", so führen die beiden Modelle zu verschiedenen Hypothesen über die Erfolgswahrscheinlichkeit: $p = 1/4$ bzw. $p = 7/16$.

In der allgemeinen Situation des Beispiels liegen zwei sich gegenseitig ausschließende Hypothesen über die Erfolgswahrscheinlichkeit p vor, die sogenannte *Nullhypothese*

(1) $\qquad H_o: p = p_o \qquad$ (p_o fest vorgegeben),

und die **alternative** *Hypothese*

(2) $\qquad H: p = p_1 \qquad$ (p_1 fest vorgegeben mit $p_1 > p_o$)

die im Gegensatz zur Nullhypothese auch als *Gegenhypothese* oder *Alternative* bezeichnet wird. Zwischen den Hypothesen H_o und H soll aufgrund eines Experiments entschieden werden.

Beispiel 7.1: 1. Fortsetzung

Wir wählen das einfache Modell, in dem B, b keinen Einfluß haben, als Nullhypothese, d.h. $p_o = 1/4 = 0.25$ und Polygenie als Hypothese, d.h. $p_1 = 7/16 = 0.4375$. Diese zunächst willkürlich erscheinende Festlegung wird im folgenden noch erläutert: in der Regel repräsentiert die Nullhypothese das einfachere Modell, welches man zugunsten eines komplexeren Modells (Hypothese) durch ein Experiment zu verwerfen trachtet. Wir betrachten jetzt ein Kreuzungsexperiment, bei dem die F_2-Generation den Umfang $n = 20$ hat und bezeichnen die Anzahl der Erfolge (Merkmal fehlt) unter ihnen mit k (z. B. $k = 10$). Je nach der beobachteten Erfolgsanzahl k bzw. der Erfolgsquote $\hat{p} = k/20$ wird man dann für oder gegen die Nullhypothese entscheiden. Kleine Anzahlen $k = 0,1,\ldots,5$ sprechen (wegen $\hat{p} < p_o$) sicherlich eher für die Nullhypothese als für die Hypothese und bei großen Werte $k = 9,10,\ldots,20$ ist es (wegen $\hat{p} > p_1$) genau umgekehrt. Unklar ist scheinbar nur, wie man sich bei mittleren Anzahlen $k = 6,7,8$ (also $p_o < \hat{p} < p_1$) entscheiden soll.

Eine Entscheidung zwischen Nullhypothese und Hypothese aufgrund einer Beobachtung (Stichprobe) liefert der *statistische Test*. Um die Einflüsse des Zufalls kalkulieren zu können, muß ein stochastisches Modell zu Grunde gelegt werden. Im vorliegenden Fall besteht das Gesamtexperiment aus n unabhängigen Wiederholungen eines Experiments, bei dem der Erfolg mit Wahrscheinlichkeit p eintritt. Die zufällige Anzahl K der Erfolge ist dann Binomial(n,p)-verteilt (vgl. 3.1.2). Die beobachtete Erfolgsquote $\hat{p}$ = k/n ist eine Schätzung auf p (vgl. 6.5). Wie bereits im Beispiel erwähnt, sprechen kleine Werte von k bzw. $\hat{p}$ wegen $p_0 < p_1$ eher für die Nullhypothese als für die Hypothese und bei großen Werten von k bzw. $\hat{p}$ ist es genau umgekehrt. Ein statistischer Test ist nun durch einen sogenannten *oberen kritischen Wert* k_{max} für k und folgendes Entscheidungsverfahren gegeben:

(3) Entscheidung für $\begin{cases} \text{Hypothese H,} & \text{falls } k > k_{max} \\ \text{Nullhypothese,} & \text{falls } k \leq k_{max} \end{cases}$

Eine Entscheidung für H drückt man meist in der Form "Die Nullhypothese wird zugunsten der Hypothese *abgelehnt*" aus. Die Bedeutung dieser Sprechweise wird etwas später klar werden (bei der Fehlerbetrachtung für Tests).

Die Festlegung des kritischen Wertes k_{max} (oberhalb dessen die Nullhypothese abgelehnt wird) ist nicht willkürlich, sondern erfolgt aufgrund der folgenden Analyse der möglichen Fehlentscheidungen des Tests.

Man spricht von einem *Fehler 1. Art*, wenn der Test (3) die Nullhypothese H_0 *ablehnt*, d.h. $k > k_{max}$, obwohl sie in Wirklichkeit *zutrifft* ("falsch-positive" Entscheidung). Dagegen liegt ein *Fehler 2. Art* vor, wenn der Test die Nullhypothese H_0 *nicht ablehnt*, d.h. $k \leq k_{max}$, obwohl sie in Wirklichkeit *nicht zutrifft* ("falsch-negative" Entscheidung). Die verschiedenen Möglichkeiten sind in der folgenden Übersicht zusammengestellt.

Testentscheidung	In Wirklichkeit gilt	
	Nullhypothese H_0	(Gegen) Hypothese H
Nullhypothese wird nicht abgelehnt	richtige Entscheidung	Fehler 2. Art
Nullhypothese wird abgelehnt	Fehler 1. Art	richtige Entscheidung

Da die Testentscheidung von der beobachteten Realisierung k der Zufallsvariablen K abhängt, sind die Fehlentscheidungen ebenfalls zufällig und man kann daher deren Wahrscheinlichkeiten berechnen. Die Wahrscheinlichkeit α_o für den Fehler 1. Art (*Fehlerrisiko 1. Art*), ist die Binomialwahrscheinlichkeit (vgl. A3.9):

(4) $\quad \alpha_o = P(K > k_{max} | p = p_o) = 1 - B(k_{max}; n, p_o)$.

Analog ist das *Fehlerrisiko β 2. Art* gegeben durch

(5) $\quad \beta = P(K \leq k_{max} | p = p_1) = B(k_{max}; n, p_1)$.

Diese Fehlerrisiken lassen sich als durchschnittliche Quoten der entsprechenden Fehlentscheidungen im Laufe von zahlreichen Anwendungen des Tests interpretieren. Die Wahl des kritischen Wertes k_{max} beeinflußt die Fehlerrisiken wechselseitig: bei wachsendem k_{max} fällt α_o und β steigt (im Extremfall $k_{max} = n$ ist sogar $\alpha_o = 0$ und $\beta = 1$).

Beispiel 7.1: 2. Fortsetzung

Die Abhängigkeit der Fehlerrisiken von k_{max} ist in Abb. 7.1 und der folgenden Tabelle für die vorliegende Situation dargestellt.

kritischer Wert k_{max}	Fehlerrisiko 1. Art α_o	Fehlerrisiko 2. Art β
5	38.28 %	6.89 %
6	21.42 %	15.52 %
7	10.18 %	28.94 %
8	4.09 %	45.91 %
9	1.39 %	63.50 %

Verständlicherweise ist man bemüht, die Fehlerrisiken klein zu halten. Da man (bei festem n, p_o, p_1) jedoch nicht gleichzeitig *beide* Fehlerrisiken durch die Wahl des kritischen Wertes minimieren kann, mißt man den beiden Risiken unterschiedliche Bedeutung bei und kontrolliert dann in erster Linie das "wichtigere" Risiko. Man hat sich darauf geeinigt, das Fehlerrisiko

7.2 Tests für einzelne Wahrscheinlichkeiten

1. Art durch die Vorgabe des sogenannten *Testniveaus* α *(Irrtumswahrscheinlichkeit 1. Art)* wie folgt zu kontrollieren. Unter allen möglichen kritischen Werten, bei denen das Fehlerrisiko α_o 1. Art das Testniveau α nicht überschreitet (d.h. $\alpha_o \leq \alpha$), wählt man denjenigen Wert $k_{max} = k_{max}(\alpha)$ aus, der das Fehlerrisiko β 2. Art minimiert. Dieses k_{max} ist dann nach (4), (5) charakterisiert durch

(6) $\quad P(K > k_{max}(\alpha) | p = p_o) \leq \alpha,$

(7) $\quad P(K \geq k_{max}(\alpha) | p = p_o) > \alpha,$

d. h. $k_{max}(\alpha)$ ist das obere α-Quantil der $B(n, p_o)$-Verteilung (vgl. 1.5.1).

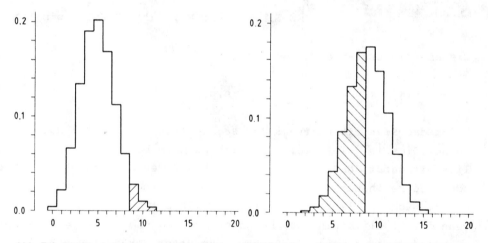

Abb. 7.1 Die Blockdiagramme stellen die Binomial (20,p)-Verteilung unter der Nullhypothese H_0: p = 1/4 (links) und der Alternative H: p = 7/16 (rechts) des Beispiels 7.1 dar. Für k_{max} = 8 entsprechen die schraffierten Flächenanteile den Fehlerrisiken α_0 (links) und β (rechts).

Beispiel 7.1: 3. Fortsetzung

Der Test soll zum Niveau α = 5% durchgeführt werden. Das obere α-Quantil von B(20; 1/4) ist k_{max} = 8 mit den zugehörigen Fehlerrisiken α_o = 4.09%, β = 45.91%. Das Niveau α wird hier nicht voll ausgeschöpft, weil α_o echt kleiner als α ist. Bei einem konkreten Experiment wurden k = 10 Erfolge beobachtet. Da die Beobachtung k den kritischen Wert k_{max} übersteigt, wird die Nullhypothese zugunsten der

Hypothese abgelehnt, d. h. man entscheidet sich für das Polygenie-Modell.

Man braucht den kritischen Wert $k_{max}(\alpha)$ für die Testdurchführung nicht unbedingt ausrechnen, denn für die Testentscheidung (3) ist nur wesentlich, ob $k_{max}(\alpha)$ von der beobachteten Anzahl k überschritten wird oder nicht. Nun ist aber $k \le k_{max}(\alpha)$ äquivalent zu

(8) $P(K \ge k | p = p_o) > \alpha$

Folglich erhalten wir folgende äquivalente Beschreibung der Testentscheidung (3):

(9)   Entscheidung für $\begin{cases} \text{Hypothese H,} & \text{falls } P(K \ge k | p=p_o) \le \alpha \\ \text{Nullhypothese } H_o, & \text{falls } P(K \ge k | p=p_o) > \alpha \end{cases}$

Die hier auftretende Wahrscheinlichkeit

(10) $P(K \ge k | p = p_o) = 1 - B(k-1; n, p_o)$

heißt das *Signifikanzniveau der Beobachtung* k unter der Nullhypothese. Dies ist die unter der Nullhypothese berechnete Wahrscheinlichkeit dafür, daß die Zufallsvariable K den beobachteten Wert k oder andere in Bezug auf die Nullhypothese ungünstigere Werte annimmt. Nach (9) lehnt der Test die Nullhypothese genau dann ab, wenn das Signifikanzniveau höchstens gleich dem Testniveau ist, d.h grob gesprochen, wenn die Beobachtung unter der Nullhypothese zu unwahrscheinlich ist.

Beispiel 7.1: 4. Fortsetzung

Das Signifikanzniveau $P(K \ge 10 | p = 0.25) = 1.39\%$ unterschreitet das Testniveau $\alpha = 5\%$, und das Kriterium (9) führt (wie bei Verwendung des kritischen Wertes) zur Ablehnung der Nullhypothese.

Wir wollen generell auf die Wahl des Testniveaus α und die eingeführten Sprechweisen "Nullhypothese wird abgelehnt" bzw. "Nullhypothese wird nicht abgelehnt" eingehen. Aus der Definition des Testniveaus α ergibt sich, daß man sich bei Ablehnung

7.2 Tests für einzelne Wahrscheinlichkeiten

der Nullhypothese H_o zugunsten der Hypothese H höchstens mit der Wahrscheinlichkeit des vorgegebenen Niveaus α irrt. Dagegen wird bei der Testentscheidung "Nullhypothese H_o wird nicht abgelehnt" das Fehlerrisiko 2. Art nicht kontrolliert und kann hoch sein (vgl. Beispiel 7.1). Daher interpretiert man diese Entscheidung entsprechend vorsichtiger, z. B. "Die beobachteten Daten widersprechen der Nullhypothese nicht". Aus den gleichen Überlegungen heraus formuliert man die *abzusichernde* Aussage als *Hypothese* H und nicht etwa als Nullhypothese H_o. Hieraus ergibt sich wiederum, daß das Niveau α, mit dem man die Hypothese H absichern will, von der konkreten Anwendungssituation und den Konsequenzen der Fehler 1. und 2. Art abhängt. Bei theoretischen Betrachtungen ist z. B. die Hypothese H oft eine Konsequenz einer umfassenderen Theorie, die durch den Test überprüft werden soll. Hier wird man H hoch absichern wollen, d. h. ein sehr kleines α wählen. Ein anderer typischer Fall ist, daß die Annahme der Hypothese H Entscheidungen über die Gesundheit oder das Leben von Menschen zur Folge hat, so daß man wiederum ein sehr kleines α wählen wird. Prinzipiell sollte man daher *vor* jedem Test ein "maßgeschneidertes" Niveau α wählen und dies möglichst begründen. In der Regel verwendet man hierbei *Standard-Niveaus* aus der Reihe 10%, 5%, 1%, 0.5%, 0.1%.... auf denen die meisten Tabellen von kritischen Werten für die jeweiligen Tests basieren. Wenn der Fehler 1. Art keine entscheidenden Konsequenzen hat (z. B. bei Routineuntersuchungen oder Vorstudien), so wird häufig das 5%-Niveau gewählt. Bei diskreten Verteilungen empfiehlt es sich zusätzlich, auch das tatsächliche Fehlerrisiko 1. Art zu berücksichtigen, um das Niveau möglichst voll ausnutzen zu können.

Abschließend wollen wir noch weitere Begriffe einführen, die bei späteren Tests häufig verwendet werden. Die Zufallsvariable K bezeichnet man in diesem Zusammenhang auch als *Testgröße (Prüfgröße, Teststatistik)* und ihre Realisierung k heißt *Testwert (Prüfwert)*, weil die Testentscheidung nur von k abhängt. Die Unterscheidung der Testgröße als Zufallsvariable vom Testwert als ihrer beobachteten Realisierung ist prinzipiell von großer Bedeutung, wird aber in der Praxis häufig vernachlässigt. Wir werden im folgenden meist nur den Testwert angeben (und ihn meist

mit t bezeichnen), aus dessen Definition man stets die zugehörige Testgröße erhalten kann, indem man alle Realisierungen durch ihre entsprechenden Zufallsvariablen ersetzt.
Wird die Nullhypothese abgelehnt, so sagt man auch, daß der Testwert *signifikant* ist. Der *Signifikanzbereich* S besteht dann aus allen signifikanten Testwerten, also im vorliegenden Fall aus allen Werten k oberhalb von k_{max} (vgl. auch Abb. 7.1). Anschaulich gesprochen ist der Signifikanzbereich ein Bereich, in den die Testgröße bei Gültigkeit der Nullhypothese nur mit "geringer" Wahrscheinlichkeit (höchstens α) fällt. Die Wahrscheinlichkeit, daß die Testgröße im Signifikanzbereich liegt, heißt die *Schärfe* des Tests. Falls die Nullhypothese gilt, so ist die Schärfe nach (4) gerade das Fehlerrisiko $α_o$. Und unter der Hypothese ist die Schärfe nach (5) gerade 1-β. Je größer die Schärfe 1-β in diesem Fall ist, desto eher "entdeckt" der Test die Hypothese, wenn sie zutrifft.

7.2.2 Test einer Wahrscheinlichkeit

Im letzten Abschnitt haben wir einen Test für zwei Hypothesen

(1) $\quad H_o: p = p_o \quad , \quad p_o$ fest vorgegeben,

(2) $\quad H: p = p_1 \quad , \quad p_1 > p_o$ fest vorgegeben,

über die Wahrscheinlichkeit p eines spezifischen Ereignisses E ("Erfolg") kennengelernt. Diese Hypothesen heißen auch *einfach*, weil sie den Parameter p auf *einen* Wert festlegen. Häufig hat man noch keine feste Vorstellung von der Alternative und verwendet dann sogenannte *zusammengesetzte* Hypothesen, bei denen der Parameterbereich nur eingegrenzt wird, z. B. durch:

(3) $\quad H: p > p_o \quad$ (Überschreitung von p_o),

(4) $\quad H: p < p_o \quad$ (Unterschreitung von p_o),

(5) $\quad H: p \neq p_o \quad$ (p_o wird nicht eingehalten).

7.2 Tests für einzelne Wahrscheinlichkeiten

Die Nullhypothese kann auch zusammengesetzt sein, z. B.

(6) $H_o: p \leq p_o$ (p_o wird nicht überschritten),

(7) $H_o: p \geq p_o$ (p_o wird nicht unterschritten).

Die Wahrscheinlichkeit p_o wird je nach Anwendungszusammenhang als Norm-, Grenz-, Richt- oder Sollwert interpretiert, wie die folgenden Beispiele zeigen.

Beispiel 7.2: Säuglingssterblichkeit

E sei das Ereignis "Säuglingssterbefall" (Todesfall eines Lebendgeborenen im 1. Lebensjahr). Will man prüfen, ob die Säuglingssterblichkeit $p = P(E)$ den "alarmierenden" Wert $p_o = 2.5\%$ übersteigt (Hypothese) oder nicht (Nullhypothese), so liegt das Hypothesenpaar (3), (6) vor. Interessiert man sich dagegen dafür, ob die Säuglingssterblichkeit einen Vergleichswert p_o bereits unterschritten hat (Hypothese) oder nicht (Nullhypothese), so ist das Hypothesenpaar (4), (7) adäquat.

Beispiel 7.3: Verhältnis der Geschlechter

Es soll untersucht werden, ob in einer bestimmten Population beide Geschlechter gleich häufig auftreten (Nullhypothese) oder nicht. Betrachten wir formal ein Geschlecht als "Erfolg" (z. B. "männlich"), so ist die Nullhypothese $H_o: p = 1/2$ einfach und die Alternative $H: p \neq 1/2$ zusammengesetzt.

Beispiel 7.4: Vererbung eines Merkmals

Wir greifen noch einmal die Situation aus Beispiel 7.1 auf. Die Nullhypothese (1 Gen mit 2 Allelen A und a steuert die Merkmalausprägung) wurde in der Form $H_o: p = 1/4$ formuliert, wobei Nicht-Auftreten des Merkmals als "Erfolg" interpretiert wird. Will man nun die Nullhypothese überprüfen, ohne aus der Vielzahl der Alternativen (z. B. Steuerung durch mehrere Gene, Crossing-over etc.) eine zu konkretisieren, so verwendet man die zusammengesetzte Alternative $H: p \neq 1/4$.

Für die verschiedenen Kombinationen der obigen Hypothesen werden jetzt analog den Ausführungen in 7.2.1 Tests zum vorgegebenen Niveau α entwickelt. Diese Tests sind in der Test-Box 1 zusammen-

fassend unter der Rubrik *"exakter Test"* aufgeführt und sollen jetzt erläutert werden (die dort ebenfalls angegebenen "asymptotischen Tests" werden anschließend behandelt). Hierbei wird in allen Fällen von der gleichen Voraussetzung ausgegangen, daß n unabhängige Versuche gemacht werden und die (zufällige) Anzahl K der Erfolge Binomial(n,p)-verteilt ist. Als Testwert wird wieder die beobachtete Anzahl k der Erfolge verwendet.
Wir betrachten zuerst den Test der *einfachen* Nullhypothese $H_o: p = p_o$ gegen die zusammengesetzte Alternative $H: p > p_o$. Hier ergibt sich dieselbe Testentscheidung wie in 7.1.1 bei einfacher Alternative. Einziger Unterschied ist, daß das Fehlerrisiko 2. Art jetzt vom unbekannten Parameter p abhängt:

(8) $\beta(p) = P(K \leq k_{max}) = B(k_{max};n,p)$.

Das Fehlerrisiko $\beta(p)$ wächst mit fallendem p und hat unter $H: p > p_o$ die obere Grenze $\beta(p_o) = 1-\alpha_o$ (vgl. 7.1.1(4)).
Jetzt soll die *zusammengesetzte* Nullhypothese $H_o: p \leq p_o$ gegen die Alternative $H: p > p_o$ getestet werden. Hier hängt jetzt auch das Fehlerrisiko 1. Art vom unbekannten Parameter ab:

(9) $\alpha_o(p) = P(K > k_{max}) = 1-B(k_{max};n,p)$.

Das Fehlerrisiko $\alpha_o(p)$ wächst mit wachsendem p und nimmt unter der Nullhypothese $H_o: p \leq p_o$ seinen maximalen Wert für $p = p_o$ an und stimmt dort mit dem Fehlerrisiko 7.1.1(4) überein: $\alpha_o(p_o) = \alpha_o$. Da es zur Kontrolle von $\alpha_o(p)$ genügt, den maximalen Wert α_o zu kontrollieren, ergibt sich wieder dieselbe Testentscheidung wie in 7.1.1. Das Signifikanzniveau der Beobachtung

(10) $P(K \geq k) = 1-B(k-1;n,p)$

hängt ebenso wie (9) von p ab und nimmt unter $H_o: p \leq p_o$ den maximalen Wert für $p = p_o$ an. Es ist daher einleuchtend, daß sowohl die einfache als auch die zusammengesetzte Nullhypothese bei gleicher Alternative zum selben Test führen: $p = p_o$ ist die extremste Auslegung von $p \leq p_o$ im Hinblick auf die Alternative $p > p_o$.

7.2 Tests für einzelne Wahrscheinlichkeiten

Test-Box 1: Tests über die Erfolgswahrscheinlichkeit p einer Binomial(n,p)-Verteilung

[1] $H_0: p = p_0$ $(p \leq p_0)$ $H: p > p_0$	[2] $H_0: p = p_0$ $(p \geq p_0)$ $H: p < p_0$	[3] $H_0: p = p_0$ $H: p \neq p_0$

Testniveau: α ; Stichprobenumfang: n

beobachtete Anzahl der Erfolge: k (Realisierung von K)

Exakter Test:

Testwert: k

Kritische Werte: $k_{max}(\alpha)$ oberes α-Quantil von $B(n,p_0)$
$k_{min}(\alpha)$ unteres α-Quantil von $B(n,p_0)$

Signifikanzniveaus: $B_0^*(k) = P(K \geq k \mid p = p_0) = 1 - B(k-1; n, p_0)$
$B_0(k) = P(K \leq k \mid p = p_0) = B(k; n, p_0)$

Testentscheidung: Ablehnung von H_0 (Annahme von H), falls gilt:

[1] $k > k_{max}(\alpha)$ bzw. $B_0^*(k) \leq \alpha$	[2] $k < k_{min}(\alpha)$ bzw. $B_0(k) \leq \alpha$	[3] $k > k_{max}(\frac{\alpha}{2})$ oder $k < k_{min}(\frac{\alpha}{2})$ bzw. $B_0^*(k) \leq \frac{\alpha}{2}$ oder $B_0(k) \leq \frac{\alpha}{2}$

Asymptotischer Test:

Testwert: $t = (k - \mu)/\sigma$ mit $\mu = np_0$, $\sigma = \sqrt{np_0(1-p_0)}$

Kritischer Wert: $z_\alpha = \alpha$-Quantil von $N(0,1)$

Testentscheidung: Ablehnung von H_0 (Annahme von H), falls gilt:

[1] $t \geq z_\alpha$ bzw. $\Phi(-t) \leq \alpha$	[2] $-t \geq z_\alpha$ bzw. $\Phi(t) \leq \alpha$	[3] $t \geq z_{\alpha/2}$ oder $-t \geq z_{\alpha/2}$ bzw. $\Phi(-t) \leq \frac{\alpha}{2}$ oder $\Phi(t) \leq \frac{\alpha}{2}$

Hinweis: Zur Berechnung beachte man A 4.1, A 3.1-2, A 3.9

Den Test von $H_0: p = p_0$ (bzw. $p \geq p_0$) gegen $H: p < p_0$ erhält man analog. Da hier kleine Testwerte für die Hypothese sprechen, wird ein kritischer Wert k_{min} verwendet (vgl. Test-Box 1).

Schließlich wollen wir den Test für H_o: $p = p_o$ gegen H: $p \neq p_o$ behandeln. Da "$p \neq p_o$" gleichbedeutend mit "$p > p_o$ oder $p < p_o$" ist, liegt es nahe, H_o nacheinander gegen "$p > p_o$" und gegen "$p < p_o$" zu testen und H_o insgesamt zugunsten von H: $p \neq p_o$ abzulehnen, falls *einer* der beiden Tests die Nullhypothese abgelehnt hat. Der so gewonnene Test hätte allerdings als maximale Fehlerwahrscheinlichkeit die Summe der Fehlerwahrscheinlichkeiten aus beiden Tests. Um das vorgegebene Niveau α einzuhalten, führt man die Tests jeweils mit halbem Niveau $\alpha/2$ durch und erhält den in der Test-Box 1 angegebenen Test. Die unterschiedlichen Signifikanzbereiche der obigen Tests sind in Abb. 7.2 gegenübergestellt.

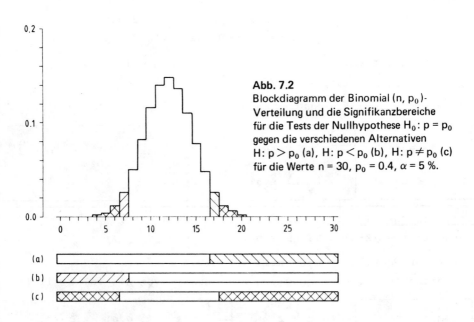

Abb. 7.2
Blockdiagramm der Binomial (n, p_0)-Verteilung und die Signifikanzbereiche für die Tests der Nullhypothese H_0: $p = p_0$ gegen die verschiedenen Alternativen H: $p > p_0$ (a), H: $p < p_0$ (b), H: $p \neq p_0$ (c) für die Werte $n = 30$, $p_0 = 0.4$, $\alpha = 5\%$.

Bei der Durchführung des exakten Tests wird die Berechnung des Signifikanzniveaus bzw. des kritischen Wertes bei wachsendem Stichprobenumfang umfangreicher und ist ohne Rechner praktisch kaum zu bewältigen. Für große Stichprobenumfänge n approximiert man daher die Binomialwahrscheinlichkeiten durch die entsprechenden Wahrscheinlichkeiten einer Normalverteilung und bezeichnet die daraus resultierenden Tests als *asymptotische Tests*.

7.2 Tests für einzelne Wahrscheinlichkeiten

Die in der Test-Box 1 angegebenen asymptotischen Tests basieren darauf, daß die standardisierte Erfolgshäufigkeit

(9) $\quad T = (K-\mu)/\sigma \quad$ mit $\mu = np_o$, $\sigma = \sqrt{np_o(1-p_o)}$

für $p = p_o$ asymptotisch (d. h. für $n \to \infty$) Normal$(0,1)$-verteilt ist. Beim asymptotischen Test wird der Testwert t verglichen mit einem kritischen Wert z, dem entsprechenden Quantil der N$(0,1)$-Verteilung (der zugehörige kritische Wert für k kann durch Umformung ermittelt werden). Die Bedingung "$t \geq z_\alpha$" für die Annahme von H: $p > p_o$ kann auch ohne Verwendung des Quantils z_α äquivalent formuliert werden durch "$\Phi(-t) \leq \alpha$", wobei Φ die N$(0,1)$-Verteilungsfunktion ist. Die Wahrscheinlichkeit $\Phi(-t) \approx P(T \geq t)$ ist das *asymptotische Signifikanzniveau*. Entsprechendes gilt für die anderen Hypothesen H: $p < p_o$, H: $p \neq p_o$. Die asymptotischen Tests halten das vorgegebene Testniveau α nur asymptotisch (d. h. für $n \to \infty$) ein. Im konkreten Fall kann das tatsächliche Fehlerrisiko α_o 1. Art auch geringfügig größer als α sein. Dies läßt sich weitgehend durch eine Stetigkeitskorrektur ausschließen (wie sie z. B. in 3.1.2 verwendet wird), wodurch der Test allerdings konservativer wird, d. h. er lehnt die Nullhypothese seltener ab als der unkorrigierte Test. Es gibt deshalb gute Gründe für und gegen die Verwendung von Stetigkeitskorrekturen bei Testgrößen, und wir verzichten im folgenden auf solche Korrekturen.

Beispiel 7.2: Fortsetzung

Es soll bei einem Testniveau $\alpha = 5\%$ überprüft werden, ob in einer bestimmten Region die Säuglingssterblichkeit p den Wert $p_o = 2.5\%$ übersteigt, d. h. die Nullhypothese lautet H_o: $p \leq 2.5\%$ und die Hypothese H: $p > 2.5\%$. Unter den insgesamt n = 2000 betrachteten Neugeborenen eines Jahrgangs wurden k = 65 Sterbefälle im 1. Lebensjahr registriert. Das Signifikanzniveau ergibt sich zu $B_o^*(65) = 2.2\% \leq 5\%$ und folglich lehnt der exakte Test die Nullhypothese ab, d. h. die Säuglingssterblichkeit ist höher als 2.5%. Anstelle des Signifikanzniveaus kann man auch den kritischen Wert $k_{max} = 62$ bestimmen und erhält wegen k > 62 dieselbe Entscheidung. Wegen des hohen Stichprobenumfangs soll hier auch noch der asymptotische Test durchgeführt werden. Aus

$$\mu = 2000 \cdot 0.025 = 50, \quad \sigma = \sqrt{2000 \cdot 0.025 \cdot 0.975} = 6.98$$

ergibt sich der Testwert t = (65-50)/6.98 = 2.15. Das asymptotische Signifikanzniveau ist (nach A4.1 oder A3.1): $\Phi(-2.15) = 1.6$ % und der asymptotische Test lehnt H_o ebenfalls ab (bei Verwendung des 5%-Quantils $z_\alpha = 1.65$ aus A4.2 oder A3.2 erhält man wegen t ≥ 1.65 dieselbe Entscheidung). Obwohl der exakte und asymptotische Test hier zur gleichen Testentscheidung führen, unterscheiden sich die entsprechenden Signifikanzniveaus und würden z. B. beim Testniveau $\alpha = 2$% zu verschiedenen Entscheidungen führen.

Es taucht jetzt die Frage auf, wann man den "einfacheren" asymptotischen Test anstelle des exakten Tests bedenkenlos verwenden kann. Prinzipiell sollte man immer den exakten Test anwenden, wenn man über einen Rechner verfügt, der die Binomialwahrscheinlichkeiten berechnet (vgl. A3.9). Ist dies nicht der Fall, so empfehlen wir die Approximation des (exakten) Signifikanzniveaus nach PEIZER-PRATT (vgl. A3.11). Falls einem der Rechenaufwand hierfür immer noch zu groß ist, kann man den asymptotischen Test anwenden. Hierbei sollte n nicht "zu klein" sein und p_o nicht "zu dicht" an 0 oder 1 sein, d.h. np_o und $n(1-p_o)$ sollen "nicht zu klein" sein. Über die Bedeutung von "nicht zu klein" gibt es unterschiedliche Ansichten, in der Regel meint man damit "mindestens 5". Im Beispiel 7.2 war $np_o = 50$, $n(1-p_o) = 1950$, und die Approximation des Signifikanzniveaus $B^*(65)$ nach A3.11 liefert gerundet den exakten Wert von 2.2%.

Die Hypothesen H: $p > p_o$ und H: $p < p_o$ bezeichnet man als _einseitig_, weil sie eine einseitige Abweichung des Parameters p von p_o spezifizieren, und die Hypothese H: $p \ne p_o$ heißt dementsprechend _zweiseitig_. Analog spricht man von ein- und zweiseitigen Tests. Vergleicht man für die Nullhypothese H: $p = p_o$ die Tests für die ein- und zweiseitige Hypothese H: $p > p_o$ und H: $p \ne p_o$, so stellt man fest, daß es einen Bereich für den Testwert gibt, in dem der einseitige Test die Nullhypothese bereits ablehnt, obwohl der zweiseitige Test dort noch nicht ablehnt. Beim exakten Test aus der Test-Box 1 ist dies der Bereich $k_{max}(\alpha) < k \le k_{max}(\alpha/2)$. Es taucht daher die Frage auf, ob man ein- oder zweiseitig testen soll. Hierzu ist nur zu sagen, daß man *vor* Beginn des Versuchs bzw. der Auswertung inhaltlich klären muß, welche der 3 Hypothesen H: $p > p_o$, H: $p < p_o$,

H: $p \neq p_o$ man testen will. Unter keinen Umständen darf man die Wahl der Hypothese vom Versuchsausfall selbst abhängen lassen (indem man z. B. H: $p > p_o$ testet, falls die beobachtete relative Häufigkeit $\hat{p}$ größer als p_o ist), weil dies zu einer Verfälschung des Testniveaus führt (das tatsächliche Niveau wäre in diesem Fall dann 2α statt α). Diese Bemerkungen gelten ganz allgemein für ein- und zweiseitige Tests.

7.2.3 Vergleich zweier Wahrscheinlichkeiten

Bisher haben wir Tests kennengelernt, bei denen die unbekannte Wahrscheinlichkeit $p = P(E)$ eines Ereignisses E mit einem bekannten Wert p_o verglichen wurde. Jetzt wollen wir uns mit Tests beschäftigen, bei denen zwei unbekannte Wahrscheinlichkeiten $p_1 = P(E_1)$ und $p_2 = P(E_2)$ von zwei Ereignissen E_1 und E_2 miteinander verglichen werden. Wir geben hierfür zunächst einige typische Beispiele an.

Beispiel 7.5: Therapievergleich

Bei einer spezifischen Erkrankung stehen zwei Therapien A_1 und A_2 mit den unbekannten Erfolgsquoten (Wahrscheinlichkeit für Heilung) p_1 und p_2 zur Diskussion. Ist eine Therapie wirksamer als die andere?

Beispiel 7.6: Säuglingssterblichkeit nach Geschlecht

Sind die Säuglingssterberisiken p_1 bzw. p_2 für die männlichen bzw. weiblichen Säuglinge verschieden?

Beispiel 7.7: Lungenkrebsrisiko nach Region

Ist das Lungenkrebsrisiko p_1 (Wahrscheinlichkeit für das Ereignis "Lungenkrebs") in einer Industrieregion höher als das entsprechende Risiko p_2 in einer landwirtschaftlichen Region?

Am konkreten Beispiel 7.5 eines Therapievergleichs sollen die Testverfahren dargestellt werden. Bei der Formulierung der Hypothesen gibt es folgende Möglichkeiten:

(1) $H_o: p_1 = p_2$, $H: p_1 \neq p_2$ (unterschiedliche Wirkungen)

(2) $H_o: p_1 \leq p_2$, $H: p_1 > p_2$ (A_1 wirksamer als A_2)

(3) $H_o: p_2 \leq p_1$. $H: p_2 > p_1$ (A_2 wirksamer als A_1)

Bei (1) liegt eine zweiseitige und bei (2)(3) eine einseitige Fragestellung vor. Da (2) und (3) durch Vertauschen der Indizes (bzw. Therapien) auseinander hervorgehen, wird im folgenden nur noch der Fall (2) betrachtet. Die Tests für (1), (2) sind in der Test-Box 2 allgemein dargestellt und sollen am Therapievergleich erläutert werden. Hierbei wird von folgendem Modell ausgegangen: es werden n_1 Personen mit der Therapie A_1 und n_2 mit der Therapie A_2 behandelt, wobei der Erfolg (Heilung) bei allen $n = n_1 + n_2$ Personen unabhängig voneinander eintritt oder nicht. Die zufälligen Anzahlen K_1 und K_2 der Erfolge bei A_1 und A_2 sind dann $B(n_1,p_1)$- und $B(n_2,p_2)$-verteilt und stochastisch unabhängig. Die Tafel der beobachteten Häufigkeiten ist in der Test-Box 2 angegeben. Der Testwert $t = (\hat{p}_1 - \hat{p}_2)/s$ ist eine standardisierte Differenz der beobachteten Erfolgsquoten. Starke positive bzw. negative Abweichungen des Testwerts von Null sprechen für $p_1 > p_2$ bzw. $p_1 < p_2$. Da die Testgröße für $p_1 = p_2$ asymptotisch (d. h. für $n_1, n_2 \to \infty$) Normal(0,1)-verteilt ist, erhält man die in der Test-Box 2 angegebenen Test-Entscheidungen. Hierbei handelt es sich wieder um *asymptotische* Tests, die nur dann zulässig sind, wenn die erwarteten Anzahlen für Erfolg $n_1 p_1$, $n_2 p_2$ und Mißerfolg $n_1(1-p_1)$, $n_2(1-p_2)$ für $p_1 = p_2 = p$ nicht "zu klein" sind (etwa mindestens 5). Dies beurteilt man unter Verwendung der globalen Erfolgsquote $\hat{p} = k/n$ als Schätzung für p (vgl. Test-Box 2). Der entsprechende *exakte Test von FISHER* wird hier nicht erläutert. Eine Vertafelung der kritischen Werte dieses Tests findet man z. B. bei Finney et. al. (1966).

Beispiel 7.8: Fortsetzung von Beispiel 7.5

Bei einer Routine-Überprüfung soll die einseitige Hypothese $H: p_1 \neq p_2$ (unterschiedliche Wirkung) gegen $H_o: p_1 = p_2$ (gleiche Wirkung) zum Niveau $\alpha = 5\%$ getestet werden. Das Versuchergebnis lautet:

7.2 Tests für einzelne Wahrscheinlichkeiten

Test-Box 2: Vergleich der Erfolgswahrscheinlichkeiten p_1, p_2 bei zwei unabhängigen Binomialverteilungen $B(n_1, p_1)$, $B(n_2, p_2)$

einseitiger Test:	zweiseitiger Test:
$H_0: p_1 \leq p_2$, $H: p_1 > p_2$	$H_0: p_1 = p_2$, $H: p_1 \neq p_2$

Testniveau: α

Stichprobenumfänge: n_1 (Verteilung 1), n_2 (Verteilung 2)

Beobachtete Häufigkeiten:

Verteilung	Erfolg	Nicht-Erfolg	Summe
1	k_1	l_1	$n_1 = k_1 + l_1$
2	k_2	l_2	$n_2 = k_2 + l_2$
Summe	$k = k_1 + k_2$	$l = l_1 + l_2$	$n = n_1 + n_2$

Beobachtete Erfolgsquoten: $\hat{p}_1 = k_1/n_1$, $\hat{p}_2 = k_2/n_2$

Testwert: $t = (k_1 l_2 - k_2 l_1) \cdot \sqrt{n/(n_1 n_2 k l)}$

$= (\hat{p}_1 - \hat{p}_2)/s$ mit $s = \sqrt{kl/(n_1 n_2 n)}$

Kritische Werte: Quantile z der $N(0,1)$-Verteilung

Testentscheidung: Ablehnung von H_0 (Annahme von H), falls gilt:

einseitiger Test:	zweiseitiger Test:
$t \geq z_\alpha$ bzw. $\Phi(-t) \leq \alpha$	$|t| \geq z_{\alpha/2}$ bzw. $\Phi(-|t|) \leq \frac{\alpha}{2}$

Hinweise: 1) Zur Bestimmung von z, Φ vgl. A4.1, A3.1-2.

2) Die Anzahlen $n_1 \hat{p}$, $n_2 \hat{p}$, $n_1(1-\hat{p})$, $n_2(1-\hat{p})$ mit $\hat{p} = k/n$ dürfen nicht "zu klein" sein (vgl. Text).

Therapie	Erfolg	kein Erfolg	Behandelt
A_1	75	25	100
A_2	96	24	120
Summe	171	49	220

Aus den beobachteten Erfolgsquoten $\hat{p}_1$ = 75/100 = 0.75, $\hat{p}_2$ = 96/120 = 0.80 und s = $\sqrt{171 \cdot 49/(100 \cdot 120 \cdot 200)}$ = 0.0563 ergibt sich der Testwert t=$(\hat{p}_1-\hat{p}_2)/s$= - 0.8875. Das Quantil ist $z_{\alpha/2}$ = 1.96 und wegen |t| = 0.8875 ≤ 1.96 wird die Nullhypothese nicht abgelehnt, d. h. unterschiedliche Heilquoten konnten hier **statistisch** nicht nachgewiesen werden. Bei Verwendung des äquivalenten Test-Kriteriums erhält man aus $\phi(-0.8875)$ = 18.7% ≥ $\alpha/2$ dieselbe Entscheidung.

Beispiel 7.9: Säuglingssterblichkeit nach Geschlecht

Zur Absicherung einer Theorie über die Bedeutung des Geschlechts für die Lebenserwartung soll mit hoher Sicherheit eine Konsequenz der Theorie, daß die männliche Säuglingssterblichkeit p_1 größer ist als die weibliche p_2, überprüft werden. Als Niveau beim Test von H: $p_1 \leq p_2$ gegen H_0: $p_1 > p_2$ wählen wir daher α = 0.01%. Folgende Häufigkeitstafel wurde beobachtet:

Geschlecht	im 1. Jahr		Lebendgeboren
	gestorben	überlebt	
männlich (1)	7 699	313 781	321 480
weiblich (2)	5 533	299 360	304 893
insgesamt	13 232	613 141	626 373

Die beobachteten Sterblichkeiten sind $\hat{p}_1$ = 23.95‰, $\hat{p}_2$ = 18.15‰. Der Testwert ergibt sich zu t = 15.96 und das Quantil ist z_α = 3.72. Folglich wird H_0 abgelehnt, d. h. die männliche Säuglingssterblichkeit ist größer als die weibliche (und die Theorie ist in diesem Punkt bestätigt).

Der zweiseitige Test wird häufig auch als *Chiquadrat-Test* einer 2×2-Feldertafel durchgeführt, indem man anstelle von |t| ≥ $z_{\alpha/2}$ das äquivalente Kriterium $t^2 \geq \chi^2_{1;\alpha}$ verwendet (vgl. Abschnitt 7.6.1).

7.2.4 Stichprobenumfang, Fehlerrisiken und Präzisionsforderung

Bei der Einführung des Tests haben wir gesehen, daß man nicht gleichzeitig beide möglichen Fehlentscheidungen kontrollieren kann. Deshalb haben wir uns zur Kontrolle des Fehlerrisikos α_o 1. Art ein Niveau α vorgegeben und das von der realen Situation abhängige Fehlerrisiko β 2. Art nicht weiter untersucht. Für detaillierte Fehleranalysen ist der Rückgriff auf das einzelne Fehlerrisiko β als Funktion der Modellparameter unumgänglich.

Beispiel 7.10: Wahlprognose

Eine Partei mit einem Stimmenanteil p muß sich entscheiden, ob sie baldigen Neuwahlen zustimmen soll. Um nicht an der 5%-Hürde bei einer Neuwahl zu scheitern, will die Partei durch eine Umfrage die Nullhypothese H_o: $p \leq 5\%$ gegen die Hypothese H: $p > 5\%$ testen und sich nur dann für eine Neuwahl entscheiden, wenn H_o abgelehnt wird. Da der Fehler 1. Art katastrophale Folgen für die Partei hat (sie scheitert an der 5%-Klausel) soll $\alpha = 0.1\%$ gewählt werden. Der Fehler 2. Art besteht darin, daß die Partei Neuwahlen nicht zustimmt, obwohl sie die 5%-Hürde schaffen würde. Die Fehlerwahrscheinlichkeit 2. Art β hängt nun vom unbekannten Parameter p und vom Stichprobenumfang n (Anzahl der Befragten) ab. Um keinen günstigen Wahltermin ungenützt zu lassen, sollte die Fehlerwahrscheinlichkeit 2. Art klein sein (z.B. $\beta = 10\%$) falls der Stimmanteil deutlich über 5% liegt (z.B. $p = 7\%$). Dies ist bei genügend großen Stichprobenumfang möglich, wie wir im folgenden sehen werden.

Wir betrachten jetzt wieder den einseitigen Test der Hypothesen (vgl. Test Box 1)

(1) H_o: $p \leq p_o$,   H: $p > p_o$,

die man unter Verwendung der Differenz

(2) $d = p - p_o$ (Unterschied zum Sollwert) bzw. $p = p_o + d$,

auch in folgender Form schreiben kann:

(3) H_o: $d \leq 0$,   H: $d > 0$.

Die Wahrscheinlichkeit β, daß der *exakte* Test H_o nicht ablehnt, ist

(4) $\quad \beta = P(K \leq k_{max}(\alpha)) = B(k_{max}(\alpha);n,p)$

und kann für vorgegebenes p bzw. d berechnet werden (vergl. A3.9). Das Fehlerrisiko (4) fällt sowohl bei wachsendem Unterschied d (bzw. p) als auch fallendem k_{max} (d.h. bei wachsendem Testniveau α).

Für den *asymptotischen* Test läßt sich die Fehlerwahrscheinlichkeit 2. Art β wie in (4) berechnen, wenn man dort den sich aus dem asymtotischen Test ergebenden kritischen Wert k_{max} einsetzt. Für praktische Zwecke genügt meist die Approximation

(5) $\quad \beta \approx \Phi(x) \quad$ mit $\quad x = z_\alpha - u \cdot d \cdot \sqrt{n}$,

(6) $\quad u = 1 / \sqrt{p_o(1-p_o)}$.

Das Argument x und damit auch $\Phi(x)$ wird kleiner, falls das Niveau α oder die Differenz d oder der Stichprobenumfang n größer werden. Läßt man bei festem α und festem d den Stichprobenumfang n beliebig anwachsen (d.h. $n \to \infty$), so strebt $\Phi(x)$ sogar gegen Null, d.h. der Unterschied wird mit Sicherheit ($\beta = 0$) entdeckt. Verringert man bei festem α und wachsendem n allerdings gleichzeitig den abzusichernden Unterschied d umgekehrt proportional zu $\sqrt{n}$, so bleibt d $\sqrt{n}$ und damit auch $\Phi(x)$ konstant, währenddessen das Fehlerrisiko β gegen $\Phi(x)$ strebt. In diesem Sinn wird β durch $\Phi(x)$ approximiert und man nennt daher $\Phi(x)$ die *asymptotische Fehlerwahrscheinlichkeit 2. Art*. Bei der Versuchsplanung verwendet man die Approximation (5), um sich für vorgegebene Fehlerrisiken α, β bei einem nachzuweisenden Unterschied d den erforderlichen Stichprobenumfang n zu berechnen:

(7) $\quad n \approx [(z_\alpha + z_\beta)/(ud)]^2$

7.2 Tests für einzelne Wahrscheinlichkeiten

Dann wird der Unterschied d vom Test mit der Schärfe 1-β entdeckt. Man beachte, daß der Stichprobenumfang n in (7) umgekehrt proportional zum *quadratischen* Unterschied d^2 ist, halbiert man z.B. die Differenz d, so vervierfacht sich der Umfang n.

Beispiel 7.10: Fortsetzung

Für die Werte n = 2000, p_o = 5%, p = 7%, d = 2% und α = 0.1% ist z_α = 3.090, u = 4.588 und x = 3.090 - 4.588 · 0.02 · $\sqrt{2000}$ = -1.014. Folglich ist β ≈ ϕ(-1.014) = 15.5% und das Ziel β ≤ 10% wird bei diesem Stichprobenumfang noch nicht erreicht. Der für vorgegebenes β = 10% erforderliche Umfang n ergibt sich mit z_β = 1.282 aus (7) zu

n ≈ [(3.090 + 1.282)/(4.588 · 0.02)]² ≈ 2270, d.h. es müssen 2270 Personen befragt werden.

Die obigen Ausführungen (3)-(7) gelten auch für den anderen einseitigen Test H_o: p ≥ p_o gegen p < p_o, wenn man statt (2) den Unterschied d = p_o-p verwendet. Beim zweiseitigen Test gelten die Formeln (4)-(7) in hinreichender Näherung, wenn man das Niveau α durch α/2 ersetzt und den absoluten Unterschied d = |p-p_o| verwendet.

Wir wollen jetzt auf die Tests zum Vergleich zweier Wahrscheinlichkeiten (vgl. Test-Box 2) eingehen, wobei wir zunächst wieder den einseitigen Test von H_o: p_1 ≤ p_2 gegen H: p_1 > p_2 betrachten. Die Wahrscheinlichkeit β für den Fehler 2. Art kann exakt berechnet werden, indem man die Wahrscheinlichkeiten für alle Versuchsausfälle, die nicht im Signifikanzbereich liegen, als Produkt der entsprechenden Binomialwahrscheinlichkeiten bestimmt und diese aufsummiert. Als Approximation verwendet man wieder (5), diesmal jedoch mit der Differenz

(8) $\quad d = p_1 - p_2 \quad$ und

(9) $\quad u = \sqrt{Q_1 Q_2}/\sqrt{\bar{p}(1-\bar{p})}$, wobei

(10) $\quad Q_1 = n_1/n, \quad Q_2 = n_2/n$

die Anteile der Einzelstichproben am Gesamtumfang $n = n_1 + n_2$ sind, und

(11) $\quad \bar{p} = Q_1 p_1 + Q_2 p_2 = (n_1 p_1 + n_2 p_2)/n$

das mit diesen Anteilen gewogene Mittel von p_1 und p_2 ist. Mit obigen Bezeichnung ist $\Phi(x)$ in (5) dann wieder das asymptotische Fehlerrisiko 2. Art, d.h. für wachsendes n und konstant bleibendes Q_1 und d $\sqrt{n}$ strebt β gegen $\Phi(x)$ (vgl. auch 7.6.1).

Beispiel 7.11: Säuglingssterblichkeit nach Geschlecht

Wir greifen das Beispiel 7.9 wieder auf, bei dem p_1 bzw. p_2 das Säuglingssterberisiko der männlichen bzw. weiblichen Lebendgeborenen ist. Dort sind $\alpha = 0.01\%$, $n_1 = 321480$, $n_2 = 304893$, $n = 626373$ und wir wollen berechnen, mit welcher Wahrscheinlichkeit der Unterschied $p_1 = 2.2\%$, $p_2 = 2.0\%$ vom Test entdeckt wird. Bei Verwendung der gerundeten Werte $Q_1 = Q_2 = 0.5$ ist $\bar{p} = 2.1\%$, $u = 0.5/\sqrt{0.021 \cdot 0.979} = 3.487$ und mit $z_\alpha = 3.72$ ergibt sich aus (5):

$x = 3.72 - 3.487 \cdot 0.002 \cdot \sqrt{626373} = -1.80$. Dann ist

$\beta \approx \Phi(-1.80) = 3.6\%$, d.h. der Unterschied $d = 0.2\%$ wird mit einer Schärfe $1-\beta$ von ca. 96% entdeckt. Trotz des sehr kleinen Niveaus α ergibt sich wegen des hohen Stichprobenumfangs hier ein relativ kleines β.

Im Rahmen der Versuchsplanung interessiert man sich dafür, wie groß die Stichprobenumfänge zu wählen sind, um bei vorgegebenem Testniveau α einen Unterschied $d = p_1 - p_2$ mit vorgegebener Schärfe $1-\beta$ zu entdecken. Aus statistischer Sicht ist es optimal, gleiche Teilstichprobenumfänge (balancierter Fall) $n_1 = n_2 = n/2$ zu wählen, weil dann das Produkt $Q_1 \cdot Q_2$ in (9) maximal ist, und p_1, p_2 symmetrisch zu $\bar{p}$ liegen. In diesem Fall ergeben sich die erforderlichen Anzahlen $n_1 = n_2 = \bar{n}$ aus (5) zu:

(13) $\quad \bar{n} \approx 2\,\bar{p}(1-\bar{p})(z_\alpha + z_\beta)^2/d^2$,

wobei $\bar{p} = (p_1+p_2)/2$ das arithmetische Mittel von p_1, p_2 ist.

7.2 Tests für einzelne Wahrscheinlichkeiten

Beispiel 7.12: Säuglingssterblichkeit und Vorsorge

Es wird ein Großversuch geplant, um festzustellen, ob eine spezifische Vorsorgestrategie bei schwangeren Frauen die Säuglingssterblichkeit drastisch verringert. Sind p_1 bzw. p_2 die Säuglingssterberisiken ohne bzw. mit dieser Vorsorge, so soll die Nullhypothese $H_o: p_1 \leq p_2$ (Vorsorge unwirksam) gegen die Alternative $H: p_1 > p_2$ (Vorsorge wirksam) überprüft werden. Bei Ablehnung der Nullhypothese soll die Vorsorgestrategie routinemäßig eingeführt werden. Wegen der damit verbundenen Kosten soll der Fehler 1. Art auf $\alpha = 1\%$ reduziert werden. Andererseits soll eine drastische Senkung der Säuglingssterblichkeit (um die Hälfte) durch die Vorsorge mit einer Schärfe von $1-\beta = 80\%$ entdeckt werden. Geht man von $p_1 \approx 2\%$ und $p_2 = p_1/2 \approx 1\%$ aus, so ist $\bar{p} \approx 1.5\%$. Mit den Quantilen $z_\alpha = 2.326$, $z_\beta = 0.842$ ist nach (13)

$$\bar{n} \approx 2 \cdot 0.015 \cdot 0.985 \cdot (2.326 + 0.842)^2/0.010^2 \approx 2966$$

Es müssen also rund 6000 Schwangerschaften beobachtet werden, von denen die Hälfte an der Vorsorgestrategie teilnimmt.

Für den zweiseitigen Test von $H_o: p_1 = p_2$ gegen $H: p_1 \neq p_2$ kann man das Fehlerrisiko β bzw. den erforderlichen Stichprobenumfang $\bar{n}$ wieder mit (13) approximieren, wenn man dort das Niveau α durch $\alpha/2$ ersetzt und den absoluten Unterschied $d = |p_1 - p_2|$ verwendet.

Beispiel 7.13: Therapievergleich

Bei einer spezifischen Erkrankung wurden bisher zwei Therapien A_1 und A_2 angewendet. Welche der beiden Therapien jeweils verwendet wurde, war mehr oder weniger zufällig. Bezeichnet p_1 bzw. p_2 die Heilquote bei Therapie A_1 bzw. A_2, soll jetzt die Nullhypothese $H_o: p_1 = p_2$ gegen $H: p_1 \neq p_2$ zum Niveau $\alpha = 10\%$ getestet werden. Aus der bisherigen Praxis kennt man die mittlere Heilquote $\bar{p} = (p_1+p_2)/2$, die ungefähr $\bar{p} \approx 80\%$ ist. Der Test soll einen Unterschied $d = |p_1-p_2| = 10\%$ mit einer Schärfe $1-\beta = 90\%$ entdecken ($\beta = 10\%$). Mit den Quantilen $z_{\alpha/2} = 1.645$, $z_\beta = 1.282$ ergibt sich der Umfang $\bar{n}$ der Einzelstichproben aus (13) mit $\alpha/2$ statt α: $\bar{n} \approx 2 \cdot 0.8 \cdot 0.2 \cdot (1.645+1.282)^2/0.1^2 \approx 274.2$. Jede Therapie muß in 275 Fällen angewandt werden, das sind 550 Patienten insgesamt.

7.2.5 Vorzeichentest bei verbundenen Stichproben

Es soll festgestellt werden, ob ein Verfahren A systematisch höhere Werte als ein Verfahren B liefert (vgl. hierzu auch 7.4.4).

Beispiel 7.14: Vergleich von Meßverfahren

Zur Bestimmung der Schadstoffkonzentration in einem Lebensmittel (z. B. Bleigehalt im Apfelsaft) sind zwei Meßverfahren A und B gebräuchlich. Liefert A höhere Werte als B?

Beispiel 7.15: Behandlungseffekt

Reduziert sich der Vitamingehalt von Bohnen durch eine Behandlung B (z. B. Erhitzen, Konservieren) gegenüber unbehandelten Bohnen (Verfahren A)?

Es bezeichne X bzw. Y das Ergebnis der Messung beim Verfahren A bzw. B. Wir betrachten zunächst den Fall, daß X und Y stetige Zufallsvariablen sind. Es sei

(1) $\quad p = P(X > Y) = P(X-Y > 0)$

die Wahrscheinlichkeit, daß X größer als Y ist bzw. die Differenz X-Y positiv ist. Da X und Y stetig sind, ist $P(X = Y) = 0$ und $P(X < Y) = P(X-Y < 0) = 1-p$. Die Hypothese, daß X häufig höhere Werte liefert als Y bzw. daß die Differenz X-Y häufiger positiv als negativ ist, lautet formal

(2) $\quad H: p > 1/2$,

und die entsprechende Nullhypothese ist

(3) $\quad H_0: p = 1/2$.

Wegen $p = P(X-Y > 0)$ besagt die Nullhypothese H_0, daß der Median der Differenz X-Y Null ist, währenddessen aus H folgt, daß dieser Median größer als Null ist.

7.2 Tests für einzelne Wahrscheinlichkeiten

Zum Test verwenden wir die in 7.2.2 beschriebenen Tests. Ist $(x_1,y_1),\ldots,(x_n,y_n)$ eine verbundene Stichprobe vom Umfang n, d.h. n unabhängige Realisierungen des Paares (X,Y) (vgl. 4.4, Paarvergleiche), so brauchen wir nur die Anzahl k zu ermitteln, mit der das Ergebnis $\{X > Y\} = \{X-Y > 0\}$ eingetreten ist, d.h. k ist die Anzahl aller positiven Differenzen $x_i - y_i > 0$. Bei der konkreten Bestimmung von k bildet man alle Differenzen $x_i - y_i$ und zählt die positiven Vorzeichen (deren Anzahl k ist). Hierbei wird vorausgesetzt, daß $x_i = y_i$ bzw. $x_i - y_i = 0$ nicht vorkommt, d.h. eventuelle gleiche Paare läßt man von vornherein außer Betracht (es ist darauf zu achten, daß nicht durch vorzeitiges Runden gleiche Meßwerte künstlich erzeugt werden). Dann wird der einseitige Test mit $p_0 = 0.5$ nach Test-Box 1 durchgeführt.

Beispiel 7.14: Fortsetzung

Bei n = 50 Apfelsorten wurden zwei Aufbereitungsverfahren A und B für die Messung des Bleigehalts mit einem Spektrometer verwendet. Das Testniveau soll $\alpha = 5\%$ sein. Von den 50 Differenzen $x_i - y_i$ (Wert nach Verfahren A minus Wert nach Verfahren B) sind k = 30 positiv und 20 negativ. Bei Anwendung des asymptotischen Tests aus Test-Box 1 mit $p_0 = 0.5$ ergibt sich der Testwert

$$t = (30-25)/\sqrt{12.5} = 1.41$$

Da der Testwert t kleiner als das 5%-Quantil $z_\alpha = 1.96$ ist, wird die Nullhypothese nicht abgelehnt.

Der oben beschriebene Test heißt auch *Vorzeichentest*, weil er lediglich die Vorzeichen der Differenzen $x_i - y_i$ verwendet. Insbesondere wird die zusätzliche Information über die Größe der Differenzen $x_i - y_i$ hier nicht weiter ausgewertet. Dies hat den Vorteil, daß die Einzelwerte x_i, y_i nicht genau bestimmt werden müssen, sondern es genügt zu wissen, ob die Differenz $x_i - y_i$ positiv oder negativ ist, d.h. ob $x_i > y_i$ oder $x_i < y_i$ gilt.

Beispiel 7.16: Organoleptik

Bei einem Großeinkauf soll die Entscheidung zwischen 2 Weinsorten A und B von einer Weinprobe abhängig gemacht werden. Ein Expertenpanel von 10 Personen soll feststellen, ob der teurere Wein A bzgl. eines spezifischen Merkmals (Geschmacksrichtung) eine höhere Qualität als der Wein B hat. Die Qualität X bzw. Y des Wein A bzw. B wird hierbei nicht exakt gemessen, sondern jeder Experte i = 1,...,10 gibt nach der Probe (unabhängig von den restlichen Experten!) sein Urteil ab, ob A höhere Qualität als B hat oder nicht (d.h. ob $x_i - y_i > 0$ oder $x_i - y_i \leq 0$). Der Test von H (A ist besser als B) gegen H_o (A nicht besser als B) wird routinemäßig zum Niveau $\alpha = 10\%$ durchgeführt. Lautet das Urteil der Experten z.B. k = 7 Mal positiv (A besser als B), 2 Mal negativ und 1 unentschieden (A gleich mit B), so wird für die n = 7 + 2 Vorzeichen der exakte Test aus Test-Box 1 angewendet. Wegen $B^*(7;9,0.5) = 9.0\% < \alpha$ wird die Nullhypothese abgelehnt, d.h. "A ist besser als B" angenommen (das obere 10%-Quantil ist übrigens $k_{max} = 6$).

Der Zeichentest ist auch für *diskrete* Zufallsvariablen X und Y anwendbar. Weil in diesem Fall allerdings P(X = Y) nicht unbedingt Null ist, wird p als *bedingte* Wahrscheinlichkeit des Ereignisses {X > Y} unter der Bedingung {X ≠ Y} aufgefaßt:

(4) $p = P(X > Y) \mid X \neq Y) = P(X-Y > 0 \mid X \neq Y)$.

Der Bedingung X ≠ Y wird beim Test Rechnung getragen, indem man Beobachtungspaare mit $x_i = y_i$ außer Betracht läßt.

7.2.6 Zusammenfassung: Durchführung eines Tests

Nachdem wir bisher bereits einige Test besprochen haben, wollen wir jetzt den allgemeinen Ablauf eines statistischen Tests noch einmal in Stichpunkten zusammenfassen.

1. Abklärung der inhaltlichen Fragestellung
2. Auswahl des Modells
3. Formulierung von Nullhypothese H_o und alternativer Hypothese H
4. Auswahl einer Testgröße

5. Versuchsplanung: (Begründete) Wahl des
    - Testniveau α
    - Fehlerrisiko 2. Art β
    - interessierenden Unterschied (Abweichung von der Nullhypothese) und Bestimmung des hierfür erforderlichen Stichprobenumfangs (Anzahl der Wiederholungen).
6. Durchführung des Versuchs (Beobachtung)
7. Berechnung des Testwerts t für die beobachteten Werte (Realisierungen)
8. Testentscheidung: Ablehnung der Nullhypothese H_o zugunsten der Hypothese H, falls der Testwert im Signifikanzbereich S liegt. Ist dies nicht der Fall, so wird die Nullhypothese H_o beibehalten. Das Entscheidungskriterium kann auf zwei äquivalente Weisen formuliert werden:
    - Vergleich des Testwerts t mit einem kritischen Wert (der von α abhängt)
    - Vergleich des zu berechnenden Signifikanzniveaus P mit dem Testniveaus α
9. Inhaltliche Interpretation des Testergebnisses

7.3 Tests bei normalverteilten Zufallsvariablen

Nachdem wir bisher nur Tests für *diskrete* Verteilungsmodelle (Binomialverteilung) kennengelernt haben, sollen jetzt auch *stetige* Verteilungen betrachtet werden. Hierbei bleiben die prinzipiellen Ausführungen aus 7.2.1, 7.2.6 erhalten. Eine geringfügige Vereinfachung ergibt sich dadurch, daß bei stetigen Testgrößen das Testniveau α voll ausgeschöpft wird.

Da man bei stetigen Zufallsvariablen aus verschiedenen Gründen (vgl. 3.1.5) oft das Normalverteilungsmodell verwendet, wollen wir in diesem Abschnitt ebenfalls von diesem Modell ausgehen und die grundlegenden Tests von Hypothesen über Erwartungswert und Varianz bei Normalverteilungen betrachten. Da diese Tests streng genommen nur für das Normalverteilungsmodell gültig sind, darf man sie nur dann verwenden, wenn dieses Modell eine zufriedenstellende Näherung der Realität darstellt oder der Test relativ *robust* gegenüber Abweichungen vom Normalverteilungsmodell ist. Das Modell der Normalverteilung kann etwa aus theoretischen Überlegungen, größeren Erhebungen, Vorversuchen etc. gerechtfertigt sein (vgl. 3.1.5), und kann mit statistischen Anpassungstests (vgl. 7.4.1-2) überprüft werden. Zur Robustheit der folgenden Tests sei nur angemerkt, daß die Tests für Erwartungswerte (in 7.3.1-2, 7.3.5) relativ *robust* sind, währenddessen dies bei den Tests für Varianzen (in 7.3.3-4) *nicht* der Fall ist.

Selbst wenn die interessierende Zufallsvariable Y *nicht* normalverteilt ist, gelingt es manchmal, die Variable Y durch eine geeignete Transformation in eine Zufallsvariable X mit Normalverteilung zu überführen, für die dann die folgenden Tests anwendbar sind. Hat Y z. B. eine log-Normalverteilung, so ist der Logarithmus X = ln Y normalverteilt (vgl. 3.1.6 und Beispiel 7.2**3**).
Erscheint jedoch das Normalverteilungsmodell nicht angebracht, und sind keine Anhaltspunkte für ein anderes Verteilungsmodell vorhanden, so sollte man verteilungsfreie Tests verwenden (vgl. z. B. 7.4.3-4).

7.3.1 Tests für den Erwartungswert

Bei der Überprüfung von Grenzwerten oder Normen für eine Zufallsvariable X geht es häufig darum, den Erwartungswert μ von X mit einem vorgegebenen Sollwert μ_0 (Grenzwert, Normwert) zu vergleichen. Einige Beispiele hierfür befinden sich bereits in 4.5.2-3. Bei der einseitigen Fragestellung interessiert man sich dafür, ob der Erwartungswert μ den Grenzwert μ_0 überschreitet (Hypothese H) oder nicht (Nullhypothese H_0):

(1) $\qquad H_0: \mu \le \mu_0 \quad , \quad H: \mu > \mu_0$.

Analog kann der Grenzwert unterschritten werden oder nicht:

(2) $\qquad H_0: \mu \ge \mu_0 \quad , \quad H: \mu < \mu_0$.

7.3 Tests bei normalverteilten Zufallsvariablen

Dagegen will man bei der zweiseitigen Fragestellung nur wissen, ob der Erwartungswert μ sich von einem Normwert unterscheidet (Hypothese H) oder nicht (Nullhypothese H_o):

(3) $\qquad H_o: \mu = \mu_o$, $\qquad H: \mu \ne \mu_o$.

Interessiert man sich in (1) oder (2) nur für die ungünstigste Auslegung der Nullhypothese im Bezug auf die Hypothese, so verwendet man dort auch die Nullhypothese $H_o: \mu = \mu_o$ aus (3).

Die Tests der Hypothesen (1)-(3) werden hier nur für *normalverteilte* Variablen behandelt, d.h. wir setzen voraus, daß X eine $N(\mu, \sigma^2)$-Verteilung hat. Eine Zusammenstellung dieser Tests findet man in Test-Box 3, die im folgenden noch erläutert wird.

Ausgangspunkt ist eine Stichprobe von n unabhängigen Beobachtungen $x_1, \ldots, x_n$ der Zufallsvariablen X. Man beurteilt dann die Abweichung des Sollwerts μ_o vom Mittelwert $\bar{x}$ der Stichprobe (der ja eine Schätzung des Erwartungswerts μ ist, vgl. 6.3.1), indem man die Differenz $\bar{x} - \mu_o$ standardisiert, d.h. auf ihre Standardabweichung $\sigma/\sqrt{n}$ bezieht (vgl. 1.5.3).

Falls die *Varianz* σ^2 *bekannt* ist (etwa aus umfangreichen Voruntersuchungen oder theoretischen Überlegungen), so bildet man den Testwert $t = (\bar{x} - \mu_o) \cdot \sqrt{n}/\sigma$, der für $\mu = \mu_o$ Normal-(0,1)-verteilt ist (Fall 1). Ist dagegen die *Varianz unbekannt* (Fall 2), so läßt sich dieser Testwert nicht berechnen. Man schätzt daher zunächst die Varianz σ^2 durch $s^2 = \Sigma(x-\bar{x})^2/(n-1)$ und bildet dann den analogen Testwert $t = (\bar{x} - \mu_o) \cdot \sqrt{n}/s$, der für $\mu = \mu_o$ eine t-Verteilung mit n-1 Freiheitsgraden hat (vgl. A.3.5). In beiden Fällen sprechen große positive Testwerte für die Hypothese $H: \mu > \mu_o$ und große negative Testwerte für $H: \mu < \mu_o$. Dies führt unter Berücksichtigung der Verteilung der Testgröße zu den in der Test-Box 3 angegebenen Test-Entscheidungen.

Beispiel 7.17: Qualitätskontrolle einer Tablettenproduktion

Eine schmerzstillende Tablette soll μ_o = 300 mg des Wirkstoffs Acetylsalicylsäure enthalten. Bei einer Massenproduktion dieser Tabletten ist der Wirkstoffgehalt X (bedingt durch zufällige Schwankungen und Fehler im Produktionsprozeß) eine Zufallsvariable. Aus längerer Erfahrung ist bekannt, daß X näherungsweise Normal(μ,σ^2)-verteilt ist mit σ = 20 mg. Bei einer regelmäßigen Qualitätskontrolle wird die Nullhypothese $H_o: \mu = \mu_o$ gegen $H: \mu \neq \mu_o$ getestet (GAUSS-Test). Falls H_o abgelehnt wird, muß der Produktionsprozeß neu eingestellt werden. Da ein Fehler 1. Art (unnötiger Produktionsstop) Kosten verursacht, wird als sogenanntes *Produzentenrisiko* das Testniveau von α = 1% gewählt. Bei einer Analyse von n = 20 zufällig ausgewählten Tabletten ergaben sich folgende Werte des Wirkstoffes [in mg]:

325	330	269	356
315	333	298	329
311	303	294	288
307	290	316	322
296	310	313	310

Mit der Transformation u = x - 300 ergibt sich Σu = 215, $\bar{u}$ = 10.75, $\bar{x}$ = 310.75 und der Testwert ist t = 10.75 · $\sqrt{20}/20$ = 2.40. Das 0.5%-Quantil $z_{\alpha/2}$ = 2.58 liegt über dem Testwert und folglich wird die Nullhypothese nicht abgelehnt, d.h. der Sollwert μ_o = 300 wird eingehalten. Aus Σu^2 = 9365 ergibt sich die Standardabweichung der Stichprobe zu s = 19.3 in guter Übereinstimmung mit σ = 20.

Beispiel 7.18: Arzneimittelkontrolle

Wir betrachten das Testproblem aus Beispiel 7.15 jetzt aus der Sicht eines Arzneimittelkontrolleurs, dem die Einzelheiten des Produktionsprozesses und damit die Varianz σ^2 nicht bekannt sind. Deshalb ist jetzt der t-Test anzuwenden. Bei einer Analyse von n = 20 zufällig ausgewählter Tabletten des Marktes ergaben sich hier folgende Wirkstoffwerte [in mg]:

298	278	307	320
294	293	248	256
258	319	271	299
259	281	299	275
277	307	280	301

7.3 Tests bei normalverteilten Zufallsvariablen

Für die transfomierten Werte $u = x - 300$ ist $\Sigma u = -280$, $\Sigma u^2 = 12\,276$. Hieraus ergibt sich $\bar{u} = -14$, $\bar{x} = 286$, $s = 20.97$ und als Testwert: $t = -14 \cdot \sqrt{20}/20.97 = -2.99$. $|t|$ übersteigt das Quantil $t_{19;\alpha/2} = 2.86$ ($\alpha = 1\%$) und folglich wird die Nullhypothese abgelehnt, d.h. der Sollwert $\mu_0 = 300$ wird nicht eingehalten.

Test-Box 3:
Test über den Erwartungswert der Normal(μ, σ^2)-Verteilung

1	2	3
$H_0: \mu \leq \mu_0$	$H_0: \mu \geq \mu_0$	$H_0: \mu = \mu_0$
$H: \mu > \mu_0$	$H: \mu < \mu_0$	$H: \mu \neq \mu_0$

Testniveau: α
Beobachtete Stichprobe: $x_1, \ldots x_n$, $\bar{x}$ = Mittelwert

Fall 1: σ^2 bekannt (GAUSS-TEST)
Testwert: $t = (\bar{x} - \mu_0) \cdot \sqrt{n}/\sigma$
z_α = α-Quantil von $N(0,1)$, $\Phi = N(0,1)$-Verteilungsfunktion
Entscheidung: H_0 wird abgelehnt (H wird angenommen), falls:

1	2	3
$t \geq z_\alpha$ d.h.	$-t \geq z_\alpha$ d.h.	$|t| \geq z_{\alpha/2}$ d.h.
$\Phi(-t) \leq \alpha$	$\Phi(t) \leq \alpha$	$\Phi(-|t|) \leq \alpha/2$

Fall 2: σ^2 unbekannt (t-Test)
Testwert: $t = (\bar{x} - \mu_0) \cdot \sqrt{n}/s$ mit $s = \sqrt{\Sigma(x-\bar{x})^2/(n-1)}$

$t_{n-1;\alpha}$ = α-Quantil von t_{n-1}, $\Phi_{n-1} = t_{n-1}$-Verteilungsfunktion
Entscheidung: H_0 wird abgelehnt (H wird angenommen), falls:

1	2	3
$t \geq t_{n-1;\alpha}$ d.h.	$-t \geq t_{n-1;\alpha}$ d.h.	$|t| \geq t_{n-1;\alpha/2}$ d.h.
$\Phi_{n-1}(-t) \leq \alpha$	$\Phi_{n-1}(t) \leq \alpha$	$\Phi_{n-1}(-|t|) \leq \alpha/2$

Hinweis:
Für die Quantile vgl. A4.1-2, A3.2 und für die Funktionen A3.1, A3.5. Transformiert man zu $u = x - \mu_0$ (vgl. A2.2), so ist $\bar{u} = \bar{x} - \mu_0$.

Es soll jetzt die Wahrscheinlichkeit β für den Fehler 2. Art bestimmt werden, wobei wir zunächst den einseitigen Test von H_o: $\mu \leq \mu_o$ gegen H: $\mu > \mu_o$ betrachten. Beim GAUSS-Test (σ^2 bekannt) ist die Testgröße t Normal(δ,1)-verteilt mit

(4) $\quad \delta = d \sqrt{n}/\sigma$,

wobei d = $\mu-\mu_o$ die Abweichung des Erwartungswertes vom Sollwert ist. Die Wahrscheinlichkeit, die Nullhypothese nicht abzulehnen, ist daher

(5) $\quad \beta = \Phi(z_\alpha - \delta)$.

Dagegen hat beim t-Test (σ^2 unbekannt) die Testgröße nach A3.6 eine nicht-zentrale t-Verteilung mit dem Freiheitsgrad FG = n-1 und δ als Nichtzentralität, und mit der Verteilungsfunktion F dieser Verteilung ergibt sich hier statt (5):

(6) $\quad \beta = F(t_{FG;\alpha})$.

Die Hypothesen lassen sich unter Verwendung der Abweichung d äquivalent formulieren als

(7) $\quad H_o$: d $\leq$ 0 , H: d > 0 .

Die Wahrscheinlichkeit β wird kleiner, wenn das Niveau α , die Differenz d oder der Stichprobenumfang n wächst oder wenn die Standardabweichung σ fällt. Bei gleichem β und σ verhalten sich $\sqrt{n}$ und d (bzw. n und d^2) umgekehrt proportional, z. B. ist bei halbem Unterschied d/2 der vierfache Umfang 4n erforderlich, damit β (bei festem σ) konstant bleibt. In der Abbildung 7.3 ist das Fehlerrisiko (6) des t-Tests als Funktion von δ für α = 0.5%, α = 2.5% und verschiedene Freiheitsgrade dargestellt. Die Gerade mit dem formalen Freiheitsgrad FG = ∞ entspricht hierbei dem Fehlerrisiko (5) des GAUSS-Tests, weil (6) für n → ∞ in (5) übergeht. Daß sich hier eine Gerade ergibt, liegt an der Skalierung von β (Wahrscheinlichkeits-Skala, vgl. 7.4.1). OWEN(1965) hat für vorgegebene Werte von n,α und β die sich aus (6) ergebende Nichtzentralität δ tabelliert.

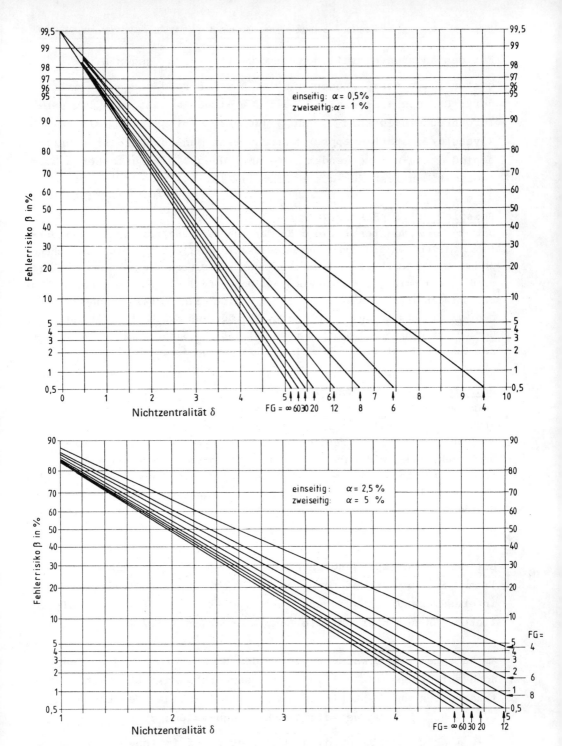

Abb. 7.3 Die Fehlerwahrscheinlichkeit $\beta = F(t_{FG;\alpha})$ beim einseitigen Test zum Niveau $\alpha = 0.5\%$, 2.5 % als Funktion der Nichtzentralität δ für verschiedene Freiheitsgrade (vgl. Text und A3.6). Ab FG $\geq$ 120 kann die Gerade mit FG = ∞ verwendet werden. Beim zweiseitigen Test ist $\alpha = 1\%, 5\%$.

Für den anderen einseitigen Test von $H_o:\mu \geq \mu_o$ gegen $H:\mu < \mu_o$ gelten obige Ausführungen mit der Abweichung $d = \mu_o-\mu$ unverändert. Für den *zweiseitigen* Test zum Niveau α läßt sich die Fehlerwahrscheinlichkeit 2. Art β gut durch (5) bzw. (6) mit *halbem* Niveau $\alpha/2$, statt α approximieren, wenn man den *absoluten* Unterschied $d = |\mu-\mu_o|$ verwendet. Die Abbildung 7.3 zeigt daher β beim zweiseitigen Test für die Niveaus $\alpha = 1\%, 5\%$.

Beispiel 7.17: Fortsetzung
Der Fehler 2. Art besteht hier in der Auslieferung fehlerhafter Produktion. Wir wollen das sogenannte *Konsumentenrisiko* β für eine Abweichung $d = |\mu-\mu_o| = 10$ beim zweiseitigen Test zum Niveau $\alpha = 1\%$ *(Produzentenrisiko)* beim Umfang $n = 20$ berechnen. Dann ist $\delta = 10 \cdot \sqrt{20}/20 \approx 2.2$ und aus der Geraden (für FG = ∞) in Abb. 7.3 ergibt sich $\beta = 64\%$. Umgekehrt können wir die Abweichung d bestimmen, bei der das Risiko $\beta = 10\%$ ist. Laut Gerade ist dann $\delta = 3.85$, und nach (4) ist $d = 3.85 \cdot 20/\sqrt{20} \approx 17$, d.h. der Test entdeckt diese Abweichung mit der Schärfe $1-\beta = 90\%$.

Beispiel 7.18: Fortsetzung
Beim zweiseitigen Test zum Niveau $\alpha = 1\%$ und $n = 20$ soll wieder β bestimmt werden, falls $d = |\mu-\mu_o| = 10$ ist. Da σ nicht bekannt ist, kann δ nicht exakt bestimmt werden. Allerdings können wir δ näherungsweise bestimmen, indem wir σ durch $s \approx 21$ schätzen: $\delta \approx 10 \cdot \sqrt{20}/21 \approx 2.1$. Da FG = 19 ist, lesen wir in Abb. 7.3 aus der Kurve für FG = 20 ab: $\beta \approx 74\%$. Wegen des kleinen Stichprobenumfangs ist β sehr groß. Will man den Unterschied d bestimmen, bei dem zumindest $\beta = 50\%$ gilt, so ergibt sich laut Kurve $\delta \approx 2.8$, also $d \approx 2.8 \cdot 21/\sqrt{20} \approx 13$.

Bei der Versuchsplanung interessiert man sich für den erforderlichen Stichprobenumfang n, um bei vorgegebenem Niveau α und interessierender Abweichung d den Fehler 2. Art β zu kontrollieren. Es sei hier auf die Ausführungen in 4.5.2 verwiesen.

Am Beispiel des Erwartungswertes der Normalverteilung wollen wir noch auf einen ganz allgemeinen Zusammenhang zwischen Konfidenzintervallen und Test eingehen. Im Fall 1 ist die Testbedingung $|t| \geq z_{\alpha/2}$ beim zweiseitigen Test äquivalent zu $|\bar{x}-\mu_o| \geq z_{\alpha/2} \cdot \sigma/\sqrt{n}$, d. h. μ_o liegt nicht im Innern des Konfidenzintervalls für μ zum Konfidenzniveau $1-\alpha$ (vgl. 6.3.2). Oder anders herum: das Konfidenzintervall besteht aus allen Werten μ_o, für die die Nullhypothese H_o: $\mu = \mu_o$ gegen $H:\mu \neq \mu_o$ nicht abgelehnt wird. Dies ist auch bei unbekannter Varianz (Fall 2) zutreffend. Analog kann man aus jedem Test für einen Parameter ein Konfidenzintervall für den Parameter konstruieren (das aus allen "Sollwerten" besteht, die der Test nicht ablehnt) und umgekehrt.

Bisher sind wir in diesem Abschnitt von *normalverteilten* Variablen ausgegangen. Die behandelten Tests sind jedoch auch bei beliebiger Verteilung von X noch *asymptotisch* (d. h. für $n \to \infty$) gültig und können daher bei großem Stichprobenumfang stets verwendet werden.

7.3.1 Vergleich von zwei Erfahrungswerten (T-Test)

Beim Vergleich von zwei Zufallsvariablen X und Y interessiert man sich meist in erster Linie für die Erwartungswerte μ_x und μ_y. Hierfür haben wir in 4.5.4 bereits Beispiele kennengelernt. Bei der *zweiseitigen* Fragestellung will man überprüfen, ob überhaupt ein Unterschied zwischen den Erwartungswerten vorhanden ist (Hypothese) oder nicht (Nullhypothese):

(1) $H_o: \mu_x = \mu_y$, $H: \mu_x \neq \mu_y$.

Dagegen interessiert man sich bei der *einseitigen* Fragestellung dafür, ob X "im Mittel" größer als Y ist (Hypothese) oder nicht (Nullhypothese):

(2) $H_o: \mu_x \leq \mu_y$, $H: \mu_x > \mu_y$.

In diesem Abschnitt werden die entsprechenden Tests nur für *normalverteilte* Zufallsvariaben X, Y behandelt (Vergleiche bei beliebigen Verteilungen werden in 7.4.3-4 erörtert). Für den Test ist zu unterscheiden, ob eine *verbundene* Stichprobe *(1-Stichproben-Fall)* vorliegt oder nicht *(2-Stichproben-Fall)*. Bei der Versuchsplanung ist nach Möglichkeit eine verbundene Stichprobe anzustreben (vgl. 4.4.4 Paarvergleiche).

Beim *1-Stichproben-Fall* wird eine verbundene Stichprobe von unabhängigen (X,Y)-Paaren (x_1,y_1), (x_2,y_2),... erhoben (vgl. 4.4.4 und auch 3.2). Dieser Fall läßt sich auf das im letzten Abschnitt 7.3.1 behandelte Testproblem zurückführen. Hierzu betrachte man die Differenz D = X-Y und vergleicht deren Erwartungswert $\mu_d = \mu_x - \mu_y$ mit dem Sollwert $\mu_o = 0$, indem man die Hypothesen aus (1), (2) in der Form H: $\mu_d \neq 0$, H: $\mu_d > 0$ schreibt. Als Stichprobe von D werden die Differenzen x_1-y_1, x_2-y_2,... verwendet.

Beim *2-Stichproben-Fall* werden zwei (unverbundene) Teilstichproben erhoben: n_x unabhängige X-Werte $x_1,...,x_{n_x}$ und n_y unabhängige Y-Werte $y_1,...,y_{n_y}$. Der Gesamtstichprobenumfang ist $n = n_x + n_y$. Die Tests sind in der Test-Box 4 zusammengestellt und werden im folgenden noch erläutert. Analog 7.3.1 wird als Testwert t eine Standardisierung der Differenz $\bar{x}-\bar{y}$ der Stichprobenmittelwerte verwendet

(3) $\quad t = (\bar{x}-\bar{y})/s$

Hierbei ist s die Standardabweichung der Differenz $\bar{x}-\bar{y}$ oder eine Schätzung hierfür, je nachdem ob die Varianzen σ_x^2 und σ_y^2 von X und Y bekannt sind oder nicht.

Fall 1: Die Varianzen σ_x^2, σ_y^2 sind bekannt. Dann ist

(4) $\quad s = \sqrt{\sigma_x^2/n_x + \sigma_y^2/n_y}$

und die Testgröße t hat für $\mu_x = \mu_y$ eine N(0,1)-Verteilung.

Bei unbekannten Varianzen unterscheiden wir zunächst aus theoretischen Erwägungen zwei weitere Fälle.
Fall 2: Die Varianzen sind unbekannt, aber gleich: $\sigma_x^2 = \sigma_y^2$. Man schätzt zuerst die gemeinsame Varianz durch

(5) $\quad \hat{\sigma}^2 = [\,\Sigma(x-\bar{x})^2 + \Sigma\,(y-\bar{y})^2\,]/(n-2)$

$\qquad\quad = [\,(n_x-1)s_x^2 + (n_y-1)s_y^2\,]\,/(n-2)$

7.3 Tests bei normalverteilten Zufallsvariablen

und bildet analog (4):

(6) $\quad s = \sqrt{\hat{\sigma}^2/n_x + \hat{\sigma}^2/n_y} = \hat{\sigma} \cdot \sqrt{1/n_x + 1/n_y}$.

Die Testgröße t hat in diesem Fall für $\mu_x = \mu_y$ eine t-Verteilung mit n-1 Freiheitsgraden.

<u>Fall 3</u>: Die Varianzen sind unbekannt und verschieden. Sie werden durch die Stichprobenvarianzen geschätzt und analog (4) verwendet man

(7) $\quad s = \sqrt{s_x^2/n_x + s_y^2/n_y}$

Die Verteilung der Testgröße hängt dann für $\mu_x = \mu_y$ noch vom Quotient der unbekannten Varianzen ab (BEHRENS-FISHER-Problem), läßt sich aber nach WELCH (1938) durch eine t-Verteilung mit einem gegenüber Fall 2 reduzierten Freiheitsgrad m approximieren.

In allen 3 Fällen sprechen große positive bzw. negative Testwerte für $\mu_x > \mu_y$ bzw. $\mu_x < \mu_y$, und dies führt zu den in Test-Box 4 angegebenen Testentscheidungen. Hierbei taucht die Frage auf, wie man für konkrete Anwendungen bei unbekannten Varianzen zwischen den Fällen 2 und 3 unterscheiden kann. Generell soll unabhängig vom vorliegenden Versuchsausfall (etwa aufgrund von Vorversuchen oder theoretischen Überlegungen) festgelegt werden, welchen der beiden Fälle man anwenden will. Hierbei greift man auf den Fall 3 nur dann zurück, wenn Hinweise auf starke Unterschiede der Varianzen vorliegen, insbesondere bei deutlich verschiedenen Stichprobenumfängen.

<u>Beispiel 7.19</u>: Vergleich von zwei Meßverfahren

Es soll zum Niveau $\alpha = 1\%$ überprüft werden, ob zwei Aufbereitungsmethoden für die Bestimmung des Bleigehalts [in mg/l] im Apfelsaft mit einem Spektrometer zu unterschiedlichen Meßergebnissen führen (zweiseitiger Test). Für eine feste Apfelsaftprobe wurden $n_x = 25$ unabhängige Wiederholungsmessungen nach der ersten Methode (X-Werte) und nur $n_y = 20$ nach der zeitaufwendigeren zweiten Methode (Y-Werte) durchgeführt. Es kann davon ausgegangen werden, daß die Meßwerte normalverteilt mit unbekannten aber größen-

---

Test-Box 4: Vergleich der Erwartungswerte zweier
Normalverteilungen $N(\mu_x, \sigma_x^2)$, $N(\mu_y, \sigma_y^2)$

einseitiger Test:	zweiseitiger Test:
$H_0: \mu_x \leq \mu_y$, $H: \mu_x > \mu_y$	$H_0: \mu_x = \mu_y$, $H: \mu_x \neq \mu_y$

Testniveau: α

$t_{m;\alpha}$ = α-Quantil der t_m-Verteilung, Φ_m = t_m-Verteilungsfunktion

Stichprobenumfänge: n_x, n_y; Summe: $n = n_x + n_y$

Mittelwerte und Varianzen der Stichproben: $\bar{x}$, s_x^2, $\bar{y}$, s_y^2

Fall 1: Varianzen σ_x^2, σ_y^2 bekannt

Testwert: $t = (\bar{x}-\bar{y})/s$, $s = \sqrt{\sigma_x^2/n_x + \sigma_y^2/n_y}$

Entscheidung: Ablehnung der Nullhypothese, falls gilt

einseitig:	zweiseitig:
$t \geq z_\alpha$ bzw. $\Phi(-t) \leq \alpha$	$\|t\| \geq z_{\alpha/2}$ bzw. $\Phi(-\|t\|) \leq \alpha/2$

Fall 2: Varianzen σ_x^2, σ_y^2 unbekannt und (annähernd) gleich:

Testwert: $t = (\bar{x}-\bar{y})/s$, Freiheitsgrad $m = n-2$

$$s = \sqrt{\left(\frac{1}{n_x} + \frac{1}{n_y}\right) \cdot \frac{(n_x-1)s_x^2 + (n_y-1)s_y^2}{m}}$$

Fall 3: Varianzen σ_x^2, σ_y^2 unbekannt und (stark) verschieden:

Testwert: $t = (\bar{x}-\bar{y})/s$, $s = \sqrt{s_x^2/n_x + s_y^2/n_y}$

Freiheitsgrad: $m = \text{INT}\left[(c+1)^2 / \left(\frac{c^2}{n_x-1} + \frac{1}{n_y-1}\right)\right]$, $c = \frac{n_y \cdot s_x^2}{n_x \cdot s_y^2}$

Entscheidung bei Fall 2,3: Ablehnung der Nullhypothese, falls gilt

einseitig : $t \geq t_{m;\alpha}$	zweiseitig: $\|t\| \geq t_{m;\alpha/2}$
bzw. $\Phi_m(-t) \leq \alpha$	bzw. $\Phi_m(-\|t\|) \leq \alpha/2$

Für die Berechnungen wird auf A 2.2, A 3.1-2, A 3.5 und die Tafeln in A 4 hingewiesen.

7.3 Tests bei normalverteilten Zufallsvariablen

ordnungsmäßig gleicher Varianz sind, d. h. Fall 2 liegt vor. Aus den Mittelwerten und Varianzen (der hier nicht aufgeführten Meßwerte) $\bar{x} = 0.520$, $s_x^2 = 0.00222$ und $\bar{y} = 0.545$, $s_y^2 = 0.00159$ ergibt sich nach Test-Box 4:

$$s = \sqrt{\left(\frac{1}{25} + \frac{1}{20}\right) \cdot \frac{24 \cdot 0.00222 + 19 \cdot 0.00159}{43}} = 0.0132$$

und damit $t = (0.520-0.545)/0.0132 = -1.89$ mit $m = 43$ Freiheitsgraden. Da $|t| = 1.89$ kleiner ist als das 0.5%-Quantil $t_{m;\alpha/2} = 2.7$, wird die Nullhypothese (gleiche Meßergebnisse bei beiden Verfahren) nicht abgelehnt.

Allgemein kann beim Vergleich von zwei Verfahren A und B in anderen als der oben beschriebenen Situation auch ein Test nach Fall 3 angemessen sein, z. B. wenn B ein "Schnellverfahren" ist, bei dem im Vergleich zu A eine wesentlich höhere Varianz zu erwarten ist.

Beispiel 7.20: Vergleich von Gesamt- und Teilpopulation

Häufig will man feststellen, ob sich eine Teilpopulation im Bezug auf ein normalverteiltes Merkmal von der Gesamtpopulation unterscheidet. Hierbei ist die Varianz des Merkmals in der Teilpopulation oft wesentlich kleiner als in der Gesamtpopulation, und bei unbekannten Varianzen ist dann Fall 3 anzuwenden. Bei einem typischen Beispiel soll zweiseitig zum Niveau $\alpha = 5\%$ getestet werden, und es ergaben sich in den beiden Stichproben vom Umfang $n_x = 25$, $n_y = 20$ die folgenden Mittelwerte und Varianzen: $\bar{x} = 301$, $s_x^2 = 2135$ (Gesamtpopulation) und $\bar{y} = 329$, $s_y^2 = 511$ (Teilpopulation). Nach Test-Box 4 (Fall 3) ergibt sich $s = \sqrt{2135/25 + 511/20} = 10.53$ und der Testwert ist $t = (301-329)/10.53 = -2.66$. Wegen $c = (20 \cdot 2135)/(25 \cdot 511) = 3.34$ erhält man den Freiheitsgrad $m = INT[(1+3.34)^2/(\frac{3.34^2}{24} + \frac{1}{19})] = INT[36.40] = 36$. Das Quantil $t_{36;\alpha/2} = 2.03$ ist kleiner als $|t| = 2.66$, und die Nullhypothese wird abgelehnt, d.h. Teil- und Gesamtpopulation unterscheiden sich im Erwartungswert des Merkmals.

Die Wahrscheinlichkeit β für den Fehler 2. Art beim *einseitigen* Test ergibt sich bei bekannter Varianz (Fall 1) wieder aus 7.3.1(5) und bei unbekannter Varianz (Fall 2,3) aus 7.3.1(6), allerdings mit der Nichtzentralität

(8) $\quad \delta = (\mu_x - \mu_y)/\sqrt{\sigma_x^2/n_x + \sigma_y^2/n_y}$

und dem Freiheitsgrad FG = m. Im Fall 3 handelt es sich nur um
eine Approximation für β (vgl. LAWTON (1965)).Beim *zweiseitigen*
Test läßt sich β wieder durch die Fehlerwahrscheinlichkeit 2.Art
beim einseitigen Test zum halben Niveau α/2 angenähert berechnen.
Für die Niveaus α = 1%, 5% beim zweiseitigen bzw. α = 0.5%, 2.5%
beim einseitigen Test kann man β aus Abb. 7.3 bestimmen. Zur Ermittlung der erforderlichen Stichprobenumfänge im Rahmen der Versuchsplanung sei auf Abschnitt 4.5.2 verwiesen.

Die in diesem Abschnitt behandelten Tests für das Normalverteilungsmodell sind auch für *beliebige* Verteilungsmodelle noch
asymptotisch gültig und können daher bei großen Stichprobenumfängen stets verwendet werden.

7.3.3 Test für die Varianz

Analog den in 7.3.1 behandelten Tests für den Erwartungswert
einer Normal(μ, σ^2)-verteilten Zufallsvariablen X kann man verschiedene Hypothesen über die Varianz σ^2 im Vergleich mit einem
Soll-, Norm- oder Grenzwert σ_o^2 testen. Ausgehend von einer unabhängigen Stichprobe von X-Werten erhält man die in der Test-Box 5 zusammengestellten Tests. Die Testgröße vergleicht jeweils
die Varianz der Stichprobe mit dem Sollwert und hat in allen 3
Fällen für $\sigma^2 = \sigma_o^2$ eine Chiquadrat-Verteilung mit m Freiheitsgraden (vgl. A3.3).

Beispiel 7.21: Präzision eines Meßinstruments

Bei einem Voltmeter ist der angezeigte Meßwert X erfahrungsgemäß
Normal(μ, σ^2)-verteilt. Hierbei ist μ die tatsächlich anliegende Spannung [in Volt] und σ^2 die (meist prozentual von μ abhängige) Varianz der Messung. Für ein stark beanspruchtes Meßinstrument wird routinemäßig überprüft, ob die vom Hersteller angegebene Präzision von σ_o = 1 im maximalen Meßbereich noch eingehalten wird. Der Test von H_o: $\sigma^2 \leq \sigma_o^2$ (Präzision eingehalten) gegen H: $\sigma^2 > \sigma_o^2$ erfolgt zum Niveau α= 10%. Bei n = 25 Wiederholungsmessungen einer konstanten Spannung μ ergab sich der Mittelwert $\bar{x}$ = 100.12 und die Standardabweichung s = 1.32. Da μ nicht exakt bekannt ist, ergibt sich nach Test-Box 5 der Freiheitsgrad FG = 24 und

7.3 Tests bei normalverteilten Zufallsvariablen

der Testwert t = 24 · (1.32²/1²) = 41.82. Das 10%-Quantil ist $\chi^2_{24;\alpha}$= 33.20 und wird vom Testwert überschritten, d. h. H_o wird abgelehnt (Präzisionsanforderung ist nicht mehr erfüllt).

Test-Box 5: Tests über die Varianz der Normal(μ,σ^2)-Verteilung

1 $H_o: \sigma^2 \leq \sigma_o^2$ $H: \sigma^2 > \sigma_o^2$	2 $H_o: \sigma^2 \geq \sigma_o^2$ $H: \sigma^2 < \sigma_o^2$	3 $H_o: \sigma^2 = \sigma_o^2$ $H: \sigma^2 \neq \sigma_o^2$

Testniveau: α

Umfang, Mittelwert und Varianz der unabhängigen Stichprobe:
n, $\bar{x}$, s²

	μ bekannt	μ unbekannt
Testwert: t Freiheitsgrad: m	$\Sigma(x-\mu)^2/\sigma_o^2$ n	$\Sigma(x-\bar{x})^2/\sigma_o^2=(n-1)s^2/\sigma_o$ n-1

Entscheidung: Ablehnung von H_o (Annahme von H) falls gilt

1	2	3
$t \geq \chi^2_{m;\alpha}$	$t \leq \chi^2_{m;1-\alpha}$	$t \geq \chi^2_{m;\alpha/2}$ **oder** $t \leq \chi^2_{m;1-\alpha/2}$
bzw.	bzw.	bzw.
$1-F(t) \leq \alpha$	$F(t) \leq \alpha$	$1-F(t) \leq \frac{\alpha}{2}$ **oder** $F(t) \leq \frac{\alpha}{2}$

Zur Bestimmung der Quantile $\chi^2_{m;\alpha}$ und der χ^2_m-Verteilungsfunktion F(x) wird auf A4.3, A3.3 verwiesen.

Das Fehlerrisiko 2. Art β kann unter Verwendung des Quotienten $Q = \sigma_o^2/\sigma^2$ bestimmt werden, da die Variable Q·t eine χ^2_m-Verteilung hat. Beim einseitigen Test mit H: $\sigma_o^2 > \sigma^2$ (d.h. Q > 1) z.B. wird die Nullhypothese für $t < \chi^2_{m;\alpha}$ bzw. Q·t < Q· $\chi^2_{m;\alpha}$ nicht abgelehnt und die Wahrscheinlichkeit hierfür ist

(1) $\quad \beta = F(Q \cdot \chi^2_{m;\alpha})$,

wobei F die χ^2_m-Verteilungsfunktion ist. Für die beiden anderen Tests wird β analog berechnet. Im Rahmen der Versuchsplanung läßt sich dann wieder der erforderliche Stichprobenumfang n ermitteln, der einen "Unterschied" Q mit vorgegebener Schärfe 1-β entdeckt.

Beispiel 7.21: Fortsetzung

Es soll das Fehlerrisiko 2. Art β berechnet werden falls σ den Sollwert σ_o um das eineinhalbfache übersteigt, d. h. $Q = (1/1.5)^2 = 0.444$. Dann ist $Q \cdot \chi^2_{24;\alpha} = 0.444 \cdot 33.20 = 14.74$ und mit einem Rechner ergibt sich β = F (14.74) = 7.19% (vgl. A3.3). Ohne Rechner läßt sich aus der Tabelle in A4.3 entnehmen, daß 5% < β < 10% gilt, weil 14.74 zwischen dem 90%- und 95%-Quantil von χ^2_{24} liegt. Die Nullhypothese wird also mit Wahrscheinlichkeit 1-β = 92.8% abgelehnt, falls σ= $1.5 \cdot \sigma_o$ gilt.

7.3.4 Vergleich zweier Varianzen (F-Test)

Eine Reihe statistischer Tests basieren auf dem Vergleich von Varianzen, z. B. die Varianzanalyse. Hier wird zunächst eine typische Situation betrachtet, bei der die Varianzen von zwei unabhängigen normalverteilten Zufallsvariablen X und Y verglichen werden sollen. Die entsprechenden Tests für die ein- und zweiseitigen Hypothesen sind in der Test-Box 6 zusammengefaßt. Ausgangspunkt sind jeweils zwei unabhängige Stichproben $x_1, x_2, \ldots$ und $y_1, y_2, \ldots$ von X- und Y-Werten. Als Testwert wird der Quotient der Stichprobenvarianzen $t = s_x^2/s_y^2$ verwendet, der für $\sigma_x^2 = \sigma_y^2$ einer F-Verteilung folgt (vgl. A3.7).

7.3 Tests bei normalverteilten Zufallsvariablen

Test-Box 6: Vergleich der Varianzen zweier Normalverteilungen
$N(\mu_x, \sigma_x^2)$, $N(\mu_y, \sigma_y^2)$

einseitiger Test:	zweiseitiger Test:
$H_0: \sigma_x^2 \leq \sigma_y^2$, $H: \sigma_x^2 > \sigma_y^2$	$H_0: \sigma_x^2 = \sigma_y^2$, $H: \sigma_x^2 \neq \sigma_y^2$

Testniveau α :

Stichprobenumfänge: n_x X-Werte, n_y Y-Werte

Mittelwerte und Varianzen der Stichproben: $\bar{x}$, s_x^2, $\bar{y}$, s_y^2

Testwert: $t = s_x^2 / s_y^2$

Freiheitsgrade: $m_x = n_x - 1$, $m_y = n_y - 1$

Entscheidung: Ablehnung der Nullhypothese, falls gilt

einseitig:	zweiseitig:
$t \geq F_{m_x, m_y; \alpha}$	$t \leq F_{m_x, m_y; 1-\alpha/2}$ *oder* $t \geq F_{m_x, m_y; \alpha/2}$
bzw.	bzw.
$1 - F(t) \leq \alpha$	$F(t) \leq \alpha/2$ *oder* $1 - F(t) \leq \alpha/2$

Die Quantile $F_{m_x, m_y; \alpha}$ und die Verteilungsfunktion F der F_{m_x, m_y}-Verteilung können mit A4.4 und A3.7 bestimmt werden.
Beim *zweiseitigen* Test kann die erste Bedingung $t \leq F_{m_x, m_y; 1-\alpha/2}$ nach A3.7 (6) auch äquivalent als $1/t \leq F_{m_y, m_x; \alpha/2}$ formuliert werden. Wegen $1/t = s_y^2 / s_x^2$ entspricht dies der zweiten Bedingung, wenn man X mit Y vertauscht.

Beispiel 7.22: Vergleich von Gesamt- und Teilpopulation

Wir greifen das Beispiel 7.20 wieder auf und wollen zum 5%-Niveau die einseitige Hypothese testen, ob die Varianz des Merkmals in der Gesamtpopulation (X-Werte) kleiner ist als in der Teilpopulation (Y-Werte). Bei den Stichproben vom Umfang $n_x = 25$, $n_y = 20$ mit den Varianzen $s_x^2 = 2135$, $s_y^2 = 511$ ergibt sich der Testwert $t = 2135/511 = 4.18$ mit den Freiheitsgraden $m_x = 24, m_y = 19$. Das 5%-Quantil $F_{24, 19; \alpha} = 2.11$ ist kleiner als der Testwert, und die Nullhypothese wird abgelehnt, d. h. die Variabilität des Merkmals ist in der Gesamtpopulation größer als in der Teilpopulation.

Das Fehlerrisiko 2. Art β läßt sich beim *einseitigen* Test analog 7.3.3 unter Verwendung des Quotienten $Q = \sigma_y^2/\sigma_x^2$ bestimmen. Da der Q-fache Testwert $Q \cdot t$ eine F_{m_x, m_y}-Verteilung hat, ergibt sich

(1) $\qquad \beta = F(Q \cdot F_{m_x, m_y; \alpha})$

wobei F die F_{m_x, m_y}-Verteilungsfunktion ist (vgl. A3.7). Für den zweiseitigen Test kann β wieder durch das entsprechende Fehlerrisiko (1) des einseitigen Tests zum halben Niveau $\alpha/2$ approximiert werden, falls $\sigma_x^2 > \sigma_y^2$ gilt (ist dies nicht erfüllt, so vertauscht man X mit Y).

Beispiel 7.22: Fortsetzung

Wir berechnen das Fehlerrisiko 2. Art β für den Fall, daß die Varianz der Gesamtpopulation viermal so groß ist wie in der Teilpopulation, d.h. $\sigma_x^2 = 4\sigma_y^2$ bzw. $Q = 0.25$. Mit dem 5%-Quantil $F_{24, 19; \alpha} = 2.11$ und der $F_{24, 19}$-Verteilungsfunktion F ergibt sich dann aus (1): $\beta = F(0.25 \cdot 2.11) = F(0.5272) \approx 7.0\%$, wobei F nach A3.7 berechnet wurde. Bei denen gegebenen Stichprobenumfängen wird eine Varianzvervierfachung also mit einer Schärfe von $1-\beta \approx 93\%$ entdeckt.

7.3.5 Einfache Varianzanalyse: Vergleich mehrerer Erwartungswerte

Neben dem in 7.3.3 behandelten Vergleich zweier Erwartungswerte ergibt sich in der Praxis oft die Notwendigkeit, mehrere Erwartungswerte miteinander zu vergleichen. Hierbei handelt es sich darum festzustellen, ob sich mehrere Gruppen im Bezug auf ein spezifisches Merkmal unterscheiden oder nicht. Die verschiedenen Gruppen sind definiert durch Unterschiede bezüglich eines Faktors, wie z. B. "Behandlung", Meßverfahren", "Population". Um zu überprüfen, ob sich die Erwartungswerte der Gruppen unterscheiden (d. h. der Faktor hat einen Einfluß), vergleicht man die Streuung der Gruppenmittelwerte (als Maß für deren Unter-

7.3 Tests bei normalverteilten Zufallsvariablen

schiede) mit der Versuchsstreuung (d. h. der Streuung der Einzelwerte in den Gruppen):

(1) $$\frac{\text{Streuung der Gruppenmittelwerte}}{\text{Versuchsstreuung}} \quad .$$

Zur mathematischen Formulierung betrachten wir nun allgemein k Gruppen und verwenden für jede Gruppe einen Index $j = 1,\ldots,k$. Das hier behandelte Modell setzt voraus, daß für jede Gruppe j das Merkmal durch stochastisch unabhängige Zufallsvariablen Y_j mit einer Normal(μ_j, σ^2)-Verteilung charakterisiert werden kann. Man beachte, daß die Varianz (Versuchsstreuung) in jeder Gruppe gleich sein muß. Diese ganz wesentliche Voraussetzung kann durch geeignete Vorversuche überprüft werden, entsprechende Tests findet man z. B. in BLISS (1967). Verzichtet man hierauf, so sollte man zumindest grob feststellen, ob sich die empirischen Varianzen nicht zu stark unterscheiden. Die Nullhypothese lautet: es liegen keine Gruppenunterschiede vor, d. h. alle Erwartungswerte sind gleich:

(2) $\quad H_o: \quad \mu_1 = \mu_2 = \ldots = \mu_k \quad .$

Die alternative Hypothese H besagt dagegen, daß mindestens zwei Erwartungswerte verschieden sind.

Für den Test der Nullhypothese muß für jede Gruppe j eine unabhängige Stichprobe $y_{j1}, y_{j2}, \ldots, y_{jn_j}$ vom Umfang n_j der Variablen Y_j vorliegen. Die Gesamtstichprobe aller y_{ji} vom Umfang $n = \Sigma n_j$ ordnet man zweckmäßigerweise in einer Tabelle an, in der die Spalten den Gruppen entsprechen.

Lfd. Nr.	Gruppe				
i	1	2	.. j	...	k
1	Y_{11}	Y_{21}	.. Y_{j1}	...	Y_{k1}
2	Y_{12}	Y_{22}	.. Y_{j2}	...	Y_{k2}
3	Y_{13}	Y_{23}	.. Y_{j3}	...	Y_{k3}
.	.	.	.		.
.	.	.	.		.
.	.	.	.		.

Bei der Versuchsplanung sollte man möglichst gleiche Stichprobenumfänge in jeder Gruppe wählen: $n_1 = n_2 = \ldots = n_k$ (balancierter Fall), weil dann die Varianzanalyse robuster gegenüber Abweichungen von den Modellannahmen ist (Normalverteilung, Gleichheit der Varianzen).

Die beschriebene Situation kann man auch durch ein lineares Modell (vgl. 3.3) darstellen:

(3) $\qquad Y_{ji} = \mu + a_j + \varepsilon_{ji} \qquad$ und $\qquad a_j = \mu - \mu_j$.

Hierbei ist μ der *mittlere Effekt:*

(4) $\qquad \mu = E(\sum_j \sum_i Y_{ji})/n = \sum_j n_j \mu_j / n$,

a_j ist der *Gruppeneffekt* mit

(5) $\qquad \sum_j n_j a_j = \sum_j (\mu - \mu_j) = 0$,

und ε_{ji} sind unabhängige Normal$(0, \sigma^2)$-verteilte *zufällige Fehler.*
Die Nullhypothese (2) der Gleichheit aller Gruppenerwartungswerte bedeutet im linearen Modell, daß alle Gruppeneffekte Null sind

(6) $\qquad H_0: a_1 = a_2 = \ldots = a_k = 0$.

7.3 Tests bei normalverteilten Zufallsvariablen

Beispiel 7.23: Reaktionszeit

Bei einem Busfahrer soll überprüft werden, ob die unterschiedliche Beanspruchung beim Fahren von 4 verschiedenen Buslinien seine Reaktionszeit beeinflußt. Hierzu wird an einem Teststand jeweils mittags mehrmals die Reaktionszeit T (Zeitspanne zwischen dem Aufleuchten eines Warnsignals und dem Treten des Bremspedals in 1/10 Sek.) gemessen. Der Faktor "Buslinie" j = 1,2,3,4 definiert hier die 4 Gruppen. Da Reaktionszeiten häufig logarithmisch normalverteilt sind, führen wir die Varianzanalyse für die logarithmische Reaktionszeit Y = ln T durch. Für jede Gruppe ergaben sich folgende n_j = 10 y-Werte (balancierter Fall):

Nr. i	Bus-Linie			
	1	2	3	4
1	1.32	1.16	1.27	0.93
2	1.33	1.24	1.23	1.07
3	1.57	1.21	1.24	1.18
4	1.42	1.00	1.11	1.12
5	1.31	1.35	1.50	0.94
6	1.32	1.22	1.10	1.24
7	1.34	1.16	1.19	1.23
8	1.42	1.12	1.45	1.09
9	1.44	1.20	1.25	1.05
10	1.48	1.17	1.56	1.24

Um eine Präzisierung des Streuungsquotienten (1) zu erhalten, schätzen wir zunächst die Versuchsstreuung σ^2. Für jede einzelne Gruppe j mit dem Gruppenmittelwert $\bar{y}_{j+}$ ist die Varianz s_j^2 der Gruppenwerte (nach 6.4) bereits eine Schätzung auf σ^2. Aus der Gesamtstichprobe aller Gruppen erhält man eine genauere Schätzung der Versuchsstreuung σ^2, indem man das gewogene Mittel der Gruppenvarianzen bildet:

(7) $$MQI = [(n_1-1)s_1^2 + \ldots + (n_k-1)s_k^2]/(n-k)$$
$$= \sum_j \sum_i (y_{ji} - \bar{y}_{j+})^2 / (n-k) .$$

MQI wird als Varianz (oder mittleres Quadrat) innerhalb der Gruppen bezeichnet. Als Maß für die Streuung der Gruppenmittelwerte verwenden wir die Varianz der (mit den Gruppenumfängen gewogenen) Gruppenmittel

(8) $MQZ = \sum_{j} n_j (\overline{y}_{j+} - \overline{y}_{++})^2$.

wobei $\overline{y}_{++}$ der Gesamtmittelwert aller v-Werte ist:

(9) $\overline{y}_{++} = \sum_{j} \sum_{i} y_{ji}/n = \sum_{j} n_j \overline{y}_{j+}/n$.

MQZ wird auch als Varianz (oder mittleres Quadrat) *zwischen* den Gruppen bezeichnet.

Als Präzisierung von (1) ergibt sich jetzt als Testwert der Varianzquotient

(10) $t = \dfrac{\text{Varianz zwischen den Gruppen}}{\text{Varianz innerhalb der Gruppen}} = \dfrac{MQZ}{MQI}$

Man kann zeigen, daß unter der Nullhypothese (gleiche Gruppenerwartungswerte) die Varianzen MQZ und MQI *unabhängige* Schätzungen für σ^2 sind, und die Testgröße eine F-Verteilung mit k-1 Zähler- und n-k Nennerfreiheitsgraden hat (vgl. A3.7). Große Werte der Testgröße t sprechen gegen die Nullhypothese, weil dann die Varianz zwischen den Gruppen größer ist als die innerhalb der Gruppen. Beim Test zum Niveau α wird die Nullhypothese daher abgelehnt, falls der Testwert mindestens so groß wie das α Quantil der $F_{k-1,n-k}$-Verteilung ist:

(11) $t \geq F_{k-1,n-k;\,\alpha}$.

Bei der praktischen Durchführung der Varianzanalyse bestimmt man zuerst die folgenden Summen von Quadraten:

(12) $SQI = \sum_{j} \sum_{i} (y_{ji} - \overline{y}_{j+})^2$ (innerhalb der Gruppen),

(13) $SQZ = \sum_{j} n_j (\overline{y}_{j+} - \overline{y}_{++})^2$ (zwischen den Gruppen),

(14) $SQT = \sum_{j} \sum_{i} (y_{ji} - \overline{y}_{++})^2$ (total) .

7.3 Tests bei normalverteilten Zufallsvariablen

Eine Umformung ergibt die folgende Zerlegung der Gesamtstreuung SQT in die Streuung innerhalb und zwischen den Gruppen:

(15)   SQT = SQI + SQZ .

Diese Zerlegung kann als Kontrolle für die 3 Quadratsummen oder zur Berechnung eine dieser Summen aus den beiden anderen verwendet werden. Die mittleren Quadrate MQI, MQZ erhält man aus den Quadratsummen SQI, SQZ durch Division mit den Freiheitsgraden:

(16)   MQI = SQI/(n-k) ,   MQZ = SQZ/(k-1) .

Die berechneten Größen werden in der sogenannten Tafel der Varianzanalyse übersichtlich zusammengestellt:

Variationsursache	Summe der Quadrate SQ	Freiheitsgrad FG	Varianz MQ=SQ/FG	Testwert
zwischen den Gruppen	SQZ	k-1	MQZ	$t = \frac{MQZ}{MQI}$
innerhalb der Gruppen	SQI	n-k	MQI	
Total	SQT	n-1	MQT	

Im Anhang A2.4 sind die Einzelheiten der Berechnung und ein Flußdiagramm angegeben.

Die Varianzanalyse läßt sich auch dann noch durchführen, wenn statt der Einzelwerte y_{ji} für jede Gruppe nur ihr Umfang n_j, Mittelwert $\bar{y}_{j+}$ und ihre Varianz s_j^2 sowie die Gesamtvarianz s^2 = MQT aller y-Werte vorliegen. Man berechnet dann SQI nach (7) und SQZ aus (15) mit SQT = (n-1)MQT (vgl. Beispiel 7.34).

Beispiel 7.23: 1. Fortsetzung

Die Nullhypothese H_o soll zum 5%-Niveau (Standardtest!) geprüft werden. Für die 4 Linien ergeben sich folgende Summen, Mittelwerte und empirische Varianzen gemäß A2.4 (wobei auf eine Transformation verzichtet wurde, weil alle y-Werte dicht bei 1 liegen).

Linie j	$\sum_i y_{ji}$	$\sum_i y_{ji}^2$	Mittelwert $\bar{y}_{j+}$	Varianz s_j^2
1	13.95	19.5271	1.3950	0.0074
2	11.83	14.0671	1.1830	0.0080
3	12.90	16.8702	1.2900	0.0255
4	11.09	12.4189	1.1090	0.0133
Summe	49.77	62.8833		

Der Gesamtmittelwert ist $\bar{y}_{++}$ = 49.77/40 = 1.2443, und mit den Formeln in A2.4 ergeben sich die Quadratsummen

SQI = 62.8833 - (13.95²/10+11.83²/10+12.90²/10+11.o9²/10)
    = 62.8833 - 62.3950 = 0.4884
SQT = 62.8833 - 49.77²/40 = 0.9570
SQZ = SQT-SQI = 0.9570 - 0.4884 = 0.4686

Die Tafel der Varianzanalyse lautet dann:

Variationsursache	SQ	FG	MQ	Testwert
zwischen den Gruppen	0.4686	3	0.1562	11.52
innerhalb der Gruppen	0.4884	36	0.0136	
Total	0.9570	39	0.0245	

Da der Testwert das 5%-Quantil $F_{3,36;\alpha}$ = 2.87 übersteigt, wird die Nullhypothese abgelehnt, d. h. die Reaktionszeit wird durch die gefahrene Buslinie beeinflußt.

7.3 Tests bei normalverteilten Zufallsvariablen

Die Wahrscheinlichkeit β für den Fehler 2. Art hängt von den einzelnen Gruppeneffekten a_j nur noch über die gewogene Summe aller quadratischen Gruppeneffekte

(17) $\qquad \delta = (n_1 a_1^2 + n_2 a_2^2 + \ldots + n_k a_k^2)/\sigma^2 \geq 0$

ab, mit deren Hilfe man die Hypothese wegen (6) wie folgt formulieren kann:

(18) $\qquad H_o: \delta = 0 \quad , \quad H: \delta > 0 \quad .$

δ ist also ein Maß für die Abweichung von der Nullhypothese. Für beliebiges δ hat die Testgröße (10) eine nichtzentrale F-Verteilung (vgl. A3.8) mit δ als Nichtzentralität und den Zähler- und Nennerfreiheitsgraden k-1 und (n-k). Folglich läßt sich das Fehlerrisiko 2. Art

(23) $\qquad \beta = P(t \leq F_{k-1, n-k; \alpha})$

in Abhängigkeit von δ durch die Verteilungsfunktion der nichtzentralen F-Verteilung an der Stelle $F_{k-1, n-k; \alpha}$ berechnen.

Das Risiko β fällt, wenn die Nichtzentralität δ oder das Niveau α wächst. Tabellen für β als Funktion von δ, α und den Freiheitsgraden findet man z. B. in TIKU (1967).

Beispiel 7.23: 2. Fortsetzung

Wir bestimmen β zuerst für den Fall, daß *alle* Abweichungen $|a_j| = |\mu - \mu_j|$ gleich σ/2 sind, d. h. $n_j a_j^2 / \sigma^2 = 2.5$. Dann ist δ = 10, und die Verteilungsfunktion F der nichtzentralen $F_{3,36}$-Verteilung an der Stelle des 5%-Quantils 2.87 kann mit einem Rechner (vgl. A3.8) ermittelt werden: β = F(2.87) ≈ 29%. Folglich wird die Nullhypothese bei einer "Abweichung" von δ = 10 mit der Schärfe 1-β ≈ 71% abgelehnt. Sind dagegen nur *zwei* Abweichungen $|a_j|$ gleich σ/2 und die beiden anderen Null (z. B. $a_1 = -\sigma/2$, $a_2 = a_3 = 0$, $a_4 = \sigma/2$), so ist δ = 5 und das entsprechende Risiko β ≈ 60% ist erheblich größer.

7.4 Allgemeine Tests

In den folgenden Abschnitten werden zwei Typen von allgemeinen Tests vorgestellt: Anpassungs- und Rangtest.
Anpassungstests dienen der Überprüfung, ob das gewählte stochastische Modell adäquat ist oder nicht. Hierfür werden ganz allgemein Chiquadrat- und Likelihood-Quotiententests erläutert und speziell zur Beurteilung des Normalverteilungsmodells wird noch eine graphische Methode entwickelt. Weitere Anpassungstests für Modelle bei Kontingenztafeln werden in 7.6 behandelt.

Bei *Rangtests* wird die Information der Stichprobe dahingehend reduziert, daß man nicht mehr die beobachteten Werte selbst, sondern nur noch ihre Anordnung betrachtet, d. h. man ersetzt bei der Auswertung die Werte durch ihre Rangzahlen (vgl. 5.4.2), die invariant gegenüber monotonen Umskalierungen der Beobachtungswerte sind. Die auf Rangzahlen basierenden Tests bezeichnet man auch als *verteilungsfrei,* weil sie für beliebige Verteilungsmodelle gültig sind (und nicht etwa nur bei Normalverteilung).
Die Schärfe dieser Tests hängt allerdings von der wahren Verteilung ab und kann daher nicht allgemein angegeben werden. Im folgenden werden exemplarisch nur Rangtests zum Vergleich zweier stetiger Verteilungen (für zwei unabhängige oder eine gepaarte Stichprobe) vorgestellt. Diese Tests haben gegenüber dem entsprechenden t-Test für das Normalverteilungsmodell (vgl. 7.3.2) nur eine unwesentlich geringere Schärfe. Man wird daher dem Rangtest stets dann den Vorzug geben, wenn die Voraussetzungen für den t-Test nicht genügend abgesichert sind. Bei größeren Stichproben neigt man wieder eher zum t-Test, weil dieser asymptotisch auch für beliebige Verteilungen gültig ist und außerdem die Bestimmung der Rangzahlen in diesem Fall auch relativ aufwendig werden kann. Ausführliche Darstellungen von Rangtests findet man in speziellen Monographien, wie z. B. LEHMANN (1975).

7.4 Allgemeine Tests

7.4.1 Graphische Beurteilung auf Normalverteilung

Zur Beurteilung, ob bei einer Stichprobe $x_1,\ldots,x_N$ von nicht zu kleinem Umfang N die zugrundeliegende stetige Zufallsvariable X annähernd normalverteilt ist, kann eine graphische Methode verwendet werden, die gleichzeitig grobe Schätzungen für den Erwartungswert μ und die Standardabweichung σ liefert. Dieses Verfahren ist kein formaler Test, kann aber wertvolle Hinweise über die Art von systematischen Abweichungen geben.

Zuerst klassifiziert man die Werte in K Klassen mit den Klassengrenzen $-\infty = a_0 < a_1 < a_2 < \ldots a_{K-1} < a_K = +\infty$ und berücksichtigt im folgenden nur noch die *absoluten* Häufigkeiten $f_1,\ldots,f_K$ der Stichprobenwerte in den einzelnen Klassen $(a_{k-1}, a_k]$. Mit den absoluten Häufigkeiten werden zunächst die kumulierten oder Summen-Häufigkeiten berechnet

(1) $\qquad F_k = f_1 + f_2 + \ldots + f_k$,

d. h. die Anzahl der Stichprobenwerte in den ersten k Klassen. Daraus bestimmt man die entsprechenden relativen (prozentualen) Summenhäufigkeiten

(2) $\qquad p_k = F_k/N$,

d. h. die relativen Stichprobenanteile aller Werte in den ersten k Klassen (die kleiner oder gleich a_k sind). Die relative Häufigkeit p_k ist eine Schätzung auf den Wert $P(X \leq a_k)$ der Verteilungsfunktion von X an der Stelle a_k.

Beispiel 7.24: Geburtsgewicht von Lebendgeborenen

Für N = 80 lebendgeborene Säuglinge soll das Geburtsgewicht (in Gramm) auf Normalverteilung untersucht werden. Die Klassifikation wurde nach vollen Pfunden vorgenommen und ergab folgende Tabelle mit K = 7 Klassen, in der auch schon die erst später erläuterten Probits mit angegeben sind.

Klassen			Häufigkeit	Summen-Häufigkeit		Probit
Nr.	von	bis		absolut	prozentual	
k	a_{k-1}	a_k	f_k	F_k	p_k in %	y_k
1	-	2000	1	1	1.3	-2.23
2	2000	2500	3	4	5.0	-1.64
3	2500	3000	13	17	21.3	-0.80
4	3000	3500	31	48	60.0	0.25
5	3500	4000	24	72	90.0	1.28
6	4000	4500	7	79	98.8	2.26
7	4500	-	1	80	100.0	-

Man trägt nun die Wertepaare (a_k, p_k) in ein sogenanntes _Wahrscheinlichkeitpapier_ ein, bei dem die y-Achse eine spezielle nicht-lineare Einteilung hat _(Wahrscheinlichkeitsskala)_. Die Wahrscheinlichkeitsskala ist so konstruiert (vgl. Abb. 7.4), daß die Darstellung der Verteilungsfunktion einer beliebigen Normalverteilung im Wahrscheinlichkeitsnetz eine Gerade ergibt. Man überprüft deshalb, ob die Punkte (a_k, p_k) im Wahrscheinlichkeitspapier bis auf zufällige Schwankungen auf einer Gerade liegen. Ist dies der Fall, so zeichnet man diese Gerade (wobei den Punkten im mittleren Bereich mehr Gewicht zukommen soll) und kann dann aus der Geraden grobe Schätzungen für μ und σ gewinnen.

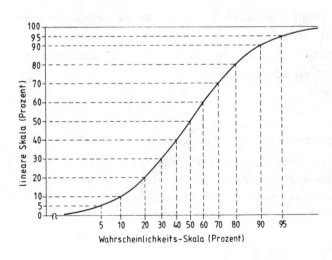

Abb. 7.4
Konstruktion der Wahrscheinlichkeits-Skala unter Verwendung der Normal(0,1)-Verteilungsfunktion. Die Prozentzahlen 0 % und 100 % liegen bei der Wahrscheinlichkeits-Skala im Unendlichen.

7.4 Allgemeine Tests

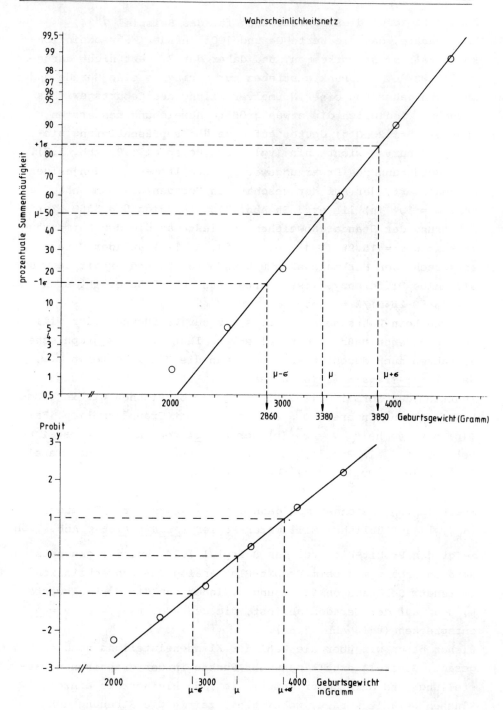

Abb. 7.5 Darstellung der Verteilung des Geburtsgewichts (beobachtete Werte und geschätzte Gerade) für das Beispiel 7.24. (a) Wahrscheinlichkeitsnetz, (b) Probit-Plot.

Abb. 7.5a zeigt diese Darstellung für das Beispiel 7.24.
Man beachte, daß die Werte 0% und 100% auf der Wahrscheinlichkeitsskala *nicht* vorkommen, und daher der 7. Wert nicht dargestellt wurde. Die Punkte streuen nur gering um eine Gerade und man kann daher von einer Normalverteilung des Geburtsgewichts ausgehen. Lediglich die etwas größere Abweichung des ersten Punktes (bei 2000 g) deutet auf eine Überrepräsentierung niedriger Geburtsgewichte hin (vgl. auch Beispiel 1.9, Abb. 1.7). Eine Schätzung des Erwartungswerts μ erhält man als denjenigen Merkmalswert, der auf der geschätzten Geraden die Summenhäufigkeit p = 50% (μ) liefert. In Abb. 7.5a ist dies $\hat{\mu}$ = 3380. Zur Schätzung der Standardabweichung σ liest man die den Summenhäufigkeiten p = 15.9% (1-σ) und p = 84.1% (1+σ) auf der Gerade entsprechenden Merkmalswerte $\hat{\mu}-\hat{\sigma}$ und $\hat{\mu}+\hat{\sigma}$ ab, und erhält dann $\hat{\sigma}$ als halbe Differenz dieser Werte. Aus Abb. 7.5a ergibt sich $\hat{\sigma}$ = (3850-2860)/2 = 505.

Hat man kein Wahrscheinlichkeitsnetz zur Verfügung, oder will man im anderen Maßstab darstellen, so läßt sich das graphische Verfahren auch durchführen, indem man die Häufigkeiten $p_1, \ldots, p_k$ der *Probit-Transformation* unterwirft. Ist Φ die Verteilungsfunktion der Normal(0,1)-Verteilung, so bezeichnen wir ihre Umkehrfunktion (Inverse) Φ^{-1} auch als Probit-Transformation. Falls $\Phi(p) = y$, so heißt $y = \Phi^{-1}(p)$ der *Probit* von p (früher bezeichnete man y+5 als Probit). Die Probits kann man aus einer Tabelle für Φ ablesen (vgl. A4.1) oder berechnen (vgl. A3.2).

Statt (a_k, p_k) zeichnet man dann die *transformierten* Punkte (a_k, y_k) auf übliches Millimeter-Papier *(Probit-Plot)*. Abb. 7.5b zeigt den Probit-Plot für das Beispiel 7.24. Aus der geschätzten Geraden erhält man beim Probit-Plot analog dem Wahrscheinlichkeitsnetz Schätzungen für μ und σ, indem man die Merkmalswerte $\hat{\mu}$, $\hat{\mu}\pm\hat{\sigma}$ auf der Geraden abliest, die den Probits y = 0, y = $\pm$ 1 entsprechen (vgl. Abb. 7.5b).

Bisher haben wir über die Wahl der Klasseneinteilung noch nichts gesagt. Generell erhält man mehr Punkte in der graphischen Darstellung (und damit mehr Information), je kleiner die einzelnen Klassen gewählt werden, wobei gleichzeitig die Streuung der Punkte größer wird. Im Extremfall enthält jede Klasse nur *einen*

Wert, d. h. man wählt die beobachteten Werte als Klassengrenzen. Dies ist besonders bei kleineren Stichproben empfehlenswert, bei denen auch andere Methoden zusätzliche Information liefern (z. B. Rankit-Plot, vgl. BLISS (1967), SOKAL-ROHLF (1968)).

Da bei der Darstellung im Wahrscheinlichkeitspapier und im Probit-Plot nur die *relativen* Häufigkeiten verwendet werden, muß bei der Interpretation der Stichprobenumfang berücksichtigt werden. Stärkere Abweichungen einzelner Punkte von der Geraden können bei kleineren Stichproben noch als *zufällig* angesehen werden, währenddessen sie bei größeren Stichproben bereits als *systematisch* zu bewerten sind. Ein formaler Test, der dies berücksichtigt, wird im nächsten Abschnitt behandelt.

7.4.2 Anpassungstests: Chiquadrat- und Likelihoodquotienten-Test

Bei statistischen Analysen werden aus beobachteten Daten Schlüsse gezogen, die meistens ganz wesentlich von dem speziell zugrundegelegten Modell bzw. einer Verteilungsannahme abhängen. Im Extremfall kann man bei Verwendung eines anderen Modells zu gegensätzlichen Schlußfolgerungen gelangen. Deshalb ist die Überprüfung von Modellen bzw. Verteilungsannahmen von Bedeutung. Die hierfür entwickelten Tests bezeichnet man als *Anpassungstests*, weil sie die Modellanpassung beurteilen. An dieser Stelle sollen zwei universelle Anpassungstests erläutert werden, die zunächst für diskrete Verteilungen entwickelt und dann auf stetige Verteilungen erweitert werden, imdem man diese durch Klssifizierung "diskretisiert".

Beispiel 7.25: Kreuzung von Monohybriden

Man vermutet, daß die Blütenfarbe der japanischen Wunderblume von einem Gen mit den Allelen R, W und den zugehörigen Phänotypen RR (rot), RW(rosa), WW (weiß) gesteuert wird. Zur Überprüfung des Erbganges wurden Monohybriden RW miteinander gekreuzt und es ergaben sich folgende Aufteilungen der N = 108 Nachkommen.

Phänotyp	RR	RW	WW	insgesamt
Anzahl	30	47	31	108

Nach den MENDEL'schen Gesetzen müssen die erwarteten Anzahlen für RR, RW, WW im Verhältnis 1:2:1 stehen. Das entsprechende Modell für die Anzahlen N_{RR}, N_{RW}, N_{WW} der Phänotypen ist eine Multinomialverteilung mit den Wahrscheinlichkeiten (vgl. 3.1.4)

(a) $p_{RR} = 0.25$, $p_{RW} = 0.5$, $p_{WW} = 0.25$.

Die erwarteten Anzahlen sind also $E(N_{RR}) = N \cdot p_{RR} = 27$, $E(N_{RW}) = 54$ $E(N_{WW}) = 27$.

Bei der allgemeinen Formulierung des Anpassungstests geht man von einer Multinomialverteilung vom Umfang N mit K Klassen aus. Die Nullhypothese spezifiziert die Klassenwahrscheinlichkeiten $p_1, \ldots, p_K$ vollständig durch feste "Sollwerte" $p_1^o, \ldots, p_K^o$:

(1) $H_o: p_1 = p_1^o$, $p_2 = p_2^o$, $\ldots$, $p_K = p_K^o$,

und die Hypothese H ist die Negation von H_o. Die unter der Nullhypothese *erwarteten* Klassenhäufigkeiten

(2) $e_k = N \cdot p_k^o$ für $k = 1, \ldots, K$

werden dann mit den *beobachteten* Klassenhäufigkeiten b_k in der Stichprobe verglichen. Hierfür wird meist der von PEARSON vorgeschlagene *Chiquadrat-Testwert* verwendet:

(3) $X^2 = \sum_k (b_k - e_k)^2 / e_k = N \sum_k (\hat{p}_k - p_k^o)^2 / p_k^o$.

In der letzten Formulierung sind $\hat{p}_k = b_k/N$ die *beobachteten* relativen Klassenhäufigkeiten, deren Abweichung von den *erwarteten* Sollwerten p_k noch mit dem Stichprobenumfang N gewichtet wird. In letzter Zeit wird vor allem wegen seiner theoretischen Vorzüge auch der aus dem sogenannten *Likelihood-Quotienten (LQ)* abgeleitete Testwert verwendet:

7.4 Allgemeine Tests

(4) $\quad G^2 = \sum_k 2 b_k \ln(b_k/e_k) = N \sum_k 2 \hat{p}_k \ln(\hat{p}_k/p_k^o)$.

Für $b_k = 0$ wird der entsprechende Summand gleich Null gesetzt. Unter der Nullhypothese strebt bei wachsendem Stichprobenumfang N sowohl die Verteilung von X^2 als auch die von G^2 gegen die χ^2-Verteilung mit FG = K-1 Freiheitsgraden (vgl. A3.3). Dies führt zu den folgenden beiden (asymptotischen) Tests, bei denen jeweils die Nullhypothese zum Niveau α abgelehnt wird, falls gilt:

(5) $\underline{\chi^2\text{-Test}}$: $X^2 \geq \chi^2_{FG;\alpha}$ bzw. $1 - F(X^2) \leq \alpha$,

(6) $\underline{\text{LQ-Test}}$: $G^2 \geq \chi^2_{FG;\alpha}$ bzw. $1 - F(G^2) \leq \alpha$.

Hierbei ist $\chi^2_{FG;\alpha}$ das α-Quantil (vgl. A4.2) und F die Verteilungsfunktion der χ^2_{FG}-Verteilung. Beide Tests sind asymptotisch äquivalent, d. h. sie führen für $N \to \infty$ zu gleichen Entscheidungen und der relative Unterschied beider Testwerte wird dann Null. In der Praxis wird meistens der leichter zu berechnende Testwert X^2 bevorzugt.

Beispiel 7.25: Fortsetzung

Die MENDEL'sche Nullhypothese (a) soll zum Niveau $\alpha = 10\%$ geprüft werden. Es ergibt sich

Phänotyp	beobachtet b	erwartet e	$(b-e)^2/e$	$2b \cdot \ln(b/e)$
PR	30	27	0.33	6.32
RW	47	54	0.91	- 13.05
WW	31	27	0.59	8.57
Summe	108	108	X^2= 1.83	G^2= 1.84

Wegen FG = 3-1 = 2 und $\chi^2_{2;\alpha} = 4.61$ wird die MENDEL'sche Hypothese weder vom χ^2- noch vom LQ-Test abgelehnt (normalerweise führt man nur *einen* der beiden Test durch, anstatt wie hier zur Demonstration, beide)

Zur Vereinfachung der Berechnung von X^2 kann man die Formel verwenden

(7) $\qquad X^2 = \sum_k (b_k^2/e_k) - N$

wobei $N = \sum e_k = \sum b_k$ der Stichprobenumfang ist. Wir empfehlen jedoch stets das Aufstellen einer Tabelle (wie im Beispiel 7.25), weil man dort auch die Beiträge der einzelnen Klassen zum Testwert beurteilen kann und hierdurch (etwa bei Ablehnung der Nullhypothese) Aufschlüsse für alternative Modelle erhält.

Da es sich beim χ^2- und LQ-Test um *asymptotische* Tests handelt, dürfen diese erst bei *genügend großem* Stichprobenumfang verwendet werden. Wann dies der Fall ist, hängt von der speziellen Nullhypothese ab, und ist bisher nicht global beantwortet worden. Eine Zusammenstellung der neueren Literatur zu diesem Problem findet man bei HUTCHINSON (1979). Nach ROSCOE-BYARS (1971) ist es beim χ^2-Test zum Niveau $\alpha = 1\%$ bzw. 5% in der Regel ausreichend, wenn die *durchschnittliche* Klassenhäufigkeit N/K mindestens 4 bzw. 2 beträgt.

Bisher haben wir beim Anpassungstest vorausgesetzt, daß die Klassen-Wahrscheinlichkeiten durch die Nullhypothese fest vorgegeben sind. Man kann aber allgemeiner zulassen, daß die Soll-Wahrscheinlichkeiten über Funktionen g_k von einem oder mehreren Parametern $\theta_1, \theta_2, \ldots$ abhängen:

(8) $\qquad p_k^o = g_k(\theta_1, \ldots, \theta_s), \qquad k = 1, \ldots, K$.

In diesem Fall bestimmt man zunächst die ML-Schätzungen $\hat{\theta}_1, \ldots, \hat{\theta}_s$ der Parameter und schätzt unter der Nullhypothese die Wahrscheinlichkeiten und erwarteten Häufigkeiten durch

(9) $\qquad \hat{p}_k^o = g_k(\hat{\theta}_1, \ldots, \hat{\theta}_s) \quad , \quad e_k = N \cdot \hat{p}_k^o$.

Beim χ^2- und LQ-Test verwendet man nun im Testwert die *geschätzten* Erwartungswerte, wobei sich allerdings der Freiheitsgrad

7.4 Allgemeine Tests

zusätzlich um die Anzahl s der geschätzten (unabhängigen) Parameter reduziert:

(10)   FG = K-1-s .

Beispiel 7.26: Hardy-Weinberg-Gleichgewicht

Beim Haptoglobin-Blutgruppensystem bestimmen 2 Allele Hp^1, Hp^2 die drei Phänotypen Hp 1-1, Hp 1-2, Hp 2-2. Wir interessieren uns dafür, ob in einer bestimmten Population das genetische Gleichgewicht vorliegt. Bezeichnen p_1, p_2 bzw. p_{11}, p_{12}, p_{22} die Frequenzen der Allele bzw. Phänotypen der Population, so läßt sich das Gleichgewicht nach Hardy-Weinberg wie folgt als Nullhypothese formulieren:

(a) $H_o: p_{11} = p_1^2$, $p_{12} = 2p_1p_2$, $p_{22} = p_2^2$.

Da $p_2 = 1-p_1$ ist, hängen alle Gleichgewichtswahrscheinlichkeiten (Sollwerte) von *einem* Parameter ab, der unbekannten Allelfrequenz $p_1 = \theta_1$. Die Nullhypothese soll zum Niveau α = 5% überprüft werden. Bei einer Stichprobe vom Umfang N = 500 wurden folgende Anzahlen für die Phänotypen beobachtet: b_{11} = 61, b_{12} = 258, b_{22} = 181 . Die ML-Schätzung für die Allelfrequenzen sind die entsprechenden Frequenzen in der Stichprobe:

$$\hat{p}_1 = (2b_{11} + b_{12})/2N = 0.38, \quad \hat{p}_2 = 1-\hat{p}_1 = 0.62 .$$

Hieraus ergeben sich die geschätzten Wahrscheinlichkeiten im Gleichgewichtsfall (a):

$$\hat{p}_{11} = \hat{p}_1^2 = 0.1444, \quad \hat{p}_{12} = 2\hat{p}_1\hat{p}_2 = 0.4712, \quad \hat{p}_{22} = \hat{p}_2^2 = 0.3844$$

Die Testwerte erhält man aus folgender Tabelle.

Phänotyp	beobachtet b	erwartet e	$(b-e)^2/e$	$2b \cdot \ln(b/e)$
Hp 1-1	61	72.2	1.737	-20.565
Hp 1-2	258	235.6	2.130	46.865
Hp 2-2	181	192.2	0.653	-21.734
Summe	500	500.0	X^2= 4.520	G^2= 4.566

Da *ein* Parameter geschätzt wurde, ist nach (10) FG = 3-1-1 = 1. Das 5%-Quantil von χ^2_1 ist 3.84 und wird von beiden Testwerten überschritten, d.h. die Nullhypothese (Gleichgewicht) wird abgelehnt.

Der χ^2- und LQ-Anpassungstest können auch bei *stetigen* Verteilungen verwendet werden, wenn man die Verteilung durch Einteilung in endlich viele Klassen "diskretisiert". Es sei X eine stetige Zufallsvariable mit der Verteilungsfunktion F. Eine Verteilungsannahme ist eine Nullhypothese der Form

(11) $\quad H_o: F = F_o$,

wobei F_o eine spezifizierte Verteilungsfunktion ist, die auch noch unbekannte Parameter enthalten kann, z. B. $F_o(x) = \Phi[(x-\mu)/\sigma]$ bei Normal(μ,σ^2)-Verteilung. Zur Überprüfung von H_o aufgrund einer Stichprobe $x_1,\ldots,x_N$ vom Umfang N zerlegt man den Wertebereich durch Vorgabe von Klassengrenzen $-\infty = a_o < a_1 < a_2 < \ldots < a_K = +\infty$ in K Klassen $I_k = (a_{k-1}, a_k]$ für $k = 1,\ldots,K$. Die beobachteten Klassenhäufigkeiten $b_1,\ldots,b_K$ sind dann Realisierungen einer Multinomialverteilung, deren Klassenwahrscheinlichkeiten sich unter H_o wie folgt ergeben:

(12) $\quad p_k^o = P(a_{k-1} < X \leq a_k) = F_o(a_k) - F_o(a_{k-1})$

Falls die Funktion F_o noch unbekannte Parameter enthält, so ersetzt man diese in (12) durch geeignete Schätzungen. Der Anpassungstest wird dann mit den beobachteten und erwarteten Häufigkeiten b_k und e_k wie im diskreten Fall durchgeführt.

Beispiel 7.27: Geburtsgewicht von Lebendgeborenen

Wir greifen das Beispiel 7.24 wieder auf und wollen überprüfen, ob das Geburtsgewicht X normalverteilt ist. Um mögliche Abweichungen von der Normalverteilung eher zu entdecken, wird mit α = 10% ein nicht zu kleines Niveau gewählt. Hier ist $F_o(x) = \Phi[(x-\mu)/\sigma]$ die Verteilungsfunktion der Normal-(μ,σ^2)-Verteilung mit den unbekannten Parametern μ,σ^2. Für die N = 80 Geburtsgewichte ergaben sich die Schätzungen: $\hat{\mu} = \bar{x} = 3356$, $\hat{\sigma} = s = 561$, die

7.4 Allgemeine Tests

zufriedenstellend mit den grafischen Schätzungen (aus Beispiel 7.24) übereinstimmen. Wir berechnen die erwarteten Häufigkeiten:

Nr. k	Klassengrenzen von a_{k-1}	bis a_k	Wahrscheinlichkeiten $F_o(a_k)$	$p_k^o =$ $F_o(a_k) - F_o(a_{k-1})$	erwartet $e_k = N \cdot p_k^o$	beobachtet b_k
1	$-\infty$	2000	0.0078	0.0078	0.63	1
2	2000	2500	0.0635	0.0557	4.46	3
3	2500	3000	0.2629	0.1993	15.95	13
4	3000	3500	0.6013	0.3384	27.08	31
5	3500	4000	0.8745	0.2732	21.86	24
6	4000	4500	0.9793	0.1048	8.38	7
7	4500	$+\infty$	1.0000	0.0207	1.66	1
$\hat{\mu} = 3356, \hat{\sigma} = 561$			Summe:	0.9999	80.02	N = 80

Man beachte, daß aus formalen Gründen $a_o = -\infty$, $a_8 = +\infty$ und $F_o(-\infty) = 0$, $F(+\infty) = 1$ ist. Die Prüfwerte berechnen sich nach (3), (4) zu $X^2 = 2.51$, $G^2 = 2.56$. Da die beiden Parameter μ und σ^2 geschätzt werden, ergibt sich der Freiheitsgrad aus (11) zu FG = 7-1-2 = 4. Das Signifikanzniveau ist mit $P(\chi_4^2 \geq X^2) = 64.3\%$ bzw. $P(\chi_4^2 \geq G^2) = 63.4\%$ deutlich größer als 10%, und folglich wird die Normalverteilungsannahme nicht abgelehnt.

Bei der Anwendung der Anpassungstests auf *stetige* Verteilungen ist die Einteilung der Klassen von zentraler Bedeutung: zu wenig Klassen bewirken einen großen Informationsverlust, währenddessen bei zu vielen Klassen der Test nicht mehr zulässig ist, weil die erwarteten Häufigkeiten dann zu gering sind. Welche Klasseneinteilung besonders günstig ist, hängt sowohl von der Verteilungsfunktion F_o als auch von den Fehlerrisiken α und β ab. Generell kann man empfehlen, die Klassen derart zu wählen, daß alle erwarteten Anzahlen e_k nicht zu klein (etwa mindestens 2-4, vgl. oben) und annähernd gleich sind: $e_k \approx N/K$. Für größere Stichprobenumfänge N kann man sich bei der Wahl der Klassenzahl K an der Formel orientieren:

(13) $K \approx 4 \sqrt[5]{2(N-1)^2 / (z_\alpha + z_\beta)^2}$

(vgl. KENDALL-STUART (1973), Ch. 30), wobei z_α, z_β die Quantile von N(0,1) sind. In der Praxis erhält man oft anstelle der Originaldaten bereits klassifizierte Werte und hat dann leider keinen Einfluß auf die Klasseneinteilung.

Anpassungstets unterscheiden sich von den bisher behandelten Tests dadurch, daß man meist die Nullhypothese (und nicht die Hypothese) statistisch absichern will. Daher ist hier das Fehlerrisiko β 2. Art von besonderer Bedeutung, und man wird zur Verringerung von β eher ein höheres Niveau α wählen. Für eine genauere Analyse dieser Situation soll eine asymptotische Approximation für β analog 7.2.4 angegeben werden. Bleiben bei wachsendem Stichprobenumfang N gleichzeitig die Differenzen $c_k = (p_k - p_k^o)\sqrt{N}$ konstant (gilt also insbesondere $p_k \to p_k^o$), dann streben die Verteilungen beider Testgrößen X^2 und G^2 gegen dieselbe nichtzentrale $\chi^2_{FG}(\delta)$-Verteilung (vgl. A3.4) mit der Nichtzentralität

$$(14) \qquad \delta = N \sum_k (p_k - p_k^o)^2 / p_k^o$$

(vgl. MITRA (1958), BISHOP-FIENBERG-HOLLAND (1975), Ch. 14.9).

Das Fehlerrisiko β 2. Art läßt sich daher approximieren durch

$$(15) \qquad \beta \approx F(\chi^2_{FG;\alpha}) \qquad ,$$

wobei F die Verteilungsfunktion von $\chi^2_{FG}(\delta)$ ist (vgl. A3.4). Tafeln für die Schärfe 1-β als Funktion von α, FG, δ findet man z. B. bei HAYNAM et. al. (1970).
Die Nichtzentralität δ ist ein Maß für die Abweichung der Wahrscheinlichkeiten p_k von den durch die Nullhypothese spezifizierten Werten p_k^o. Man beachte die Analogie von δ zu X^2 in (3). Die Hypothesen lassen sich auch durch H_o: δ = 0 und H: δ > 0 äquivalent beschreiben.

Beispiel 7.28: Fortsetzung von Beispiel 7.25

Bei der Beschreibung einer realen Situation durch ein stochastisches Modell ist das Modell häufig nicht in allen Einzelheiten adäquat. Man nimmt daher oft kleinere Abweichungen vom Modell zugunsten der Einfachheit des Modells bewußt in Kauf. Im vorliegenden Fall des Mendel'schen Modells (a) wollen wir das Fehlerrisiko β für den Fall berechnen, daß die prozentuale Abweichung aller Wahrscheinlichkeiten p_{RR}, p_{RW}, p_W von ihren Modellwerten jeweils 20% beträgt, d. h. $p_{RR} = p_{WW} = 0.25 \pm 0.05$, $p_{RW} = 0.50 \mp 0.10$. Dann ist $\delta = 108 \, [0.05^2/0.25 + 0.05^2/0.25 + 0.10^2/0.50] = 4.32$ und aus (15) erhält man mit einem Rechner (vgl. A 3.4):
$\beta \approx F(4.61) = 42.8\%$, d. h. der Test lehnt das Mendel'sche Modell (a) bei der angegebenen Abweichung mit der Schärfe $1-\beta \approx 57.2\%$ ab. Eine Senkung von β ist durch Erhöhung des Stichprobenumfangs N möglich. So ergibt sich z. B. bei Verdoppelung des Umfangs auf $N = 216$ bereits $\beta \approx 16.0$.

Bei der Analyse von *Kontingenztafeln* (vgl. 7.6) tauchen noch allgemeinere Anpassungstests auf, bei denen für r unabhängige Multinomialverteilungen *gleichzeitig* Nullhypothesen der Form (1) formuliert werden, in denen die Klassen-Wahrscheinlichkeiten wie in (8) von s *gemeinsamen* (unabhängigen) Parametern abhängen. Auch hier bleiben der χ^2- und LQ-Test unverändert gültig, wenn man bei den Testwerten (3), (4) über alle Klassen aller r Multinomialverteilungen summiert und den Freiheitsgrad wie folgt bestimmt:

(17)   FG = (Anzahl aller Klassen) - r - s .

Beispiele hierfür werden im Abschnitt 7.6 behandelt.

7.4.3 Vergleich zweier Verteilungen (Wilcoxon-Mann-Whitney-Test)

Es soll überprüft werden, ob ein *stetiges* Merkmal in einer Gruppe im Mittel größer ist als in einer anderen Gruppe. Für spezielle Fälle dieses Problems haben wir in 7.3.2 bereits den t-Test kennengelernt, der die Erwartungswerte des Merkmals in beiden Gruppen vergleicht. Im folgenden soll ein allgemeinerer Test

vorgestellt werden, der keinerlei zusätzliche Einschränkungen
für die Verteilung des Merkmals voraussetzt. Dieser sogenannte
Rangtest berücksichtigt anstelle der einzelnen Merkmalswerte nur
noch deren Reihenfolge (Rangfolge) und ist daher auch unabhängig
von der speziellen Skalierung des Merkmals.

Beispiel 7.29: Verzögerung der Tumorinduktion

In einem Tierversuch mit Mäusen soll festgestellt werden, ob die Zugabe
eines vermeintlichen Hemmstoffes zu einem Carcinogen die Tumorinduktion
verzögert. Die Tiere der Behandlungsgruppe erhalten das Carcinogen mit
Hemmstoff und die der Kontrollgruppe nur das Carcinogen (in gleicher Dosierung). Das interessierende Merkmal ist die Tumorinduktionszeit (Zeitspanne bis zum Auftreten eines Tumors).

Bei der allgemeinen Formulierung gehen wir von zwei stetigen
Zufallsvariablen X und Y aus, die das Merkmal in beiden Gruppen
repräsentieren. Die Nullhypothese sagt, daß X und Y die gleiche
Verteilung haben, d. h. ihre Verteilungsfunktion F_x und F_y stimmen überein

(1) $H_o: F_x(a) = F_y(a)$ für alle a   (kurz: $F_x = F_y$).

Die *einseitige* Alternative soll ausdrücken, daß X "größer" als
Y ist. Dies wird dadurch präzisiert, daß zusätzlich zu $F_x \neq F_y$
für jeden Wert a die Wahrscheinlichkeit $P(X \leq a)$ höchstens so
groß wie $P(Y \leq a)$ ist:

(2) $H: F_x \neq F_y$ mit $F_x(a) \leq F_y(a)$ für alle a   (kurz: $F_x \leq F_y$).

Anstelle von (2) sagt man auch: X ist *stochastisch größer* als Y.
Zwei typische Beispiele hierfür zeigt Abb. 7.6 . Sind im Spezialfall X, Y normalverteilt mit gleicher Varianz, so ist X genau
dann stochastisch größer als Y, wenn für die Erwartungswerte
$\mu_x > \mu_y$ gilt. Dieses Beispiel läßt sich noch verallgemeinern:
gilt $X = Y + \theta$, so ist X stochastisch größer als Y falls $\theta > 0$
ist. In diesem Fall geht die Verteilungsfunktion bzw. Dichte von
X aus der von Y durch Parallelverschiebung des Arguments *(Translation)* um θ *hervor:*

7.4 Allgemeine Tests

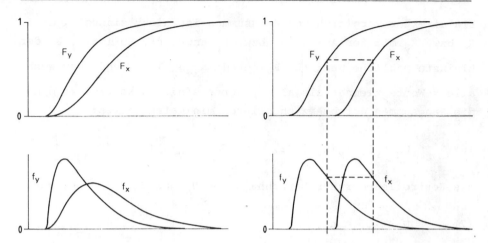

Abb. 7.6 Verteilungsfunktionen (oben) und zugehörige Dichten (unten) von Zufallsvariablen X und Y, bei denen X stochastisch größer als Y ist. Die Wahrscheinlichkeitsmasse von X ist gegenüber der von Y nach rechts verschoben. Links: allgemeiner Fall, rechts: Parallelverschiebung (Translation).

(3) $\quad F_x(a) = F_y(a-\theta) \quad$ bzw. $\quad f_x(a) = f_y(a-\theta) \quad$ für alle a.

Hierbei ist θ die Differenz der Erwartungswerte $\theta = E(X) - E(Y)$.

Zum Überprüfen der Nullhypothese werden zwei unabhängige Stichproben $x_1, x_2, \ldots$ und $y_1, y_2, \ldots$ der Merkmale X und Y vom Umfang n_x und n_y gezogen. In der Versuchsplanung sollen hierbei möglichst gleiche Stichprobenumfänge angestrebt werden. Für die Auswertung setzen wir *zunächst* voraus, daß aufgrund hoher Meßgenauigkeit sämtliche $n = n_x + n_y$ Werte voneinander verschieden sind, d.h. es treten keine *Bindungen* (gleiche Werte) auf.

Man bringt dann alle n Werte in eine *gemeinsame* Rangfolge $z_1 < z_2 < \ldots < z_n$, ordnet jedem Wert z_k seine Rangzahl $R(z_k)$ zu (vgl. 5.3) und bildet die Rangsummen der X- und Y-Werte

(4) $\quad R_x = \sum_i R(x_i) \quad , \quad R_y = \sum_i R(y_i) \quad .$

Summiert man alle n Ränge, so erhält man

(5) $\quad R_x + R_y = (1+2+\ldots+n) = n(n+1)/2 \quad .$

Ein direkter Vergleich der Rangsummen ist nicht sinnvoll, da R_x bzw. R_y mit der Anzahl n_x bzw. n_y anwächst. So ist z. B. der kleinste mögliche Wert für R_x gerade $n_x(n_x+1)/2$, und zwar wenn alle x-Werte kleiner als alle y-Werte sind. Man korrigiert daher die Rangsummen durch Abziehen ihres minimalen Wertes:

(6) $\quad U_X = R_x - n_x(n_x+1)/2, \qquad U_Y = R_y - n_y(n_y+1)/2$.

Als Kontrolle oder zur Berechnung von U_y aus U_x verwendet man:

(7) $\quad U_x + U_y = n_x n_y$.

Überwiegt U_x in dieser Aufteilung deutlich, so spricht dies für die Hypothese, daß X stochastisch größer als Y ist (im Extremfall $U_x = n_x n_y$ und $U_y = 0$ sind sogar alle x-Werte der Stichprobe größer als alle y-Werte). Man lehnt daher die Nullhypothese (1) zugunsten der einseitigen Alternative (2) ab, wenn U_x bzw. R_x einen vom Testniveau α abhängigen oberen kritischen Wert übersteigt (bzw. U_y einen unteren Wert unterschreitet). Diese kritischen Werte sind unter der Nullhypothese unabhängig von der Verteilung von X bzw. Y und liegen für Standardniveaus α tabelliert vor, z. B. in WILCOXON et. al. (1970) für n_x, $n_y \leq 50$. Bei nicht zu kleinen Stichproben (etwa n_x, $n_y \geq 10$ bei $\alpha = 5\%$) kann bereits der folgende *asymptotische* Test angewandt werden. Ausgehend vom Erwartungswert und der Standardabweichung von U_x unter der Nullhypothese

(8) $\quad \mu = n_x n_y / 2 \qquad , \qquad \sigma = \sqrt{n_x n_y (n_x + n_y + 1)/12}$,

wählen wir als Testwert die Standardisierung von U_x

(9) $\quad t = (U_x - \mu)/\sigma$.

Da diese Testgröße unter der Nullhypothese asymptotisch (d. h. für n_x, $n_y \to \infty$) Normal(0,1)-verteilt ist, erhält man folgende Testentscheidung.

7.4 Allgemeine Tests

Die Nullhypothese (Gleichheit der Verteilungen) wird zugunsten der *einseitigen* Hypothese (X stochastisch größer als Y) zum Niveau α abgelehnt, falls gilt:

(10) $\quad t \geq z_\alpha \quad$ bzw. $\quad 1-\Phi(t) \leq \alpha \quad$ (einseitiger Test).

Zur Bestimmung von z_α und Φ vgl. A4.1, A3.1-2. Analog wird die Nullhypothese zugunsten der *zweiseitigen* Hypothese

(11) $\quad H: F_x > F_y \quad oder \quad F_x < F_y$

zum Niveau α abgelehnt, falls gilt:

(12) $\quad |t| \geq z_{\alpha/2} \quad$ bzw. $\quad 1-\Phi(|t|) \leq \alpha/2 \quad$ (zweiseitiger Test).

Beim *exakten* zweiseitigen Test sind die entsprechenden kritischen Werte für U_x bzw. U_y zum halben Niveau $\alpha/2$ zu wählen.

Im Spezialfall (3) einer Translation läßt sich die zweiseitige Hypothese äquivalent als H: $\theta \neq 0$ formulieren.

Bisher haben wir *Bindungen* (d. h. gleiche Werte) innerhalb der Stichprobe ausgeschlossen, weil ihr Auftreten bei stetigen Zufallsvariablen X und Y die Wahrscheinlichkeit Null hat. Bei konkreten Anwendungen ist die Stetigkeit der Variablen nur eine Idealisierung, und dementsprechend tauchen Bindungen in der Praxis häufiger auf, z. B. bei eingeschränkter Meßgenauigkeit oder vorzeitiger Rundung der Werte (die man vermeiden sollte). In diesem Fall ordnet man allen gleichen Werten einer Bindung den jeweiligen mittleren Rangplatz zu (vgl. etwa Beispiel 5.8) und führt den Rangtest ansonsten unverändert durch. Eine ausführliche Diskussion des Bindungsproblems und eine Verallgemeinerung des Tests auf nicht-stetige Verteilungen findet man bei LEHMANN(1975). Der generelle Vorteil eines Rangtests besteht darin, daß er *verteilungsfrei*, d. h. seine Verteilung unabhängig vom Verteilungsmodell für X und Y ist. Als geringer unvermeidlicher Nachteil läßt sich in folgedessen das Fehlerrisiko β 2. Art bzw. die Schärfe $1-\beta$ ohne Spezifikation eines Modells nicht explizit berechnen. Sind jedoch X und Y normalverteilt mit gleicher Varianz, dann ist auch der t-Test aus 7.3.2 anwendbar, und man kann zeigen, daß der Rangtest dann fast die Schärfe des t-Tests erreicht. Welchen der beiden Tests man in diesem Fall anwendet ist daher nicht ausschlaggebend, und man wird in der Regel den Test wählen, der im Einzelfall leichter durchzuführen ist. Falls jedoch Zweifel auftreten, ob die Voraussetzungen des t-Tests erfüllt sind, so ist stets der Rangtest vorzuziehen.

Beispiel 7.29: Fortsetzung

Die einseitige Nullhypothese, daß die Tumorinduktionszeit in der Kontrollgruppe (X-Werte) stochastisch größer ist als in der Behandlungsgruppe (Y-Werte), soll zum Niveau $\alpha = 5\%$ getestet werden. Die beobachteten Tumorinduktionszeiten (in Tagen) für die auswertbaren $n_x = 15$ Tiere der Kontrollgruppe und die $n_y = 20$ Tiere der Behandlungsgruppe sind mit ihren Rängen bzgl. aller $n = 35$ Werte in folgender Tabelle aufgeführt:

Kontrollgruppe		Behandlungsgruppe	
Wert x_i	Rang $R(x_i)$	Wert y_j	Rang $R(y_j)$
127	5	111	1
129	7	112	2
140	10	113	3
142	12	122	4
171	19	128	6
176	20	130	8
203	22	133	9
224	25	141	11
229	26	143	13
240	27	144	14
243	28	145	15
245	29	146	16
275	32	148	17
280	33	153	18
367	35	197	21
		212	23
		222	24
		261	30
		265	31
		304	34
Summe R_x =	330	Summe R_y =	300

Hier ist U_x = 330- 15·16/2 = 210, U_y = 300- 20·21/2 = 90 und die Kontrolle (7) liefert: U_x+U_y = 210 + 90 = 15·20. Aus µ = 150 und σ = $\sqrt{15 \cdot 20(15+20+1)/12}$ = 30 ergibt sich der Testwert t = (210-150)/30 = 2, der das Quantil z_α = 1.65 übersteigt. Folglich wird die Nullhypothese abgelehnt, d. h. der Hemmstoff ist wirksam. Der *exakte* Test unter Verwendung des *exakten* oberen kritischen Wertes von 320 für R_x (bzw. 200 für U_x) aus WILCOXON et al. (1970) führt ebenfalls zur Ablehnung der Nullhypothese.

7.4.4 Rangtest für Paarvergleiche (Wilcoxon-Test)

Wie schon früher bemerkt, ist man beim Vergleich z. B. von zwei Behandlungen bemüht, die Präzision durch Verwendung von Paarvergleichen zu erhöhen (vgl. 4.4.4). Liegt eine solche gepaarte Stichprobe (x_1,y_1), (x_2,y_2),... der stetigen Variablen (X,Y) vor, so wird ein anderer Test als der des letzten Abschnitts verwendet. Da der Behandlungsunterschied und nicht die absolute Höhe des Meßwertpaares interessiert, wird im folgenden nur noch die Differenzvariable D = X-Y mit den Stichprobendifferenzen $d_i = x_i-y_i$ für i = 1,...,n als Realisierung betrachtet. Liegt kein Behandlungsunterschied vor (Nullhypothese), so ist die Differenz D symmetrisch um den Nullpunkt verteilt, d.h. die jeweilige positive Abweichung ist ebenso wahrscheinlich wie die entsprechende negative

(1) H_o: P(D > d) = P(D < -d)   für *alle* d .

Im Spezialfall d = 0, d. h. positive und negative Differenzen sind gleichwahrscheinlich, liegt die Nullhypothese des Vorzeichentests aus 7.2.5 vor, der hier erweitert wird. (1) läßt sich auch so interpretieren, daß die Differenzen D = X-Y und -D = Y-X dieselbe Verteilung haben. Die einseitige Alternative "X ist im Mittel größer als Y" wird präzisiert durch

(2)   H: D ist stochastisch größer als -D, (d. h. $F_D < F_{-D}$),

wobei $F_{-D}(d)$ = $1-F_D(-d)$ ist. Damit haben wir den Vergleich der beiden Variablen X und Y auf einen Symmetrietest für die Differenz D zurückgeführt, von der wir im folgenden voraussetzen, daß sie eine stetige Verteilung hat.

Zum Überprüfen der Nullhypothese (1) genügt es nicht, wie beim Vorzeichentest in 7.2.5, nur die *Vorzeichen* der Differenzen zu betrachten, sondern auch deren Beträge. Man bringt daher die *Absolutbeträge* $|d_i|$, (d. h. die Differenzen ohne Berücksichtigung ihres Vorzeichens) in eine aufsteigende Reihenfolge $|d_1| < |d_2| < \ldots < |d_n|$ und ordnet jedem d seine Rangzahl R(d) zu. Hierbei gehen wir vorerst davon aus, daß alle $|d_i|$ voneinander und von Null verschieden sind, weil dies bei stetigem D mit Wahrscheinlichkeit 1 der Fall ist. Dann wird jeweils die Rangsumme aller positiven und negativen Differenzen berechnet

(3) $\quad R_+ = \sum_{d>0} R(d)$, $\quad R_- = \sum_{d<0} R(d)$,

deren Summe analog 7.4.3(5) gegeben ist durch

(4) $\quad R_+ + R_- = n(n+1)/2$.

Überwiegt R_+ in dieser Aufteilung, so spricht dies für die Hypothese H, und man wird die Nullhypothese zugunsten von H ablehnen, falls R_+ einen vom Testniveau α abhängenden oberen kritischen Wert übersteigt bzw. R_- einen entsprechenden Wert unterschreitet. Diese kritischen Werte sind unabhängig von der speziellen Verteilung von D und sind für Standardniveaus und nicht zu große Umfänge n tabelliert, z. B. in WILCOXON et al. (1970) für n ≤ 50 und McCORNACK (1965) für n ≤ 100. Bei nicht zu kleinen Umfängen (etwa n ≥ 20 bei α = 5%) kann man bereits den folgenden *asymptotischen* Test benutzen. Hierbei geht man von dem unter der Nullhypothese ermittelten Erwartungswert und Standardabweichung von R_+ aus:

(5) $\quad \mu = n(n+1)/4$, $\sigma = \sqrt{n(n+1)(2n+1)/24}$,

und verwendet die Standardisierung von R_+ als Testwert:

(6) $t = (R_+ - \mu)/\sigma$.

Da t unter der Nullhypothese asymptotisch N(0,1)-verteilt ist, erhält man folgende Testentscheidung:

(7) Ablehnung der Nullhypothese (1) zum Niveau α zugunsten der *einseitigen* Alternative (2), falls $t \geq z_\alpha$ bzw. $\phi(-t) \leq \alpha$ gilt.

Für die Bestimmung von z_α und ϕ wird auf A4.1, A3.1-2 hingewiesen.

Gegen die zweiseitige Alternative

(8)   H: D > -D oder D < -D

wird analog getestet. Der exakte Test verwendet das Maximum bzw. Minimum von R_+ und R_- und vergleicht dies mit dem entsprechenden kritischen Wert (zum halben Niveau). Der asymptotische Test lautet:

(9) Ablehnung der Nullhypothese (1) zum Niveau α zugunsten der *zweiseitigen* Alternative (8), falls $|t| \geq z_{\alpha/2}$ bzw. $\phi(-|t|) \leq \alpha/2$ gilt.

Beispiel 7.30: Bleigehalt im Apfelsaft

Es soll zum Niveau $\alpha = 5\%$ zweiseitig überprüft werden, ob zwei Aufbereitungsmethoden A und B für die Bestimmung des Bleigehalts im Apfelsaft [in 10^{-5} g/l] mit einem Spektrometer im Mittel gleiche Meßwerte liefern. Für 25 Apfelsaftproben ergaben sich die Meßwerte der folgenden Tabelle, in denen die Werte bereits nach den absoluten Paardifferenzen geordnet sind.

Methode A x	Methode B y	Differenz d = x-y	Rang bzgl. d	
			d > 0	d < 0
13.72	13.87	− 0.15		1
12.67	12.94	− 0.27		2
12.41	12.74	− 0.33		3
14.29	13.89	+ 0.40	4	
12.53	12.12	+ 0.41	5	
13.02	13.44	− 0.42		6
6.25	6.68	− 0.43		7
10.78	11.23	− 0.45		8
9.81	10.27	− 0.46		9
9.74	9.16	+ 0.58	10	
12.10	12.99	− 0.89		11
9.06	8.10	+ 0.96	12	
10.65	9.47	+ 1.18	13	
8.34	7.15	+ 1.19	14	
9.49	7.96	+ 1.53	15	
9.22	7.58	+ 1.64	16	
9.30	11.05	− 1.75		17
14.42	12.06	+ 2.36	18	
5.47	3.01	+ 2.46	19	
15.24	12.40	+ 2.84	20	
7.44	10.38	− 2.94		21
7.47	4.18	+ 3.29	22	
11.02	7.48	+ 3.54	23	
12.53	8.78	+ 3.75	24	
16.96	12.95	+ 4.01	25	
Summe			$R_+ = 240$	$R_- = 85$

Die Kontrolle mit (4) liefert $R_+ + R_- = 325 = 25 \cdot 26/2$. Für den *asymptotischen* Test berechnen wir nach (5)-(7):

$\mu = 25 \cdot 26/4 = 162.5, \quad \sigma = \sqrt{25 \cdot 26 \cdot 51/24} = 37.17$

$t = (240 - 162.5)/37.17 = 2.09$

Da $|t|$ das Quantil $z_{\alpha/2} = 1.96$ übersteigt, wird die Nullhypothese abgelehnt, d. h. die Methoden A und B liefern unterschiedliche Meßergebnisse. Der *exakte* Test führt hier zum gleichen Resultat: der untere kritische Wert für das Minimum von R_+ und R_- ergibt sich aus den entsprechenden Tafeln zu 89 und liegt über der beobachteten minimalen Rangsumme $R_- = 85$.

7.4 Allgemeine Tests

Bisher haben wir Nulldifferenzen $d_i = 0$ und gleiche absolute Differenzen $|d_i|$ (Bindungen) in der Stichprobe ausgeschlossen, weil sie bei stetigem D theoretisch nur mit Wahrscheinlichkeit Null auftreten. Da in der Praxis die Stetigkeit von D meist nur eine Idealisierung ist bzw. Digitalisierung und Rundungen auftreten, können in konkreten Anwendungen sowohl Nulldifferenzen als auch Bindungen vorkommen. In diesem Fall ist es am einfachsten, wenn man die Nulldifferenzen von vornherein außer Betracht läßt (n ist dann der reduzierte Umfang aller Differenzen $d_i \neq 0$), und bei Bindungen der Absolutbeträge $|d_i| > 0$ mittlere Rangplätze vergibt. Dann wird der asymptotische Test ansonsten unverändert durchgeführt. Dies vereinfachte Verfahren darf gewählt werden, wenn Nulldifferenzen und Bindungen in geringem Umfang auftreten. Ist letzteres nicht der Fall, so deutet dies auf Unstetigkeiten der Verteilung von D hin, und dann sind modifizierte Verfahren anzuwenden, die z. B. von LEHMANN (1975) diskutiert werden. Abschließend gehen wir noch kurz auf einen Vergleich des obigen Rangtests mit dem in 7.2.5 behandelten Vorzeichentest ein. Wie schon bemerkt, überprüft der Vorzeichentest, ob die Differenz D den Median Null hat, währenddessen der Rangtest allgemeiner die Symmetrie von D um Null testet. Dementsprechend gibt es Situationen in denen der Rangtest die Nullhypothese ablehnt und der Vorzeichentest nicht ablehnt, wie das Beispiel zeigt. Der Schärfeverlust des Vorzeichentests wird häufig in Anbetracht des geringen Rechenaufwandes bewußt in Kauf genommen. In der Regel wird man jedoch den Rangtest vorziehen, falls beide Tests anwendbar sind.

Beispiel 7.30: Fortsetzung

Zum Vergleich wird auch der Vorzeichentest zweiseitig mit $\alpha = 5\%$ durchgeführt. Die Anzahl der positiven Differenzen ist $k = 15$ und die Binomialwahrscheinlichkeiten aus Test-Box 1 mit $n = 25$, $p_0 = 0.5$ ergeben sich zu $B_0^*(15) = 21.22\%$, $B_0(15) = 88.52\%$. Folglich lehnt der (exakte) Vorzeichentest die Nullhypothese (Median von D ist 0) nicht ab.

7.5 Korrelations- und Regressionsanalyse

In diesem Abschnitt beschäftigen wir uns mit der Auswertung von Beobachtungen zweier stetiger Merkmale X und Y, wobei wir zwischen zwei den Stichprobenerhebungen zugrunde liegenden Modellen unterscheiden. Im Modell für die *gleichberechtigte* Analyse beider Merkmale (vgl. 3.5) wird eine zweidimensionale Stichprobe *ohne Einschränkungen* aus der Grundgesamtheit gezogen und bei der Auswertung soll überprüft werden, welcher Zusammenhang zwischen den Merkmalen besteht *(Korrelationsanalyse)*. Wir behandeln hierzu in 7.5.1 einen Test auf Unabhängigkeit sowie Tests auf einen vorgegebenen Zusammenhang. Das andere Modell geht von einer *unterschiedlichen* Beurteilung beider Merkmale aus: X wird als Vorgabe- oder Regressorvariable und Y als Beobachtungs- oder Zielvariable aufgefaßt (vgl. 3.4). Dementsprechend werden bei der Stichprobenerhebung verschiedene X-Werte fest vorgegeben und dann die zugehörigen Y-Werte beobachtet. Bei der Auswertung interessiert dann die funktionale Abhängigkeit der Zielvariablen Y von der Vorgabe X *(Regressionsanalyse)*. Hierzu betrachten wir in 7.5.2 das lineare Regressionsmodell und in 7.5.3 (für den Fall mehrerer Beobachtungen Y für jede Vorgabe X) einen Anpassungstest für Regressionsmodelle.

7.5.1 Tests auf Unabhängigkeit und vorgegebene Korrelation

Bei der *gleichzeitigen* Betrachtung zweier Merkmale X und Y in einer Grundgesamtheit interessiert man sich dafür, ob die Merkmale (stochastisch) *unabhängig* sind oder ein bestimmter *Zusammenhang* besteht. Im folgenden werden Tests für diese Situationen behandelt, wobei wir in diesem Abschnitt von folgender Stichprobenerhebung (Versuchsplan) ausgehen. Es werden unabhängig voneinander und ohne irgendwelche Einschränkungen n zufällige Merkmalkombinationen $(x_1, y_1), \ldots, (x_n, y_n)$ in der Grundgesamtheit beobachtet. Ein anderer Versuchsplan, bei dem man X vorgibt und Y dann zufällig beobachtet, wird in 7.5.2-3 verfolgt.

Wir behandeln zuerst einen Test auf *Unabhängigkeit* (Nullhypothese) und betrachten hierbei zunächst den Fall, daß das Paar (X,Y)

7.5 Tests auf Unabhängigkeit und vorgegebene Korrelation

eine *2-dimensionale Normalverteilung* hat (vgl. 3.5). Dann wird der Zusammenhang beider Variablen vollständig durch ihren Korrelationskoeffizienten ρ beschrieben, und die Nullhypothese lautet $H_0: \rho = 0$. Die einseitigen Alternativen sind positive bzw. negative Korrelation, d. h. H: $\rho > 0$ bzw. H: $\rho < 0$, und die zweiseitige ist H: $\rho \neq 0$. Die entsprechenden Tests sind in Test-Box 7 zusammengestellt und werden hier kurz erläutert. Es liegt nahe, den *Korrelationskoeffizienten der Stichprobe*

(1) $\quad r = \Sigma (x-\bar{x})(y-\bar{y}) / \sqrt{\Sigma (x-\bar{x})^2 \Sigma (y-\bar{y})^2}$

$\quad\quad = S_{xy} / \sqrt{Sxx \cdot Syy}$

heranzuziehen (vgl. 5.4, A 2.3). Als Testwert verwendet man die folgende monotone Transformation von r

(2) $\quad t = r \sqrt{(n-2)/(1-r^2)}$,

die unter der Nullhypothese eine t-Verteilung mit n-2 Freiheitsgraden hat (vgl. A3.5). Große positive bzw. negative Testwerte sprechen für positive bzw. negative Korrelation, und dies führt zu den in der Test-Box 7 angegebenen Entscheidungen. Durch Umkehrung der Transformation (2) kann man aus den kritischen Quantilen der Testgröße t solche für den Korrelationskoeffzienten r erhalten

(3) $\quad r_\alpha = t_{n-2;\alpha} / \sqrt{n-2+t_{n-2;\alpha}^2}$,

und das Entscheidungskriterium $t \geq t_{n-2;\alpha}$ ist dann äquivalent zu $r \geq r_\alpha$.

Für eine *beliebige* Verteilung von (X,Y) sind diese Tests nur *asymptotisch* (d. h. für n → ∞) gültig und sollten daher nur bei nicht zu kleinem Stichprobenumfang verwendet werden. Hierbei ist ferner zu beachten, daß der Korrelationskoeffizient im allgemeinen nur ein Maß für den *linearen* Zusammenhang ist. Will man einen *monotonen*, nicht notwendig linearen, Zusammenhang beider Merkmale nachweisen, so verwendet man den *Rangkorrelationskoeffizienten* r_s der Stichprobe anstelle von r, d. h. man ersetzt die Werte (x_i, y_i) durch ihre Rangpaare (vgl. 5.4). Die Bestimmung des Rangkorrelationskoeffizienten ist selbst dann noch möglich, wenn die Werte (x_i, y_i) nicht exakt beobachtet werden, aber die Rangfolge der x- und y-Werte vorliegt. Der entsprechende Test wird bei nicht zu kleinem Stichprobenumfang n (etwa $n \geq 10$ bei $\alpha = 5\%$) nach Test-Box 7 mit r_s anstelle von r durchgeführt. Für kleines n sollte man r_s direkt mit exakten kritischen Quantilen vergleichen, die man z. B. bei LIENERT(1975) findet.

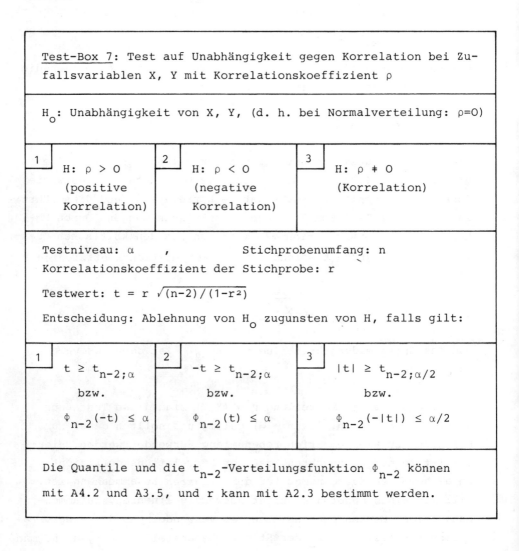

Test-Box 7: Test auf Unabhängigkeit gegen Korrelation bei Zufallsvariablen X, Y mit Korrelationskoeffizient ρ

H_o: Unabhängigkeit von X, Y, (d. h. bei Normalverteilung: ρ=0)

| 1 H: ρ > 0 (positive Korrelation) | 2 H: ρ < 0 (negative Korrelation) | 3 H: ρ ≠ 0 (Korrelation) |

Testniveau: α , Stichprobenumfang: n
Korrelationskoeffizient der Stichprobe: r

Testwert: $t = r\sqrt{(n-2)/(1-r^2)}$

Entscheidung: Ablehnung von H_o zugunsten von H, falls gilt:

| 1 $t \geq t_{n-2;\alpha}$ bzw. $\Phi_{n-2}(-t) \leq \alpha$ | 2 $-t \geq t_{n-2;\alpha}$ bzw. $\Phi_{n-2}(t) \leq \alpha$ | 3 $|t| \geq t_{n-2;\alpha/2}$ bzw. $\Phi_{n-2}(-|t|) \leq \alpha/2$ |

Die Quantile und die t_{n-2}-Verteilungsfunktion Φ_{n-2} können mit A4.2 und A3.5, und r kann mit A2.3 bestimmt werden.

7.5 Tests auf Unabhängigkeit und vorgegebene Korrelation

Beispiel 7.31: Hirnvolumenmessung

Wir greifen das Beispiel 5.7 wieder auf und wollen zum 5%-Niveau zweiseitig testen, ob das Volumen des Tectum von dem des Neocortex unabhängig ist. Für die n = 20 Meßpaare ergab sich der Korrelationskoeffizient zu r = 0.9543. Dies liefert nach (2) den Testwert

$$t = 0.9543 \cdot \sqrt{18/(1-0.9543^2)} = 13.55$$

der das Quantil $t_{18;\alpha/2}$ = 2.10 bei weitem übersteigt. Die Unabhängigkeit wird also abgelehnt, d. h. die beiden Volumina sind korreliert (dies entspricht auch dem Eindruck aus Abb. 5.6).

Beispiel 7.32: Allgemeinzustand und Vitalkapazität

Wir greifen das Beispiel 5.8 wieder auf und wollen unter Verwendung des Rangkorrelationskoeffizienten zweiseitig testen, ob in einer bestimmten Population der Allgemeinzustand von der Vitalkapazität unabhängig ist. Für die n = 20 Meßpaare ergab sich der Rangkorrelationskoeffizient zu r_s = 0.2108. Der nach (2) ermittelte Prüfwert t = 0.91 ist kleiner als das Quantil $t_{18;\alpha/2}$ = 2.10 und die Unabhängigkeit wird nicht abgelehnt, d. h. es kann in dieser speziellen Population kein Zusammenhang nachgewiesen werden.

Wir wenden uns jetzt dem Prüfen eines *bestimmten Zusammenhangs* der Merkmale X und Y zu, wobei wir jetzt wieder die *Normalverteilung* von (X,Y) voraussetzen. Hierbei geht es darum festzustellen, ob der Korrelationskoeffizient ρ einen vorgegebenen Sollwert $-1 < \rho_o < 1$ einhält oder diesen über- bzw. unterschreitet. Die entsprechenden ein- und zweiseitigen Tests sind in der Test-Box 8 zusammengestellt. Man beachte, daß ein Test auf exakten linearen Zusammenhang, d. h. $\rho_o = \pm 1$ (vgl. 1.5.4), nicht zugelassen ist. Das andere Extrem, $\rho_o = 0$, wird hier nicht ausgeschlossen, aber in diesem Fall ist es günstiger, den Test auf Unabhängigkeit aus Test-Box 7 anzuwenden.

> **Test-Box 8**: Tests auf vorgegebene Korrelation für den Korrelationskoeffizienten ρ einer 2-dim. Normalverteilung
>
> | 1 H: $\rho \leq \rho_0$ | 2 H_0: $\rho \geq \rho_0$ | 3 H_0: $\rho = \rho_0$ |
> |---|---|---|
> | H: $\rho > \rho_0$ | H: $\rho < \rho_0$ | H: $\rho \neq \rho_0$ |
>
> Hierbei ist: $-1 < \rho_0 < 1$ (für $\rho_0 = 0$ vgl. Test-Box 7)
>
> Testniveau: α , Stichprobenumfang: n
>
> Korrelationskoeffizient der Stichprobe: r
>
> Testwert: $t = (z(r)-\mu_0)/\sigma_0$, wobei sich μ_0, σ_0 durch Einsetzen von ρ_0 für ρ in (6)(7) ergeben.
>
> Testentscheidung: Ablehnung von H_0 zugunsten von H, falls gilt:
>
> | 1 $t \geq z_\alpha$ | 2 $-t \geq z_\alpha$ | 3 $|t| \geq z_{\alpha/2}$ |
> |---|---|---|
> | bzw. | bzw. | bzw. |
> | $1-\phi(t) \leq \alpha$ | $\phi(t) \leq \alpha$ | $1-\phi(|t|) \leq \alpha/2$ |
>
> Die Quantile z_α und ϕ können mit A4.1-2, A3.1-2 und r kann mit A2.3 bestimmt werden.

Ausgangspunkt für die Tests auf vorgegebene Korrelation ist wieder der Korrelationskoeffizient r der Stichprobe. Da die Verteilung von r unter der Nullhypothese relativ kompliziert ist (vgl. KENDALL-STUART (1969), Ch. 16), verwendet man als Testgröße die folgende monotone z-Transformation von FISHER

$$(4) \qquad z(r) = \frac{1}{2} \ln\left[\frac{1+r}{1-r}\right] = \tanh^{-1}(r)$$

mit der hyperbolischen Tangensfunktion tanh als Umkehrtransformation

$$(5) \qquad r(z) = 1-2/(1+e^{2z}) = \tanh(z).$$

7.5 Tests auf Unabhängigkeit und vorgegebene Korrelation

Die Verteilung des transformierten Korrelationskoeffizienten läßt sich für nicht zu kleinen Stichprobenumfang n durch eine Normal(μ,σ^2)-Verteilung approximieren mit:

(6) $\quad \mu = z(\rho) + \dfrac{\rho}{2(n-1)} \left[1 + \dfrac{5+\rho^2}{4(n-1)} + \dfrac{11+2\rho^2+3\rho^4}{8(n-1)^2} \right]$

(7) $\quad \sigma = \sqrt{\dfrac{1}{(n-1)} \left[1 + \dfrac{4-\rho^2}{2(n-1)} + \dfrac{22-6\rho^2-3\rho^4}{6(n-1)^2} \right]}$

Die Brüche mit $(n-1)^2$ im Nenner werden mit wachsendem n schnell klein und man läßt sie deswegen auch häufig fort.
Analog den Ausführungen in 7.3.1 erhält man nun die in Test-Box 8 angegebenen Test-Entscheidungen. Man kann die kritischen Quantile z_α für die Testgröße t wieder mit (5) in solche für den Korrelationskoeffizienten r zurücktransformieren

(8) $\quad r_\alpha = \tanh(\mu_o + \sigma_o z_\alpha)$.

Da es sich hier um einen *asymptotischen* Test handelt, empfiehlt es sich, bei kleinen Stichproben (etwa $n \leq 10$ für $\alpha = 5\%$) anstelle von (8) die exakten Quantile zu verwenden, die DAVID (1938) vertafelt hat.

Beispiel 7.31: Fortsetzung

Aufgrund von Vorüberlegungen will man einen starken positiven linearen Zusammenhang zwischen den Volumina von Tectum und Neocortex in Höhe von $\rho_o = 0.9$ zum Niveau $\alpha = 5\%$ absichern. Die Hypothesen lauten also H_o: $\rho \leq 0.9$, und H: $\rho > 0.9$. Die Berechnungen ergeben
$z(r) = z(0.9543) = 1.8778$, $z(0.9) = 1.4722$,

$\mu_o = 1.4722 + \dfrac{0.9}{2 \cdot 19} \left[1 + \dfrac{5+0.9^2}{4 \cdot 19} + \dfrac{11+2 \cdot 0.9^2+3 \cdot 0.9^4}{8 \cdot 19^2} \right] = 1.4978$

$\sigma_o = \sqrt{\dfrac{1}{19} \left[1 + \dfrac{4-0.9^2}{2 \cdot 19} + \dfrac{22-6 \cdot 0.9^2-3 \cdot 0.9^4}{6 \cdot 19^2} \right]} = 0.2396$

$t = (1.8778-1.4978)/0.2396 = 1.586$.

Da der Testwert das Quantil $z_\alpha = 1.65$ nicht übersteigt, wird die Nullhypothese nicht abgelehnt, d.h. ein Korrelationskoeffizient > 0.9 kann hier nicht nachgewiesen werden.

Für eine *beliebige* Verteilung von X und Y bleiben die Tests auch asymptotisch gültig, aber ihre Anwendung erfordert bei stärkeren Abweichungen von der Normalverteilung oder größeren Werten von $|\rho_o|$ erheblich höhere Stichprobenumfänge.

Die Fehlerwahrscheinlichkeit β 2. Art ergibt sich für die Tests auf *Korrelation* (Test-Box 8) analog 7.3.1, so ist z. B. beim einseitigen Test für H: $\delta > \delta_o$

(9) $\quad \beta \approx \Phi[(z_\alpha - \mu)/\sigma]$.

Für den Test auf *Unabhängigkeit* (Test-Box 7) läßt sich β auf dieselbe Weise approximieren, wenn man z. B. beim einseitigen Test mit H: $\rho > 0$ das Quantil z_α in (9) durch die Transformation $z(r_\alpha)$ von r_α aus (3) ersetzt.

7.5.2 Test auf lineare Regression

Nachdem wir bisher den Zusammenhang zwischen 2 stetigen Zufallsvariablen X und Y untersucht haben, soll jetzt für fest vorgegebene Werte x der Vorgabe-Variablen X der Einfluß auf die zufällige Beobachtungs-Variable Y(x) studiert werden. Eine *lineare* Abhängigkeit der Beobachtung von der Vorgabe wird durch das lineare Regressionsmodell

(1) $\quad Y(x) = a + bx + \varepsilon$

beschrieben (vgl. 3.4, 5.5). Weiter setzen wir voraus, daß der zufällige Fehler ε Normal$(0, \sigma^2)$-verteilt ist, d.h. Y(x) hat eine Normal$(a+bx, \sigma^2)$-Verteilung, deren Varianz nicht von der Vorgabe x abhängt.

Es soll nun überprüft werden, ob die Vorgabe x überhaupt einen Einfluß auf Y hat, d. h. die Nullhypothese lautet

(2) $\quad H_o: b = 0 \quad$ (kein Einfluß).

7.5 Tests auf Unabhängigkeit und vorgegebene Korrelation

Die alternativen Hypothesen können wieder ein- oder zweiseitig sein:

(3)   H: b > 0   (positiver Zusammenhang) ,

(4)   H: b < 0   (negativer Zusammenhang) ,

(5)   H: b $\neq$ 0   (Einfluß vorhanden) .

Bei der Stichprobenerhebung (Versuchsdurchführung) werden für die einzelnen Vorgaben voneinander unabhängig die entsprechenden y-Werte beobachtet und zusammen mit der Vorgabe notiert: $(x_1,y_1),\ldots,(x_n,y_n)$. Für die insgesamt n Wertepaare werden zunächst die Schätzungen für a und b bestimmt (vgl. 5.5.2, 6.7 A2.3):

(6) $\hat{b}$ = Sxy/Sxx , $\hat{a} = \bar{y}-\hat{b}\bar{x}$ wobei

(7)   Sxx = $\Sigma\ (x-\bar{x})^2$,   Sxy = $\Sigma\ (x-\bar{x})(y-\bar{y})$

Zum Test der Nullhypothese beurteilt man, ob die Abweichung der Schätzung $\hat{b}$ von Null "zufällig" ist. Es läßt sich zeigen, daß $\hat{b}$ einer Normal$(b,\sigma^2/Sxx)$-Verteilung folgt. Falls σ^2 *bekannt* ist, so kann die Nullhypothese mit dem GAUSS-Test aus 7.3.1 getestet werden. In den meisten Fällen ist jedoch σ^2 *unbekannt* und muß daher geschätzt werden. Dazu betrachten wir die <u>S</u>umme der <u>q</u>uadratischen <u>D</u>ifferenzen um die geschätzte Gerade:

(8)   SQD = $\Sigma\ (y_i-(\hat{a}+\hat{b}x_i))^2$

Dann ist die <u>m</u>ittlere <u>q</u>uadratische <u>D</u>ifferenz

(9)   MQD = SQD/(n-2)   (Streuung um die Gerade)

eine Schätzung auf σ^2 (vgl. 6.7). Zur Berechnung der SQD kann man folgenden äquivalenten Ausdruck verwenden:

(10)   SQD = Syy-(Sxy^2/Sxx)   mit Syy = $\Sigma\ (y-\bar{y})^2$

Der standardisierte Testwert

(11) $\quad t = \hat{b}\sqrt{Sxx/MQD} = Sxy/\sqrt{Sxx \cdot MQD}$

folgt dann einer t-Verteilung mit n-2 Freiheitsgraden. Dies führt (analog zum t-Test in 7.3.1) zu folgenden Testentscheidungen:

(12) Ablehnung von H_o: b = 0 zum Niveau α zugunsten von

$\quad$ H: b > 0 $\quad$ falls $\quad$ $t \geq t_{n-2;\alpha}$,

$\quad$ H: b < 0 $\quad$ falls $\quad$ $-t \geq t_{n-2;\alpha}$,

$\quad$ H: b $\neq$ 0 $\quad$ falls $\quad$ $|t| \geq t_{n-2;\alpha/2}$.

Beispiel 7.33: Schadstoffgehalt im Gemüse

Bei einer Untersuchung über die Inkorpoation des Carcinogens 3,4-Benzypren in Möhren wurde für n = 6 verschiedene Vorgabe-Konzentrationen z im Substrat die von der Möhre inkorporierte Menge y bezogen auf die Trockensubstanz bestimmt. Als Modell wird eine lineare Beziehung zwischen der logarithmischen Konzentration x = log z und y gewählt.

Konzentration z [mg/kg]	x = log z	inkorporiert y [ppm]
0.1	- 1.00	0.10
0.3	- 0.52	0.75
1.0	0.00	1.30
3.0	0.48	1.75
10.0	1.00	2.25
30.0	1.48	2.85

Hier ist $\Sigma x = 1.44$, $\Sigma x^2 = 4.6912$, $\Sigma y = 9.00$, $\Sigma y^2 = 18.51$ $\Sigma xy = 6.818$ und somit $\bar{x} = 0.24$, $\bar{y} = 1.50$, Sxx = 4.3456, Sxy = 4.6580, Syy = 5.0100 (vgl. auch A2.3). Somit ergeben sich die Schätzungen der Parameter a und b zu: $\hat{b} = 1.0719$, $\hat{a} = 1.2427$. Die beobachteten Werte sind mit der geschätzten Geraden in Abb. 7.7 dargestellt. Zum Test der Nullhypothese b = 0 berechnen wir nach (10) (9) (11):

$\quad$ SQD = 5.0100 - 4.6580²/4.3456 = 0.0171

$\quad$ MQD = 0.0171/4 = 0.004285

$\quad$ t = 1.0719 · $\sqrt{4.3456/0.004285}$ = 34.13 .

7.5 Tests auf Unabhängigkeit und vorgegebene Korrelation   289

Die Nullhypothese wird zum Niveau $\alpha = 5\%$ abgelehnt, da t das Quantil $t_{4,\alpha/2} = 2.78$ deutlich übersteigt, d. h. die inkorporierte Menge hängt von der Vorgabe-Konzentration ab.

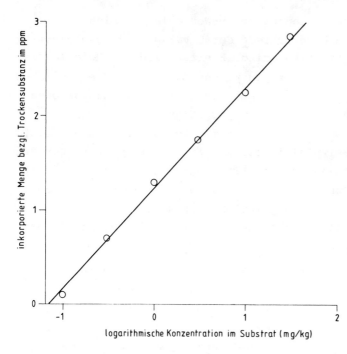

Abb. 7.7
Beobachtete Punkte und geschätzte Regressionsgerade für das Beispiel 7.33.

Der zweiseitige Test kann auch als sogenannter *F-Test* im Rahmen einer Varianzanalyse formuliert werden. Hierzu zerlegt man die Gesamtstreuung SQT = Syy in die Streuung SQD um die Gerade und den sogenannten Regressionsanteil SQR = $(Sxy)^2/Sxx$. Nach (10) ist dann

(13)   SQT = SQR + SQD ,

und das Quadrat des Testwerts t ist der Testwert t^2 = SQR/MQD für den F-Test. Das Ablehnungskriterium $|t| > t_{n-2;\alpha/2}$ ist dann äquivalent zu $t^2 > F_{1,n-2;\alpha}$ (vgl. A3.7). Die zugehörige Tafel der Varianzanalyse lautet:

Variationsursache	SQ	FG	MQ = SQ/FG	Testwert
Regression	SQR	1	MQR = SQR	MQR/MQD
um die Gerade	SQD	n-2	MQD	
Total	SQT	n-1	MQT	

Eine solche Varianzanalyse wird im Beispiel 7.35 durchgeführt. Abschließend sei noch auf einige Verallgemeinerungen des Tests (12) auf Regression hingewiesen.

1. Unterschiedliche Varianzen der y-Werte lassen sich ausgleichen, sofern die Unterschiede durch *vorgegebene Gewichtsfaktoren* quantifizierbar sind. Hierfür wird das Modell erweitert, so daß die Varianz von y_i und damit auch die des Fehlers ε_i von der Form σ^2/g_i sein kann. Die Gewichtsfaktoren $g_1,\ldots,g_n$ verhalten sich dann umgekehrt proportional zu den Varianzen von $y_1,\ldots,y_n$ und müssen vorher bekannt sein. Ein typisches Beispiel dieser Art liegt vor, wenn y_i der Mittelwert einer Anzahl von g_i Einzelwerten mit Varianz σ^2 ist (vgl. 1.5.3(8) und 7.5.3). Der Test bleibt im erweiterten Modell gültig, sofern man die Summen Sxx, Sxy, Syy, SQD in (6)-(10) durch die entsprechenden *gewichteten* Summen ersetzt (vgl. 5.5.7 und A2.3).

2. Für einen festen Regressionskoeffizienten b_o (Sollwert) kann die Nullhypothese H_o: $b = b_o$ gegen die entsprechenden Alternativen analog überprüft werden (bisher war $b_o = 0$). Hierzu verwendet man statt (11) den Testwert $t = (\hat{b}-b_o)\sqrt{Sxx/MQD}$ und ersetzt in (12) den Wert 0 durch b_o.

3. Sind die Modellvoraussetzungen (Linearität, Normalverteilung) nicht erfüllt, so läßt sich dies manchmal durch geeignete *Transformation* einer oder beider Variablen erreichen (vgl. Beispiel 7.33 und 5.5.6).

7.5.3 Regressions-Varianzanalyse

Zur Beschreibung der Abhängigkeit der Beobachtungsvariablen Y von der Vorgabevariablen X haben wir zunächst das lineare Regressionsmodell 7.5.2(1) betrachtet. Um zu überprüfen, ob dieses Modell mit den Beobachtungen im Einklang steht, kann man einen Anpassungstest durchführen, der allerdings voraussetzt, daß für jede Vorgabe x *mehrere* Y-Werte beobachtet werden. Da neben den linearen auch andere funktionale Abhängigkeiten von

7.5 Tests auf Unabhängigkeit und vorgegebene Korrelation

Bedeutung sind (vgl. 5.5), wollen wir den Anpassungstest gleich allgemeiner an folgendem *Regressionsmodell* erläutern:

(1) $\quad Y(x) = f(x) + \varepsilon$.

Hierbei ist x die Vorgabe, Y(x) die von x abhängige zufällige Beobachtungsvariable, f eine feste Funktion, die noch unbekannte Parameter enthalten kann und ε eine Normal$(0,\sigma^2)$-verteilte Fehlervariable. Insbesondere ist Y(x) dann normalverteilt mit Erwartungswert f(x) und von x unabhängiger Varianz σ^2. Bei dem in 7.5.2 behandelten linearen Regressionsmodell ist f eine Funktion der Form

(2) $\quad f(x) = a + bx$.

mit den Parametern a und b. Wir wollen hier allgemeiner solche Funktionen f zulassen, die nicht linear in x sind, bei denen aber der Funktionswert f(x) noch linear von den *Modellparametern* (z. B. a und b) abhängt (vgl. die Beispiele in 5.5).

Bei der Verwendung eines Regressionsmodells der Form (1) ist die Frage der Gültigkeit des Modells von großer Bedeutung, weil die Schlußfolgerungen aus einem Experiment stark von der Art der verwendeten Funktion f abhängen können. Man kann nun die Modellanpassung durch eine Varianzanalyse prüfen, sofern man für jeden Vorgabewert x_j mehrere unabhängige Beobachtungen $y_{j1}, \ldots, y_{jn_j}$ hat. Dies entspricht der Situation einer einfachen Varianzanalyse (vgl. 7.3.5), wobei die Gruppen jetzt durch die Stufen $x_1, \ldots, x_k$ der Vorgabevariablen definiert sind und die Erwartungswerte der Beobachtungen in der j-ten Gruppe durch die Funktion f gegeben sind:

(3) $\quad \mu_j = f(x_j), \qquad$ für $j = 1, \ldots, k$.

Mit der einfachen Varianzanalyse wird man zunächst prüfen, ob diese Erwartungswerte alle gleich sind, d.h. ob f eine *konstante* Funktion ist. Ist dies nicht der Fall, so schätzt man die Funktion f, indem man ihre Parameter mit der Methode der kleinsten

Quadrate schätzt (vgl. 5.5.1 bzw. 7.5.2 für die Funktion (2)). Hierbei verwendet man für jeden x-Wert x_j jedoch nur noch den Mittelwert $\bar{y}_{j+}$ dieser Gruppen und gewichtet ihn mit der Anzahl der Einzelwerte $g_j = n_j$ (vgl. 5.5.7).

Die Summe der gewichteten quadratischen <u>D</u>ifferenzen um die geschätzte Funktion $\hat{f}$:

(4) $\quad SQD(\hat{f}) = \Sigma \, g_j \, (\bar{y}_{j+} - \hat{f}(x_j))^2$

ist ein Maß für die Abweichung vom Modell. Als Schätzung von σ^2 verwendet man die Streuung um das Modell

(5) $\quad MQD = SQD(\hat{f})/(k-s)$

wobei s die Anzahl der geschätzten (unabhängigen) Parameter in $\hat{f}$ ist. Wie bei der einfachen Varianzanalyse vergleicht man nun die Streuung MQD um das Modell mit der Streuung MQI innerhalb der Gruppen (vgl. 7.3.5) und gelangt so zu folgendem <u>Testwert für die Modellanpassung</u>

(6) $\quad t = \dfrac{\text{Varianz um das Modell}}{\text{Varianz innerhalb der Gruppen}} = \dfrac{MQD}{MQI}$.

Die Testgröße ist unter dem Modell F-verteilt mit (k-s,n-k) Freiheitsgraden (vgl. A3.7), wobei $n = \Sigma \, n_j$ die Anzahl aller Y-Werte ist. Folglich wird die Modellanpassung zum Niveau α abgelehnt, falls der Testwert das α-Quantil übersteigt:

(7) $\quad t \geq F_{(k-s,n-k);\alpha}$.

Man zerlegt die Abweichung SQZ zwischen den Gruppen (vgl. 7.3.5) in die Abweichung $SQD(\hat{f})$ um das Modell und die durch das Modell erklärte Abweichung

(8) $\quad SQM = SQZ - SQD(\hat{f})$.

Eine übersichtliche Darstellung erhält man durch folgende Tafel der Varianzanalyse .

7.5 Tests auf Unabhängigkeit und vorgegebene Korrelation

Variationsursache	Quadratsummen SQ	Freiheitsgrad FG	Varianz MQ=SQ/FG
Modell	SQM	s-1	MQM
Modell-Abweichung	SQD	k-s	MQD
Zwischen x-Gruppen	SQZ	k-1	MQZ
Innerhalb x-Gruppen	SQI	n-k	MQI
Total	SQT	n-1	MQT

Der Ablauf der erforderlichen Rechenschritte wird in A2.5 erläutert.

Beispiel 7.34: Blutdruck und Alter

Bei einer Untersuchung von n = 83 Männern wurde unter anderem der systolische Blutdruck Y für verschiedene Altersklassen bestimmt. Der Altersbereich von 15-65 Jahren wurde in k = 10 Gruppen mit je 5 Jahren eingeteilt, denen jeweils das mittlere Alter x zugeordnet wurde. Aus den Einzelwerten ergab sich folgende Tabelle.

Alter [Jahre] x_j	Blutdruck [mm Hg] Mittelwert $\bar{y}_{j+}$	Varianz s_j^2	Gewichtsfaktor Anzahl g_j
17.5	112.6	36.30	5
22.5	118.1	12.12	8
27.5	120.4	22.48	10
32.5	122.3	33.90	7
37.5	127.9	23.69	11
42.5	135.1	14.99	10
47.5	133.6	16.27	8
52.5	138.1	22.89	11
57.5	144.1	11.84	8
62.5	151.2	20.20	5
Insgesamt: $\bar{y}_{++}$ = 130.4 s^2 = 127.54 g = 83			

Zur Durchführung der einfachen Varianzanalyse bestimmen wir zunächst nach 7.5.3:

SQI = $\Sigma (g_j-1)s_j^2$ = 4·36.30 +....+ 4·20.20 = 1 514

SQT = (g-1)·s^2 = 82·127.54 = 10 458

SQZ = SQT - SQI = 8 944 .

Der Test auf Gleichheit der Erwartungswerte in den 10 Altersgruppen wird zum 5%-Niveau abgelehnt: der Testwert nach 7.3.5(10) ist 47.92 (vgl. Tafel unten) und übersteigt das Quantil $F_{9,73;\alpha}$ = 2.01. Als einfachstes Regressionsmodell soll das lineare Modell (2) angepaßt werden. Zur Vermeidung großer Zahlen transformieren wir die Variablen zu u = x-40, v = y-130. Nach A2.5 erhalten wir dann aus den Summen Σ gu = 17.50, Σ gu² = 14218.75, Σ g$\bar{v}$ = 32.50, Σ g$\bar{v}$² = 8954.99, Σ gu$\bar{v}$ = 11101.75 die gewichteten Mittelwerte $\tilde{x}$ = 40.21, $\tilde{y}$ = 130.39 und die Summen Sgxx = 14215.06, Sgx$\bar{y}$ = 11094.90, Sg$\bar{y}\bar{y}$ = 8942.26.

Die Schätzungen für die Parameter a und b ergeben sich aus 7.5.2(6) (in Verbindung mit der Verallgemeinerung unter Punkt 1.)

$$\hat{b} = Sgx\bar{y}/Sgxx = 0.7805 \quad , \quad \hat{a} = \tilde{y} - \hat{b}\tilde{x} = 99.01 \quad ,$$

und nach 7.5.2 (10) ist:

$$SQD(\hat{f}) = Sg\bar{y}\bar{y} - (Sgx\bar{y}^2/Sgxx) = 282.65 \quad .$$

Die Werte $(x_j, \bar{y}_{j+})$ sind in der Abb. 7.8 zusammen mit der geschätzten Geraden dargestellt. Zur Durchführung des Anpassungstests zum Niveau α = 5% wird die vollständige Tafel der Varianzanalyse aufgestellt:

Variationsursache	Quadratsumme SQ	Freiheitsgrad FG	Varianz MQ	Testwert
Modell (lineare Regression)	8 661.35	1	8 661.35	245.16
Abweichung von der Geraden	282.65	8	35.33	1.70
Zwischen x-Gruppen	8 944.00	9	993.78	47.92
innerhalb x-Gruppen	1 514.00	73	20.74	
Total	10 458.00	82	127.54	

Der Anpassungs-Testwert 1.70 nach (6) übersteigt das Quantil $F_{8,73;\alpha}$=2.07 nicht, und folglich wird die Anpassung an die Gerade nicht abgelehnt. Beim zweiseitigen Test auf Regression (vgl. 7.5.2) ist der F-Testwert mit 245.16 größer als das Quantil $F_{1,8;\alpha}$ = 5.32 und die Nullhypothese H_0: b=0 wird abgelehnt, d. h. der Blutdruck hängt vom Alter ab.

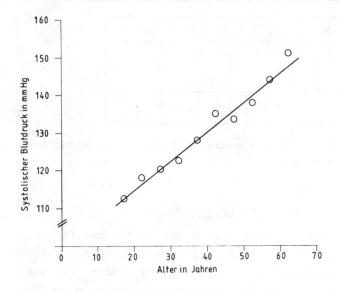

Abb. 7.8
Beobachtete Punkte und geschätzte Regressionsgerade für das Beispiel 7.34.

7.6 Kontingenztafeln

Die Beobachtungen von zwei diskreten (oder klassifizierten) Merkmalen X und Y lassen sich in einer Kontingenztafel oder Kreuztabelle für die durch sie definierten Ereignisse zusammenfassen (vgl. 5.2). Bei der Auswertung will man überprüfen, ob die Merkmale (bzw. die zugehörigen Ereignisse) unabhängig sind oder nicht. In 7.6.1 werden die entsprechenden Tests zunächst für den wichtigen Spezialfall einer 2×2-Feldertafel dargestellt und dann in 7.6.2 verallgemeinert. Für eine umfangreiche Behandlung von Kontingenztafelanalysen wird auf spezielle Monographien, **wie** z. B. EVERITT (1977), BISHOP et. al. (1975), hingewiesen.

7.6.1 Die 2 x 2-Feldertafel

Es soll überprüft werden, ob zwei Merkmale mit je zwei alternativen Ausprägungen stochastisch unabhängig sind. Hierfür betrachten wir zwei prinzipiell verschiedene Stichprobenpläne (vgl. auch 3.5 und 3.2).

Stichprobenplan 1: ohne Randbedingungen

Man zieht eine Stichprobe vom Umfang N und notiert die Häufigkeiten für die 4 Ereigniskombinationen in einer sogenannten 2×2-Feldertafel.

	B	$\bar{B}$	Zeilensumme
A	x_{11}	x_{12}	x_{1+}
$\bar{A}$	x_{21}	x_{22}	x_{2+}
Spaltensumme	x_{+1}	x_{+2}	$x_{++} = N$

Hierbei sind A und $\bar{A}$ bzw. B und $\bar{B}$ die komplementären Ausprägungen des 1. bzw. 2. Merkmals.

Stichprobenplan 2: mit Randbedingungen

Man zerlegt die Grundgesamtheit nach dem 1. Merkmal (A bzw. $\bar{A}$) in zwei Teilpopulationen. Dann zieht man aus jeder Teilpopulation eine Stichprobe mit den Umfängen N_1 und N_2 (Randbedingung). In beiden Stichproben notiert man die Anzahlen für die Ereignisse B, $\bar{B}$ und ordnet sie wie oben in einer 2×2-Feldertafel an. Einziger Unterschied ist also, daß die Zeilensummen $N_1 = x_{1+}$, $N_2 = x_{2+}$ *vorher* fixiert werden. - Ein analoger Plan, bei dem die Spaltensummen vorher festgelegt werden, reduziert sich bei Vertauschen von Zeilen mit Spalten (bzw. A mit B) wieder auf obigen Plan und wird daher nicht separat behandelt.

Es gibt noch weitere Stichprobenpläne, z. B. mit zusätzlichen Randbedingungen oder durch Festlegung der Beobachtungszeiträume anstelle der Stichprobenumfänge, auf die wir nicht näher eingehen. Es wird sich im folgenden herausstellen, daß der Rechengang bei beiden Stichprobenpläne derselbe ist, aber die Interpretation und Schärfe der jeweiligen Tests unterschiedlich sind.

Beispiel 7.35: Untergewicht und Legitimität

Bei einer primär für andere Zwecke durchgeführten Untersuchung an einer Zufalls-Stichprobe (ohne Randbedingung) von N = 200 Neugeborenen sollte nebenbei auch der Zusammenhang von Untergewicht, (d. h. Geburtsgewicht kleiner als 2500 g) und Legitimität (ehelich, nicht-ehelich) untersucht werden. Es ergab sich folgende Tafel:

7.6 Kontingenztafeln

	ehelich	nicht-ehelich	Summe
Untergewicht	10	6	16
kein Untergewicht	146	38	184
Summe	156	44	200

Beispiel 7.36: Therapie und Heilung

Bei einer spezifischen Erkrankung stehen zwei Therapien A_1 und A_2 zur Verfügung, die sich nur durch eine Zusatzbehandlung (Merkmal A) unterscheiden. Um festzustellen, ob die Heilung (Merkmal B) von der Zusatzbehandlung unabhängig ist, wurden $N_1 = 100$ bzw. $N_2 = 120$ zufällig ausgewählte Patienten mit der Therapie A_1 bzw. A_2 behandelt (Stichprobenplan 2). Diese Situation wurde aus anderer Sicht bereits in den Beispielen 7.5, 7.8 diskutiert, wo auch eine beobachtete Tafel angegeben ist.

Wir behandeln zunächst die Auswertung für den *Stichprobenplan ohne Randbedingung*. Das zugrundeliegende Modell ist eine Multinomialverteilung mit 4 Klassen, deren Wahrscheinlichkeiten wir analog den beobachteten Häufigkeiten in einer Tafel anordnen:

	B	$\bar{B}$	Summe
A	p_{11}	p_{12}	p_{1+}
$\bar{A}$	p_{21}	p_{22}	p_{2+}
Summe	p_{+1}	p_{+2}	1

Die Unabhängigkeit der Ereignisse A, B kann man wie folgt als Nullhypothesen formulieren (vgl. hierzu 1.4 und 1.3.5(2)):

(1) $\quad H_0: \quad p_{ij} = p_{i+} \cdot p_{+j} \quad$ für $\quad i,j = 1,2$,

d. h. jede einzelne Wahrscheinlichkeit ist das Produkt der entsprechenden Randwahrscheinlichkeiten. Betrachtet man andererseits die bedingten Wahrscheinlichkeiten

(2) $\quad P_1 = P(B|A) = p_{11}/p_{1+}$, $\quad P_2 = P(B|\bar{A}) = p_{21}/p_{2+}$,

so läßt sich die Unabhängigkeit von A, B auch äquivalent als *Homogenität* der bedingten Wahrscheinlichkeiten formulieren:

(3) $H_o: P_1 = P_2$.

Schließlich kann man (nach einiger Umformung) die Nullhypothese auch unter Verwendung des Kreuzverhältnisses (vgl. auch 5.4.3)

(4) $\Psi = (p_{11}p_{22})/(p_{12}p_{21}) = (P_1Q_2)/(P_2Q_1)$ mit $Q = 1-P$

äquivalent beschreiben durch $H_o: \Psi = 1$. Dies illustriert noch einmal die Bedeutung des Kreuzverhältnisses als Assoziationsmaß, welches bei Unabhängigkeit gerade 1 ist.

Zum Überprüfen der Nullhypothese wird ein Anpassungstest (nach 7.4.2) durchgeführt. Hierzu schätzen wir zunächst die Randwahrscheinlichkeiten durch die beobachteten relativen Häufigkeiten:

(5) $\hat{p}_{1+} = x_{1+}/N$, $\hat{p}_{2+} = x_{2+}/N = 1-\hat{p}_{1+}$,

(6) $\hat{p}_{+1} = x_{+1}/N$, $\hat{p}_{+2} = x_{+2}/N = 1-\hat{p}_{+1}$.

Unter der Nullhypothese (1) ergeben sich somit folgende Schätzungen für die 4 Klassen (Felder), d. h. für $i,j = 1,2$:

(7) $\hat{p}_{ij} = \hat{p}_{i+} \cdot \hat{p}_{+j} = x_{i+}x_{+j}/N^2$

und damit auch die erwarteten Anzahlen der 4 Klassen:

(8) $e_{ij} = N \cdot \hat{p}_{ij} = x_{i+}x_{+j}/N$,

d. h. die erwartete Anzahl eines Feldes ist das Produkt der entsprechenden beobachteten Randsummen, dividiert durch den Stichprobenumfang.
Der χ^2-Testwert 7.4.2(3) für den Anpassungstest läßt sich nach längerer Umformung hier wie folgt vereinfachen:

(9) $X^2 = N(x_{11}x_{22} - x_{12}x_{21})^2/(x_{1+}x_{2+}x_{+1}x_{+2})$

7.6 Kontingenztafeln

und der LQ-Testwert 7.4.2(4) lautet:

(10) $\quad G^2 = 2 \Sigma x \ln(\frac{x}{e})$

$$= 2\left[x_{11} \cdot \ln \frac{x_{11}}{e_{11}} + x_{12} \ln \frac{x_{12}}{e_{12}} + x_{21} \ln \frac{x_{21}}{e_{21}} + x_{22} \ln \frac{x_{22}}{e_{22}} \right]$$

Bei der Bestimmung des Freiheitsgrades nach 7.4.2(10) ist zu beachten, daß nur s=2 unabhängige Parameter p_{1+} und p_{+1} geschätzt wurden, da sich p_{2+}, p_{+2} nach (5),(6) ergeben. Also ist FG=4-1-2=1. Man führt nun den χ^2- oder LQ-Test nach 7.4.2(5), (6) durch. Zur genaueren Interpretation der Beobachtungen kann man (insbesondere bei Ablehnung der Nullhypothese) zusätzlich die bedingten Wahrscheinlichkeiten (2), (3) schätzen:

(11) $\quad \hat{p}_1 = x_{11}/x_{1+}$, $\hat{p}_2 = x_{21}/x_{2+}$,

und als Zusammenhangsmaß das Kreuzverhältnis der beobachteten Tafel berechnen

(12) $\quad \hat{\psi} = (\hat{p}_{11}\hat{p}_{22})/(\hat{p}_{12}\hat{p}_{21}) = (x_{11}x_{12})/(x_{12}x_{21})$.

Beispiel 7.35: 1. Fortsetzung

In der folgenden Tafel sind neben den beobachteten Werten x_{ij} auch die nach (8) berechneten erwarteten Anzahlen e_{ij} (in Klammern) angegeben.

	ehelich	nicht-ehelich
Untergewicht	10 (12.48)	6 (3.52)
kein Untergewicht	146 (143.52)	38 (40.48)

Der Test auf Unabhängigkeit soll zum Niveau α = 10% durchgeführt werden. Nach (9) ergibt sich:

$X^2 = 200 \cdot (10 \cdot 38 - 6 \cdot 146)^2 / 16 \cdot 184 \cdot 156 \cdot 44 = 2.43$.

Das nach A3.3 berechnete Signifikanzniveau $P(\chi^2_1 \geq X^2)$ = 11.9% ist nicht kleiner als α = 10% und folglich lehnt der χ^2-Test die Nullhypothese nicht ab. Der LQ-Test führt mit G^2 = 2.17 zum gleichen Ergebnis. Der Anteil der ehelich geborenen bei den Untergewichtigen ist mit $\hat{p}_1$ = 62.5% wesentlich geringer als der bei den Nicht-Untergewichtigen: $\hat{p}_2$ = 79.3%, und das Kreuzverhältnis der Tafel ist Ψ = 0.43. Es ist daher möglich, daß hier ein vorliegender Unterschied aufgrund der schwachen Besetzung der 1. Zeile nicht entdeckt wurde (Fehler 2. Art). Hierauf wird im Beispiel 7.37 eingegangen.

Es soll jetzt die Auswertung beim *Stichprobenplan mit Randbedingung* behandelt werden. Hier besteht das zugrundeliegende Modell aus zwei unabhängigen Binomialverteilungen $B(N_1,P_1)$ und $B(N_2,P_2)$ für die Anzahlen x_{1+} bzw. x_{2+}, wobei P_1 bzw. P_2 die bedingten Wahrscheinlichkeiten sind

(13) $P_1 = P(B|A)$, $P_2 = P(B|\bar{A})$.

Die Unabhängigkeit wird jetzt durch die Nullhypothese (3) ausgedrückt, und wir befinden uns daher in der Situation des Vergleichs zweier Einzelwahrscheinlichkeiten. Obwohl dieses Testproblem in 7.2.3 bereits ausführlich diskutiert wurde, soll es hier unter dem Aspekt eines Anpassungstests noch kurz erläutert werden. Unter der Nullhypothese ist $P_1 = P_2 = P$ und wir schätzen P durch die relative Häufigkeit $\hat{P} = x_{+1}/N$, wobei $N = N_1+N_2$.
Die erwarteten Anzahlen für die 4 Felder ergeben sich dann für i = 1,2 :

(14) $e_{i1} = N_i \cdot \hat{P} = N_i \cdot x_{+1}/N$, $e_{i2} = N_i \cdot (1-\hat{P}) = N_i x_{+2}/N$.

Wegen $N_i = x_{i+}$ ergeben sich hier dieselben erwarteten Anzahlen wie in (8) bei Plan 1 und damit auch die gleichen Anpassungstestwerte X^2 und G^2 aus (9), (10). Bei der Bestimmung der Freiheitsgrade ist zu beachten, daß hier in jeder der beiden Teilstichproben eine Einteilung in K = 2 Klassen vorliegt und insgesamt 1 Parameter geschätzt wurde. Dies ergibt nach 7.4.2 (17) der Freiheitsgrad FG = 4-2-1 = 1. Schätz man die bedingten Wahrscheinlichkeiten P_1, P_2 (ohne Verwendung der Nullhypothese) durch

(15) $\hat{P}_1 = x_{11}/N_1$, $\hat{P}_2 = x_{21}/N_2$,

7.6 Kontingenztafeln

so läßt sich der χ^2-Testwert wie folgt darstellen

(16) $\qquad X^2 = N \cdot N_1 \cdot N_2 (\hat{P}_1 - \hat{P}_2)^2 / x_{+1} x_{+2}$.

Ein Vergleich mit dem in 7.2.3 behandelten zweiseitigen Test zeigt, daß X^2 gerade das Quadrat des Testwerts t aus Test-Box 2 ist, und somit ist der dortige Test zum χ^2-Anpassungstest äquivalent.

Beispiel 7.36: Fortsetzung

Die Unabhängigkeit von Heilung und Therapie bzw. Gleichheit der Heilquoten soll für die im Beispiel 7.8 angegebene beobachtete Tafel zum Niveau α = 5% gestestet werden. Die erwarteten Anzahlen nach (14) oder (8) sind e_{11} = 77.73, e_{12} = 22.27, e_{21} = 93.27, e_{22} = 26.73 und der LQ-Testwert nach (10) ist G^2 = 0.7852. Da G^2 das Quantil $\chi^2_{1;\alpha}$ = 3.84 nicht übersteigt, wird die Nullhypothese nicht abgelehnt, d. h. verschiedene Heilquoten können nicht nachgewiesen werden. Der χ^2-Testwert nach (9) ist übrigens X^2 = 0.7877 (in Übereinstimmung mit t^2 = 0.8875^2 aus Beispiel 7.8) und führt zur gleichen Testentscheidung.

Wir haben bereits bemerkt, daß der Stichprobenplan zwar nicht die Auswertung (d. h. den Testwert), aber dafür die Schärfe des Tests beeinflußt, wie die folgende Betrachtung des asymptotischen Fehlerrisikos β 2. Art zeigt. Durch Spezialisierung von 7.4.2(15) auf die vorliegende Situation erhält man durch Umformung in Verbindung mit A3.4(6), A3.3(4)

(18) $\qquad \beta \approx \Phi(z_{\alpha/2} - \sqrt{\delta})$,

wobei $z_{\alpha/2}$ das Quantil der N(0,1)-Verteilungsfunktion Φ ist (vgl. A3.1-2). Die Nichtzentralität ist beim Stichprobenplan 1

(19) $\qquad \delta_1 = N\ p_{1+} p_{2+} (p_1 - p_2)^2 / (p_{+1} p_{+2})$

Beim Stichprobenplan 2 werden anstelle der Randwahrscheinlichkeiten p_{1+}, p_{2+} die fest vorgegebenen Stichprobenanteile $Q_1 = N_1/N$, $Q_2 = N_2/N$ verwendet, und die Wahrscheinlichkeiten p_{+1}, p_{+2} werden entsprechend durch $\overline{P} = Q_1P_1+Q_2P_2$ (gewogenes Mittel von P_1 und P_2), $\overline{Q} = 1-\overline{P}$ ersetzt:

(20) $\quad \delta_2 = N\, Q_1Q_2\, (P_1-P_2)^2/(\overline{PQ})$,

in Übereinstimmung mit den Betrachtungen in 7.2.4(5), (8)-(11) für den zweiseitigen Test. Bei wachsender Nichtzentralität fällt das Risiko β bzw. steigt die Schärfe 1-β des Tests. Ein Schärfevergleich für die Stichprobenpläne läßt sich durchführen, wenn für beide Pläne die Wahrscheinlichkeit für das Ereignis B in der Gesamtstichprobe übereinstimmt, d. h. $p_{1+} = \overline{P}$ und $p_{2+} = \overline{Q}$ gilt. Maximiert man zusätzlich δ_2 durch die Wahl gleicher Stichprobenanteile $N_1 = N_2 = N/2$ *(balancierter Plan 2)*, so gilt bei gleichem Gesamtumfang N und gleichem Unterschied P_1-P_2 für die Nichtzentralitäten

(21) $\quad \delta_1 = 4p_{1+}p_{2+}\delta_2 \leq \delta_2$

Die Schärfe 1-β ist also beim Plan 1 höchstens so groß wie beim balancierten Plan 2, der daher vorzuziehen ist. Die Teilstichproben im Plan 2 sollten dann nach dem "selteneren" Ereignis klassifiziert werden, dessen Wahrscheinlichkeit den größeren Abstand von 0.5 hat, d. h. die Bezeichnungen A, B werden so vergeben, daß $|P(A)-0.5| \geq |P(B)-0.5|$ gilt, vgl. MENG-CHAPMAN(1966). Die Anzahl des erforderlichen Gesamtumfangs zur Absicherung eines Unterschieds P_1-P_2 für vorgegebene Risiken α und β ist bereits in 7.2.4(13) angegeben.

Beispiel 7.37: Fortsetzung von Beispiel 7.35

Wir berechnen das Fehlerrisiko β für den Fall, daß die Anteile der ehelich Geborenen bei den Unter- bzw. Nicht-Untergewichtigen sich um 10% unterscheiden: $|P_1-P_2| = 10\%$. Bei der Berechnung von δ_1 für Plan 1 verwenden wir statt der unbekannten Randwahrscheinlichkeiten deren Schätzungen nach (5),(6) und erhalten aus (19):

$$\delta_1 \approx 200 \cdot \frac{16}{200} \cdot \frac{184}{200} \cdot (0.10)^2 / (\frac{156}{200} \cdot \frac{44}{200}) = 0.86$$

7.6 Kontingenztafeln

Nach (18) ist dann $\beta \approx \Phi(1.96-\sqrt{0.86}) = \Phi(1.032) \approx 85\%$, d. h. der Unterschied $|P_1-P_2| = 10\%$ wird nur mit der Schärfe $1-\beta \approx 15\%$ entdeckt. Wir wollen jetzt noch den möglichen Schärfegewinn durch den balancierten Plan 2 bei sonst gleichen Verhältnissen berechnen. Aus der beobachteten Tafel geht hervor, daß das Ereignis A ("Untergewicht") seltener ist als B ("ehelich"), so daß man beim Plan 2 zwei Teilstichproben mit 100 untergewichtigen bzw. nicht-untergewichtigen Säuglingen ziehen würde. Mit den bisherigen Schätzungen ergibt sich nach (21):

$$\delta_2 = \delta_1/(4p_{1+}p_{2+}) \approx 0.86/(4 \cdot \frac{16}{200} \cdot \frac{184}{200}) \approx 2.92$$

und damit $\beta \approx \Phi(0.25) \approx 60\%$.

Die Schärfe $1-\beta \approx 40\%$ wird also gegenüber Plan 1 fast verdreifacht, ist aber immer noch geringer als 50%.

Bei den hier behandelten Anpassungstests handelt es sich, wie bereits in 7.4.2 angemerkt, um *asymptotische* Tests. Der für die 2 × 2-Tafel vorgeschlagene sogenannte *exakte* Test von FISHER-YATES wird hier nicht erläutert, vgl. z. B. FINNEY et. al. (1963).

7.6.2 Mehrfeldertafeln

Die Problemstellung des letzten Abschnitts 7.6.1 soll jetzt verallgemeinert werden: für zwei Merkmale (diskrete Zufallsvariable) X bzw. Y mit jeweils k bzw. m verschiedenen Ausprägungen soll die stochastische Unabhängigkeit überprüft werden (in 7.6.1 hatten die Merkmale nur zwei Ausprägungen: A, $\bar{A}$ bzw. B, $\bar{B}$). Da die grundsätzlichen Überlegungen in 7.6.1 bereits dargelegt sind, wollen wir uns hier kurzfassen. Bezeichnen wir die Ausprägungen von X bzw. Y der Merkmale durch Zahlen 1,...,k bzw. 1,...,m, so läßt sich eine Stichprobe vom Umfang N durch eine sogenannte (k × m)-<u>Kontingenztafel</u> (Kreuztabelle) beschreiben (siehe Seite 304).

Hierbei ist x_{ij} die beobachtete Anzahl der Merkmalkombination X = i, Y = j. Im Beispiel 5.5 ist eine (7 × 6)-Tafel angegeben. Die beobachtete Tafel kann wieder, je nach Randbedingungen, durch verschiedene Stichprobenpläne entstanden sein, von denen wir auf zwei näher eingehen (vgl. auch 3.5 und 3.2).

Merkmal X	Merkmal Y				Zeilensumme
	1	2	3	m	
1	x_{11}	x_{12}	x_{13}	x_{1m}	x_{1+}
2	x_{21}	x_{22}	x_{23}	x_{2m}	x_{2+}
3	x_{31}	x_{32}	x_{33}	x_{3m}	x_{3+}
⋮	⋮	⋮	⋮	⋮	⋮
k	x_{k1}	x_{k2}	x_{k3}	x_{km}	x_{k+}
Spaltensumme	x_{+1}	x_{+2}	x_{+3}	x_{+m}	$x_{++} = N$

Stichprobenplan 1: ohne Randbedingung

Es wird eine Stichprobe vom Umfang N aus der Gesamtpopulation gezogen. Das zugrundeliegende Modell ist eine Multinomialverteilung vom Umfang N mit k·m Klassen (die den Feldern der Tafel entsprechen) und den dazugehörigen Wahrscheinlichkeiten

(1) $\quad p_{ij} = P(X = i, Y = j)$

Die Unabhängigkeit der Merkmale X und Y (Nullhypothese) lautet analog 7.6.1(1):

(2) $\quad H_o: p_{ij} = p_{i+} \cdot p_{+j} \quad$ für $i = 1,\ldots,m$ und $j = 1,\ldots,k$.

Man kann die Unabhängigkeit wieder äquivalent als Homogenität der bedingten Wahrscheinlichkeiten

(3) $\quad p_{ij} = P(Y = j | X = i)$

wie folgt formulieren

(4) $\quad H_o: p_{1j} = p_{2j} = \ldots = p_{kj} \quad$ für $j = 1,\ldots,m$.

Stichprobenplan 2: mit Randbedingungen

Hier zerlegt man die Gesamtpopulation nach den Ausprägungen $i = 1,\ldots,k$ des Merkmals X in k Teilpopulationen und zieht

7.6 Kontingenztafeln

dann unabhängig voneinander aus jeder Teilpopulation eine Stichprobe mit den Umfängen $N_1,\ldots,N_k$ (Randbedingung). Der einzige Unterschied zum Plan 1 besteht darin, daß hier die Zeilensummen *vorher* fixiert werden: $x_{i+} = N_i$. Für jede Ausprägung $i=1,\ldots,k$ von X liegt dann eine Multinomialverteilung vom Umfang N_i mit jeweils m Klassen und den dazugehörigen Wahrscheinlichkeiten $P_{i1},\ldots,P_{im}$ aus (3) vor. Diese k Multinomialverteilungen (die den Zeilen der Kontingenztafel entsprechen) sind voneinander unabhängig. Die Nullhypothese (4) besagt, daß die entsprechenden Klassenwahrscheinlichkeiten dieser Multinomialverteilungen "spaltenweise" übereinstimmen.

Für den Anpassungstest ergeben sich bei beiden Stichprobenplänen analog 7.6.1 die erwarteten Anzahlen $e_{ij} = x_{i+}x_{+j}/N$ und somit die folgenden Testwerte nach 7.4.2 (3), (4):

$$(5) \quad X^2 = \sum_{i=1}^{k} \sum_{j=1}^{m} \frac{(x_{ij}-x_{i+}x_{+j}/N)^2}{x_{i+}x_{+j}/N} ,$$

$$(6) \quad G^2 = \sum_{i=1}^{k} \sum_{j=1}^{m} 2 \cdot x_{ij} \cdot \ln(N\, x_{ij}/(x_{i+}x_{+j})) .$$

Für Plan 1 erhält man den Freiheitsgrad aus 7.4.2(10) wie folgt. Wegen $\sum p_{i+} = 1$ bzw. $\sum p_{+j} = 1$ ergibt sich je eine Randwahrscheinlichkeit aus den restlichen k-1 bzw. m-1, d. h. es werden nur $s = (k-1)+(m-1)$ unabhängige Parameter geschätzt. Also ist

$$(7) \quad FG = km-1-(k-1)+(m-1) = (k-1)(m-1)$$

Beim Plan 2 liegen k Multinomialverteilungen mit je m Klassen vor und wegen $\sum_j P_j = 1$ werden nur $s = m-1$ unabhängige Parameter geschätzt. Aus 7.4.2(17) erhält man dann denselben Freiheitsgrad (7) wie beim Plan 1.

Der Ablauf des erforderlichen Rechengangs ist in A2.7 dargestellt. Die Berechnung von X^2 kann auch nach folgender Formel erfolgen:

$$(8) \quad X^2 = N\,[(\sum_i \sum_j x_{ij}^2/x_{i+}x_{+j}) - 1] .$$

Beispiel 7.38: Appendektonomien

Wir greifen das Beispiel 5.5 wieder auf und wollen zum Niveau α = 5%
testen, ob der Wochentag der Operation und die Diagnose unabhängig sind.
Der Untersuchung lag der Stichprobenplan 1 zugrunde. In der folgenden
Tafel sind die beobachteten und darunter die erwarteten Anzahlen aufgeführt.

Wochentag (X)	Diagnose (Y)						Summe
	1	2	3	4	5	6	
1	13	35	49	35	27	59	218
	15.83	32.96	53.76	29.83	25.04	60.58	
2	10	27	64	36	28	82	247
	17.94	37.34	60.92	33.80	28.37	68.63	
3	16	25	39	10	8	35	133
	9.66	20.11	32.80	18.20	15.28	36.96	
4	12	21	58	46	26	77	240
	17.43	36.28	59.19	32.84	27.57	66.69	
5	15	24	52	25	36	60	212
	15.40	32.05	52.28	29.01	24.35	58.91	
6	11	24	11	8	3	11	68
	4.94	10.28	16.77	9.30	7.81	18.90	
7	9	23	19	2	8	5	66
	4.79	9.98	16.28	9.03	7.58	18.34	
Summe	86	179	292	162	136	329	1184

Für die angegebenen (gerundeten) erwarteten Häufigkeiten ergeben sich
$X^2 = 119.03$ und $G^2 = 116.57$, und der Freiheitsgrad nach (7) ist
FG = 6·5 = 30. Das Quantil $\chi^2_{30;\alpha} = 43.77$ wird von X^2 und G^2 überschritten und folglich wird die Unabhängigkeit von Operationswochentag und
Diagnose abgelehnt.

Der Fall, daß ein Merkmal nur *zwei* Ausprägungen hat, d. h. k=2
oder m=2, tritt in der Praxis besonders häufig auf, z. B. im
Stichprobenplan 2 beim Vergleich von k=2 Multinomialverteilungen mit m Klassen oder beim Vergleich von k Binomialverteilungen
(m=2). Außerdem kann man in diesen Fällen eine weitere Ver-

7.6 Kontingenztafeln

einfachung von X^2 angeben, die für m = 2 wie folgt lautet (für k=2 vertausche man die Indizes i und j):

(9) $$X^2 = \frac{N^2}{x_{+1}x_{+2}} [\sum_{i=1}^{k} (x_{i1}^2/x_{i+}) - x_{+1}^2/N]$$

Beispiel 7.39 : Parität und Geschlecht

Bei Neugeborenen soll untersucht werden, ob das Geschlecht von der Parität (Anzahl vorangegangener Geburten der Mutter) unabhängig ist (Nullhypothese). Eine Untersuchung (nach Stichprobenplan 2) von je 50 Neugeborenen für die verschiedenen Paritäten ergab folgende Tafel.

Parität	Geschlecht		Summe
	männlich	weiblich	
0	27	23	50
1	28	22	50
2	20	30	50
3	26	24	50
4 oder mehr	29	21	50
Summe	130	120	250

Die erwartete Anzahl für das männliche bzw. weibliche Geschlecht ist für alle Paritäten gleich e_{1j} = 50·130/250 = 26 bzw. e_{2j} = 50·120/250 = 24. Zur Durchführung eines Tests zum Niveau α = 5% wird X^2 nach (9) berechnet. Wegen

$$\sum x_{i1}^2/x_{i+} = 27^2/50 + 28^2/50 + 20^2/50 + 26^2/50 + 29^2/50 = 68.6$$

ist

$$X^2 = \frac{250^2}{130 \cdot 120} [68.6 - 130^2/250] = 4.01 \quad \text{mit}$$

FG = (2-1)(5-1) = 4 Freiheitsgraden nach (7). Das Quantil ist $\chi^2_{4;\alpha}$=9.49 und folglich wird die Nullhypothese (Homogenität der Geschlechter für die Paritäten) nicht abgelehnt. Nebenbei bemerkt, führt der LQ-Test mit G^2 = 4.02 zum gleichen Ergebnis.

Obwohl beide Stichprobenpläne zu gleichen Testgrößen führen, unterscheiden sie sich hinsichtlich der Schärfe des Tests.

Das Fehlerrisiko β 2. Art ergibt sich aus den allgemeinen Ausführungen in 7.4.2 (14-15) mit den jeweiligen Nichtzentralitäten δ_1 und δ_2 für den Stichprobenplan 1 und 2:

(10) $\quad \delta_1 = N \sum_i \sum_j (p_{ij} - p_{i+}p_{+j})^2 / p_{i+}p_{+j}$

(11) $\quad \delta_2 = N \sum_i \sum_j Q_i (P_{ij} - \bar{P}_j)^2 / \bar{P}_j$,

wobei $\bar{P}_j = \sum_i Q_i P_{ij}$ das mit den Stichprobenanteilen $Q_i = x_{i+}/N$ gewogene Mittel aller Wahrscheinlichkeiten für die Spalte j ist. Obwohl sich die Nichtzentralität und damit auch das Fehlerrisiko β bei beiden Versuchsplänen unterscheidet, können wir hier nicht wie bei der 2×2-Tafel in 7.6.1 eine einfache Beziehung zwischen δ_1 und δ_2 (für $\bar{P}_j = p_{+j}$) angeben, die dann zum optimalen Stichprobenplan führt. Trotzdem wird meistens der balancierte Plan 2 mit gleichen Teilstichprobenumfängen empfohlen.

Beispiel 7.39: Fortsetzung

Im vorliegenden Fall einer k×2-Feldertafel mit gleichen Teilstichprobenumfängen $N_i = \bar{N}$ vereinfacht sich die Nichtzentralität (11) wegen $\bar{P}_2 = 1-\bar{P}_1$ zu: $\delta_2 = \bar{N} \sum_i (P_{i1} - \bar{P}_1)^2 / (\bar{P}_1 \bar{P}_2)$.
Wir wollen das Fehlerrisiko β für den Fall bestimmen, daß unter den Abweichungen $d_i = P_{i1} - \bar{P}_1$ (der paritätsspezifischen Wahrscheinlichkeit P_{i1} für das männliche Geschlecht von ihrem Mittelwert $\bar{P}_1$) eine stärkere Abweichung nach unten auftritt, z.B. $d_3 = -8\%$, während sonst nur kleine gleichgroße Abweichungen nach oben vorkommen, z.B. $d_1 = d_2 = d_4 = d_5 = +2\%$. Verwendet man den Anteil 130/150 = 52% aller männlichen Neugeborenen der Stichprobe als Schätzung für das unbekannte $\bar{P}_1$, so ergibt sich nach obiger Formel $\delta_2 \approx 1.6$. Aus 7.4.2(15) erhält man das Fehlerrisiko β ≈ F(9.49) = 85.6%, wobei die Verteilungsfunktion F der nichtzentralen $\chi_4^2 (\delta_2)$-Verteilung nach A3.4 mit einem Rechner bestimmt wurde. Das relativ hohe Fehlerrisiko β läßt sich durch größeren Stichprobenumfang verringern, z.B. ist bei vierfachen Umfang N = 1000 bereits β ≈ 50.1%

Anhang

A 1 Beispieltabellen

Tabelle 1: Ausgewählte Daten eines pathologischen Patientenkollektivs (funktionell inoperable Bronchialkarzinomfälle ; Männer, Funktionswerte in Prozent des Sollwerts)

PatientNr.	Alter	EKG-Klasse	Sek.Kap.	VitalKap.	CO_2 im Blut	O_2 im Blut	pHWert-Blut	Atemgrenzwert	Residualvolumen
1	63	0	51	67	36,6	70	7,42	41	32,4
2	71	3	37	37	37,5	63	7,30	22	70,0
3	73	1	40	65	48,5	76	7,41	26	61,1
4	64	0	45	59	51,0	68	7,41	53	44,4
5	63	1	57	53	40,6	63	7,44	38	54,4
6	65	1	31	46	33,5	56	7,47	22	64,6
7	68	1	41	79	47,0	73	7,38	46	54,8
8	62	0	42	66	51,3	78	7,40	36	52
9	69	0	40	73	47,0	80	7,38	38	55
10	64	4	64	73	45,3	76	7,41	60	43
11	69	4	53	94	44,2	80	7,38	63	54,4
12	53	0	57	46	35,0	68	7,40	39	41,6
13	66	4	45	63	43,2	69	7,40	37	49,3
14	63	0	55	67	38,2	69	7,39	57	48,6
15	59	0	69	55	35,1	72	7,44	42	45,6
16	62	3	70	76	37,7	83	7,40	77	44,0
17	63	4	49	72	41,0	68	7,44	33	45,2
18	54	1	50	64	32,5	70	7,40	39	47,7
19	64	0	62	56	37,6	65	7,43	38	40,5
20	62	3	41	68	41,0	64	7,42	45	46,6
Summe	1277		999	1279	8238	1411	148,12	857	995,2
Quadratsumme	81999		52141	84995	34560,88	100427	1096,999	40469	50995,76

Tabelle 2: Beispiel für eine Ergebnisliste eines Krebsforschungsexperiments

Titelnummer	Kontrollgruppe			Behandelt mit Benz(a)pyren in folgenden Dosierungen:													
				d=0,5 g			d=1,0 g			d=2,0 g			d=4,0 g			d=8,0 g		
	Lebenszeit	Tumorind.zeit	Befund	Lebenszeit	Tumorind.zeit	Befund*	Lebenszeit	Tumorind.zeit	Befund*	Lebenszeit	Tumorind.zeit	Befund*	Lebenszeit	Tumorind.zeit	Befund*	Lebenszeit	Tumorind.zeit	Befund*
1	75	-	0	104	66	2	69	55	2	40	-	0	38	27	2	34	27	2
2	60	-	0	109	-	0	59	-	0	55	53	1	33	33	1	43	31	0
3	36	-	0	93	-	0	63	-	0	72	53	2	35	25	2	15	-	2
4	126	-	0	88	61	2	82	68	0	53	37	2	44	34	2	39	33	2
5	74	-	0	67	-	0	30	16	0	74	67	2	46	34	2	33	24	2
6	149	-	0	92	-	0	62	44	1	62	57	2	42	31	2	26	19	2
7	128	-	0	95	80	2	74	54	2	45	35	2	40	26	2	26	19	2
8	43	-	0	92	-	0	87	-	0	35	-	0	35	35	1	10	-	2
9	48	-	0	91	77	2	80	-	0	68	55	2	30	24	2	27	14	2
10	85	-	0	87	64	2	67	48	2	58	42	2	39	28	2	31	21	2
11	82	-	0	142	132	1	82	81	1	44	31	2	48	36	2	29	21	2
12	92	-	0	90	-	0	78	57	2	73	64	2	49	36	2	36	32	2
13	107	-	0	95	-	0	46	-	0	48	36	2	45	27	2	19	-	2
14	87	-	0	107	-	0	52	-	0	59	44	2	41	37	2	35	25	2
15	122	-	0	136	-	0	92	65	2	65	55	2	38	34	0	28	18	0
16	70	-	0	79	-	0	66	-	0	37	20	0	45	-	0	15	-	0
17	114	-	0	96	-	0	60	-	0	54	51	1	27	-	1	38	29	2
18	76	-	0	105	-	0	87	-	0	51	48	2	33	26	2	26	21	2
19	126	-	0	101	-	0	77	67	2	46	44	1	35	20	2	35	26	2
20	109	-	0	111	-	0	99	-	0	66	-	0	42	27	2	20	16	2
N	20			20			20			20			20			20		
Σx	1859			1980	480	6	1352	555	10	1105	792	17	785	540	18	565	376	16
Σx²	188455			201620	41926		96680	33585		63809	39294		31507	16628		17459	9342	

* Legende Befunde: 0=kein Befund; 1=Tumor; 2=Carzinom

A 2 Datenanalyse mit programmierbaren (Taschen)Rechnern

A 2.1 Allgemeines

In den folgenden Abschnitten werden einige wichtige Rechenschritte bei der Auswertung von Daten noch einmal kompakt dargestellt und in Programmen für einen programmierbaren Taschenrechner zusammengefaßt. Die Programme werden nicht in einer speziellen Programmiersprache vermittelt, sondern in Form von Flußdiagrammen dargestellt. Anhand dieser Flußdiagramme lassen sich mit elementaren Programmierkenntnissen (wie sie im jeweiligen Benutzerhandbuch des Rechners zu finden sind) die fertigen Programme für einen Rechner erstellen. Die Mindestanforderungen an einen solchen Taschenrechner sind:

- Logarithmus- und Winkelfunktionen mit den inversen Funktionen
- 8-stellige Rechengenauigkeit
- 10 Datenregister, möglichst mit Registerarithmetik
- logische Vergleiche für Programmverzweigungen
- ca. 100 Programmschritte (die Anzahl der für ein Programm erforderlichen Schritte hängt neben der Programmiererfahrung wesentlich von den Möglichkeiten des Rechners ab).

Alle folgenden Programme sind speziell für programmierbare Taschenrechner konzipiert und praktisch erprobt (auf den Modellen HP-67/97, TI-59). Je leistungsfähiger der zur Verfügung stehende Rechner ist, desto einfacher lassen sich die Flußdiagramme zu fertigen Programmen umsetzen, insbesondere bei Computern mit der Programmiersprache BASIC (oder "höheren" Sprachen). Zur Datenanalyse und Programmierung geben wir noch einige allgemeine Hinweise.

Dateneingabe:

Wegen der meist geringen Speicherkapazität von Taschenrechnern werden die Daten in einer Eingabeschleife sukzessive in den Rechner eingegeben und *sofort* zu Zwischengrößen verarbeitet. Diese Zwischengrößen stellen im Hinblick auf die vorgesehene Auswertung eine vollständige Zusammenfassung der Einzeldaten dar (z. B. die Summen in A 2.2-3).
Verfügt der Rechner jedoch über genügend Speicherplätze, so sollte man in der Eingabeschleife die Daten zusätzlich abspeichern,

weil dies spätere Kontrollen, Korrekturen und Modifikationen vereinfacht.

Korrekturen:

Um fehlerhafte Eingaben in der Daten-Eingabeschleife korrigieren zu können (ohne alle Daten erneut einzugeben), verwendet man eine Korrektur-Schleife, mit deren Hilfe eingegebene Daten wieder eliminiert werden. Auf diese Weise können auch nachträglich noch einzelne Werte (z. B. "Ausreisser") wieder aus dem Datensatz herausgenommen werden. - Prinzipiell sollten alle wesentlichen Berechnungen in den einzelnen Programmteilen korrigierbar sein, was durch kurzfristige Speicherung von Zwischenwerten erreichbar ist.

Fehlerkontrollen bei Eingaben:

Sofern für die Eingabedaten nur spezielle Werte zulässig sind (z. B. ganze Zahlen, positive Zahlen, relative Häufigkeiten $0 \leq p \leq 1$) empfiehlt es sich, die Eingaben vor ihrer Verarbeitung auf Zulässigkeit zu kontrollieren, falls die Rechnerkapazität dies zuläßt. Ferner sind arithmetische Fehlerkontrollen (vgl. 5.1.2) empfehlenswert.

Kontrolle von Programmen:

Jedes Programm muß nach der Fertigstellung systematisch getestet werden. Hierbei sind verschiedene Eingaben zu wählen, bei denen alle Programmzweige mindestens einmal durchlaufen werden. Alle Testläufe sollten zweimal (bei verschiedenen "Anfangszuständen" des Rechners) durchgeführt werden. Zur Kontrolle von Zwischenergebnissen (mit voller Genauigkeit!) wird der Programmablauf mehrmals unterbrochen. - Bei Verwendung der Beispiele im Text als Testdaten können sich Abweichungen im Rahmen der Rechengenauigkeit ergeben.

Ergebnisse:

Wichtige Zwischen- und Endergebnisse (z. B. die Summen in A2.2-3) sind mit möglichst viel Nachkommastellen zu notieren. Falls ein Drucker am Rechner ist, sollten diese Ergebnisse und auch alle Eingaben zur späteren Kontrolle routinemäßig ausgedruckt werden.

Unterprogramme:

Abgeschlossene Programmteile faßt man zu Unterprogrammen zusammen. Dies erhöht die Übersicht und gestattet das Aufbauen neuer Programme mit teilweise schon vorhandenen Unterprogrammen. Beispiel: Berechnung von $\bar{x}$, Sgxx, s^2 aus den Summen Σgu, Σgu^2 und dem Stichprobenumfang n (vgl. A2.2-3).

Universalität/Optimalität:

Ein universelles Programm ist für keinen speziellen Zweck optimal und meist relativ aufwendig. Für Routineanalysen erstellt man sich besser maßgeschneiderte Programme (Beispiele: ungewichteter Fall in A2.2-3, 2×2 Tafel in A2.7).

Flußdiagramme

Die Flußdiagramme lehnen sich eng an den im Text erläuterten Rechengang an und verwenden nur gelegentlich zusätzliche Vereinfachungen. In Anlehnung an Programmsprachen werden Variablen in der Regel durch Großbuchstaben, denen gegebenenfalls weitere Buchstaben oder Zahlen folgen, dargestellt, wie z. B. A, P1, SSO. Hierbei werden die Variablen bei der Ein- und Ausgabe (Input/Output) meist wie im Text bezeichnet. Die Multiplikation wird durch "*" und das Potenzieren durch "↑" gekennzeichnet: so ist z. B. A*B das Produkt von A und B (aber AB ist eine Variable), und A↑B die Potenz A^B. Wir verwenden die üblichen Klammer-Regeln, wobei die Division stärker bindet als die Multiplikation. Weiter werden ohne nähere Erläuterung folgende Bezeichnungen verwendet:

$$\text{ABS}(X) = |X| \quad \text{(Absolutbetrag von X)}$$

$$\text{SIGN}(X) = \begin{cases} +1 & \text{falls } X > 0 \\ -1 & \text{falls } X < 0 \end{cases} \quad \text{(Vorzeichen von X)}$$

MIN(X,Y) = Minimum von X und Y
MAX(X,Y) = Maximum von X und Y
INT(X) = Vorkomma-Anteil von X (mit Vorzeichen)
FRAC(X) = Nachkomma-Anteil von X (mit Vorzeichen)
LN(X) = natürlicher Logarithmus von X
MOD2(X) = Rest von X nach Division durch 2
= 2* FRAC(X/2)

A 2.2 Mittelwert, Varianz und Standardabweichung für Beobachtungen eines Merkmals

<u>Beobachtungswerte</u>: $x_1,\ldots,x_n$ mit Gewichtsfaktoren $g_1,\ldots,g_n$.
Im ungewichteten Fall sind alle $g_i = 1$, vgl. 5.5.7.

<u>Berechnungen</u>: Zur Erhöhung der Rechengenauigkeit und Vermeidung großer Zahlen werden die x-Werte transformiert durch

(1) $\quad u = x - x_0$,

wobei x_0 möglichst dicht am gewogenen Mittelwert $\tilde{x}$ liegen sollte. Bei Routineeingaben kann man etwa den 1. Wert $x_0 := x_1$ wählen (falls die Beobachtungen ungeordnet sind, sonst ist ein mittlerer Wert angebracht) und bei kleinen Werten (z. B. $|x_i| \leq 100$) kann auch $x_0 = 0$ (keine Transformation) gewählt werden. Man berechnet zunächst die gewogenen Summen der u-Werte

(2) $\quad S_0 = \Sigma\, g \quad,\quad S_1 = \Sigma\, gu \quad,\quad S_2 = \Sigma\, gu^2$

(3) $\quad \tilde{x} = x_0 + \Sigma\, gu/(\Sigma\, g) \qquad$ (gewogener Mittelwert)

(4) $\quad Sgxx = \Sigma\, g(x-\tilde{x})^2 = (\Sigma\, gu^2) - (\Sigma\, gu)^2/(\Sigma\, g)$

Die Varianz und Standardabweichung der x-Werte ist:

(5) $\quad s^2 = Sgxx/(n-1) \quad,\qquad s = \sqrt{s^2}$

Der Rechengang ist im Flußdiagramm 1 darstellt. Häufig sind die Beobachtungen ungewichtet, d. h. alle $g_i = 1$, und dann ist $\tilde{x} = \bar{x}$ das arithmetische Mittel und $Sgxx = Sxx$. Für diesen Fall wird ein separates Programm mit entsprechenden Vereinfachungen empfohlen.

Flußdiagramm 1 (A2.2):

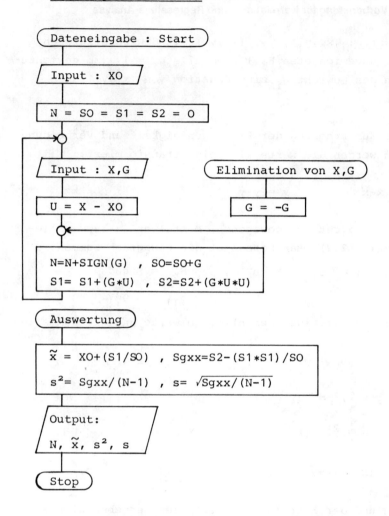

Hinweise: 1) Zur Korrektur kann die Elimination der letzten Eingabe X,G direkt erfolgen. Eine beliebige Eingabe X,G kann nachträglich eliminiert werden, indem man X, - G erneut eingibt. In beiden Fällen wird N auf N-1 reduziert.
2) Die Dateneingabe oder Eliminierung kann nach einer (Zwischen) Auswertung wieder fortgesetzt werden.

A 2.3 Mittelwerte, Varianzen und Korrelation für Beobachtungen zweier Merkmale: Vorbereitung für Korrelations- und Regressions-Analyse

Beobachtungswerte: $(x_1,y_1),\ldots,(x_n,y_n)$ mit Gewichtsfaktoren $g_1,\ldots,g_n$. Im ungewichteten Fall sind alle $g_i = 1$, im gewichteten Fall kann das Gewicht g_i eine Funktion von (x_i,y_i) sein (vgl. 5.5.7).

Berechnungen: Zur Erhöhung der Rechengenauigkeit und Vermeidung großer Zahlen werden die Werte wie folgt transformiert:

(1) $\quad u = x-x_o \quad , \quad v = y-y_o$,

wobei x_o bzw. y_o dicht am (gewogenen) Mittelwert $\tilde{x}$ bzw. $\tilde{y}$ liegen sollen (vgl. A2.2). Man berechnet die gewogenen Summen:

(2) $\quad S_0 = \Sigma g \quad , \quad S_{10} = \Sigma gu \quad , \quad S_{20} = \Sigma gu^2$,

$\quad S_{01} = \Sigma gv \quad , \quad S_{02} = \Sigma gv^2 \quad , \quad S_{11} = \Sigma guv$,

und erhält hieraus die (gewogenen) Mittelwerte und die Summen

(3) $\quad \tilde{x} = x_o + \Sigma gu/(\Sigma g) \quad , \quad \tilde{y} = y_o + \Sigma gv/(\Sigma g)$,

(4) $\quad Sgxx = \Sigma g(x-\tilde{x})^2 = (\Sigma gu^2) - (\Sigma gu)^2/(\Sigma g)$,

(5) $\quad Sgyy = \Sigma g(y-\tilde{y})^2 = (\Sigma gv^2) - (\Sigma gv)^2/(\Sigma g)$

(6) $\quad Sgxy = \Sigma g(x-\tilde{x})(y-\tilde{y}) = (\Sigma gvu) - (\Sigma gu)(\Sigma gv)/(\Sigma g)$.

Die Varianzen und der Korrelationskoeffizient ergeben sich zu

(7) $\quad s_x^2 = Sgxx/(n-1) \quad , \quad s_y^2 = Sgyy/(n-1)$,

(8) $\quad r = Sgxy/\sqrt{Sgxx \cdot Sgyy}$.

Der Rechenablauf ist im Flußdiagramm 2 angegeben. Die Berechnung weiterer Größen und Testwerte aus $\tilde{x}$, $\tilde{y}$, Sgxx, Sgxy, Sgyy für eine Korrelations- oder Regressionsanalyse erfolgt mit den im Kap. 7 angegebenen Formeln.

Flußdiagramm 2 (A2.3):

```
( Dateneingabe : Start )
          │
   / Input : XO, YO /
          │
   N= SO=S10=S20=S01=S02=S11=0
          │
          ○◄─────────────────────────┐
          │                          │
   / Input: X, Y, G /    ( Elimination von X, Y, G )
          │                          │
   U = X-XO , V = Y-YO         G = -G
          │                          │
          ○◄─────────────────────────┘
          │
   N=N+SIGN(G)  ,  SO=SO+G
   S10=S10+(G*U) , S20= S20+(G*U*U)
   S01=S01+(G*V) , S02=S02+(G*V*V)
   S11=S11+(G*U*V)
          │
   ( Auswertung )
          │
   $\tilde{x}$=XO+(S10/SO) , $\tilde{y}$=YO+(S01/SO)
   Sgxx=S20-(S10*S10)/SO , Sgyy= S02-(S01*S01)/SO
   $s_x^2$=Sgxx/(N-1) , $s_y^2$=Sgyy/(N-1)
   Sgxy=S11-(S10*S01)/SO , r=Sgxy/$\sqrt{Sgxx*Sgyy}$
          │
   / Output: N,$\tilde{x}$,$\tilde{y}$,$s_x^2$,$s_y^2$,r /
          │
   ( Stop )
```

<u>Hinweise</u>: Die Hinweise zum Flußdiagramm 1 gelten hier entsprechend.

A 2.4 Einfache Varianzanalyse

Beobachtungswerte: Für jede Gruppe $j=1,\ldots,k$ die Werte y_{ji} für $i=1,\ldots,n_j$.

Berechnungen:
Alle Werte werden transformiert (vgl. A2.2) zu $v_{ji} = y_{ji} - y_o$, wobei y_o nahe am Gesamtmittelwert $\bar{y}_{++}$ liegen soll. Die Transformation beeinflußt die Varianzanalyse nicht. Für jede Gruppe $j=1,\ldots,k$ werden folgende Werte bestimmt

(1) $\quad S_o = n_j \quad,\quad S_1 = v_{j+} = \sum_i v_{ji} \quad,\quad S_2 = v^2_{+j} = \sum_i v_{ji}^2$,

und aufsummiert zu

(2) $\quad n = \sum n_j \quad,\quad SS_1 = \sum v_{j+} \quad,\quad SS_2 = \sum v_{j+}^2$,

$\quad SS_3 = \sum (v_{+j})^2/n_j = \sum n_j (\bar{v}_{j+})^2$.

Hieraus ergeben sich

(3) $\quad SQI = SS_2 - SS_3 \quad,\quad MQI = SQI/(k-1)$,

(4) $\quad SQZ = SS_3 - (SS_1)^2/n, \quad MQZ = SQZ/(n-k)$,

(5) $\quad SQT = SQI + SQZ \quad,\quad MQT = s^2 = SQT/(n-1)$,

und die Tafel der Varianzanalyse (vgl. 7.3.5) kann aufgestellt werden. Zusätzlich kann für jede Gruppe $j = 1,\ldots,k$ der Mittelwert und die Varianz bestimmt werden

(6) $\quad \bar{y}_{+j} = y_o + \bar{v}_{+j} \quad,\quad s^2_j = [v^2_{j+} - (v_{j+})^2/n_j]/(n_j-1)$,

und das Gesamtmittel ist $\bar{y}_{++} = y_o + \bar{v}_{++}$.

Das Flußdiagramm 3 zeigt nur den Ablauf der Dateneingabe und die Berechnung der Summen (1-2) sowie der Gruppenmittel und -varianzen (6), da die SQ- und MQ-Werte (3-5) und der Testwert $t = MQZ/MQI$ unmittelbar daraus folgen. Das Signifikanzniveau $P(F_{k-1,n-k} \geq t)$ kann mit A3.7 berechnet werden.

Flußdiagramm 3 (A2.4):

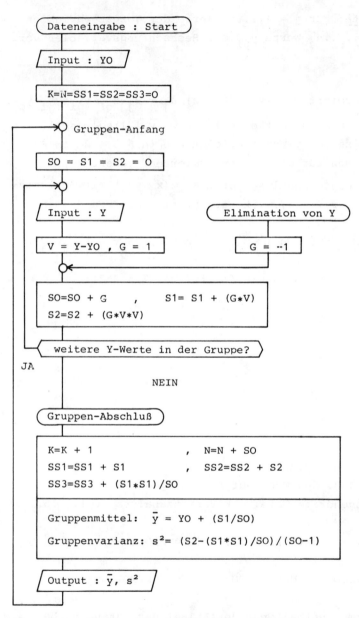

Hinweise: 1) Die Elimination der letzten Eingabe Y kann direkt erfolgen. Eine beliebige Eingabe kann nur vor dem Gruppenabschluß durch erneute Eingabe und zweifache Elimination korrigiert werden. 2) Eine zusätzliche Korrektur des letzten Gruppenabschluß ist sinnvoll und kann entsprechend eingefügt werden.

A 2.5 Regressions-Varianzanalyse

Beobachtungswerte: Für $j = 1,\ldots,k$ Werte der Vorgabevariablen x_j liegen $i = 1,\ldots,n_j$ Werte y_{ji} der Beobachtungsvariablen vor.

Berechnungen

Zunächst transformiert man (vgl. A 2.2) $u_j = x_j - x_o$, $v_{ji} = y_{ji} - y_o$, wobei x_o bzw. y_o nahe am Mittelwert $\bar{x}$ bzw. $\bar{y}_{++}$ liegen soll.
Die Varianzanalyse der y-Werte erfolgt wie in A 2.4 durch Berechnung der Summen für die (transformierten) v-Werte.
Die lineare Regressionsanalyse der Paare $(x_j, \bar{y}_{+j})$ mit Gewichtsfaktor $g_j = n_j$ für $j = 1,\ldots,k$ ergibt sich aus den Summen

(1) $n = \Sigma n_j$, $S_{10} = \Sigma n_j u_j$, $S_{20} = \Sigma n_j u_j^2$, $S_{11} = \Sigma u_j v_{+j}$,

zusammen mit denen aus A2.4 wie folgt (vgl. 7.5.2-3):

(2) $\bar{x} = x_o + \bar{u}$, $\bar{y}_{++} = y_o + \bar{v}_{++}$,

(3) $Sg_{xx} = S_{20} - (S_{10})^2/n$,

(4) $Sg_{x\bar{y}} = S_{11} - (S_{10} \cdot SS_1)/n$,

(5) $Sg_{\bar{y}\bar{y}} = SQZ = SS_3 - (SS_1)^2/n$.

Alle weiteren Rechnungen gehen nur noch von diesen Werten aus. So erhält man z. B. den Test auf Anpassung an das lineare Modell und die zugehörige Tafel der Varianzanalyse (vgl. 7.5.2-3)

(6) $SQD = Sg_{\bar{y}\bar{y}} - (Sg_{x\bar{y}})^2/Sg_{xx}$, $MQD = SQD/(k-2)$,

(7) $SQM = SZQ - SQD$, $MQM = SQM$, $t = MQD/MQI$.

Das Flußdiagramm 4 enthält nur den Ablauf der Dateneingabe mit Berechnung der erforderlichen Summen, aus denen sich alle weiteren Größen direkt ergeben.

Flußdiagramm 4 (A2.5):

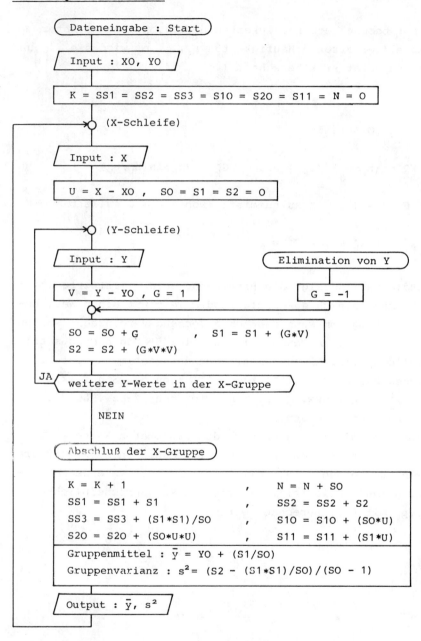

Hinweise: 1) Für jede X-Gruppe wird erst der X-Wert und dann alle zugehörigen Y-Werte eingegeben. 2) Die Hinweise zum Flußdiagramm 3 gelten entsprechend.

A 2.6 Anpassungstest

Zweck: Für beobachtete Häufigkeiten $b_1,\ldots,b_K$ und die unter einem Modell erwarteten Häufigkeiten $e_1,\ldots,e_K$ wird die χ^2- und LQ-Anpassungsstatistik berechnet (vgl. 7.4.2).

Methode:

Die χ^2- und LQ-Anteile

(1) $\quad X_k^2 = (b_k-e_k)^2/e_k \quad , \quad G_k^2 = 2b_k \cdot \ln(b_k/e_k)$

werden für $k = 1,\ldots,K$ aufsummiert (wobei $G_k^2 = 0$ falls $b_k = 0$):

(2) $\quad X^2 = \Sigma\, X_k^2 \quad , \quad G^2 = \Sigma\, G_k^2 \,.$

Das Flußdiagramm 5 zeigt die Berechnung *beider* Testwerte X^2 und G^2, obwohl man je nach durchzuführendem Test nur einen Wert benötigt (das Programm kann dann entsprechend vereinfacht werden). Zur Beurteilung der Anpassung im Detail läßt man sich zusätzlich die Anteile X_k^2 bzw. G_k^2 ausgeben. Nach der Bestimmung des Freiheitsgrades FG aus 7.4.2(10) bzw. (17) kann das Signifikanzniveau $P(\chi_{FG}^2 \geq X^2)$ bzw. $P(\chi_{FG}^2 \geq G^2)$ für den χ^2-bzw. LQ-Test mit A3.3 berechnet werden.

Für spezielle Modelle lassen sich die erwarteten Werte $e_1,\ldots,e_k$ und der Freiheitsgrad durch ein dafür vorgesehenes Unterprogramm ermitteln. So können z. B. beim Anpassungstest an eine Normalverteilung (vgl. Beispiel 7.27) die Klassenwahrscheinlichkeiten $p_1,\ldots,p_k$ mit A3.1 berechnet werden.

Flußdiagramm 5 (A2.6):

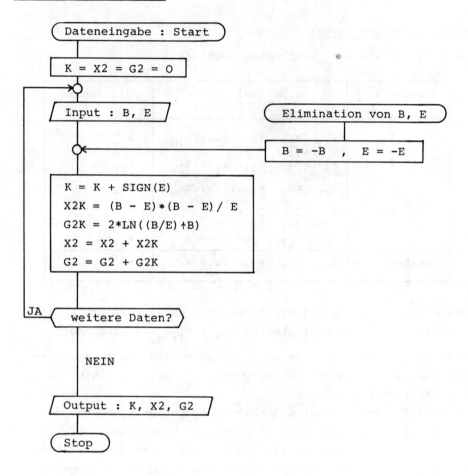

Hinweise: 1) Die Elimination der letzten Eingabe B,E kann direkt erfolgen. Ein beliebiges B,E kann durch Eingabe von -B, -E eliminiert werden. 2) Für B = O ist obige Berechnung von G2K nur dann möglich, wenn der Rechner O↑O = O⁰ fehlerfrei als 1 interpretiert. Ist dies nicht der Fall, so muß das Programm durch eine entsprechende Fallunterscheidung modifiziert werden.

A 2.7 Kontingenztafeln

Zweck und Berechnungen:

Für eine beobachtete (k×m)-Kontingenztafel

Merkmal X	Merkmal Y				Zeilensumme
	1	2	3	.... m	
1	x_{11}	x_{12}	x_{13}	.......x_{1m}	x_{1+}
2	x_{21}	x_{22}	x_{23}	.......x_{2m}	x_{2+}
3	x_{31}	x_{32}	x_{33}	.......x_{3m}	x_{3+}
⋮	⋮	⋮	⋮	⋮	⋮
k	x_{k1}	x_{k2}	x_{k3}	x_{km}	x_{k+}
Spaltensumme	x_{+1}	x_{+2}	x_{+3}	.......x_{+m}	$x_{++} = N$

werden die unter der Nullhypothese (Unabhängigkeit bzw. Homogenität) erwarteten Häufigkeiten $e_{ij} = x_{i+}x_{+j}/N$ berechnet (vgl. 7.6.2). Der Test der Nullhypothese wird als Anpassungstest wie in A2.6 durchgeführt, wobei $b_{ij} = x_{ij}$, $K = k \cdot m$ und $FG = (k-1)(m-1)$ ist.

Das Flußdiagramm 6 zeigt den Ablauf der Dateneingabe und die Berechnung des χ^2-Testwerts X^2 sowie des LQ-Testwerts G^2.

Für häufig auftretende Spezialfälle (z. B. 2×m- oder 2×2-Tafel) empfiehlt es sich, ein entsprechend vereinfachtes Programm zu erstellen (vgl. 7.6.1-2).

Zu Seite 325

Hinweise: 1) Zuerst werden alle Spaltensummen $SS(J) = x_{+j}$ eingegeben und gespeichert. Dann wird die beobachtete Tafel zeilenweise (beginnend mit der Zeilensumme) eingegeben: $SZ = x_{i+}$, $B = x_{i1}, \ldots, x_{im}$. Zur Kontrolle der Eingabe kann zusätzlich die Summe der eingegebenen Zeilenwerte berechnet und mit der Zeilensumme kontrolliert werden (arithmetische Fehlerkontrolle, vgl. 5.1.2). Die Hinweise zum Flußdiagramm 5 gelten entsprechend.

Flußdiagramm 6 (A2.7):

```
           ( Spaltensummen-Eingabe : Start )
                        |
              [ N = 0, J = 1 ]
                        |
            →──────────→○
            |           |
            |  / Input : SS(J)   (J-te Spaltensumme) /
            |           |
            |  [ Speichern von SS(J) , N = N + SS(J) ]
            |           |
            |  < letzte Spalte (J = M) ? >──JA──( Stop )
            |           |                          ¦
            |         NEIN                         ¦
            |           |                          ¦
            |  [ J = J + 1 ]                       ¦
            |_____|                          ¦
                                                   ¦
         ( Zeilenweise Tafeleingabe: Start )←─ ─ ─ ┘
                        |
              [ X2 = G2 = 0,  I = 1 ]
                        |
            →──────────→○
            |           |
            |  / Input : SZ (I-te Zeilensumme) /
            |           |
            |         [ J = 1 ]
            |           |
            |  →───────→○
            |  |        |
            |  |  / Input : B  (J-ter Zeilenwert) /      ( Elimination von B )
            |  |        |                                         |
            |  |  [ E = SZ*SS(J)/N ]                    [ B = -B, E = -E ]
            |  |        |←─────────────────────────────────────────|
            |  |  ┌─────────────────────────────────────────────────────────┐
            |  |  │ X2IJ = (B -E)*(B - E)/E       ,  X2 = X2 + X2IJ         │
            |  |  │ G2IJ = 2*LN((B/E)↑B)          ,  G2 = G2 + G2IJ         │
            |  |  │ J = J + SIGN(E)                                         │
            |  |  └─────────────────────────────────────────────────────────┘
            |  |        |
            |  JA← < weitere Zeilenwerte  (J≤M)? >
            |           |
            |         NEIN
            |           |
            |  [ I = I + 1 ]
            |           |
            JA← < weitere Zeile (I≤K)? >
                        |
                      NEIN
                        |
              / Output : X2, G2 /
                        |
                    ( Stop )
```

A.3 Statistische Verteilungen und ihre Berechnung auf programmierbaren (Taschen)Rechnern

In diesem Abschnitt werden die wichtigsten Verteilungen dieses Buches noch einmal kurz dargestellt, und es werden Algorithmen zur Berechnung von Verteilungsfunktionen und anderen relevanten Funktionen angegeben. Hierbei wird jede Verteilung noch einmal definiert und einige wichtige Eigenschaften werden erwähnt. Eine ausführliche Darstellung statistischer Verteilungen findet man in dem umfangreichen Werk von JOHNSON-KOTZ (1970-72). Die Verteilungsfunktionen können zur Durchführung von statistischen Tests verwendet werden, in dem man das Signifikanzniveau des Testwerts berechnet und mit dem Testniveau vergleicht (man benötigt dann keine Quantile). Die jeweils zugehörigen nichtzentralen Verteilungen dienen der Berechnung der Testschärfe bzw. des Fehlerrisikos 2. Art sowie der Bestimmung des erforderlichen Stichprobenumfangs im Rahmen der Versuchsplanung.

Für die Berechnung von Verteilungsfunktionen und anderen speziellen Funktionen auf programmierbaren Rechnern gelten zunächst die einführenden Bemerkungen aus A2. Bei komplizierten Funktionen wird oft anstelle des exakten Funktionswertes $f(x)$ ein *approximierter* Wert $\tilde{f}(x)$ berechnet. Die Güte dieser Approximation beurteilt man durch den <u>absoluten Fehler</u> $|f(x)-\tilde{f}(x)|$ oder durch den <u>relativen Fehler</u> $|f(x)-\tilde{f}(x)|/|f(x)|$, der den absoluten Fehler auf die Größe von $f(x)$ bezieht. Approximiert man die Werte der Funktion f auf einem ganzen Bereich von Argumenten durch die Werte einer anderen Funktion $\tilde{f}$, so versteht man unter dem <u>globalen absoluten</u> (bzw. <u>relativen</u>) <u>Fehler</u> dieser Approximation das Maximum der absoluten (bzw. relativen) Fehler aller Funktionswerte des Argumentbereichs. Bei nicht ausreichender Rechengenauigkeit kann der tatsächliche Fehler eines approximierten Funktionswerts $f(x)$ im Einzelfall den entsprechenden globalen Fehler übersteigen.

Die Kontrolle von Funktionsprogrammen soll durch verschiedene wiederholte Berechnungen von Funktionswerten erfolgen, bei denen jeder Programmzweig mindestens einmal durchlaufen wird.

Anhang

Eine Verteilungsfunktion F kann man kontrollieren, indem man
α-Quantile x_α aus Tafeln (z. B. A4) entnimmt und prüft, ob
$F(x_\alpha) = 1-\alpha$ gilt.
Als Literatur für Funktionsberechnungen und Approximationen
seien hier ABRAMOWITZ-STEGUN (1966) (speziell das Kapitel von
ZELEN-SEVERO) und HART et al. (1968) genannt. Im übrigen wird
auf die statistischen Algorithmen der Zeitschriften "Applied
Statistics", "Journal of the Association for Computing Machinery" hingewiesen.

A 3.1 Die Normalverteilung

Definition

Die Dichte φ und Verteilungsfunktion Φ der Normal(0,1)-Verteilung sind gegeben durch (vgl. 3.1):

(1) $\qquad \varphi(x) = \dfrac{\exp(-x^2/2)}{\sqrt{2\pi}}$, $\Phi(x) = \int_{-\infty}^{x} \varphi(u)\,du$

Für eine allgemeine Normal(μ, σ^2)-Verteilung ergeben sich Dichte
f und Verteilungsfunktion F hieraus

(2) $\qquad f(x) = \varphi(z)/\sigma$, $F(x) = \Phi(z)$ mit $z = (x-\mu)/\sigma$

Die Dichte φ ist symmetrisch um Null, d. h.

(3) $\qquad \varphi(-x) = \varphi(x)$, $\Phi(x) = 1-\Phi(-x)$.

Berechnung von Φ

Die Verteilungsfunktion Φ wird für $x \leq 0$ wie folgt approximiert.

(4) $\qquad \Phi(x) \approx (a_1 t + a_2 t^2 + a_3 t^3 + a_4 t^4 + a_5 t^5) \cdot \varphi(x)$ mit

(5) $\qquad t = 1/(1+c \cdot x)$

Für $x > 0$ erhält man $\Phi(x)$ aus (3) indem man $\Phi(-x)$ mit (4) bestimmt. Der Rechenablauf ist im Flußdiagramm 7 dargestellt.

Die Wahl der Koeffizienten $a_1,\ldots,a_5,c$ beeinflußt die Genauigkeit der Approximation (4). Bei Verwendung von

$c = 0.33267$, $a_1 = 0.43618\ 36$, $a_2 = -0.12016\ 76$,

$a_3 = 0.93729\ 80$, $a_4 = a_5 = 0$.

ist der absolute Fehler in (4) höchstens 10^{-5}. Falls diese Genauigkeit nicht ausreicht, so erhält man mit

$c = 0.23164\ 19$, $a_1 = 0.31938\ 1530$

$a_2 = -0.35656\ 3782$, $a_3 = 1.78147\ 7937$

$a_4 = -1.82125\ 5978$, $a_5 = 1.33027\ 4429$.

einen absoluten Fehler in (4) von höchstens $7.5 \cdot 10^{-8}$.

<u>Literatur</u>: ZELEN-ZEVERO (1964), 26.2.16-17.

Flußdiagramm 7 (A3.1):

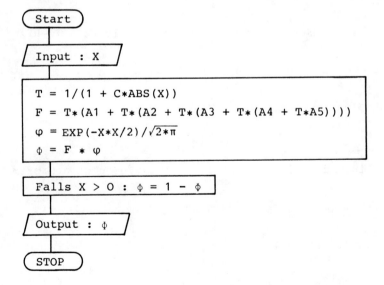

<u>Hinweis</u>: Die Koeffizienten C,A1 - A5 sind entsprechend einzusetzen (vgl. Text).

A 3.2 Quantile und inverse Verteilungsfunktion der Normalverteilung

Zweck: Berechnung der Quantile und der inversen Verteilungsfunktion Φ^{-1} der Normalverteilung.

Methode: Das α-Quantil z_α mit $\Phi(-z_\alpha) = \alpha$ wird im Bereich $0 < \alpha \leq 0.5$ approximiert durch:

(1) $\quad z_\alpha \approx t - \dfrac{a_0 + a_1 t + a_2 t^2 + a_3 t^3 + a_4 t^4}{b_0 + b_1 t + b_2 t^2 + b_3 t^3 + b_4 t^4} \quad$ mit $t = + \sqrt{-2 \cdot \ln \alpha}$

und für $0.5 < \alpha < 1$ auf (1) zurückgeführt mit:

(2) $\quad z_\alpha = -z_{1-\alpha}$.

Der Rechengang ist im Flußdiagramm 8 dargestellt. Die Wahl der Koeffizienten $a_0, \ldots, a_4, b_0, \ldots, b_4$ beeinflußt die Genauigkeit der Approximation. Mit den Koeffizienten

$a_0 = 2.51551\ 7$, $\quad b_0 = 1.00000\ 0$,

$a_1 = 0.80285\ 3$, $\quad b_1 = 1.43278\ 8$,

$a_2 = 0.01032\ 8$, $\quad b_2 = 0.18926\ 9$,

$a_3 = a_4 = 0$, $\quad b_3 = 0.00130\ 8$,

$\quad b_4 = 0$.

ist der absolute Fehler in (1) höchstens 0.00045. Falls diese Genauigkeit nicht ausreicht, so kann man mit

$a_0 = 0.32223\ 24310\ 88$, $\quad b_0 = 0.09934\ 84626\ 060$,

$a_1 = 1.00000\ 00000\ 00$, $\quad b_1 = 0.58858\ 15704\ 95$,

$a_2 = 0.34224\ 20885\ 47$, $\quad b_2 = 0.53110\ 34623\ 66$,

$a_3 = 0.02042\ 31210\ 245$, $\quad b_3 = 0.10353\ 77528\ 50$,

$a_4 = 0.45364\ 2210148 \cdot 10^{-4}$, $\quad b_4 = 0.00385\ 60700\ 634$,

den absoluten Fehler in (1) auf höchstens $1.5 \cdot 10^{-8}$ reduzieren. Die inverse Funktion Φ^{-1} wird auf das Quantil zurückgeführt mit $\Phi^{-1}(p) = -z_p$. Und die inverse Verteilungsfunktion F^{-1} der Normal(μ,σ^2)-Verteilung wird mit $F^{-1}(p) = \mu - \sigma z_p$ berechnet, wobei sich der Fehler für $F^{-1}(p)$ aus dem von z_p durch Multiplikation mit σ ergibt.

Literatur: ZELEN-SEVERO (1964), 26.2.23 und ODEH-EVANS (1974).

Flußdiagramm 8 (A3.2):

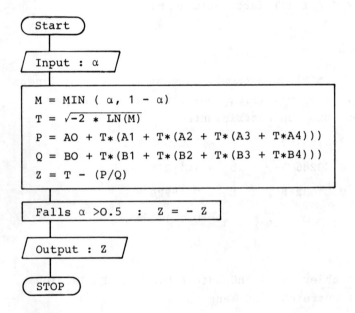

Hinweis: Die Koeffizienten A0 - A4, B0 - B4 sind entsprechend einzusetzen (vgl. Text).

A 3.3 Die (zentrale) Chiquadrat-Verteilung

Definition:
Sind U_1, U_2,...,U_n unabhängige Normal(0,1)-verteilte Zufallsvariablen, so heißt die Verteilung der Quadratsumme

(1) $\quad \chi_n^2 = (U_1^2 + U_2^2 + \ldots + U_n^2)$

die *(zentrale) Chiquadrat-Verteilung* mit n Freiheitsgraden, kurz χ_n^2-Verteilung. Die Dichte f der χ_n^2-Verteilung ist nur für positive Argumente $x > 0$ von Null verschieden und dort gegeben durch

(2) $\quad f(x) = x^{(n/2)-1} \cdot \exp(-x/2) / [2^{n/2} \cdot \Gamma(n/2)]$,

wobei Γ die Gammafunktion ist (vgl. A3.12).

Die Dichte f beschreibt für positive Argumente im Fall $n \leq 2$ eine fallende Kurve und im Fall $n > 2$ eine schiefe Glockenkurve mit einem Maximum bei $x = n-2$ und zwei Wendepunkten im Abstand $\sqrt{2(n-2)}$ zum Maximum, vgl. Abb. A3.1. Die Verteilungsfunktion F der χ_n^2-Verteilung ist dann:

(3) $\quad F(x) = P(\chi_n^2 \leq x) = \int_0^x f(u)\,du$.

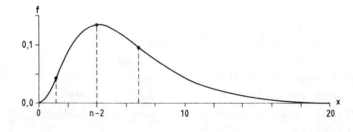

Abb. A3.1
Dichte einer χ^2-Verteilung (n = 6)

Eigenschaften

1. Der Erwartungswert und die Varianz sind $E(\chi_n^2) = n$ und $\text{Var}(\chi_n^2) = 2n$.

2. Für $n \to \infty$ strebt die standardisierte Verteilung $(\chi_n^2-n)/\sqrt{2n}$ gegen die Normal(0,1)-Verteilung.

3. Die Summe von unabhängigen χ^2-Verteilungen ist wieder eine χ^2-Verteilung mit der Summe der Freiheitsgrade als Freiheitsgrad.

4. Im Spezialfall n = 1 ergibt sich für die Verteilungsfunktion und Quantile folgender Zusammenhang zur N(0,1)-Verteilung (vgl. A3.1-2):

(4) $\quad F(x) = 1 - 2 \cdot \Phi(-\sqrt{x}) \quad , \quad \chi^2_{1;\alpha} = (z_{\alpha/2})^2.$

Auftreten

Wie aus der Definition ersichtlich, tritt die χ^2-Verteilung in der Statistik im Zusammenhang mit normalverteilten Zufallsvariaben und als asymptotische Verteilung (z. B. bei Anpassungstests) auf.

Berechnung der Verteilungsfunktion

Die Verteilungsfunktion F wird wie folgt berechnet:

(5) $\quad F(x) = 1 + S_0 \qquad\qquad$ falls n *gerade*

(6) $\quad F(x) = 1 - 2 \cdot \Phi(-\sqrt{x}) + S_1 \qquad$ falls n *ungerade*.

Hierbei ergibt sich $S_0 = c_0 + c_2 + \ldots + c_{n-2}$ bzw. $S_1 = c_1 + c_3 + \ldots + c_{n-2}$ aus der Folge

(7) $\quad c_0 = -e^{-x/2} , \; c_1 = c_0\sqrt{2x/\pi} , \; c_k = c_{k-2} \cdot x/k$

durch Summation über alle Folgenglieder $c_0, c_1, \ldots, c_{n-2}$ mit geradem bzw. ungeradem Index (für n = 1 ist $S_1 = 0$). Der Rechengang ist in Flußdiagramm 9 dargestellt. Die Hilfsfunktion Φ wird nach A3.1 berechnet.

Man beachte, speziell bei größerem Freiheitsgrad n, auch die Approximation für F in A3.11.

Literatur: ZELEN-SEVERO (1964), 26.4.4-5.

Flußdiagramm 9 (A3.3):

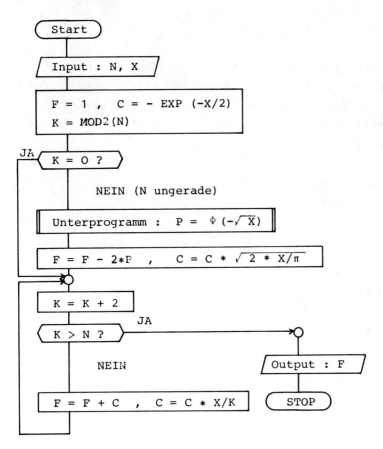

Hinweise: 1) MOD2(N) ist 0 falls N gerade und 1 falls N ungerade ist.
2) Zum Unterprogramm für die Berechnung von Φ vgl. Flußdiagramm 7.

A 3.4 Die nichtzentrale Chiquadrat-Verteilung

Definition

Sind die in der Definition A3.3(1) auftretenden Zufallsvariablen $U_1,\ldots,U_n$ nicht mehr $N(0,1)$-verteilt, sondern ist allgemeiner U_i Normal$(\mu_i,1)$-verteilt, so hängt die Verteilung von χ_n^2 nicht mehr von den einzelnen Erwartungswerten $\mu_1,\ldots,\mu_n$

sondern nur noch von deren Quadratsumme

(1) $\quad \delta = \mu_1^2 + \mu_2^2 + \ldots + \mu_n^2 \geq 0$

ab, und man verwendet daher die Schreibweise $\chi_n^2(\delta)$ statt χ_n^2. Die Verteilung von $\chi_n^2(\delta)$ heißt die *nichtzentrale Chiquadrat-Verteilung* mit n Freiheitsgraden und der *Nichtzentralität* δ, kurz $\chi_n^2(\delta)$-Verteilung Für $\delta = 0$ liegt die zentrale χ_n^2-Verteilung vor.

Berechnung der Verteilungsfunktion

Die Verteilungsfunktion $F(x) = P(\chi_n^2(\delta) \leq x)$ läßt sich für $x > 0$ durch folgende unendliche Reihe berechnen:

(1) $\quad F(x) = c \cdot \sum_{k=0}^{\infty} a_k \cdot b_k \quad$, wobei

(2) $\quad c = e^{-(x+\delta)/2} \cdot (\frac{x}{2})^{n/2} / \Gamma(\frac{n+2}{2})$.

Die Summanden ergeben sich rekursiv aus:

(3) $\quad a_0 = 1 \quad, \quad a_k = a_{k-1} \cdot x/(n+2k)$,

(4) $\quad b_0 = 1 \quad, \quad b_k = b_{k-1} + r_k \qquad$, mit

(5) $\quad r_0 = 1 \quad, \quad r_k = r_{k-1} \cdot \delta/(2k)$.

Die Konstante c sollte (speziell für größeres n) logarithmisch bestimmt werden (vgl. A3.12). Für die praktische Berechnung wird die *unendliche* Reihe $\Sigma\, a_k b_K$ solange entwickelt, bis sich zwei aufeinander folgende Summen im Rahmen einer vorgegebenen Rechengenauigkeit (etwa der des verwendeten Computers) nicht mehr unterscheiden. Diese *endliche* Summe wird als Approximation der unendlichen Reihe verwendet. Der Rechenablauf ist im Flußdiagramm 10 dargestellt. Für $\delta = 0$ ist die in A3.3 angegebene Berechnung von F vorzuziehen.

Eigenschaften

1. Die Wahrscheinlichkeit $F(x)$ fällt bei wachsendem n oder δ.

2. Im Spezialfall n = 1 besteht folgender Zusammenhang zur N(0,1)-Verteilung (vgl. A3.1):

(6) $F(x) = \Phi(\sqrt{x}-\sqrt{\delta}) - \Phi(-\sqrt{x}-\sqrt{\delta}) \approx \Phi(\sqrt{x}-\sqrt{\delta})$

<u>Literatur</u>: HAYNAM et. al (1970).

<u>Flußdiagramm 10 (A3.4)</u>:

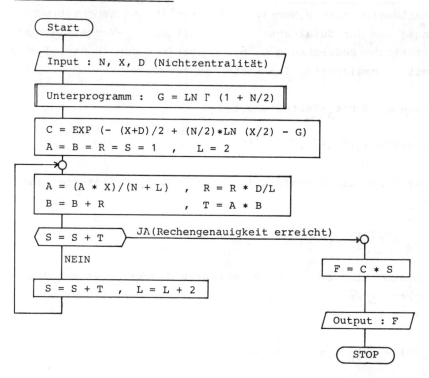

<u>Hinweise</u>: 1) Zum Unterprogramm für die Berechnung der Funktion LN Γ vgl. Flußdiagramm 18. 2) Die Abfrage, ob S = S + T im Rahmen der Rechengenauigkeit gilt, kann auch ersetzt werden durch eine Abfrage, ob die absolute und relative Änderung | T | und | T /S | eine vorgegebene geringere Genauigkeit (z.B. 10^{-6}) unterschreiten.

A 3.5 Die (zentrale) T-Verteilung

<u>Definition</u>

Die Verteilung eines Quotienten von Zufallsvariablen der Form

(1) $t_n = U \cdot \sqrt{n/\chi_n^2}$

heißt die *(zentrale) t-Verteilung* mit n Freiheitsgraden (kurz: t_n-Verteilung), falls U Normal(0,1)-verteilt und stochastisch unabhängig von der Zufallsvariaben χ_n^2 mit der χ_n^2-Verteilung ist. Die historische Bezeichnung t_n hat nichts mit den in Kap. 7 ebenfalls mit t bezeichneten Testwerten zu tun.

Die Dichte φ_n der t_n-Verteilung ist

(3) $\varphi_n(x) = a_n(1+x^2/n)^{-(n+1)/2}$,

mit einer durch die Gammafunktion (vgl. A3.12) definierten Konstanten

(4) $a_n = \Gamma(\frac{n+1}{2}) / [\Gamma(\frac{n}{2}) \cdot \sqrt{\pi n}]$.

φ_n beschreibt eine um x = 0 symmetrische Glockenkurve mit den Wendepunkten $\pm \sqrt{n/(n+2)}$, vgl. Abb. A3.2. Die Verteilungsfunktion Φ_n der t_n-Verteilung ist gegeben durch:

(5) $\Phi_n(x) = P(t_n \leq x) = \int_{-\infty}^{x} \varphi_n(u) du$,

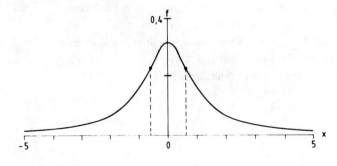

Abb. A3.2
Dichte einer t-Verteilung
(n = 1)

und beschreibt eine sigmoide Kurve mit:

(6) $\Phi_n(-x) = 1-\Phi_n(x)$.

2. Eigenschaften

1. Für $n > 1$ ist der Erwartungswert $E(t_n) = 0$ und für $n > 2$ ist die Varianz $Var(t_n) = n/(n-2) > 1$.

2. Für $n \to \infty$ streben Dichte bzw. Verteilungsfunktion von t_n gegen die der Normal(0,1)-Verteilung.

3. Auftreten

Wie aus der Definition ersichtlich tritt die t-Verteilung im Zusammenhang mit normalverteilten Zufallsvariablen auf, z. B. beim t-Test (vgl. 7.3.1-2) und bei Konfidenzintervallen (vgl. 6.3.2).

4. Berechnung von Φ_n

Zur Berechnung der Verteilungsfunktion verwenden wir die Darstellung von OWEN (1965):

(1) $\Phi_n(x) = \frac{1}{2} + S_0$, für *gerades* n ,

(2) $\Phi_n(x) = \frac{1}{2} + \frac{1}{\pi} \cdot \tan^{-1}(a) + S_1$, für *ungerades* n .

Hierbei ist $a = x/\sqrt{n}$, $b = 1 + a^2$, und

(3) $S_0 = c_0 + c_2 +...+ c_{n-2}$ bzw. $S_1 = c_1 + c_3 +...+ c_{n-2}$

ergeben rekursiv sich aus der Folge

(4) $c_0 = a/2\sqrt{b}$, $c_1 = a/(b\pi)$, $c_k = c_{k-2}(1-\frac{1}{k})/b$

durch Summation über alle Folgenglieder $c_0,...,c_{n-2}$ mit geradem bzw. ungeradem Index (für n=1 ist S_1=0). Der Rechengang ist im Flußdiagramm 11 dargestellt. In (2) ist $\tan^{-1}(a)$=arctan(a) im Bogenmaß (RAD) zu berechnen.

Man beachte, speziell bei größerem Freiheitsgrad n, auch die Approximation für Φ_n in A3.11.

Flußdiagramm 11 (A3.5):

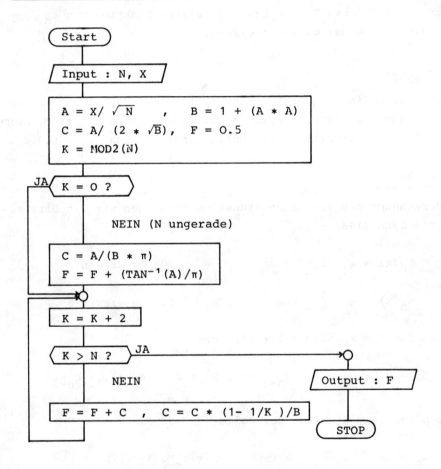

Hinweise: 1) Zu MOD2(N) vgl. den Hinweis zu Flußdiagramm 9.
2) TAN^{-1} ist im Bogenmaß (RAD) zu berechnen. 3) F ist der Funktionswert $\Phi_N(X)$.

A 3.6 Die nichtzentrale T-Verteilung

Definition

Ist die Zufallsvariable U in A3.5(1) nicht $N(0,1)$-verteilt, sondern allgemeiner $N(\delta,1)$-verteilt für beliebiges δ, so schreibt man $t_n(\delta)$ statt t_n, und die Verteilung von $t_n(\delta)$ heißt die _nichtzentrale t_n-Verteilung_ mit n Freiheitsgraden und der _Nichtzentralität_ δ, kurz $t_n(\delta)$-Verteilung. Für $\delta = 0$ liegt die zentrale t_n-Verteilung vor.

Bei festem δ und $n \to \infty$ strebt die $t_n(\delta)$-Verteilung gegen die Normal$(\delta,1)$-Verteilung.

Berechnung der Verteilungsfunktion bei _geradem_ Freiheitsgrad n

Für _gerades_ n läßt sich die Verteilungsfunktion F von $t_n(\delta)$ nach OWEN (1965) wie folgt darstellen

(2) $\quad F(x) = P(t_n(\delta) \leq x) = \Phi(-\delta) + (c_0 + c_2 + \ldots + c_{n-2})$, (n gerade).

Hierbei ist Φ die $N(0,1)$-Verteilungsfunktion (vgl. A3.1) und die Folge $c_0, c_2, \ldots$ ergibt sich aus:

(3) $\quad c_0 = a\sqrt{b} \cdot \Phi(\delta a\sqrt{b}) \cdot \exp(-\delta^2 b/2)$

(4) $\quad c_1 = ab \cdot [\delta c_0 + \exp(-\delta^2/2)/\sqrt{2\pi}]$

(5) $\quad c_k = b \cdot (1 - \frac{1}{k}) \cdot (ag_k \delta c_{k-1} + c_{k-2})$, für $k \geq 2$.

Ferner ist $a = x/\sqrt{n}$, $b = 1/(1+a^2)$ und die Hilfsfolge $g_2, g_3, \ldots$ erhält man aus:

(6) $\quad g_2 = 1 \quad , \quad g_k = 1/[g_{k-1}(k-2)]$

Der Rechengang ist im Flußdiagramm 12 dargestellt. Für $\delta = 0$ entspricht die Berechnung (2) der von Φ_n in A3.6.

Eine _Approximation_ der Verteilungsfunktion F für _ungerades_ n erhält man durch Interpolation zwischen den _geraden_ Freiheitsgraden n-1 und n+1.

Flußdiagramm 12 (A3.6):

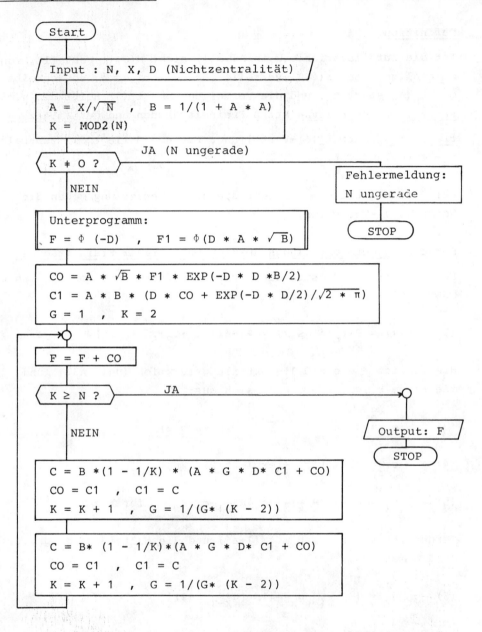

Hinweise: 1) Zu MOD2(N) und Φ vgl. die Hinweise zu Flußdiagramm 9. 2) Die beiden identischen Programmteile am Ende können als ein Unterprogramm definiert werden, welches dann 2 Mal aufgerufen wird.

A 3.7 Die (zentrale) F-Verteilung

Definition

Die Verteilung eines Quotienten von Zufallsvariablen der Form

(1) $F_{m,n} = (n \cdot \chi_m^2)/(m \cdot \chi_n^2)$

heißt eine (zentrale) F-Verteilung mit Zählerfreiheitsgrad m und Nennerfreiheitsgrad n, kurz $F_{m,n}$-Verteilung, falls χ_m^2 und χ_n^2 stochastisch unabhängig sind und χ^2-verteilt sind mit dem entsprechenden Freiheitsgrad. Die Dichte f ist nur für positive Argumente a > 0 von Null verschieden und dort gegeben durch:

(2) $f(a) = d \cdot a^{p-1}/(ma+n)^{p+q}$,   wobei

(3) $p = \frac{m}{2}$, $q = \frac{n}{2}$, $d = m^p n^q \Gamma(p+q)/[\Gamma(p)\Gamma(q)]$,

und die Gammafunktion Γ in A3.12 definiert ist. Die Dichte f beschreibt für positive Argumente im Fall $m \leq 2$ eine monoton fallende Kurve und im Fall $m > 2$ eine schiefe Glockenkurve mit einem Maximum bei $a = n(m-2)/m(n+2) < 1$, vgl. Abb. A3.3.

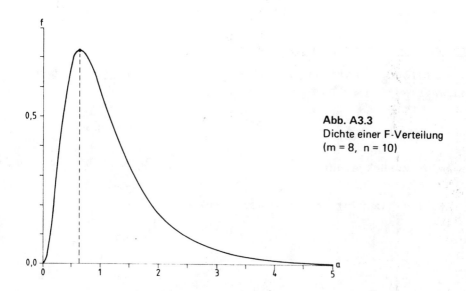

Abb. A3.3
Dichte einer F-Verteilung
(m = 8, n = 10)

Die Verteilungsfunktion F ergibt sich für a ≥ 0 zu:

(4) $\quad F(a) = P(F_{m,n} \leq a) = \int_0^a f(u)\,du$

Eigenschaften

1. Bei Vertauschen der Freiheitsgrade gilt für die Verteilungsfunktion und Quantile:

(5) $\quad P(F_{n,m} \leq a) = 1 - P(F_{m,n} \leq 1/a)$,

(6) $\quad F_{n,m;\alpha} = 1/F_{m,n;\beta} \qquad$ mit $\beta = 1-\alpha$.

2. Für n > 2 ist der Erwartungswert: $E(F_{m,n}) = n/(n-2) < 1$.

3. Im Spezialfall m = 1 ist $F_{1;n} = t_n^2$ das Quadrat einer t_n-verteilten Zufallsvariablen (vgl. A3.5) und es gilt:

(7) $\quad P(F_{1,n} \leq a) = 1 - 2\Phi_n(-\sqrt{a})$, $\quad F_{1,n;\alpha} = t_{n;\alpha/2}^2$.

4. Für n → ∞ strebt $F_{m,n}$ gegen χ_m^2/m.

Auftreten

Die F-Verteilung tritt im Zusammenhang mit normalverteilten Zufallsvariablen z. B. bei Varianzanalysen auf (vgl. 7.3.4-5).

Berechnung der Verteilungsfunktion

Die Verteilungsfunktion wird auf die sogenannte *unvollständige Betafunktion*

(7) $\quad I(x,p,q) = \dfrac{\Gamma(p+q)}{\Gamma(p)\,\Gamma(q)} \int_0^x u^{p-1}(1-u)^{q-1}\,du, \quad$ für $0 \leq x \leq 1$,

wie folgt zurückgeführt:

(8) $\quad F(a) = I(x,p,q) \quad$ mit $x = ma/(ma+n)$.

Die unvollständige Betafunktion wird im Fall $0 \le x \le p/(p+q)$ durch folgende Reihe berechnet:

(9) $\quad I(x,p,q) = \dfrac{D}{py} \sum\limits_{k=0}^{\infty} c_k \quad$, wobei $y = 1-x$,

(10) $\quad D = a \cdot f(a) = x^p y^q \cdot \Gamma(p+q) / [\Gamma(p)\Gamma(q)]$,

und sich die Koeffizienten c_k der Reihe rekursiv ergeben aus:

(11) $\quad c_0 = 1, \quad c_k = c_{k-1} \, e_k b_k / (p+k)$,

(12) $\quad e_k = \begin{cases} x/y & \text{für } k < r \\ x & \text{für } k \ge r \end{cases}, \quad b_k = \begin{cases} q-k & \text{für } k \le r \\ p+q-1+(k-r) & \text{für } k \ge r+1 \end{cases}$

mit $r = \text{INT}(1+q+(1-x) \cdot (p+q))$.

Für die praktische Berechnung wird die *unendliche* Reihe Σc_k solange entwickelt, bis sich zwei aufeinanderfolgende Summen im Rahmen einer vorgegebenen Rechengenauigkeit (etwa der des verwendeten Computers) nicht mehr unterscheiden. Diese *endliche* Summe wird als Approximation der unendlichen Reihe verwendet. Man beachte, daß bei ganzzahligem q (d. h. geradem n) die Koeffizienten c_k für $k \ge q$ Null sind (weil $b_q = 0$ ist).

Im Fall $p/(p+q) < x \le 1$ verwendet man die Beziehung

(13) $\quad I(x,p,q) = 1 - I(y,q,p)$

und kann $I(y,q,p)$ wegen $0 \le y < q/(p+q)$ nach (9) berechnen. Der Rechengang ist in Flußdiagramm 13 dargestellt.

Man beachte speziell für höhere Freiheitsgrade auch die in A3.11 angegebenen Approximation für die Verteilungsfunktion F.

<u>Literatur</u>: ZELEN-SEVERO (1968), 26.5.4-5 und
MAJUMDER-BHATTACHARJEE (1973).

Flußdiagramm 13 (A3.7):

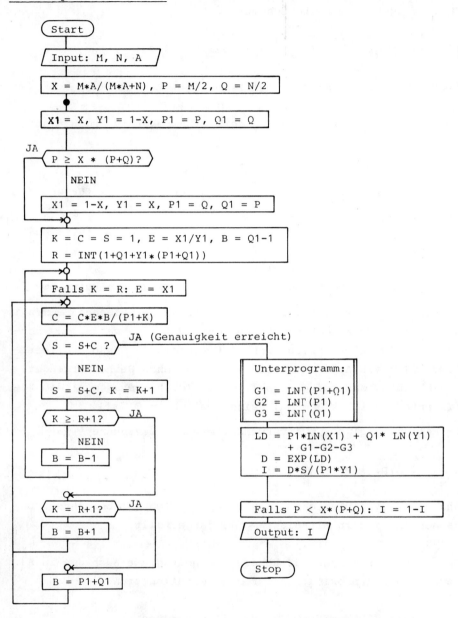

Hinweise: 1) Für LNΓ und die Abfrage S = S+C gelten die Hinweise zum Flußdiagramm 10 entsprechend. 2) Der Programmteil ab der Markierung ● dient der Berechnung der unvollständigen Betafunktion I = I(X,P,Q) und kann auch auch als selbständiges Programm hierfür verwendet werden.

A 3.8 Die nichtzentrale F-Verteilung

Definition:

Eine *(einfache) nicht-zentrale F-Verteilung* mit Zähler- bzw. Nennerfreiheitsgrad m bzw. n und der *Nichtzentralität* δ , kurz $F_{m,n}(\delta)$-Verteilung, erhält man, wenn beim Quotienten A3.7(1) die Zählervariable χ_m^2 eine *nichtzentrale* $\chi_m^2(\delta)$-Verteilung hat. Für $\delta = 0$ liegt wieder die zentrale F-Verteilung vor. Falls auch die Nennervariable χ_n^2 eine nichtzentrale χ_n^2-Verteilung hat, so liegt eine *doppelt* nicht-zentrale F-Verteilung vor, auf die hier nicht eingegangen wird.

Berechnung der Verteilungsfunktion bei *geradem* Nennerfreiheitsgrad

Die Verteilungsfunktion $F(a) = P(F_{m,n}(\delta) \leq a)$ läßt sich für $a \geq 0$ und *gerades* n nach SEBER durch folgende Summe darstellen:

(1) $\quad F(a) = c \cdot (b_1 + b_2 + \ldots + b_q)$, wobei

(2) $\quad q = \dfrac{n}{2}$, $x = \dfrac{ma}{ma+n}$, $c = x^{m/2} e^{\delta(x-1)/2}$,

und die Folge $b_0, b_1, \ldots, b_q$ rekursiv gegeben ist durch:

(3) $\quad b_0 = 0$, $b_1 = 1$,

(4) $\quad b_k = \dfrac{(1-x)}{k-1} [(2k-4 + \dfrac{m+\delta x}{2}) b_{k-1} + (k-3 + \dfrac{m}{2})(x-1) b_{k-2}]$.

Der Rechengang ist in Flußdiagramm 14 dargestellt.

Die Wahrscheinlichkeit F(a) fällt bei wachsender Nichtzentralität δ.

Literatur: JOHNSON-KOTZ (1970-72), 30.3.(10), und TIKU (1967).

Flußdiagramm 14 (A3.8):

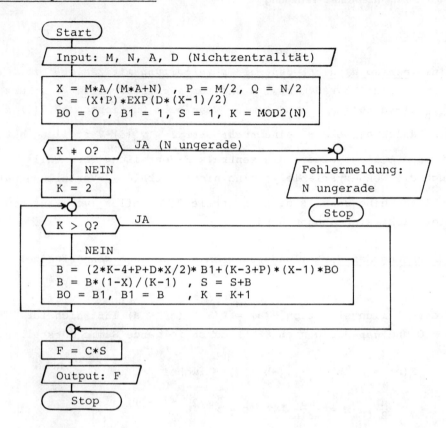

Hinweis: Zu MOD2(N) vgl. den entsprechenden Hinweise für Flußdiagramm 9. Verzichtet man auf die Fehlermeldung bei ungeradem n, so kann das Programm gekürzt werden.

A 3.9 Die Binomialverteilung

Zweck: Für eine Binomial(n,p)-verteilte Zufallsvariable X sollen die Wahrscheinlichkeiten $P(X \leq k) = B(k;n,p)$ und $P(X \geq k) = B^*(k;n,p)$ für $k = 0,1,\ldots,n$ berechnet (vgl. 3.1.2). Aus den Elementarwahrscheinlichkeiten

(1) $\quad P(X=k) = b(k;n,p) = \binom{n}{k} p^k q^{n-k} \quad , \quad$ mit $q = 1-p$,

erhält man folgende Darstellungen:

(2) $\quad B(k;n,p) = \sum_{l=0}^{k} b(l;n,p), \quad B^*(k;n,p) = \sum_{l=k}^{n} b(l;n,p)$.

$B^*(k;n,p)$ läßt sich auf $B(k;n,p)$ zurückführen mit

(3) $\quad B^*(k;n,p) = B(n-k;n,q)$.

Für die Berechnung von $B(k;n,p)$ werden 2 Methoden erläutert.

Methode 1:

Man bestimmt schrittweise für $l=0,\ldots,k$ die Werte $b_l = b(l;n,p)$ unter Verwendung von

(4) $\quad b_0 = q^n, \quad b_l = b_{l-1} \cdot (n-l+1)p/(lq)$,

und summiert sie auf. Der Rechengang ist in Flußdiagramm 15 dargestellt. Falls $k > n/2$ bzw. $k > n-k$ ist, kann man die Beziehung (7) verwenden, um weniger Summanden berechnen zu müssen.

Methode 2:

In der Darstellung (2) wird die Summe im Fall $k \leq (n+1)p$ in umgekehrten Reihenfolge berechnet

(5) $\quad B(k;n,p) = b_k(c_0+c_1+\ldots+c_k) \quad \text{mit } c_l = b_{k-l}/b_k$,

wobei sich die Summanden rekursiv ergeben:

(6) $\quad c_0 = 1, \quad c_l = c_{l-1} \dfrac{(k+1-l)q}{(n-k+l)p}$.

Für die Bestimmung von $b_k = b(k;n,p)$ beachte man A3.12. Die Summe Σc_l braucht speziell bei großem k nicht unbedingt vollständig berechnet zu werden, weil die Summanden schnell sehr klein werden und auf die Summe dann im Rahmen der Rechengenauigkeit keinen Einfluß mehr haben. Man kann die Berechnung daher abbrechen, wenn sich zwei aufeinanderfolgende Summen im Rahmen der Genauigkeit des Rechners nicht mehr unterscheiden.

Der Fall k > (n+1)p wird unter Verwendung von

(7) $B(k;n,p) = 1 - B(n-1-k;n,q)$

auf den obigen Fall zurückgeführt. Der Rechengang ist in Flußdiagramm 16 dargestellt.

Die Berechnungsmethode (5) entspricht der aus A3.7, wenn man
die Binomialwahrscheinlichkeit durch eine F-Wahrscheinlich-
keit bzw. die unvollständige Betafunktion darstellt:

(8) $B(k;n,p) = 1 - P(F_{2(k+1),2(n-k)} \le a) = I(q,n-k,k+1)$,

mit $a = p(n-k)/(1-p)(k+1)$.

Hinweise:

Die Methode 1 soll nur bei kleinen Werten von k verwendet
werden. (4) ist bei nicht zu großem n besonders vorteilhaft
zur Berechnung der gesamten Verteilung. Dagegen ist Methode 2
stets anwendbar. Man beachte auch die Approximation in A3.11,
speziell für größeres np, nq und mittleres k.

Flußdiagramm 15 (A3.9, Methode 1)

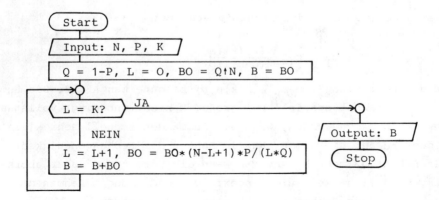

Flußdiagramm 16 (A3.9, Methode 2):

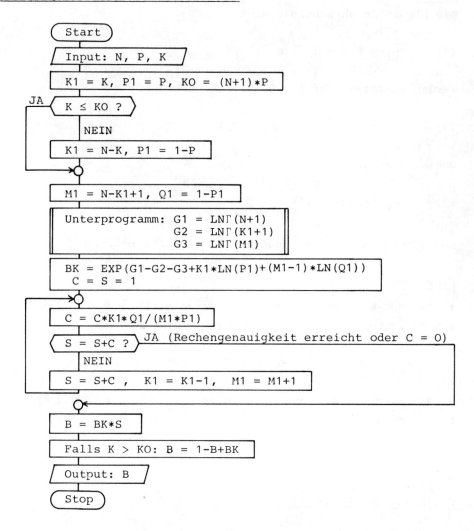

Hinweise: vgl. Flußdiagramm 13.

A 3.10 Die Poissonverteilung

Zweck: Für eine POISSON-verteilte Zufallsvariable X mit Erwartungswert λ sollen die Wahrscheinlichkeiten $P(X \leq k)$ für $k=0,1,\ldots$ berechnet werden (vgl. 3.1.3).

Methode:

Die Elementarwahrscheinlichkeiten

(1) $\quad p_l = P(X = l) = e^{-\lambda} \cdot \lambda^l / (l!)$

werden sukzessiv für $l = 0, 1, \ldots, k$ berechnet

(2) $\quad p_o = e^{-\lambda}, \quad p_l = p_{l-1} \cdot \lambda / l$

und aufsummiert:

(3) $\quad P_k = P(X \leq k) = \sum_{l=o}^{k} p_l$.

Der Rechengang ist in Flußdiagramm 17 dargestellt.

Hinweise:

1. POISSON-Wahrscheinlichkeiten lassen sich auch als χ^2-Wahrscheinlichkeiten darstellen und mit A3.3 berechnen.

(4) $\quad P_k = P(X \leq k) = 1 - P(\chi_n^2 \leq 2\lambda) \quad$ mit $\quad n = 2k+2$.

2. Man beachte, speziell für größeres λ und k, auch die Approximation in A3.11.

Flußdiagramm 17 (A3.10):

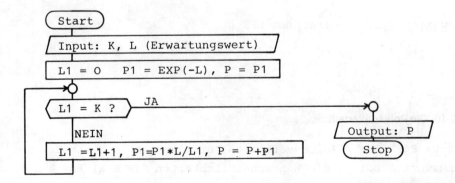

A 3.11 Approximation der T-, χ^2-, F-, Binomial- und Poisson Verteilung durch die Normalverteilung

<u>Zweck</u>: Die Verteilungsfunktionen der oben genannten Verteilungen sollen durch die Normal(0,1)-Verteilungsfunktion Φ approximiert werden. Aus den zahlreichen Approximationen haben wir die von PEIZER-PRATT ausgewählt, weil sie besonders genau sind, alle Verteilungen nach demselben Verfahren approximieren und ihre Fehlerabschätzungen bekannt sind.

<u>Methode</u>:
Ist X eine Zufallsvariable mit einer der obigen Verteilungen, so wird die Verteilungsfunktion F von X approximiert durch:

(1) $F(x) = P(X \leq x) \approx \Phi(d\sqrt{c})$

wobei c und d von x und den Parametern der Verteilung abhängen. Zur Berechnung von Φ vgl. A3.1. Für die t-, F- und Binomial-Verteilung sind c, d von der Form

(2) $c = \dfrac{1+Q \cdot G(S/NP)+P \cdot G(T/NQ)}{(N+1/6)PQ}$,

(3) $d = S + \dfrac{1}{6} - (N + \dfrac{1}{3}) P + 0.02 \left[\dfrac{Q}{S+0.5} - \dfrac{P}{T+0.5} + \dfrac{Q-0.5}{N+1} \right]$.

Hierbei ist G die Hilfsfunktion

(4) $G(x) = (1-x^2+2x \cdot \ln x)/(1-x)^2$,   für $x > 0$, $x \neq 1$,

(5) $G(0) = 1$, $G(1) = 0$,

und die Hilfsgrößen S, T, N, P, Q sind in der folgenden Tabelle angegeben.

	Verteilung		
	t_n	$F_{m,n}$	$B(n,p)$
S =	$(n-1)/2$	$(n-1)/2$	$x + 0.5$
T =	$(n-1)/2$	$(m-1)/2$	$n-x-0.5$
N =	$n-1$	$(m+n)/2-1$	n
P =	$\frac{1}{2}\left[1 - \frac{x}{\sqrt{n+x^2}}\right]$	$\frac{n}{mx+n}$	p
Q =	$\frac{1}{2}\left[1 + \frac{x}{\sqrt{n+x^2}}\right]$	$\frac{mx}{mx+n}$	q
	Es ist stets: S + T = N, P + Q = 1		

Für die t_n-Verteilung ergibt sich folgende Vereinfachung:

(6) $\quad d = \pm\left(n - \frac{2}{3} + \frac{1}{10n}\right)$, mit "+" bei $x \geq 0$ und "-" sonst,

(7) $\quad c = \dfrac{\ln(1+x^2/n)}{n-5/6}$.

Für die χ^2- und POISSON-Verteilung ist c von der Form

(8) $\quad c = [1 + G(S/M)]/M$,

wobei sich S, M, d aus folgender Tabelle ergeben.

	χ_n^2-Verteilung	POISSON(λ)-Verteilung
S =	$(n-1)/2$	$x + 1/2$
M =	$x/2$	λ
d =	$\dfrac{x}{2} - \dfrac{n}{2} + \dfrac{1}{3} - \dfrac{1}{25n}$	$x + \dfrac{2}{3} - \lambda + \dfrac{0.02}{x+1}$

Auf ein Flußdiagramm wird hier verzichtet, weil es sich jeweils um direkte Berechnungen handelt.

Für ein globale Fehleraussage der Approximation (1) betrachten
wir die Minima MIN1, MIN2 aus folgender Zusammenstellung.

	t, F, Binomial	χ^2, POISSON
MIN1 =	Min {S, T}	S
MIN2 =	Min { $\frac{SQ}{TP}$, $\frac{TP}{SQ}$ }	Min { $\frac{S}{M}$, $\frac{M}{S}$ }

Für den *absoluten* Fehler in (1) gilt dann:

$$(9) \quad |F(x)-\Phi(d\sqrt{c})| < \begin{cases} 0.001 & \text{falls MIN1} \geq 1.5 \\ 0.01 & \text{falls MIN1} \geq 0.5 \end{cases} ,$$

und für den *relativen* Fehler gilt:

$$(10) \quad \frac{|F(x)-\Phi(d\sqrt{c})|}{F(x)} < \begin{cases} 0.01 & \text{falls MIN1} \geq 2.5 \text{ und MIN2} \geq 0.2 \\ 0.02 & \text{falls MIN1} \geq 1.25 \text{ und MIN2} \geq 0.125 \\ 0.03 & \text{falls MIN1} \geq 1 \text{ und MIN2} \geq 0.1 \end{cases} .$$

Detaillierte Fehlerkurven findet man in PEIZER-PRATT (1968). Bei den Anwendungen muß mindestens MIN1 $\geq$ 0.5 gelten, um überhaupt eine Fehlerabschätzung nach (9), (10) durchführen zu können.

A 3.12 Fakultäten, Binomialkoeffizienten und Gammafunktion

<u>Zweck</u>: Berechnung der Fakultäten, Binomialkoeffizienten und der Gammafunktion.

<u>Methode</u>: Die *Fakultäten*

(1) $n! = 1 \cdot 2 \cdot 3 \cdot \ldots \cdot n$ (lies: n Fakultät)

lassen sich wie folgt rekursiv berechnen:

(2) $0! = 1$, $n! = n \cdot (n-1)!$ für $n \geq 1$.

Für $0 \leq k \leq n$ können die *Binomialkoeffizienten* (vgl. z.B. 3.1.2)

(3) $\quad \binom{n}{k} = \dfrac{n!}{k!(n-k)!} = \binom{n}{n-k}$, (lies: n über k),

ebenfalls schrittweise bestimmt werden durch

(4) $\quad \binom{n}{0} = 1$, $\binom{n}{k} = \dfrac{n-k+1}{k} \cdot \binom{n}{k-1}$, für $1 \leq k \leq n$.

Um möglichst wenig Schritte durchführen zu müssen, verwendet man zur Berechnung von (3) stets die kleinere der beiden Zahlen k oder n-k.

Die bisher im Zusammenhang mit der χ^2, t- und F-Verteilung aufgetretene *Euler'sche Gammafunktion* ist wie folgt definiert:

(5) $\quad \Gamma(x) = \int_0^\infty t^{x-1} e^{-t} dt \qquad$ für $x > 0$.

Die bei den Verteilungen verwendeten speziellen Werte der Form $\Gamma(n/2)$ für ganzzahliges $n \geq 1$ lassen sich mit der Rekursionsformel

(6) $\quad \Gamma(x+1) = x \cdot \Gamma(x)$

wie folgt rekursiv berechnen:

(7) $\quad \Gamma(1/2) = \sqrt{\pi}$, $\Gamma(2/2) = 1$, $\Gamma((n+2)/2) = (n/2) \cdot \Gamma(n/2)$.

Insbesondere lassen sich die Fakultäten und damit auch die Binomialkoeffizienten durch die Gammafunktion angeben:

(8) $\quad n! = \Gamma(n+1)$, $\binom{n}{k} = \dfrac{\Gamma(n+1)}{\Gamma(k+1) \cdot \Gamma(n-k+1)}$.

Da $\Gamma(x)$ sehr schnell mit x anwächst (vgl. Abb. A3.4), ist es günstiger, mit dem Logarithmus $\ln \Gamma(x)$ statt mit $\Gamma(x)$ zu arbeiten. Die Funktion kann man im Bereich $x \geq 8$ mit einem absoluten Fehler von höchstens $4.6 \cdot 10^{-12}$ wie folgt approximieren.

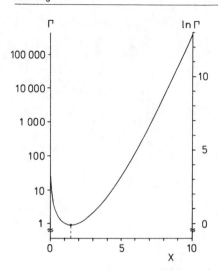

Abb. A3.4
Gammafunktion auf
logarithmischer Skala

(9) $\ln \Gamma(x) \approx (x-0.5)\cdot \ln x - x + c + f(x)$,   mit

(10) $f(x) = (a_0 + (a_1 + a_2 x^{-2}) x^{-2}) x^{-1}$,   wobei

(11) $a_0 = 0.08333\ 33330\ 96$, $a_1 = -0.00277\ 76554\ 57$,

        $a_2 = 0.00077\ 78306\ 70$, $c = \ln \sqrt{2\pi} = 0.91893\ 85332\ 05$.

Der Fall $0 < x < 8$ wird schrittweise mit $\Gamma(x) = \Gamma(x+1)/x$ auf den obigen Fall $x \geq 8$ zurückgeführt. Der Rechenablauf ist im Flußdiagramm 18 dargestellt.

Hinweise:

Auf vielen Rechnern sind Fakultäten direkt aufrufbar. Die rekursiven Berechnungen (2), (4), (7) sind nur für kleineres n (und k) praktikabel, weil sonst zu viele Schritte erforderlich sind und das Ergebnis zu groß wird. Für größere Werte von n bzw. x führt jede Berechnung von n! bzw. $\Gamma(x)$ zu einem "Überlauf" (Overflow) im Rechner, und man bestimmt daher die Logarithmen mit (8), (9).

Literatur: HART et al (1968), Approximation LGAM 5401.

Flußdiagramm 18 (A3.12):

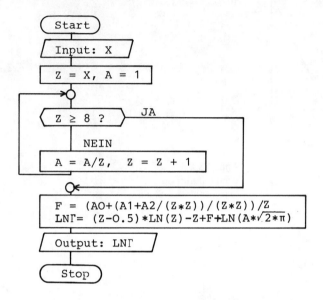

Hinweis: Die Koeffizienten A0. A1, A2 (vgl. Text) sind explizit einzusetzen.

A 3.13 Erzeugung von (Pseudo)-Zufallszahlen

Zweck: Erzeugung von
- gleichverteilten reellen Zahlen im Intervall $c < y < d$
- gleichverteilten ganzen Zahlen aus der Menge $\{1,2,..,N\}$
- Normal(μ,σ^2)-verteilten Zahlen

Methode:
Zunächst wird eine Folge von gleichverteilten Zahlen im Einheitsintervall (0,1) erzeugt. Ausgehend von einem geeigneten Startwert $0 < x_0 < 1$ setzt man (vgl. 4.3.2)

(1) $x_i = \text{FRAC}(a \cdot x_{i-1})$,

wobei a eine geeignete Konstante ist (z. B. a = 10011).

Durch eine Transformation $y = T(x)$ kann eine Folge $x_1,\ldots,x_n$ gleichverteilter Zahlen aus $(0,1)$ in eine Folge $y_1,\ldots,y_n$ von Pseudozufallszahlen einer vorgegebenen Verteilung überführt werden. Für 3 wichtige Verteilungen ergeben sich folgende Transformationen:

Verteilung der transformierten Werte	Transformation
Gleichverteilung im Intervall $c < y < d$	$y=T(x) = c+(d-c)x$
Gleichverteilung in $\{1,2,\ldots,N\}$	$y=T(x) = \text{INT}(1+N\cdot x)$
Normal(μ,σ^2)-Verteilung (vgl. A3.1-2)	$y = \mu + \sigma\, \Phi^{-1}(x)$

Der Rechenablauf ist im Flußdiagramm 19 dargestellt.

<u>Literatur</u>: ZELEN-SEVERO (1968), 26.8.

Flußdiagramm 19 (A3.13):

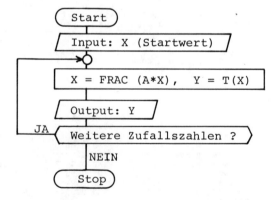

<u>Hinweise</u>: Die Konstante A und die gewünschte Transformationsgleichung $Y = T(X)$ sind explizit einzusetzen (z. B. A=10011, $Y = \text{INT}(1+N*X)$ für ganze Zufallszahlen zwischen 1 und N).

A 4 Statistische Tabellen

A4.1 Normal(0,1)-Verteilungsfunktion $\Phi(x)$

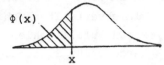

x	-.09	-.08	-.07	-.06	-.05	-.04	-.03	-.02	-.01	-.0	x
	0.0010	0.0010	0.0011	0.0011	0.0011	0.0012	0.0012	0.0013	0.0013	0.0013	-3.0
	0.0014	0.0014	0.0015	0.0015	0.0016	0.0016	0.0017	0.0018	0.0018	0.0019	-2.9
	0.0019	0.0020	0.0021	0.0021	0.0022	0.0023	0.0023	0.0024	0.0025	0.0026	-2.8
	0.0026	0.0027	0.0028	0.0029	0.0030	0.0031	0.0032	0.0033	0.0034	0.0035	-2.7
	0.0036	0.0037	0.0038	0.0039	0.0040	0.0041	0.0043	0.0044	0.0045	0.0047	-2.6
	0.0048	0.0049	0.0051	0.0052	0.0054	0.0055	0.0057	0.0059	0.0060	0.0062	-2.5
	0.0064	0.0066	0.0068	0.0069	0.0071	0.0073	0.0075	0.0078	0.0080	0.0082	-2.4
	0.0084	0.0087	0.0089	0.0091	0.0094	0.0096	0.0099	0.0102	0.0104	0.0107	-2.3
	0.0110	0.0113	0.0116	0.0119	0.0122	0.0125	0.0129	0.0132	0.0136	0.0139	-2.2
	0.0143	0.0146	0.0150	0.0154	0.0158	0.0162	0.0166	0.0170	0.0174	0.0179	-2.1
	0.0183	0.0188	0.0192	0.0197	0.0202	0.0207	0.0212	0.0217	0.0222	0.0228	-2.0
	0.0233	0.0239	0.0244	0.0250	0.0256	0.0262	0.0268	0.0274	0.0281	0.0287	-1.9
	0.0294	0.0301	0.0307	0.0314	0.0322	0.0329	0.0336	0.0344	0.0351	0.0359	-1.8
	0.0367	0.0375	0.0384	0.0392	0.0401	0.0409	0.0418	0.0427	0.0436	0.0446	-1.7
x negativ	0.0455	0.0465	0.0475	0.0485	0.0495	0.0505	0.0516	0.0526	0.0537	0.0548	-1.6
	0.0559	0.0571	0.0582	0.0594	0.0606	0.0618	0.0630	0.0643	0.0655	0.0668	-1.5
	0.0681	0.0694	0.0708	0.0721	0.0735	0.0749	0.0764	0.0778	0.0793	0.0808	-1.4
	0.0823	0.0838	0.0853	0.0869	0.0885	0.0901	0.0918	0.0934	0.0951	0.0968	-1.3
	0.0985	0.1003	0.1020	0.1038	0.1056	0.1075	0.1093	0.1112	0.1131	0.1151	-1.2
	0.1170	0.1190	0.1210	0.1230	0.1251	0.1271	0.1292	0.1314	0.1335	0.1357	-1.1
	0.1379	0.1401	0.1423	0.1446	0.1469	0.1492	0.1515	0.1539	0.1562	0.1587	-1.0
	0.1611	0.1635	0.1660	0.1685	0.1711	0.1736	0.1762	0.1788	0.1814	0.1841	-0.9
	0.1867	0.1894	0.1922	0.1949	0.1977	0.2005	0.2033	0.2061	0.2090	0.2119	-0.8
	0.2148	0.2177	0.2206	0.2236	0.2266	0.2296	0.2327	0.2358	0.2389	0.2420	-0.7
	0.2451	0.2483	0.2514	0.2546	0.2578	0.2611	0.2643	0.2676	0.2709	0.2743	-0.6
	0.2776	0.2810	0.2843	0.2877	0.2912	0.2946	0.2981	0.3015	0.3050	0.3085	-0.5
	0.3121	0.3156	0.3192	0.3228	0.3264	0.3300	0.3336	0.3372	0.3409	0.3446	-0.4
	0.3483	0.3520	0.3557	0.3594	0.3632	0.3669	0.3707	0.3745	0.3783	0.3821	-0.3
	0.3859	0.3897	0.3936	0.3974	0.4013	0.4052	0.4090	0.4129	0.4168	0.4207	-0.2
	0.4247	0.4286	0.4325	0.4364	0.4404	0.4443	0.4483	0.4522	0.4562	0.4602	-0.1
	0.4641	0.4681	0.4721	0.4761	0.4801	0.4840	0.4880	0.4920	0.4960	0.5000	-0.0
0.0	0.5000	0.5040	0.5080	0.5120	0.5160	0.5199	0.5239	0.5279	0.5319	0.5359	
0.1	0.5398	0.5438	0.5478	0.5517	0.5557	0.5596	0.5636	0.5675	0.5714	0.5753	
0.2	0.5793	0.5832	0.5871	0.5910	0.5948	0.5987	0.6026	0.6064	0.6103	0.6141	
0.3	0.6179	0.6217	0.6255	0.6293	0.6331	0.6368	0.6406	0.6443	0.6480	0.6517	
0.4	0.6554	0.6591	0.6628	0.6664	0.6700	0.6736	0.6772	0.6808	0.6844	0.6879	
0.5	0.6915	0.6950	0.6985	0.7019	0.7054	0.7088	0.7123	0.7157	0.7190	0.7224	
0.6	0.7257	0.7291	0.7324	0.7357	0.7389	0.7422	0.7454	0.7486	0.7517	0.7549	
0.7	0.7580	0.7611	0.7642	0.7673	0.7704	0.7734	0.7764	0.7794	0.7823	0.7852	
0.8	0.7881	0.7910	0.7939	0.7967	0.7995	0.8023	0.8051	0.8078	0.8106	0.8133	
0.9	0.8159	0.8186	0.8212	0.8238	0.8264	0.8289	0.8315	0.8340	0.8365	0.8389	
1.0	0.8413	0.8438	0.8461	0.8485	0.8508	0.8531	0.8554	0.8577	0.8599	0.8621	
1.1	0.8643	0.8665	0.8686	0.8708	0.8729	0.8749	0.8770	0.8790	0.8810	0.8830	
1.2	0.8849	0.8869	0.8888	0.8907	0.8925	0.8944	0.8962	0.8980	0.8997	0.9015	
1.3	0.9032	0.9049	0.9066	0.9082	0.9099	0.9115	0.9131	0.9147	0.9162	0.9177	
1.4	0.9192	0.9207	0.9222	0.9236	0.9251	0.9265	0.9279	0.9292	0.9306	0.9319	
1.5	0.9332	0.9345	0.9357	0.9370	0.9382	0.9394	0.9406	0.9418	0.9429	0.9441	
1.6	0.9452	0.9463	0.9474	0.9484	0.9495	0.9505	0.9515	0.9525	0.9535	0.9545	
1.7	0.9554	0.9564	0.9573	0.9582	0.9591	0.9599	0.9608	0.9616	0.9625	0.9633	
1.8	0.9641	0.9649	0.9656	0.9664	0.9671	0.9678	0.9686	0.9693	0.9699	0.9706	
1.9	0.9713	0.9719	0.9726	0.9732	0.9738	0.9744	0.9750	0.9756	0.9761	0.9767	
2.0	0.9772	0.9778	0.9783	0.9788	0.9793	0.9798	0.9803	0.9808	0.9812	0.9817	x positiv
2.1	0.9821	0.9826	0.9830	0.9834	0.9838	0.9842	0.9846	0.9850	0.9854	0.9857	
2.2	0.9861	0.9864	0.9868	0.9871	0.9875	0.9878	0.9881	0.9884	0.9887	0.9890	
2.3	0.9893	0.9896	0.9898	0.9901	0.9904	0.9906	0.9909	0.9911	0.9913	0.9916	
2.4	0.9918	0.9920	0.9922	0.9925	0.9927	0.9929	0.9931	0.9932	0.9934	0.9936	
2.5	0.9938	0.9940	0.9941	0.9943	0.9945	0.9946	0.9948	0.9949	0.9951	0.9952	
2.6	0.9953	0.9955	0.9956	0.9957	0.9959	0.9960	0.9961	0.9962	0.9963	0.9964	
2.7	0.9965	0.9966	0.9967	0.9968	0.9969	0.9970	0.9971	0.9972	0.9973	0.9974	
2.8	0.9974	0.9975	0.9976	0.9977	0.9977	0.9978	0.9979	0.9979	0.9980	0.9981	
2.9	0.9981	0.9982	0.9982	0.9983	0.9984	0.9984	0.9985	0.9985	0.9986	0.9986	
3.0	0.9987	0.9987	0.9987	0.9988	0.9988	0.9989	0.9989	0.9989	0.9990	0.9990	
x	.0	.01	.02	.03	.04	.05	.06	.07	.08	.09	x

A4.2 α-Quantil der t_n- und $N(0,1)$-Verteilung: $t_{n;\alpha}$

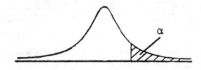

α n	0.5 %	1.0 %	2.5 %	5.0 %	10.0 %
1	63.657	31.821	12.706	6.314	3.078
2	9.925	6.965	4.303	2.920	1.886
3	5.841	4.541	3.182	2.353	1.638
4	4.604	3.747	2.776	2.132	1.533
5	4.032	3.365	2.571	2.015	1.476
6	3.707	3.143	2.447	1.943	1.440
7	3.499	2.998	2.365	1.895	1.415
8	3.355	2.896	2.306	1.860	1.397
9	3.250	2.821	2.262	1.833	1.383
10	3.169	2.764	2.228	1.812	1.372
11	3.106	2.718	2.201	1.796	1.363
12	3.055	2.681	2.179	1.782	1.356
13	3.012	2.650	2.160	1.771	1.350
14	2.977	2.624	2.145	1.761	1.345
15	2.947	2.602	2.131	1.753	1.341
16	2.921	2.583	2.120	1.746	1.337
17	2.898	2.567	2.110	1.740	1.333
18	2.878	2.552	2.101	1.734	1.330
19	2.861	2.539	2.093	1.729	1.328
20	2.845	2.528	2.086	1.725	1.325
21	2.831	2.518	2.080	1.721	1.323
22	2.819	2.508	2.074	1.717	1.321
23	2.807	2.500	2.069	1.714	1.319
24	2.797	2.492	2.064	1.711	1.318
25	2.787	2.485	2.060	1.708	1.316
26	2.779	2.479	2.056	1.706	1.315
27	2.771	2.473	2.052	1.703	1.314
28	2.763	2.467	2.048	1.701	1.312
29	2.756	2.462	2.045	1.699	1.311
30	2.750	2.457	2.042	1.697	1.310
60	2.660	2.390	2.000	1.671	1.296
120	2.617	2.358	1.980	1.658	1.289
240	2.596	2.342	1.970	1.651	1.285
∞	2.576	2.326	1.960	1.645	1.282

Für $n = \infty$ ergibt sich das Quantil z_α der $N(0,1)$-Verteilung.

A4.3 α-Quantil der χ_n^2-Verteilung: $\chi_{n;\alpha}^2$

α / n	0.5 %	1.0 %	2.5 %	5.0 %	10.0 %	90.0 %	95.0 %	97.5 %	99.0 %	99.5 %
1	7.879	6.635	5.024	3.841	2.706	0.016	0.004	0.001	0.000	0.000
2	10.597	9.210	7.378	5.991	4.605	0.211	0.103	0.051	0.020	0.010
3	12.838	11.345	9.348	7.815	6.251	0.584	0.352	0.216	0.115	0.072
4	14.860	13.277	11.143	9.488	7.779	1.064	0.711	0.484	0.297	0.207
5	16.750	15.086	12.833	11.070	9.236	1.610	1.145	0.831	0.554	0.412
6	18.548	16.812	14.449	12.592	10.645	2.204	1.635	1.237	0.872	0.676
7	20.278	18.475	16.013	14.067	12.017	2.833	2.167	1.690	1.239	0.989
8	21.955	20.090	17.535	15.507	13.362	3.490	2.733	2.180	1.646	1.344
9	23.589	21.666	19.023	16.919	14.684	4.168	3.325	2.700	2.088	1.735
10	25.188	23.209	20.483	18.307	15.987	4.865	3.940	3.247	2.558	2.156
11	26.757	24.725	21.920	19.675	17.275	5.578	4.575	3.816	3.053	2.603
12	28.300	26.217	23.337	21.026	18.549	6.304	5.226	4.404	3.571	3.074
13	29.819	27.688	24.736	22.362	19.812	7.042	5.892	5.009	4.107	3.565
14	31.319	29.141	26.119	23.685	21.064	7.790	6.571	5.629	4.660	4.075
15	32.801	30.578	27.488	24.996	22.307	8.547	7.261	6.262	5.229	4.601
16	34.267	32.000	28.845	26.296	23.542	9.312	7.962	6.908	5.812	5.142
17	35.718	33.409	30.191	27.587	24.769	10.085	8.672	7.564	6.408	5.697
18	37.156	34.805	31.526	28.869	25.989	10.865	9.390	8.231	7.015	6.265
19	38.582	36.191	32.852	30.144	27.204	11.651	10.117	8.907	7.633	6.844
20	39.997	37.566	34.170	31.410	28.412	12.443	10.851	9.591	8.260	7.434
21	41.401	38.932	35.479	32.671	29.615	13.240	11.591	10.283	8.897	8.034
22	42.796	40.289	36.781	33.924	30.813	14.041	12.338	10.982	9.542	8.643
23	44.181	41.638	38.076	35.172	32.007	14.848	13.091	11.689	10.196	9.260
24	45.559	42.980	39.364	36.415	33.196	15.659	13.848	12.401	10.856	9.886
25	46.928	44.314	40.646	37.652	34.382	16.473	14.611	13.120	11.524	10.520
26	48.290	45.642	41.923	38.885	35.563	17.292	15.379	13.844	12.198	11.160
27	49.645	46.963	43.195	40.113	36.741	18.114	16.151	14.573	12.879	11.808
28	50.993	48.278	44.461	41.337	37.916	18.939	16.928	15.308	13.565	12.461
29	52.336	49.588	45.722	42.557	39.087	19.768	17.708	16.047	14.256	13.121
30	53.672	50.892	46.979	43.773	40.256	20.599	18.493	16.791	14.953	13.787
60	91.952	88.379	83.298	79.082	74.397	46.459	43.188	40.482	37.485	35.534
120	163.648	158.950	152.211	146.567	140.233	100.624	95.705	91.573	86.923	83.852
240	300.182	293.888	284.802	277.138	268.471	212.386	205.135	198.984	191.990	187.324

A4.4 α-Quantil der F-Verteilung: $F_{m,n;\alpha}$

a) 10%-Quantil der $F_{m,n}$-Verteilung

n \ m	1	2	3	4	5	6	7	8	9	10	15	30	60	120	240
1	39.86	49.50	53.59	55.83	57.24	58.20	58.91	59.44	59.86	60.19	61.22	62.26	62.79	63.06	63.19
2	8.53	9.00	9.16	9.24	9.29	9.33	9.35	9.37	9.38	9.39	9.43	9.46	9.48	9.48	9.49
3	5.54	5.46	5.39	5.34	5.31	5.28	5.27	5.25	5.24	5.23	5.20	5.17	5.15	5.14	5.14
4	4.54	4.32	4.19	4.11	4.05	4.01	3.98	3.95	3.94	3.92	3.87	3.82	3.79	3.78	3.77
5	4.06	3.78	3.62	3.52	3.45	3.40	3.37	3.34	3.32	3.30	3.24	3.17	3.14	3.12	3.11
6	3.78	3.46	3.29	3.18	3.11	3.05	3.01	2.98	2.96	2.94	2.87	2.80	2.76	2.74	2.73
7	3.59	3.26	3.07	2.96	2.88	2.83	2.78	2.75	2.72	2.70	2.63	2.56	2.51	2.49	2.48
8	3.46	3.11	2.92	2.81	2.73	2.67	2.62	2.59	2.56	2.54	2.46	2.38	2.34	2.32	2.30
9	3.36	3.01	2.81	2.69	2.61	2.55	2.51	2.47	2.44	2.42	2.34	2.25	2.21	2.18	2.17
10	3.29	2.92	2.73	2.61	2.52	2.46	2.41	2.38	2.35	2.32	2.24	2.16	2.11	2.08	2.07
11	3.23	2.86	2.66	2.54	2.45	2.39	2.34	2.30	2.27	2.25	2.17	2.08	2.03	2.00	1.99
12	3.18	2.81	2.61	2.48	2.39	2.33	2.28	2.24	2.21	2.19	2.10	2.01	1.96	1.93	1.92
13	3.14	2.76	2.56	2.43	2.35	2.28	2.23	2.20	2.16	2.14	2.05	1.96	1.90	1.88	1.86
14	3.10	2.73	2.52	2.39	2.31	2.24	2.19	2.15	2.12	2.10	2.01	1.91	1.86	1.83	1.81
15	3.07	2.70	2.49	2.36	2.27	2.21	2.16	2.12	2.09	2.06	1.97	1.87	1.82	1.79	1.77
16	3.05	2.67	2.46	2.33	2.24	2.18	2.13	2.09	2.06	2.03	1.94	1.84	1.78	1.75	1.73
17	3.03	2.64	2.44	2.31	2.22	2.15	2.10	2.06	2.03	2.00	1.91	1.81	1.75	1.72	1.70
18	3.01	2.62	2.42	2.29	2.20	2.13	2.08	2.04	2.00	1.98	1.89	1.78	1.72	1.69	1.67
19	2.99	2.61	2.40	2.27	2.18	2.11	2.06	2.02	1.98	1.96	1.86	1.76	1.70	1.67	1.65
20	2.97	2.59	2.38	2.25	2.16	2.09	2.04	2.00	1.96	1.94	1.84	1.74	1.68	1.64	1.63
21	2.96	2.57	2.36	2.23	2.14	2.08	2.02	1.98	1.95	1.92	1.83	1.72	1.66	1.62	1.60
22	2.95	2.56	2.35	2.22	2.13	2.06	2.01	1.97	1.93	1.90	1.81	1.70	1.64	1.60	1.59
23	2.94	2.55	2.34	2.21	2.11	2.05	1.99	1.95	1.92	1.89	1.80	1.69	1.62	1.59	1.57
24	2.93	2.54	2.33	2.19	2.10	2.04	1.98	1.94	1.91	1.88	1.78	1.67	1.61	1.57	1.55
25	2.92	2.53	2.32	2.18	2.09	2.02	1.97	1.93	1.89	1.87	1.77	1.66	1.59	1.56	1.54
26	2.91	2.52	2.31	2.17	2.08	2.01	1.96	1.92	1.88	1.86	1.76	1.65	1.58	1.54	1.52
27	2.90	2.51	2.30	2.17	2.07	2.00	1.95	1.91	1.87	1.85	1.75	1.64	1.57	1.53	1.51
28	2.89	2.50	2.29	2.16	2.06	2.00	1.94	1.90	1.87	1.84	1.74	1.63	1.56	1.52	1.50
29	2.89	2.50	2.28	2.15	2.06	1.99	1.93	1.89	1.86	1.83	1.73	1.62	1.55	1.51	1.49
30	2.88	2.49	2.28	2.14	2.05	1.98	1.93	1.88	1.85	1.82	1.72	1.61	1.54	1.50	1.48
120	2.79	2.39	2.18	2.04	1.95	1.87	1.82	1.77	1.74	1.71	1.60	1.48	1.40	1.35	1.32
240	2.75	2.35	2.13	1.99	1.90	1.82	1.77	1.72	1.68	1.65	1.54	1.41	1.32	1.26	1.23
	2.72	2.32	2.11	1.97	1.87	1.80	1.74	1.70	1.66	1.63	1.52	1.38	1.28	1.22	1.18

b) 5%-Quantil der $F_{m,n}$-Verteilung

n \ m	1	2	3	4	5	6	7	8	9	10	15	30	60	120	240
1	161.4	199.5	215.7	224.6	230.2	234.0	236.8	238.9	240.5	241.9	245.9	250.1	252.2	253.3	253.8
2	18.51	19.00	19.16	19.25	19.30	19.33	19.35	19.37	19.38	19.40	19.43	19.46	19.48	19.49	19.49
3	10.13	9.55	9.28	9.12	9.01	8.94	8.89	8.85	8.81	8.79	8.70	8.62	8.57	8.55	8.52
4	7.71	6.94	6.59	6.39	6.26	6.16	6.09	6.04	6.00	5.96	5.86	5.75	5.69	5.65	5.64
5	6.61	5.79	5.41	5.19	5.05	4.95	4.88	4.82	4.77	4.74	4.62	4.50	4.43	4.40	4.38
6	5.99	5.14	4.76	4.53	4.39	4.28	4.21	4.15	4.10	4.06	3.94	3.81	3.74	3.70	3.69
7	5.59	4.74	4.35	4.12	3.97	3.87	3.79	3.73	3.68	3.64	3.51	3.38	3.30	3.27	3.25
8	5.32	4.46	4.07	3.84	3.69	3.58	3.50	3.44	3.39	3.35	3.22	3.08	3.00	2.97	2.95
9	5.12	4.26	3.86	3.63	3.48	3.37	3.29	3.23	3.18	3.14	3.01	2.86	2.79	2.75	2.73
10	4.96	4.10	3.71	3.48	3.33	3.22	3.14	3.07	3.02	2.98	2.84	2.70	2.62	2.58	2.56
11	4.84	3.98	3.59	3.36	3.20	3.09	3.01	2.95	2.90	2.85	2.72	2.57	2.49	2.45	2.43
12	4.75	3.89	3.49	3.26	3.11	3.00	2.91	2.85	2.80	2.75	2.62	2.47	2.38	2.34	2.32
13	4.67	3.81	3.41	3.18	3.03	2.92	2.83	2.77	2.71	2.67	2.53	2.38	2.30	2.25	2.23
14	4.60	3.74	3.34	3.11	2.96	2.85	2.76	2.70	2.65	2.60	2.46	2.31	2.22	2.18	2.15
15	4.54	3.68	3.29	3.06	2.90	2.79	2.71	2.64	2.59	2.54	2.40	2.25	2.16	2.11	2.09
16	4.49	3.63	3.24	3.01	2.85	2.74	2.66	2.59	2.54	2.49	2.35	2.19	2.11	2.06	2.03
17	4.45	3.59	3.20	2.96	2.81	2.70	2.61	2.55	2.49	2.45	2.31	2.15	2.06	2.01	1.99
18	4.41	3.55	3.16	2.93	2.77	2.66	2.58	2.51	2.46	2.41	2.27	2.11	2.02	1.97	1.94
19	4.38	3.52	3.13	2.90	2.74	2.63	2.54	2.48	2.42	2.38	2.23	2.07	1.98	1.93	1.90
20	4.35	3.49	3.10	2.87	2.71	2.60	2.51	2.45	2.39	2.35	2.20	2.04	1.95	1.90	1.87
21	4.32	3.47	3.07	2.84	2.68	2.57	2.49	2.42	2.37	2.32	2.18	2.01	1.92	1.87	1.84
22	4.30	3.44	3.05	2.82	2.66	2.55	2.46	2.40	2.34	2.30	2.15	1.98	1.89	1.84	1.81
23	4.28	3.42	3.03	2.80	2.64	2.53	2.44	2.37	2.32	2.27	2.13	1.96	1.86	1.81	1.79
24	4.26	3.40	3.01	2.78	2.62	2.51	2.42	2.36	2.30	2.25	2.11	1.94	1.84	1.79	1.76
25	4.24	3.39	2.99	2.76	2.60	2.49	2.40	2.34	2.28	2.24	2.09	1.92	1.82	1.77	1.74
26	4.23	3.37	2.98	2.74	2.59	2.47	2.39	2.32	2.27	2.22	2.07	1.90	1.80	1.75	1.72
27	4.21	3.35	2.96	2.73	2.57	2.46	2.37	2.31	2.25	2.20	2.06	1.88	1.79	1.73	1.70
28	4.20	3.34	2.95	2.71	2.56	2.45	2.36	2.29	2.24	2.19	2.04	1.87	1.77	1.71	1.68
29	4.18	3.33	2.93	2.70	2.55	2.43	2.35	2.28	2.22	2.18	2.03	1.85	1.75	1.70	1.67
30	4.17	3.32	2.92	2.69	2.53	2.42	2.33	2.27	2.21	2.16	2.01	1.84	1.74	1.68	1.65
60	4.00	3.15	2.76	2.53	2.37	2.25	2.17	2.10	2.04	1.99	1.84	1.65	1.53	1.47	1.43
120	3.92	3.07	2.68	2.45	2.29	2.18	2.09	2.02	1.96	1.91	1.75	1.55	1.43	1.35	1.31
240	3.88	3.03	2.64	2.41	2.25	2.14	2.05	1.98	1.92	1.87	1.71	1.51	1.37	1.29	1.24

c) 1%-Quantil der $F_{m,n}$-Verteilung

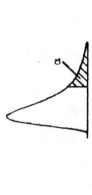

m\n	1	2	3	4	5	6	7	8	9	10	15	30	60	120	240
1	4052	4999	5403	5625	5764	5859	5928	5982	6022	6056	6157	6261	6313	6339	6353
2	98.50	99.00	99.17	99.25	99.30	99.33	99.36	99.37	99.39	99.40	99.43	99.47	99.48	99.49	99.50
3	34.11	30.82	29.46	28.71	28.24	27.91	27.67	27.49	27.34	27.23	26.87	26.50	26.32	26.22	26.17
4	21.20	18.00	16.69	15.98	15.52	15.21	14.98	14.80	14.66	14.55	14.20	13.84	13.65	13.56	13.51
5	16.26	13.27	12.06	11.39	10.97	10.67	10.46	10.29	10.16	10.05	9.72	9.38	9.20	9.11	9.06
6	13.74	10.92	9.78	9.15	8.75	8.47	8.26	8.10	7.98	7.87	7.56	7.23	7.06	6.96	6.92
7	12.25	9.55	8.45	7.85	7.46	7.19	6.99	6.84	6.72	6.62	6.31	5.99	5.82	5.73	5.69
8	11.26	8.65	7.59	7.01	6.63	6.37	6.18	6.03	5.91	5.81	5.52	5.20	5.03	4.94	4.90
9	10.56	8.02	6.99	6.42	6.06	5.80	5.61	5.47	5.35	5.26	4.96	4.65	4.48	4.40	4.35
10	10.04	7.56	6.55	5.99	5.64	5.39	5.20	5.06	4.94	4.85	4.56	4.25	4.08	4.00	3.95
11	9.65	7.21	6.22	5.67	5.32	5.07	4.89	4.74	4.63	4.54	4.25	3.94	3.78	3.69	3.65
12	9.33	6.93	5.95	5.41	5.06	4.82	4.64	4.50	4.39	4.30	4.01	3.70	3.54	3.45	3.41
13	9.07	6.70	5.74	5.21	4.86	4.62	4.44	4.30	4.19	4.10	3.82	3.51	3.34	3.25	3.21
14	8.86	6.51	5.56	5.04	4.69	4.46	4.28	4.14	4.03	3.94	3.66	3.35	3.18	3.09	3.05
15	8.68	6.36	5.42	4.89	4.56	4.32	4.14	4.00	3.89	3.80	3.52	3.21	3.05	2.96	2.91
16	8.53	6.23	5.29	4.77	4.44	4.20	4.03	3.89	3.78	3.69	3.41	3.10	2.93	2.84	2.80
17	8.40	6.11	5.18	4.67	4.34	4.10	3.93	3.79	3.68	3.59	3.31	3.00	2.83	2.75	2.70
18	8.29	6.01	5.09	4.58	4.25	4.01	3.84	3.71	3.60	3.51	3.23	2.92	2.75	2.66	2.61
19	8.18	5.93	5.01	4.50	4.17	3.94	3.77	3.63	3.52	3.43	3.15	2.84	2.67	2.58	2.54
20	8.10	5.85	4.94	4.43	4.10	3.87	3.70	3.56	3.46	3.37	3.09	2.78	2.61	2.52	2.47
21	8.02	5.78	4.87	4.37	4.04	3.81	3.64	3.51	3.40	3.31	3.03	2.72	2.55	2.46	2.41
22	7.95	5.72	4.82	4.31	3.99	3.76	3.59	3.45	3.35	3.26	2.98	2.67	2.50	2.40	2.35
23	7.88	5.66	4.76	4.26	3.94	3.71	3.54	3.41	3.30	3.21	2.93	2.62	2.45	2.35	2.31
24	7.82	5.61	4.72	4.22	3.90	3.67	3.50	3.36	3.26	3.17	2.89	2.58	2.40	2.31	2.26
25	7.77	5.57	4.68	4.18	3.85	3.63	3.46	3.32	3.22	3.13	2.85	2.54	2.36	2.27	2.22
26	7.72	5.53	4.64	4.14	3.82	3.59	3.42	3.29	3.18	3.09	2.81	2.50	2.33	2.23	2.18
27	7.68	5.49	4.60	4.11	3.78	3.56	3.39	3.26	3.15	3.06	2.78	2.47	2.29	2.20	2.15
28	7.64	5.45	4.57	4.07	3.75	3.53	3.36	3.23	3.12	3.03	2.75	2.44	2.26	2.17	2.12
29	7.60	5.42	4.54	4.04	3.73	3.50	3.33	3.20	3.09	3.00	2.73	2.41	2.23	2.14	2.09
30	7.56	5.39	4.51	4.02	3.70	3.47	3.30	3.17	3.07	2.98	2.70	2.39	2.21	2.11	2.06
60	7.08	4.98	4.13	3.65	3.34	3.12	2.95	2.82	2.72	2.63	2.35	2.03	1.84	1.73	1.67
120	6.85	4.79	3.95	3.48	3.17	2.96	2.79	2.66	2.56	2.47	2.19	1.86	1.66	1.53	1.46
240	6.74	4.69	3.86	3.40	3.09	2.88	2.71	2.59	2.48	2.40	2.11	1.78	1.57	1.43	1.35

Literaturauswahl

1. Lehrbücher und Monographien

AHRENS, H.,(1967). Varianzanalyse. Berlin: Academie Verlag

ALTHOFF, H., KOSSWIG, F.W. (1975). Wahrscheinlichkeitsrechnung. Braunschweig: Schulbuchverlag Vieweg

ARMITAGE, P.,(1971). Statistical Methods in Medical Research. New York

ARMITAGE, P.,(1975). Sequential Medical trials, 2nd ed. New York

BARTH, F., BERGOLD, H., HALLER, R., (1975 , 1974). Stochastik 1, Stochastik 2. München: Ehrenwirth Verlag

BANDEMER, H., (1976). Optimale Versuchsplanung. Zürich, Frankfurt a. M., Thun: Harri Deutsch Verlag

BISHOP, Y.M.M., FIENBERG, S.E., HOLLAND, P.W., (1975). Discrete multivariate analysis. Cambridge (Mass.): MIT Press

BLISS, C.I., (1967, 1970). Statistics in Biology, Vol. 1-2. New York: McGraw-Hill

BOSCH, K., (1976). Angewandte mathematische Statistik. Hamburg: Rowohlt

CAVALLI-SFORZA, L., (1972). Biometrie. Stuttgart: Gustav Fischer

CAMPBELL, R.C., (1971). Statistische Methoden für Biologie und Medizin. Stuttgart: Georg Thieme

COCHRAN, W.G., COX, G.M., (1957). Experimental designs, 2nd ed. New York: London, Sidney

DRAPER, N.R., SMITH, H. (1967). Applied Regression Analysis. New York: Wiley

ENGEL, A., (1973, 1967). Wahrscheinlichkeitsrechnung und Statistik, Band 1 und Band 2. Stuttgart: Klett Verlag

EVERITT, B.S., (1977). The analysis of contingency tables. London: Chapman & Hall

FEINSTEIN, A.R., (1977). Clinical biostatistics. Saint Louis

FELLER, W., (1968). An Introduction to Probability Theory and its Applications, Vol. I, 3th ed. . New York: John Wiley

FEUERPFEIL, J., HEIGL , F., VOLPERT, H., (1975). Stochastik Grundkurs. München: Bayrischer Schulbuchverlag

FINNEY, D.H., (1971). Statistical method in biological Assay, 2nd ed. . London: C. Griffin & Co. Ltd.

HASELOFF, O.W., HOFFMANN, K.J., (1965). Kleines Lehrbuch der Statistik. Berlin: W. de Gruyter

IMMICH, H., (1974). Medizinische Statistik. Stuttgart: F.K. Schattauer

IOSIFESCU, M., TAUTU, P., (1973). Stochastic Processes and Applications in Biology and Medicin, Vol I: Theory, Vol II: Models. Berlin: Springer

JOHNSON, N.L., KOTZ, S., (1970 - 1972). Distribution in Statistics, Vol. 1,2,3,4. New York: John Wiley

KALBFLEISCH, J.D., PRENTICE, R.L., (1980). The Statistical Analysis of Failure Time Data. New York: J. Wiley

KENDALL, M.G., STUART, A., (1973). The advanced theory of statistics, Vol. 2. London: Griffin

Kolloquium Biomathematik NW (Hrsg.), (1976). Biomathematik für Mediziner. Berlin: Springer

KRAFFT, O., (1978). Lineare statistische Modelle und optimale Versuchspläne. Göttingen: Vandenhoek & Ruprecht

LEE, W., (1975). Experimental Design and Analysis. San Francisco: Freeman and Company

LEHMANN, E.L., (1975). Nonparametrics: Statistical Methods based on Ranks. San Francisco: McGraw-Hill

LIENERT, G.A., (1973, 1975). Verteilungsfreie Methoden in der Biostatistik, Band 1 (1973), Tafelband (1975). Meisenheim: Anton Hain

PFANZAGL, J., (1972, 1974). Allgemeine Methodenlehre der Statistik I, II. Berlin: de Gruyter

SACHS, L., (1978). Angewandte Statistik. Berlin

SCHACH, S., SCHÄFER, Th., (1978). Regressions- und Varianzanalyse. Berlin: Springer

SCHEFFÉ, H., (1959). The Analysis of Variance. New York: Wiley

SOKAL, R.R., ROHLF, F.J., (1969). Biometry. San Francisco: Freeman & Co.

WALTER, E., (1973). Biomathematik für Mediziner. Stuttgart: Teubner

WEBER, E., (1972). Grundriss der biologischen Statistik. Stuttgart: Gustav Fischer

WERMUTH, N., (1978). Zusammenhangsanalysen medizinischer Daten. Mediz. Informatik und Statistik, Heft 5. Berlin: Springer

2. Sammel- und Nachschlagewerke

ABRAMOWITZ, M., STEGUN, I.A., (Eds.), (1964). Handbook of Mathematical Functions. Washington DC: National Bureau of Standards

BENTEL, P., KÜFFNER, H., RÖCK, E., SCHUBÖ, W., (1976). SPSS-Statistik Programmsystem für die Sozialwissenschaften nach NIE, HULL, JENKINS, STEINBRENNER, BENT. Stuttgart

DIXON, W.J., (Ed.), (1978). BMDP Biomedical computer programs. Berkeley

EICKSTEDT von, K.W., GROSS, F., (Hrsg.), (1975). Klinische Arzneimittelprüfung. Stuttgart

GOOD, C.S., (Ed.), (1976). The principles and practice of clinical trials. Edinburgh

HARRIS, E.L., FITZGERALD, J.D., (Eds.), (1970). The principles and practice of clinical trials. Edinburgh

HART, J.F. et al. (1968). Computer Approximations. New York: J. Wiley

JESDINSKY, H.J., (Hrsg.), (1978). Memorandum zur Planung und Durchführung kontrollierter klinischer Therapiestudien. Schriftenreihe der GMDS, No. 1, Stuttgart

JOHNSON, F.N., JOHNSON, S. (Eds.), (1977). Clinical trials. Oxford

KOLLER, S., WAGNER, G., (Hrsg.), (1975). Handbuch der medizinischen Dokumentation und Datenverarbeitung. Stuttgart

KUEMMERLE, H.P., (Hrsg.), (1978). Methoden der klinischen Pharmakologie. München

VICTOR, N., HÖRMANN, A., EDERER, L., (1973). STATSYS, Beschreibung und Benutzeranleitung. München: Gesellschaft für Strahlen- und Umweltforschung mbH.

WALTER, E., (Hrsg.), (1970). Statistische Methoden I. Grundlagen der Versuchsplanung. Berlin

World Health Organization, (1968). Principles for the clinical evaluation of drugs. Technical Report Series 403

World Health Organization, (1975). Guidelines for evaluation of drugs for use in man. Technical Report Series 563

3. Tafelwerke

DAVID, F.N., (1938). Tables of the Ordinates and Probability Integral of the Distribution of the Correlation Coefficient in Small Samples. Cambridge: University Press

Documenta Geigy, (1975). Wissenschaftliche Tabellen. Stuttgart

FINNEY, D.J., LATSCHA, R., BENNETT, B.M., HSU, P., HORST, C., (1966). Tables for testing significance in a 2×2 contingency table, with supplement. Cambridge Univ. Press

FISHER, R.A., YATES, F., (1963). Statistical Tables for Biological, Agricultural and Medical Research. Edinburgh: Oliver and Boyd

HARTER, H.L., OWEN, D.B., (Eds.), (1973). Selected Tables in Mathematical Statistics, Vol. 1. American Math. Soc., Providence. Rhode Island

OWEN, D.B., (1963). Handbook of Statistical Tables. Reading: Addison-Wesley

PEARSON, E.S., HARTLEY, H.O., (1960). Biometrika Tables for Statisticians. Cambridge: University Press

4. Einzelartikel

ARMITAGE, P., DOLL, R., (1954). The age distribution of cancer and a multi-stage theory of carcinogenesis. British Journal of Cancer, Vol. VIII, No. 1, 1-12

FEINSTEIN, A.R., (1973). Clinical biostatistics XXII-XXIV. The role of randomization in sampling, testing, allocation, and credolous idolatry. Clinical Pharmacology and Therapeutics 14, 601-615, 898-915, 1035-1051

FINK, H., (1976). Zur Frage der Zahl der Probanden oder Patienten in klinisch-pharmakologischen Studien. International Journal of Clinical Pharmacology 14, 66-74

HAYNAM, G.E., GOVINDARAJULU, Z., LEONE, F.C., (1970). Tables of the cumulative noncentral chi-sqare distribution. In: H.L. HARTER et. al. (1973), 1-78

HUTCHINSON,T.P.,(1978). The validity of the chi-squared test when expected frequencises are small: a list of recent research references. Commun. Statist.-Theor. Meth. A8, 327

IMMICH, H., (1975). Praktische Anwendung der Klassifikations- und Codierungsprinzipien. In: KOLLER et. al. (1975), 246-266

KEMPTHORNE, O., (1977). Why randomize? Journal of Statistical Planning and Inference 1, 1-25

KÖPCKE, W., ÜBERLA, K., (1978). Dokumentation und Datenverarbeitung. In: KUEMMERLE (1978), 83-99

LAWTON, W.H., (1965). Some inequalities for central and noncentral distributions. Ann. Math. Statist. 36, 1521

McCORNACK, R.L.,(1965). Extended tables of the Wilcoxon matched pair signed rank statistic. Journal of the American Statistical Association 60, 864-871

MAJUMDER, K.L., BHATTACHARJEE, G.P., (1973). The incomplete beta integral (Algorithm AS 63). Applied Statistics 22

MANN, H.B.,WHITNEY, D.R.,(1947). On a test of whether one of two random variables is stochastically larger than the other. Ann. Math. Statist. 18, 50-60

MENG, R.C., CHAPMAN, D.G., (1966). The power of chi-square tests for contingency tables. J. Amer. Statist. Ass. 61, 965-975

MITRA, S.K., (1958). On the limiting power function of the frequency chi-square test. Ann. Math. Statist. 29, 1221-1233

ODEH, R.E., EVANS, J.O., (1974). The percentage points of the normal distribution (Algorithm. AS 70). Applied Statistics 23

OWEN, D.B., (1965). The Power of Student's t-Test. J. Amer. Statist. Ass. 60, 320-333

PEIZER, D.B., PRATT, J.W., (1968). A normal approximation for binomial, F, beta, and other common, related tail probabilities, I-II. Journal of the American Statistical Association 63, 1416-1456, 1457-1483

PETO, R., LEE, P., (1973). Weibull distributions for continous-carcinogenesis experiments. Biometrics, 29, 457-470

PETO, R., PIKE, M.C., ARMITAGE, P., BRESLOW, N.E., COX, D.R., HOWARD, S.V., MANTEL, N., McPERSHON, K., PETO, J., SMITH, P.G., (1976, 1977). Design and analysis of randomized clinical trials requiring prolonged observation of each patient.
Part I: British Journal of Cancer 34, 585-612
Part II: British Journal of Cancer 35, 1- 39

PIKE, M.C., (1966). A method of analysis of a certain class of experiments in carcinogenesis. Biometrics, 22, 142-161

PROPPE, A., (1975). Datenerfassung. In: KOLLER et. al. (1975), 199-211

ROSCOE, J.T., BYARS, J.A., (1971). An investigation of the restraints with respect to sample size commonly imposed on the use of the chi-square statistics. J. Amer. Statist. Ass. 66, 755-759

SCHLESSELMANN, J.H., (1974). Sample size riquirements in cohort and case-control studies of disease. American Journal of Epidemiology 99, 381-384

TIKU, M.L., (1967). Tables of the power of the F-test. J. Amer. Statist. Ass. 62, 525-539

WAGNER, G., (1975). Datenkontrolle. In: KOLLER et. al. (1975)

WELCH, B.C., (1938). The significance of the difference between two means when the population variances are unequal. Biometrika 29, 350

WILCOXON, F., KATTI, S.K., WILCOX, R.A., (1970). Critical values and probability levels for the Wilcoxon rank sum test and the Wilcoxon signed rank test. In: HARTER et al. (1973), 171-259

ZELEN, M., SEVERO, N.C., (1964). Probability Functions. In: ABRAMOWITZ et. al. (1964), 925-995

Stichwortverzeichnis

abhängige Variable	160
Abhängigkeit	27,48
Abklingkurve	168
absoluter Fehler	326
additive Effekte	85
algebraische Fehleranalysen/Kontrollen	131,137
Alternative	206,230
alternative Variable	50
Anpassungstest	256,261,290,322
Anzahl der Versuchseinheiten	116
Approximation	326
- durch Normalverteilung	46,61,351
arithmetisches Mittel	40
asymptotische Fehlerwahrscheinlichkeit 2. Art	224
asymptotischer Test	216
asymptotisches Signifikanzniveau	217
Ausreisseranalyse	138
balancierter Fall	250
balancierter Plan	302
bedingte Wahrscheinlichkeit	25
Behandlungsstrategien	107
Behrens-Fisher-Problem	241
Beobachtungen	94
Beobachtungsvariable	49
Betafunktion	342
Bindungen	217,273,279
Binomialkoeffizient	56,354
Binomialverteilung	12,58,346,351
Bioassay	115
Blockanlage	98,100
Blockbildung	111
Blockdiagramm	17,140

Stichwortverzeichnis

Chiquadrat-Test	221,263
- 2x2-Tafel	299
Chiquadrat-Testwert	262
Chiquadrat-Verteilung	334
-nicht zentrale	352
-zentrale	331
Clopper-Pearson-Schranken	193
Codierung	138
Computer-gerecht	130
Datenanalyse	311
Dateneingabe	311
Datenerhebung	130
Datenfluss	129,132
Datensicherung	132
Datenverarbeitung	131
Datenvorverarbeitung	136
Dichte	17
diskrete Skala/Variable	50
diskrete Verteilung	13
Dispersion	146
Dispersionsmaße	148
Dosis-Wirkungs-Beziehungen	143
Ein-Stichprobenfall	238,240
einfache Hypothese	212
einseitige Fragestellung	118,239
einseitige Hypothese	218
einseitiger Test	218
Ereignis	9
Ergebnis	312
Erwartungstreue	181
Erwartungswert	30
exakter Test	214
Exponentialverteilung	76
exponentielle Funktion	167
F-Test	246,289

F-Verteilung	
-nicht zentrale	345
-zentrale	341,351
Fakultät	353
falsch-negativ	96,207
falsch-positiv	96,207
Fehler 1.Art	207
Fehler 2.Art	207
Fehleranalyse/Kontrolle	136,312
Fehlerrisiken	223
Fehlerrisiko	
- 1.Art	117,208
- 2.Art	117,208
Flussdiagramm	313
Fragestellung	47
Freiheitsgrad	331,334,336,339
funktionaler Zusammenhang	160
Gammafunktion	354
Gauss-Test	235
Gegenhypothese	206
geometrische Verteilung	29
Gesetz der großen Zahlen	4,43
Gewichtsfaktoren	176,314,316
gleichverteilte Zufallszahlen	356
Gleichverteilung	
- diskrete	14,54
- stetige	12,53
graphische Darstellungen	140
Grenzwert	118
Grundgesamtheit	47,107
Gruppeneffekt	250
Gruppierung	67
Hazard	78
Histogramm	140
Homogensierung	100,110
Homogenität	298
hypergeometrische Verteilung	55
Hypothese	203,206,230

Stichwortverzeichnis

Intervalleinteilung	140
Intervallschätzung	178,185
Irrtumswahrscheinlichkeit 1.Art	209
kategorielle Variable	50
Kompatibilität	132
Konfidenzintervall	186
Konfidenzschranken	188
Konfidenzwahrscheinlichkeit	186
Konsistenz	181
Konsumentenrisiko	238
Kontingenztafel	82,144,295,324
kontinuierliche Zufallsvariable	18
Kontrolluntersuchungen	101
Korrekturen	312
Korrelation	284
Korrelationsanalyse	280,316
Korrelationskoeffizient	41,90,151,283,284
Kovariable	50,98
Kreuztabellen	140,144
Kreuzverhältnis	153,298
kritischer Wert	207,231
kumulierte Häufigkeiten	74,257
Likelihoodfunktion	195
Likelihoodquotient	263
lineare Abhängigkeit	286
lineare Approximation	173
lineare Funktion	162
lineare Kongruenzmethode	105
lineare Regression	286
linearer Zusammenhang	100,151,281
linearisierende Transformation	172
Log-Normalverteilung	72
logarithmische Funktion	167
logische Fehleranalysen	131
logische Fehlerkontrollen	137

Lokation	146
Lokationsmaße	147
LQ-Test	263
- 2x2 Tafel	299
Mann-Whitney-Test	269
Maximum-Likelihood-Schätzungen	35,47,194
Median	147
Mehrfeldertafel	303
Merkmal	314,316
messbare Störungen	98
Mittelwert	40,147,314,316
mittlerer Effekt	250
Modell-Annahmen	5, 53
-Vorstellung	130
monotoner Zusammenhang	281
Multinomialverteilung	65
multiplikative Kongruenzmethode	105
Nennerfreiheitsgrad	345
Nichtzentralität	334,339,345
Non-Response	97
Norm	123
Normalapproximation	46,61,351
normalverteilte Zufallszahlen	356
Normalverteilung	20,45,68,183
- 2-dimensionale	90,281,284
Nullhypothese	206
optimale Gerade	162
optimale Versuchsanlage	96
ordinale Skala	50
ordinale Variable	50
Paarung von Meßwerten	82
Paarvergleiche	114,275
Parameter	177,182
periodische Funktion	171

Perzentil	35
Poisson-Verteilung	62,349,352
Polynomfunktion	163
Präzisionsforderung	96,116,223
Prinzip der kleinsten Quadrate	161
Probit	260
- Plot	260
- Transformation	260
Programmkontrolle	312
prozentuale Summenhäufigkeit	74,257
Prüfgröße/Wert	211
Pseudozufallsgeneratoren/Zahlen	104,356
Punktschätzung	178,183
quadratischer Zusammenhang	165
Quantil	34, 71
Quartil	35
Randomisierung	100,101
Randverteilung	223
Rangkorrelationskoeffizient	156,281
Rangtest	256,270,275
Rechner	311
Regression	89,200
Regressionsanalyse	280,316,320
Regressionsmodell	89,200,290
Regressions-Varianzanalyse	290,320
relative Häufigkeit	180,191
relative Wirksamkeit	115
relativer Fehler	326
robust	231
rohes Versuchsergebnis	136
Schärfe	212
Schätzgrößenwert	180
Schichtung	98,113
sensitiv	96
Sequentialexperiment	94

signifikant	212
Signifikanzbereich	212,231
Signifikanzniveau	210,251
Skala/Skalierung	50
Spannweite	148
Stabdiagramm	17,140
Standard-Niveau	211
Standardabweichung	36,148,189,314,316
Standardisierung	40,110
Standardnormalverteilung	70
Standardsysteme	115
stetige Skala	50
stetige Variable	50
stetige Zufallsvariable	18
Stetigkeitskorrektur	62,217
Stichprobe	1
Stichprobenumfang	231
Stochastik	3
stochastisch (un-)abhängig	27, 28
stochastisch größer	270
stochastische Fehleranalysen/Kontrollen	131,138
Störeinflüsse	97
Störvariable	50
Stratifizierung	113
Summenhäufigkeit	257
systematische Fehler	100,103
t-Test	235,236
t-Verteilung	
- nicht zentrale	339
- zentrale	351
Tafel der Varianzanalyse	255,289,292
Taschenrechner	311
Tchebychev-Ungleichung	37
Test	203,206,230
- auf Korrelation	280,282,284
- auf Normalverteilung	266

Stichwortverzeichnis

- auf Unabhängigkeit	280,282
- bei normalverteilten Variablen	231
- des Korrelationskoeffizienten	284
- für (Erfolgs)Wahrscheinlichkeiten	205,215,219
- für Erwartungswerte	232,235,239,242
- für Varianzen	244,245,247
Testentscheidung	231
Testgröße	211,230
Testniveau	209,232
Teststatistik/Testwert	211,231
Transformation	172,314,316
Überprüfen von Grenzwerten	118
Überprüfen von Normen	123
unabhängige Beobachtungen/Realisierungen	183
unabhängige Variable	160
Unabhängigkeit, stochastische	28
Unabhängigkeitstest	280
unbekannte Störungen	100
Unterprogramme	313
Unterschied	48
unvollständige Blockanlage	95
Urnenmodell	55
Ursachenvariable	49
Urschrift	130
valide	96
Variable	47, 49
Varianz	36,189,314,316
- innerhalb der Gruppen	251
- zwischen den Gruppen	251
Varianzanalyse	112
- einfache	248,318
- bei Regression	289,320
Vergleich von Erwartungswerten	239,242,248
- Mittelwerten	125
- Verteilungen	269

Vergleichsansätze	100
Vergröbung	50
Versuchsanlage	93
Versuchsauswertung	136
Versuchseinheit	130
Versuchsplanung	93, 231
Verteilung	5, 10, 13, 16, 17, 326
Verteilung der Meßwerte	140
verteilungsfreier Test	256, 273
Verteilungsfunktion	11
vollständige Versuchspläne	94
Vorgaben	94
Vorinformation	48
Vorzeichentest	228
Wachstumkurve	168
Wahrscheinlichkeit	3, 8
Wahrscheinlichkeitspapier	258
Wahrscheinlichkeitsskala	258
Wechselwirkung	87
Weibullverteilung	75
Wilcoxon-Test	269, 275
Wirkungsvariable	49
x-Variable	49
x-y-Plot	144
y-Variable	49
Zählerfreiheitsgrad	341, 345
Zeiteinfluß	108
Zeitreihen	143
zentraler Grenzwertsatz	44
Zielvariable	49
Zufälligkeit	104
Zufallsexperiment	2
Zufallsgenerator	102, 103
Zufallsvariable	5

Zufallszahlen	356
zusammengesetzte Hypothese	212
Zusammenhang	48, 280, 283
Zusammenhangsmaße	150
zutreffend	96
Zwei-Stichprobenfall	238, 239
zweiseitige Fragestellung	123, 239
zweiseitige Hypothese	218
zweiseitiger Test	218

Verzeichnis der Testboxen:

Testbox	1	215
	2	221
	3	235
	4	242
	5	245
	6	247
	7	282
	8	284

vieweg studium
Grundkurs Biologie

Band 54
Biochemie – ein Einstieg
von Helmut Kindl

Mit 300 Abb. 1981. V. 222 Seiten. Paperback

Inhalt: Erkennen durch Aneinanderlagerung von Molekülen – Enzyme als Katalysatoren – ATP wird von der Zelle für Synthesen, Transport und Bewegungsvorgänge benötigt – Aufbau und Konservierung von chemischer Energie – Citrat-Zyklus im Zentrum des Stoffwechsels – Mobilisierung von Nährstoffen – Biosynthesewege – anaboler Stoffwechsel – Informationsfluß: Biosynthese von Nukleinsäuren und Proteinen – Extrazellulärer Raum: Zellwände und Hüllen.

Dies ist kein Lehrbuch der Biochemie, sondern eine Einführung besonderer Art. Der Student, der sich dem Fach zum ersten Mal nähert, erhält hier einen leichten Einstieg in die Biochemie, indem er in biochemische Denkweisen eingeführt wird und er sich das grundlegende Verständnis biochemischer Prozesse erarbeiten kann. Die didaktisch geschickte Darstellung des Stoffes, zu der auch die zweifarbigen Abbildungen gehören, legt Hauptakzente auf Wechselwirkungen zwischen verschiedenen Verbindungen, auf die Regulation von Prozessen sowie auf energetische Vorgänge, ohne die kein biochemischer Prozeß in tierischen oder pflanzlichen Zellen oder in Mikroorganismen ablaufen kann.

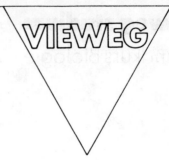

Wilfried Nöbauer und Werner Timischl
Mathematische Modelle in der Biologie
Eine Einführung für Biologen, Mathematiker, Mediziner und Pharmazeuten. Mit 79 Abb. 1979. VI, 223 S. Kart.

<u>Inhalt</u>: Einleitung — Mathematische Modelle in der Populationsgenetik — Mathematische Modelle in der Ökologie — Weitere mathematische Ansätze in den Biowissenschaften — Mathematische Begriffe und Methoden.

Das Buch zeigt die Möglichkeiten der mathematischen Modellbildung und Modellauswertung in der Biologie vor allem an Beispielen der Genetik, der Ökologie und der Epidemiologie, aber auch an anderen Beispielen (wie etwa aus der Physiologie, der Pharmakologie und der Krebsforschung). Um den mathematischen Aufwand in Grenzen zu halten, wurden relativ einfache Modelle ausgewählt, darüber hinaus ist dem Buch ein Anhang beigefügt, in dem die verwendete Mathematik — sofern sie nicht zum allgemein bekannten Schullehrstoff gehört — zusammengestellt ist. Das Buch ist daher für den Biologen ohne große Mühe verständlich. Für den Mathematiker wird am Beginn eines jeden Kapitels eine ausführliche Beschreibung der biologischen Erscheinung gegeben, für die ein Modell aufgestellt und untersucht werden soll, und insbesondere auch die einschlägige biologische Terminologie erklärt.